Sandra Drumm
Sprachbildung im Biologieunterricht

DaZ-Forschung

Deutsch als Zweitsprache, Mehrsprachigkeit und Migration

Herausgegeben von
Bernt Ahrenholz
Christine Dimroth
Beate Lütke
Martina Rost-Roth

Band 11

Sandra Drumm

Sprachbildung im Biologieunterricht

DE GRUYTER

Gedruckt mit Unterstützung der Frauenfördermittel der Technischen Universität Darmstadt.

ISBN 978-3-11-057885-0
e-ISBN (PDF) 978-3-11-045423-9
e-ISBN (EPUB) 978-3-11-045206-8
ISSN 2192-371X

Library of Congress Cataloging-in-Publication Data
A CIP catalog record for this book has been applied for at the Library of Congress.

Bibliografische Information der Deutschen Nationalbibliothek
Die Deutsche Nationalbibliothek verzeichnet diese Publikation in der Deutschen Nationalbibliografie; detaillierte bibliografische Daten sind im Internet über http://dnb.dnb.de abrufbar.

© 2016 Walter de Gruyter GmbH, Berlin/Boston
Dieser Band ist text- und seitenidentisch mit der 2016 erschienenen gebundenen Ausgabe.
Druck und Bindung: CPI books GmbH, Leck
♾ Gedruckt auf säurefreiem Papier
Printed in Germany

www.degruyter.com

Für Michael

Inhalt

1	**Einleitung** — **1**	
2	**Theoretische Grundlagen** — **7**	
2.1	Bildungssprache — **9**	
2.1.1	Sprachsystem — **10**	
2.1.2	Selektionsmechanismus — **18**	
2.1.3	Werkzeug des Denkens und der fachlichen Arbeit — **23**	
2.1.4	Kompetenz — **27**	
2.1.5	Zusammenfassung — **34**	
2.2	Bildungssprache im Fach Biologie — **37**	
2.2.1	Lexikalische Phänomene — **38**	
2.2.2	Morphologische und syntaktische Phänomene — **43**	
2.2.3	Texte und Textsorten — **46**	
2.2.4	Sprache als Spiegel biologischen Verständnisses — **56**	
2.2.5	Zusammenfassung — **57**	
2.3	Sprachbildung im Fachunterricht — **58**	
2.3.1	Theoretische Grundlagen sprachbildender Konzepte — **60**	
2.3.2	Explizite Sprachbildung — **65**	
2.3.3	Implizite Sprachbildung — **69**	
2.3.4	Probleme bei der Umsetzung von Sprachbildung — **71**	
2.3.5	Scaffolding — **75**	
2.3.6	Zusammenfassung und Kritik — **77**	
2.4	Erkenntnisinteresse und Forschungsfragen — **82**	
3	**Empirische Studie** — **85**	
3.1	Forschungsstand — **86**	
3.2	Unterscheidungen qualitativer und quantitativer Verfahren — **91**	
3.2.1	Unterschiede im Menschenbild — **91**	
3.2.2	Paradigmatische Überlegungen bei der Methodenwahl — **94**	
3.3	Vorstellungen als Forschungsgegenstand — **97**	
3.4	Gütekriterien der qualitativen Forschung — **104**	
3.5	Zusammenfassende Überlegungen zur Erforschung von Vorstellungen — **108**	
3.6	Zugang zu und Auswahl von ProbandInnen — **112**	
3.6.1	Stichprobensampling der Befragung — **114**	
3.6.2	Beschreibung des Forschungsfelds und Fallauswahl — **116**	
3.7	Qualitative Beobachtung als Methode — **119**	

3.7.1	Formen der Beobachtung — 121
3.7.2	Durchführung der Beobachtung — 123
3.7.3	Ergebnisse der Beobachtungsphase — 128
3.8	Das qualitative Interview — 129
3.8.1	Fragekonstruktion und Leitfadenerstellung — 133
3.8.2	Durchführung der Interviews — 137
3.9	Datenfixierung und Aufbereitung mittels Transkription — 139
3.10	Erste Überlegung zur Bearbeitung der Transkripte — 142
3.10.1	Kommunikative Validierung — 143
3.10.2	Handlungsvalidierung — 145
3.10.3	Rekonstruktion der Interviewaussagen — 147
3.11	Vertiefende Analyse — 161
3.11.1	Vereinheitlichung der Paraphrasen — 162
3.11.2	Konkretisierung des Materials — 164
3.12	Methodendiskussion und Veränderung des Verfahrens — 166
3.13	Zusammenfassung und Interpretation der Daten — 169
3.14	Auswahlentscheidungen bei der Ergebnisdarstellung — 170

4 Ergebnispräsentation — 173

4.1	Beschreibung der Vorstellungen von LP1 — 175
4.1.1	Besonderheiten des Biologieunterrichts — 175
4.1.2	Sprache im Biologieunterricht — 176
4.1.3	SchülerInnenkompetenzen — 177
4.1.4	Schreiben im Biologieunterricht — 178
4.1.5	Lesen im Biologieunterricht — 180
4.2	Fallcharakterisierung LP1 — 182
4.3	Beschreibung der Vorstellungen von LP2 — 189
4.3.1	Besonderheiten des Faches Biologie — 189
4.3.2	Sprache in Biologie — 192
4.3.3	SchülerInnenkompetenzen — 193
4.3.4	Lesen im Biologieunterricht — 196
4.3.5	Schreiben im Biologieunterricht — 197
4.4	Fallcharakterisierung LP2 — 199
4.5	Beschreibung der Vorstellungen von LP3 — 207
4.5.1	Besonderheiten des Biologieunterrichts — 207
4.5.2	Sprache im Biologieunterricht — 210
4.5.3	SchülerInnenkompetenzen — 212
4.5.4	Schreiben im Biologieunterricht — 214
4.5.5	Lesen im Biologieunterricht — 216

4.6	Fallcharakterisierung LP3 —— **218**
4.7	Beschreibung der Vorstellungen von LP4 —— **225**
4.7.1	Besonderheiten des Biologieunterrichts —— **225**
4.7.2	Sprache im Biologieunterricht —— **227**
4.7.3	Lesen im Biologieunterricht —— **227**
4.7.4	Schreiben im Biologieunterricht —— **228**
4.7.5	SchülerInnenkompetenzen —— **230**
4.8	Fallcharakterisierung LP4 —— **232**
4.9	Beschreibung der Vorstellungen von LP5 —— **239**
4.9.1	Besonderheiten des Biologieunterrichts —— **239**
4.9.2	Sprache Im Biologieunterricht —— **241**
4.9.3	SchülerInnenkompetenzen —— **242**
4.9.4	Schreiben im Biologieunterricht —— **244**
4.9.5	Lesen im Biologieunterricht —— **247**
4.10	Fallcharakterisierung LP5 —— **250**

5	**Diskussion der Ergebnisse —— 261**
5.1	Zuordnung zu Typen —— **261**
5.2	Fachbegriffe und Präzision —— **264**
5.2.1	Sprachbildung —— **269**

6	**Fazit und Ausblick —— 273**
6.1	Weiterbildungsdesiderate —— **273**
6.2	Forschungsdesiderate —— **276**

Literaturverzeichnis —— 281

Index —— 281

1 Einleitung

Im Zuge der ersten PISA-Studie (vgl. Baumert et al. 2001) wurde die Aufmerksamkeit von Öffentlichkeit und Forschung auf die Tatsache gelenkt, dass große Unterschiede in der schulischen Leistung von SchülerInnen deutscher Schulen im Vergleich zum europäischen Durchschnitt bestehen. Zum einen erwiesen sich die Lernenden in den Lese- und Schreibtests als schwächer, zum anderen schien dieses Problem insbesondere SchülerInnen aus Zuwandererfamilien zu betreffen. Daraus entstand eine umfassende Diskussion um den Zusammenhang zwischen Sprachkenntnissen und dem Erfolg im Fachunterricht (vgl. Baumert et al. 2001). Die Erkenntnis, dass Schulerfolg, Spracherwerb und Fachunterricht in engem Zusammenhang stehen, war zu diesem Zeitpunkt jedoch keine neue. Steinmüller und Scharnhorst schreiben bereits 1987: „Jeder Fachlehrer ist zugleich Sprachlehrer" (Steinmüller & Scharnhorst 1987: 9).

Fach- und Unterrichtssprachen spiegeln Denkstrukturen wider, die durch die Methoden der jeweiligen wissenschaftlichen Disziplin bestimmt sind. Aus den Erkenntnis- und Forschungsinteressen des wissenschaftlichen Faches heraus entstehen Mitteilungsstrukturen, die der Kommunikation über die erforschten Sachverhalte dienen. Solche Sachverhalte werden in Termini zusammengefasst (vgl. Rösch 2005: 50). Biologie gehört zur Fachgruppe der Naturwissenschaften und weist enge Bezüge zu den Fächern Physik und Chemie auf. Diese Fächer werden häufig als die spracharmen (vgl. kritisch Schmellentin, Schneider & Hefti 2011: 9) oder nichtsprachlichen Fächer bezeichnet, was jedoch beide irreführende Begriffe sind. Biologie ist nicht sprachärmer als der Deutschunterricht, wird hier doch ebenso sprachlich gehandelt, sprachlich vermittelt und kommuniziert. Auch der Begriff nichtsprachlich erweckt einen falschen Eindruck, da er das Bild aufkommen lässt, in naturwissenschaftlichen Schulstunden würde ohne Sprache gelernt. Dabei wird außer Acht gelassen, dass selbst Formeln, wie sie in Chemie und Physik, aber auch im Biologieunterricht der Oberstufe auftreten, Teil der Sprache sind. Zwar handelt es sich dabei um sehr abstrakte, formalisierte Sprache, aber wie in den vorangegangen Kapiteln gezeigt werden konnte, ist es gerade steigende Grad der Abstraktion, der Probleme verursacht.

Bei genauer Betrachtung findet im Fachunterricht stets und ständig Kommunikation statt: Texte werden gelesen und deren Inhalt wird wiedergegeben, Schaubilder diskutiert, Fragen beantwortet, Lehrvorträge gehört, Aufgaben schriftlich bearbeitet, Filme angesehen und gehört usw. Sprache ist das Medium der fachlichen Vermittlung und begleitet jeden Lernprozess. Auch die Durchführung von Experimenten, bei denen die Lernenden aktiv sind, – selbst wenn sie dabei konzentriert und still arbeiten – werden durch Sprache gerahmt, indem Aufträge erteilt und die Ergebnisse später mündlich zusammengetragen und schriftlich festgehalten werden. Es ist also ersichtlich, dass Sprache und damit auch Bildungssprache auch im naturwissenschaftlichen Unterricht eine zentrale Rolle spielt. Um dies zu unterstreichen, ist in den Standards der Kultusministerkonferenz (KMK) für das Fach Biologie formuliert:

> Naturwissenschaftliche Bildung ermöglicht dem Individuum eine aktive Teilhabe an gesellschaftlicher Kommunikation und Meinungsbildung über technische Entwicklung und naturwissenschaftliche Forschung und ist deshalb wesentlicher Bestandteil von Allgemeinbildung. Ziel naturwissenschaftlicher Grundbildung ist es, Phänomene erfahrbar zu machen, die Sprache und Historie der Naturwissenschaften zu verstehen, ihre Ergebnisse zu kommunizieren sowie sich mit ihren spezifischen Methoden der Erkenntnisgewinnung und deren Grenzen auseinanderzusetzen (KMK 2004: 6).

Hier wird die bereits diskutierte Literacy angesprochen, die das Ziel des Unterrichts in allen Fächern darstellt. Es geht dabei um ganzheitlichen Kompetenzerwerb, der die Aufnahme, Nutzung und Bewertung von fachlichen Inhalten umfasst. Laut der KMK stellt Sprache in diesem Prozess eine zentrale Bedingung dar:

> Kommunikationskompetenz ist die Grundlage menschlichen Zusammenlebens sowohl in der privaten Sphäre als auch in der Arbeitswelt. Kommunizieren ermöglicht den Lernenden die Auseinandersetzung mit der Lebenswirklichkeit und damit auch das Erfassen und Vermitteln biologischer Sachverhalte. Formen von Kommunikation sind einerseits direkter Lerngegenstand, andererseits Mittel im Lernprozess. Erkenntnisgewinn und fachbezogener Spracherwerb bedingen sich gegenseitig (KMK 2004: 11).

Dieses Zitat zeigt, dass die KMK fachliches und sprachliches Lernen als zusammengehörig begreift. Mittlerweile wird diese Abhängigkeitsthese, die niedrige Fachleistungen mit geringen Zweitsprachenkompetenzen in Verbindung bringt, allgemein akzeptiert: Zwischen Fachtests und Lesetests in naturwissenschaftlichen Fächern konnten eindeutige Korrelationen aufgezeigt werden, die belegen, dass sich Lesedefizite kumulativ in den Sachfächern auswirken (vgl. Gogolin & Schwarz 2004: 835f.; Grießhaber 2010: 37). Da beides nicht unabhängig voneinander geschehen kann, kann daraus geschlossen werden, dass, wenn der Sprache im naturwissenschaftlichen Unterricht Aufmerksamkeit geschenkt wird, dies zu einer Qualitätsverbesserung des Unterrichts an sich führt (vgl. auch Tajmel 2010b: 139). Außerdem klingt in den Ausführungen der KMK an, dass für jedes Schulfach eigene Besonderheiten gelten, was die sprachliche Ausgestaltung angeht. Unterschiede lassen sich feststellen bei den Diskursen und Textsorten, die eng mit den Vermittlungsabsichten des Faches zusammenhängen. Damit ist zwar aufgezeigt worden, dass Sprache in allen Fächern eine zentrale Rolle spielt, es konnten jedoch noch keine Aussagen darüber getroffen werden, welcher Art die Beziehung von Sprach- und Sachkompetenz ist und welche sprachlichen bzw. fachlichen Phänomene Schwierigkeiten für die Lernenden mit sich bringen. Mögliche Ursachen können, insbesondere bei Familien mit Zuwanderungsgeschichte, in differenten familiensprachlichen Erfahrungs- und Wissensbeständen gesucht werden (vgl. Grießhaber 2010: 37). Dies erklärt aber nicht, warum auch immer mehr SchülerInnen aus herkunftsdeutschen Familien mit dem Lesen, Schreiben und der Sprache der Schule Probleme haben. Aktuell wird der Umstand diskutiert, dass die Schule die Beherrschung bestimmter sprachlicher Formen voraussetzt, den Umgang mit diesen aber nicht explizit macht und nicht als Lerngegenstand behandelt. Wie bereits angesprochen, hängen sprachliches und fachliches Lernen aber untrennbar zusammen. Übereinstimmend mit dem gesellschaftlichen Diskurs haben ForscherInnen festgehalten, dass die Fertigkeiten Lesen und Schreiben fächerübergreifende Schlüsselqualifikationen darstellen, die Partizipation am Unterricht, das Verstehen von Texten und die Produktion eigener (prüfungsrelevanter) Inhalte ermöglichen (vgl. Morek & Heller 2012: 67). Dazu ist aber der Erwerb bestimmter sprachlicher Phänomene durch die Lernenden notwendige Bedingung. Um Lehren und Lernen zu ermöglichen, muss Schule also ihre eigenen sprachlichen Anforderungen erkennen und fächerübergreifend zum Ausgangspunkt für Lernprozesse machen.

Hier klingt bereits die besondere Rolle der Lehrenden, die an Schulen unterrichten, an. Da die sprachlichen Anforderungen der Institution zunehmend von den sprachlichen Kompetenzen der Lernenden entfernt sind, zählt es zu den Aufgaben der Lehrkräfte, diese Kluft überwindbar zu machen, Lernende zu fördern und notwendige (sprachliche) Kompetenzen zu vermitteln. Die Forschung und LehrerInnenbildung fokussiert in den letzten Jahren vermehrt diese Tatsache. Konzepte zur Sprachbildung sind entwickelt worden, werden diskutiert und verbessert, neue kommen hinzu und durchlaufen denselben Prozess. Auch bildungspolitisch zeigen sich Entwicklungen – sei es, indem verpflichtende DaZ-Anteile in der universitären Ausbildung verankert werden, Praxisphasen und Projekte in diesem Bereich angesiedelt sind oder Weiterbildungen für Lehrende gezielt diese Thematik aufnehmen. Dennoch kann davon ausgegangen werden, dass viele Lehrende, besonders der nichtsprachlichen Fächer, die seit einigen Jahren im Schuldienst tätig sind, wenig über die Problematik wissen. In ihrem Fachstudium wurde das Thema Sprache nicht behandelt und die allgemeine Haltung der Lehrenden tendiert dazu, sprachbezogene Probleme dem

Deutschunterricht zu überlassen (vgl. u.a. Tajmel 2010a: 167). Dies ist darauf zurückzuführen, dass die genannten Lehrenden sich als in sprachbezogenen Fragen nicht kompetent und nicht verantwortlich begreifen.

Dieser Sachlage will die vorliegende Studie auf den Grund gehen. Ausgangspunkt war die Überlegung, dass Lehrende – besonders der naturwissenschaftlichen Fächer, die in den Schuldienst eintraten, bevor das Thema Sprachkompetenz Teil der Ausbildung wurde – vielleicht in Studium und Referendariat[1] nicht mit den genannten Themen konfrontiert wurden, vielleicht aber trotzdem Kompetenzen aufweisen. Diese Idee fußt auf der Tatsache, dass Lehrende über verschiedene Wissensbereiche und Kompetenzen verfügen, die ihnen ermöglichen, Unterricht zu halten und Inhalte zu vermitteln, beispielsweise das Fachwissen, die pädagogische Kompetenz, Problemlösestrategien usw. (vgl. dazu ausführlich u.a. Shulman 1986; Weinert 2000; Helmke 2012). Wenn sprachliche Probleme, die im Unterricht auftreten, als Probleme wahrgenommen werden, kann es sein, dass Lehrende aus dieser Wahrnehmung eigene Lösungen ableiten. Möglicherweise übertragen sie Wissen aus anderen Bereichen oder Fächern, aus der eigenen Lernhistorie oder anderen Quellen auf die wahrgenommenen Schwierigkeiten, entwickeln Deutungsmuster, um sich Probleme zu erklären, und gelangen so zu Strategien. Diesen will die vorliegende Studie nachspüren.

Für die Forschung sind solche Strategien und auf Reflexion basierende Vorstellungen insofern interessant, als dass sie darlegen, wie sich der Ist-Zustand der Sprachbildung ohne diesbezügliche Ausbildung der Lehrpersonen darstellt. Dies ist gerade aus der Sichtweise von Lehrenden nicht-sprachlicher Fächern bedeutsam, da diese sprachbezogene Erkenntnisse weniger aus dem Studium als aus dem schulischen Alltag ableiten. Deshalb fokussiert die vorliegende Studie naturwissenschaftliche Lehrende, speziell die Lehrkräfte des Faches Biologie[2]. Auf diese Weise lässt sich erheben, was ohne Ausbildung bereits gut funktioniert und wo sich Grenzen ausmachen lassen. Dies kann zum Ausgangspunkt für Aus- und Weiterbildung werden, um dort anzuknüpfen, wo die Lehrpersonen stehen. Subjektive Vorstellungen, die aus dem eigenen Handeln heraus erwachsen, erweisen sich als erstaunlich stabil, was Fortbildungen problematisch macht: Menschen von etwas zu überzeugen, was sie tagtäglich

---

[1] Das Referendariat heißt aktuell Vorbereitungsdienst und die Referendare LehrerInnen im Vorbereitungsdienst. Da bei der fokussierten Zielgruppe aber noch die alte Benennung galt und diese die weiter verbreitete ist, wird sie in dieser Arbeit beibehalten.
[2] Zur Begründung für die Wahl des Faches Biologie s. Kap. 3.3.1 Stichprobensampling der Befragung.

anderes erleben, ist kaum möglich. Schließt man aber an die konkreten Erfahrungen an, können Wege zur Vermittlung alternativer Sichtweisen gefunden werden. Die vorliegende Studie will einen Beitrag zur Aus- und Weiterbildung von Lehrenden leisten, indem sie deren Erleben nachspürt, deren Perspektive übernimmt und deren Sichtweise auf ihr Fach, die Sprache des Faches und Sprachförderansätze nachzeichnet. Dabei sollen Argumentationslinien aufgedeckt und Beziehungen zwischen Vorstellungen transparent gemacht werden. Diese können später als Ansatzpunkt für Weiterbildungen nutzbar gemacht werden.

Die Arbeit gliedert sich in drei Hauptteile: Theorie, Empirie und Ergebnisse. Im ersten Abschnitt werden die theoretischen Grundlagen präsentiert, die sich wiederum in drei Teile untergliedern lassen. Zu Beginn steht eine Auseinandersetzung mit dem Begriff Bildungssprache, da dieser das Bindeglied zwischen den schulischen Anforderungen und den Leistungen der Lernenden darstellt. Bildungssprache lässt sich in Bezug auf diesen Sachverhalt aus verschiedenen Perspektiven betrachten, die den Gegenstand unterschiedlich akzentuieren und mit Bedeutung belegen. Nach einer kurzen historischen Einordung des Begriffs erfolgt aus diesem Grund eine Analyse von Bildungssprache aus linguistischer, erziehungswissenschaftlicher, lernpsychologischer und schulpolitischer Sicht. Dies stellt die Basis für alle weiteren Überlegungen zur Problemstellung der mangelnden Bildungsbeteiligung einiger SchülerInnengruppen dar.

Im zweiten Unterkapitel des Theorieteils wird der Begriff Bildungssprache verengt auf den Bereich Fachunterricht Biologie bzw. Bildungssprache der Naturwissenschaft. Dabei werden die Ebenen der lexikalischen, morphologischen und syntaktischen Besonderheiten dargestellt, gefolgt von einer Behandlung des Bereichs Text und Textsorte. Schließlich folgt ein kurzer Abschnitt zur Sprache des Faches als Spiegel des biologischen Verständnisses. Nachdem damit die Bildungssprache bezogen auf das Fach Biologie spezifiziert und eingeordnet ist, wird das letzte Unterkapitel zur Sprachbildung eingeleitet. Dieses behandelt verschiedene Zugänge zur Sprachbildung, die sich in der Vergangenheit als zielführend erwiesen haben. Schwerpunkte werden hier im Bereich der expliziten und der impliziten Sprachbildung gesetzt, ehe auf Probleme bei der Umsetzung von Sprachbildung im Unterricht und umfassendere Sprachbildungskonzepte, beispielhaft Scaffolding, eingegangen wird.

Aus dem theoretischen Teil ergeben sich das Erkenntnisinteresse und die Forschungsfragen, die den empirischen Teil der Arbeit einleiten. Die kurze Darlegung des Forschungsstandes mündet in erste forschungstheoretische und forschungsmethodische Überlegungen, um den Gegenstand der Studie zu präzisieren. Dem folgt eine Einordnung in qualitative Verfahren und die Darstellung der verwendeten Erhebungsmethoden, Kriterien der ProbandInnenauswahl sowie Darstellung und Begründung der Auswertungsverfahren.

Abgeschlossen wird die vorliegende Arbeit vom dritten großen Abschnitt der Ergebnispräsentation. Im Zuge größtmöglicher Transparenz und Nachvollziehbarkeit werden die Daten jeder einzelnen befragten Person detailliert und möglichst wertfrei dargestellt. Dabei bezieht sich die Darstellung auf die im empirischen Teil genannten Forschungsfragen und gliedert die Ergebnisse anhand dieser in fünf Bereiche – Besonderheiten des Biologieunterrichts, Sprache im Biologieunterricht, SchülerInnenkompetenzen, Lesen im Biologieunterricht und Schreiben im Biologieunterricht. Dem schließen sich eine Interpretation und eine Fallcharakterisierung an, um die bisher unkommentierten Ergebnisse zu präzisieren und an die Ergebnisse der theoretischen Grundlagen rückzubinden. Dies wird im Anschluss fallübergreifend diskutiert. Abgeschlossen wird die vorliegende Studie durch ein Fazit und einen Ausblick.

2 Theoretische Grundlagen

Um sich dem Gegenstand der vorliegenden Arbeit zu nähern, ist es notwendig zunächst die theoretische Basis zu klären, auf der die Forschungsfragen aufbauen. Außerdem dient diese Basis dazu, die Aussagen der Lehrenden im Ergebnisteil dieser Arbeit im Hinblick auf Sprachförderung und Sprachbildung zu verstehen und zu hinterfragen. Im Zuge dessen muss den Fragen nachgegangen werden, was die Sprache der Schule überhaupt ist, welche Funktionen sie im schulischen Rahmen erfüllt, was sie auszeichnet und wo die Schwierigkeiten für sprachschwache Lernende liegen. Mit dem Begriff sprachschwache Lernende werden im Folgenden zwei Gruppen bezeichnet: herkunftsdeutsche, die aus bildungsfernen Familien stammen, sowie die Lernende mit Deutsch als Zweitsprache (DaZ), die aufgrund eines Migrationshintergrundes Schwierigkeiten mit der schulischen Sprache haben. Eine wichtige Unterscheidung in der Debatte um DaZ und schulische Sprachkompetenz betrifft die Aufenthaltsdauer der betreffenden Lernenden im Zielsprachenland. Sogenannte SeiteneinsteigerInnen (Ahrenholz & Maak 2013: 2f.), die allein oder mit ihren Eltern zuwandern und ins Bildungssystem integriert werden, stehen vor anderen Problemen als Lernende, die im Zielsprachenland geboren sind, in der Familie aber eine oder mehrere andere Sprachen als die Umgebungssprache sprechen. Diese Unterschiede basieren auf Faktoren, die im Folgenden nicht vertieft erläutert werden sollen, da sie für das in der vorliegenden Studie fokussierte Thema keine Rolle spielen. Stattdessen wird festgehalten, dass die Ausführungen sich im Folgenden auf Lernende beziehen, die in Deutschland geboren sind. Dies ist darin begründet, dass einerseits jene in der PISA-Studie als Risikogruppe dargestellten Kinder und Jugendlichen in der Regel ihre gesamte Schulzeit in Deutschland absolviert haben (vgl. Gogolin 2004: 103). Andererseits weisen diese Kinder dieselben Probleme auf wie sprachschwache herkunftsdeutsche Lernende, nämlich gute mündliche Sprachfertigkeiten, aber gravierende Probleme im Lesen und Schreiben. Zudem konnte Eckhardt (2008) zeigen, dass der Faktor der sozialen Herkunft, verglichen mit dem mehrsprachigen Hintergrund, den stärkeren Einfluss auf die Sprachkompetenz ausübt (vgl. Eckhardt 2008: 152). Lernende mit Migrationshintergrund, die in Deutschland geboren sind und in Familien mit ausreichend kulturellem Kapital aufwachsen, sind sprachlich ebenso stark oder schwach wie herkunftsdeutsche Lernende mit demselben sozialen Hintergrund. Gravierende Schwierigkeiten treten bei SchülerInnen auf, die – mit und ohne Migrationshintergrund – aus bildungsfernen Familien stammen.

Im Gegensatz zu den Sprachkompetenzen und -problemen der SeiteneinsteigerInnen bleiben die spezifischen Schwierigkeiten der in Deutschland geborenen Lernenden den Lehrenden oft verborgen. Auch wenn sie die deutsche Sprache auf einem Niveau beherrschen, das ihren alltäglichen Kommunikationsbedürfnissen entspricht, stellt die Schule dennoch sprachliche Anforderungen, die die SchülerInnen mit der genannten alltagssprachlichen Kompetenz nicht erfüllen können (vgl. Gogolin 2004: 103). Gerade die Tatsache, dass sie die mündliche Alltagssprache auf einem Niveau beherrschen, das ihren Kommunikationsbedürfnissen entspricht, kann dazu führen, dass mangelnde bildungssprachliche Fähigkeiten verschleiert und schlechte Leistungen z.B. auf Unlust zurückgeführt werden (vgl. Gantefort & Roth 2010: 578). Schließlich ist als Grund anzuführen, dass die reine Bezugnahme auf DaZ-Lernende als Sprachschwache zu einer Stigmatisierung von SchülerInnen mit Migrationshintergrund allgemein führen kann. Hierbei ist zu bedenken, dass der Migrationshintergrund eine mögliche, aber keine hinreichende und nicht die einzige Bedingung für Sprachschwäche ist. Eine ausschließliche Fokussierung auf DaZ suggeriert, alle SchülerInnen mit Migrationshintergrund hätten identische Probleme, und schenkt denjenigen herkunftsdeutschen Kindern mit sprachlichen Schwächen sowie den MigrantInnen ohne sprachliche Defizite keine Beachtung.

Um greifbar zu machen, welche Kompetenzen von Lehrenden in Bezug auf die Förderung sprachschwacher Lernender notwendig sind, muss die Sprache der Schule beleuchtet werden, um so dem auf die Spur zu kommen, was als Anforderung im Raum steht und bei Nicht-Erreichen als sprachliche Schwäche bei den Lernenden diagnostiziert wird. Der Terminus Bildungssprache ist, seit er in die Diskussion um sprachschwache Lernende aufgenommen wurde, vielfach aufgegriffen, genutzt, akzentuiert, kritisiert und ergänzt oder ganz verworfen worden. In seinen Facetten und Gewichtungen im Laufe dieser Diskussion zeigt sich jedoch der ganze Umfang der Beschäftigung mit dem Problem der Verbindung von Sprach- und Fachlernen an sich. Es erweist sich daher als sinnvoll, zunächst eine umfassende Begriffsbestimmung vorzunehmen, ehe eine Annäherung an das Feld der Sprachbildung erfolgen kann. Aufgrund der Tatsache, dass sich im Begriff Bildungssprache und seinen Ausrichtungen, verwandten Termini und Konzepten die gesamte Diskussion um Sprachförderung abbildet, lassen sich daraus die fachbezogenen Problemfelder und Sprachbildungsansätze ableiten.

2.1 Bildungssprache

Bildungssprache ist nicht nur in der Schule bedeutsam, sondern in jedem Bildungskontext, da diese sowohl die sozialen und kulturellen Praktiken der Sprachverwendung einer Gesellschaft als auch die Form, in welcher Wissen in dieser vermittelt und erworben wird, bestimmt (vgl. Schmölzer-Eibinger 2013: 25). Berendes et al. (2013) greifen bei ihrer Suche nach dem Ursprung des Begriffs weiter zurück: Sie berufen sich auf Moses Mendelssohn, der Büchersprache als Bezeichnung für gehobenen Wortschatz in Form von abstrakten Begriffen, der nur vom gebildeten Bürgertum verstanden wird, verwendet (Mendelssohn 1784 in Berendes et al. 2013: 18). Hier sind bereits mehrere Faktoren angesprochen, die für die spätere Diskussion bezeichnend sind: Die betreffende Sprachform ist schriftlich orientiert, zeichnet sich durch einen spezifischen Wortschatz aus und steht nicht allen zur Verfügung, sondern nur denjenigen, die eine spezielle Bildung genossen haben.

Bildungssprache als Terminus wird zum ersten Mal bei Drach (1928: 665) erwähnt, der damit die Aussprache der Gebildeten von der Mundart abgrenzt. Auch hier findet sich eine Unterscheidung zwischen Menschen, die aufgrund ihrer Bildung eine bestimmte Sprachverwendung aufweisen, und solchen, die Allgemeinsprache sprechen. Im Unterschied zur heutigen Diskussion klingt hier aber noch an, dass Bildungssprache durch Bildung, also das Absolvieren der schulischen Laufbahn, erworben und gestaltet wird. Dass dies misslingen könnte, dass also SchülerInnen die Schule verlassen und nicht über Bildungssprache verfügen, scheint hier noch undenkbar. Ebenso findet sich bei Habermas (1977) die Überzeugung, dass alle Menschen, die über das schulisch vermittelte bildungssprachliche Register verfügen, an der gesellschaftlichen Partizipation teilhaben können (vgl. Kap. 2.1.2 Selektionsmechanismus).

In der sprachdidaktischen Forschung bekannt geworden ist der Begriff Bildungssprache durch die Arbeiten Gogolins (u.a. 2002), jedoch ist die von ihr aufgegriffene Bedeutung und Benennung nicht die einzig mögliche. Alternierende, ergänzende oder als Gegenentwurf stehende Begriffe sind z.B. konzeptionelle Schriftlichkeit (vgl. Koch & Oesterreicher 1994), Fachsprache im Unterricht (Steinmüller & Scharnhorst 1985), Alltägliche Wissenschaftssprache (Ehlich 1999), Schulsprache (Schleppegrell 2004; Feilke 2012) und academic literacy (Gibbons 2009). Die genannten Begriffe weisen zwar unterschiedliche Akzentuierungen auf, beziehen sich aber immer auf das Gleiche: Die Sprache der Bildungsinstitution. Dennoch ist es der Begriff Bildungssprache, der die „Leitvokabel" (Feilke 2012: 4) in der bildungspolitischen Diskussion um den schulischen Erfolg von Kindern und Jugendlichen mit Migrationshintergrund darstellt, weshalb er im Folgenden verwendet wird.

Die Richtungen, aus denen der Begriff untersucht wird, lassen sich anhand der jeweiligen Perspektive auf Sprache unterscheiden. Auf diese Weise können vier zentrale Sichtweisen auf Bildungssprache differenziert werden: 1. Die linguistische Perspektive, die sprachliche Varietäten beschreibt, ohne dieser Beschreibung eine Wertung zugrunde zu legen. 2. Die erziehungswissenschaftliche Betrachtung, die Sprache als Selektionskriterium begreift, gesellschaftliche Missstände aufzeigt und auf konkrete sprachliche Phänomene bezieht. 3. Die lernpsychologische Perspektive, die versucht aufzuzeigen, wie bestimmte fachliche Inhalte gedacht und kommuniziert werden. Schließlich 4. die bildungspolitische Diskussion, die sich mit Kompetenzen befasst und zu ergründen versucht, welche Fertigkeiten Lernende benötigen, um bildungssprachlich angemessene Sprache zu produzieren. Diese Perspektiven werden im Folgenden aufgegriffen und bezogen auf das Ziel dieser Untersuchung dargelegt.

2.1.1 Sprachsystem

Innerhalb dessen, was als Deutsch gilt, lassen sich unterschiedliche Sprachgebrauchsformen, sogenannte Varietäten, unterscheiden. Es handelt sich dabei um sprachliche Systeme, die einer „bestimmten Einzelsprache untergeordnet und durch eine Zuordnung bestimmter innersprachlicher Merkmale einerseits und bestimmter außersprachlicher Merkmale andererseits gegenüber weiteren Varietäten abgegrenzt" sind (Roelcke 2010: 18f.). Aus systemlinguistischer Perspektive ist die Sprache der Schule zuerst einmal eine Varietät des Deutschen und damit nicht besser oder schlechter als anderen Varietäten zu bewerten. Eine Varietät, die für die Betrachtung von Bildungssprache bedeutsam ist, ist die sog. Fachsprache. Dies lässt sich daran erkennen, dass vor allem in älteren Texten, aber auch in einigen aktuellen, die beiden Begriffe Fach- und Bildungssprache synonym verwendet werden (vgl. Steinmüller und Scharnhorst 1985, Benholz und Lipkowski 2000, Gaebert und Bannwarth 2010, Ahrenholz 2010, Grießhaber 2010 u.a.).

Die Fachsprache ist eine Varietät, die die Verständigung zwischen Fachleuten über fachliche Gegenstände bezeichnet. Im engeren Sinne bleibt Fachsprache so ein „Verständigungsmittel unter Fachleuten bestimmter Kommunikationsbereiche und ist primär an den Fachmann gebunden" (Fluck 1997: 16). Der Begriff Fachsprache wird häufig als Sammelbezeichnung für alle erdenklichen verbalen und nicht-verbalen Formen der fachbezogenen Verständigung verwendet – unabhängig von ihrem Abstraktionsgrad. Insofern kann die Sprache der Schule aus varietätenlinguistischer Sichtweise ebenfalls als Fachsprache betrachtet werden, da sie (im Idealfall) zur Verständigung (sprachkompetenter) SchülerInnen untereinander oder mit Lehrenden über fachliche Gegenstände dient. Dies schließt sowohl schriftliche und mündliche Texte, als auch Symbole, Formeln und Grafiken ein (vgl. Fluck 1997: 14). Gleichzeitig steht der Begriff für eine Abgrenzung zur Gemein- oder Alltagssprache. Fachsprachen sollen Inhalte darstellen, indem sie einen „möglichst adäquaten Bezug zu den fachlichen Gegenständen und Sachverhalten sowie Abläufen und Verfahren herstellen" (Roelcke 2010: 28f.).

Fachsprache kann definiert werden als „Gesamtheit aller sprachlichen Mittel, die in einem fachlich begrenzbaren Kommunikationsbereich verwendet werden, um die Verständigung zwischen den in diesem Bereich tätigen Menschen zu gewährleisten" (Hoffmann 1985: 53). Gesamtheit sprachlicher Mittel meint hierbei nicht nur das Inventar phonetischer, morphologischer und lexikalischer Elemente und syntaktischer Regeln, sondern auch die zugehörigen Kommunikationsakte. Diese sprachlichen Mittel gehören auch der Nationalsprache an, bilden aber in der Fachsprache eine „funktionelle Einheit" (Hoffmann 1985: 53). Der Kommunikationsbereich umfasst den jeweiligen Ausschnitt aus der gesellschaftlichen Wirklichkeit, in dem die betreffende Fachsprache verwendet wird und der sich durch Tätigkeit des Menschen auszeichnet – also zum Beispiel das Fach Biologie.

Der Begriff Fachsprache rekurriert einerseits auf die Bezeichnung *Fach* im Sinne von *Schulfach* (vgl. Feilke 2012: 113), andererseits wird damit aber auch die Nähe zu den eigentlichen Fachsprachen ausgedrückt. Steinmüller und Scharnhorst ordnen die Form der (fachsprachlichen) Kommunikation des Unterrichts auf einem unteren Abstraktionsniveau der Fachsprache an. Sie ist „natürliche Sprache mit einigen Fachtermini [...]. Das Milieu ist der Fachunterricht" (Steinmüller & Scharnhorst 1985: 62). Leisen (2003: 3-10) unterteilt die Kommunikation im Fachunterricht anhand ihres Abstraktionsniveaus in fünf Kategorien, von denen eine sprachliche Ebene wiederum drei Unterkategorien aufweist: Auf der gegenständlichen Ebene werden die konkreten Gegenstände selbst gezeigt und Experimente vorgeführt. Ebenfalls auf dieser Ebene angesiedelt ist die nonverbale Kommunikation im Unterricht. Die bildliche Ebene bedient sich realitätsnaher Abbildungen, Zeichnungen und Fotografien, die bei den Lernenden möglichst konkrete Vorstellungen hervorrufen sollen. Die sprachliche Ebene gliedert sich in die drei Kategorien Alltags-, Unterrichts- und Fachsprache. Alltagssprache bezieht sich dabei auf einführende Texte in Lehrbüchern, die durch die Darstellung von Alltagserfahrungen versuchen, einen

Bezug zu den Lesenden zu schaffen. Zusätzlich findet die mündliche Kommunikation im Unterrichtsgeschehen in der Regel alltagssprachlich statt. Die Unterrichtssprache stellt die nächste, abstraktere Ebene dar und soll zum Fachlichen hinführen. Unterrichtssprachliche Texte sollen beispielgebunden und anschaulich sein sowie dem Unterrichtsgespräch nahe kommen. Leisen bezeichnet Unterrichtssprache als „gereinigte, sprachlich verdichtete Alltagssprache" (Leisen 2003: 3). Die Fachsprache schließlich zeichnet sich durch eine hohe Dichte an Fachbegriffen sowie durch Satz- und Textkonstruktionen aus, die in der Alltagssprache selten auftreten. Häufig sind Merksätze und Definitionen vorhanden, die nur verständlich sind, wenn der Inhalt bereits bekannt ist. Auf der symbolischen Ebene sind Strukturdiagramme, Grafen, Tabellen und andere abstrakte Formen der Visualisierung angesiedelt, die sog. diskontinuierlichen Texte (vgl. Hurrelmann 2007: 20). Ihre Decodierung muss gesondert erlernt und geübt werden (vgl. Kap. 2.2.4 Abbildungen, Grafiken und Tabellen). Auf der mathematischen Ebene schließlich erreicht die Kommunikation im Unterricht ihr abstraktestes Niveau. Inhalte werden in der Sprache der Mathematik ausgedrückt und mittels Termen bzw. mathematischer Gleichungen dargestellt.

Wie sich an der Auflistung Leisens erkennen lässt, tritt die gesprochene und geschriebene Sprache der Schule in drei verschiedenen Formen auf: Sie reicht von der hochkomplexen Fachsprache bis zur Alltagssprache, die gerade im mündlichen Unterrichtsdiskurs häufig für Erklärung und Vermittlung dient. Dies ist damit zu erklären, dass Schule unter anderem die Aufgabe hat, aktuelle wissenschaftliche Erkenntnisse in die Gesellschaft zu tragen. Um Lernende zu befähigen, verantwortungsvoll mit Neuerungen und gesellschaftlichen Diskussionen umzugehen, müssen gerade naturwissenschaftliche Fächer stets aktuell sein und neue wissenschaftliche Ergebnisse aufnehmen (vgl. HKM 2010: 2). Daraus resultiert, dass fachsprachlich ausgedrücktes Fachwissen in Schulbücher übertragen wird. Selbstverständlich versuchen Schulbuchverlage und AutorInnen diese Sprache zu vereinfachen, doch es bleibt eine gewisse Anzahl an typischen Formen des Faches bestehen, was u.a. damit zusammenhängt, dass sich spezifische Inhalte nur durch spezifische Sprache vermitteln lassen und bestimmte Fächer einen bestimmten sprachlichen Stil pflegen (vgl. Kap. 2.1.3 Werkzeug des Denkens und der fachlichen Arbeit). Dies hat zur Folge, dass Bildungssprache als Varietät eine gewisse Nähe zu den Fachsprachen aufweist. Sie ist zwar weniger abstrakt als die Fachsprache der Wissenschaften, aber dennoch durch ähnliche sprachliche Mittel charakterisiert, wie beispielsweise „Schriftförmigkeit" (Gogolin & Schwarz 2004: 836).

Die linguistische Forschung versucht, Varietäten zu beschreiben, indem diejenigen sprachlichen Merkmale identifiziert werden, die eine Varietät von einer anderen unterscheiden: Varietäten sind durch phonologisch-phonetische, syntaktische und morphologische Besonderheiten gekennzeichnet, besitzen einen speziellen Wortschatz, weisen aber auch spezifische Formen des Sprachhandelns auf. Sie sind durch die jeweilige Gruppe der Sprechenden charakterisiert (vgl. Linke, Nussbaumer & Portmann 2001: 303). Das Hauptkriterium zur Klassifikation von Fachsprachen ist der Inhalt der Kommunikation (vgl. Hoffmann 1985: 47). Jede der Subsprachen verfügt über einen eigenen Stil, wobei sich die Stile verschiedener Sub- bzw. Fachsprachen ähneln können, jedoch immer vom Inhalt bestimmt sind. So ist z.B. die Jugendsprache die Varietät einer bestimmten aktuellen Lebensphase von Menschen, wenn diese sich über Sachverhalte, die ihre Peergroup prägen, austauschen.

Ähnlich gelagert wie der Begriff Varietät ist der Begriff Register zu sehen. Dieser ist in erster Linie an bestimmte Kommunikationssituationen gebunden und die Verwendung eines spezifischen Registers ist im Rahmen dieser Situation erwartbar (vgl. Linke, Nussbaumer & Portmann 2001: 304). Register sind „funktionale Varietäten des Sprachgebrauchs, die [...] mit situativen Kontexten assoziiert" (Morek & Heller 2012: 71) sind. Ihre lexikalischen und morphosyntaktischen Phänomene sind also funktional bezogen auf spezifische kommunikative Aufgaben von Diskursen und Texten (vgl. Kap. 2.1.3 Werkzeug des Denkens und der fachlichen Arbeit). Bezogen auf Bildungssprache sind dies: Unabhängigkeit des Textverständnisses von der unmittelbaren Kommunikationssituation, referenzielle Eindeutigkeit und textstrukturelle Transparenz, inhaltliche Kondensiertheit sowie argumentative Klarheit (vgl. Morek & Heller 2012: 71). Die Unterscheidung zwischen Varietät und Register ist nicht immer eindeutig zu treffen, da Menschen in der Regel Sprachgebrauchsformen situationsabhängig auswählen können. Jede Person verfügt also über ein individuelles Repertoire, das je nach Situation aktualisiert wird. Menschen, die nur eine Varietät oder ein Register beherrschen, treten relativ selten auf, da die „innere Mehrsprachigkeit" (vgl. Luchtenberg 2002: 30) die Norm darstellt. Jugendsprache beispielsweise kann als Varietät begriffen werden, da sie die Gruppe der Sprechenden mit definiert und an die Sprechenden und deren verhandelte Gegenstände gebunden ist – in der Jugendsprache sprechen Jugendliche über sie interessierende Sachverhalte. Da eine Jugendliche aber einem Erwachsenen auch ohne Zuhilfenahme dieser Varietät etwas erklären kann – also je nach Situation und Gegenüber andere sprachliche Formen aktualisiert – stellt die Jugendsprache eben auch ein Register dar. Schulsprache hingegen ist stark an eine Situation – schulischer Unterricht – gebunden, gleichzeitig definiert die Beherrschung der schulischen Sprache aber auch den Kreis derjenigen, die eine erfolgreiche schulische Ausbildung absolviert haben. Es kann also ausgesagt werden, dass alle Sprachgebrauchsformen zwischen den Begriffen Varietät und Register rangieren, diese beiden Termini aber nicht trennscharf sind. Daher wird im Folgenden in der Regel von Sprachgebrauchsform gesprochen, die Begriffe Varietät und Register werden in der eben besprochenen Weise alternierend verwendet, wenn der Sprachfluss und Stil dieser Arbeit dies verlangen. Als Ausnahme gilt, wenn auf eine bestimmte Theorie Bezug genommen wird, deren AutorIn sich bewusst für einen der Begriffe entscheidet.

Um Bildungssprache als linguistische Einheit fassen zu können, gilt es, formale Strukturen und sprachliche Mittel zu sammeln und in Bezug auf das kommunikative Handeln in Schul- und Bildungszusammenhängen zu untersuchen (vgl. Morek & Heller 2012: 70). Die zentralen Arbeiten nehmen übereinstimmend Bezug auf die Begriffe konzeptionelle Mündlichkeit und konzeptionelle Schriftlichkeit, die von Koch und Oesterreicher (1985) entwickelt wurden, um die unterschiedlichen Modalitäten sprachlicher Register aufzuzeigen. Da diese Betrachtung für mehrere ForscherInnen zum Ausgangspunkt der Beschäftigung mit Bildungssprache geworden ist, und die Darstellung Kochs und Osterreichers sich in Bezug auf die sprachlichen Phänomene als sehr detailliert erweist, wird der Ansatz im Folgenden eingehend darstellt.

Die Leistung des Modells liegt darin, dass es vor Augen führt, dass Sprache einerseits medial, andererseits konzeptionell geprägt ist und beide Formen sowohl in einer mündlichen als auch in einer schriftlichen Form vorliegen. Medial bedeutet die Realisation von Sprache entweder phonisch (Mündlichkeit) oder grafisch (Schriftlichkeit). Mit dem Begriffspaar konzeptioneller Mündlichkeit bzw. konzeptioneller Schriftlichkeit hingegen werden Charakteristika von Kommunikationssituationen beschrieben, die auch mit den Termini Duktus oder Modalität gefasst werden können (vgl. Koch & Oesterreicher 1994: 587). Konzeption von Sprache bezieht sich dabei auf die Aspekte der sprachlichen Variation, den Duktus bzw. die Modalität und umfasst Aspekte der Kommunikation, die verschiedene Varietäten und Register voneinander abgrenzen. Konzeptionelle Schriftlichkeit wird dabei mit den Vorstellungen von Standardsprache, formeller Kommunikation und Elaboriertheit in Verbindung gebracht, konzeptionelle Mündlichkeit zielt auf das Konzept der Umgangssprache, informeller Kommunikation und geringer Elaboriertheit (vgl. Koch & Oesterreicher 1994: 587). Mit der konzeptionellen Mündlichkeit sind Parameter wie raum-zeitliche Nähe der KommunikationspartnerInnen, Vertrautheit, Emotionalität, Situations- und Handlungsbezogenheit, kommunikative Kooperation in Form des Dialogs, Spontanität verbunden. Die konzeptionelle Schriftlichkeit hingegen ist durch die gegenteiligen Parameter gekennzeichnet: Distanz und Öffentlichkeit, fremde KommunikationspartnerInnen, Sachlichkeit und Situationsenthobenheit, monologische Form sowie Planung (vgl. Koch & Oesterreicher 1994: 588). Durch ihr Zusammenwirken ergeben sich die Konturen verschiedener Sprachgebrauchsformen, die entweder phonisch oder grafisch realisiert und auf dem Kontinuum zwischen konzeptioneller Mündlichkeit bzw. Schriftlichkeit angesiedelt sind.

Textuell und pragmatisch betrachtet ist konzeptionelle Mündlichkeit geprägt durch Gesprächswörter, die wenig semantischen, sondern mehr strukturierenden Effekt haben (*ähm, also*) sowie Verfahren, die auf Situationseinbettung, geringe Planung, Dialogizität und Emotionalität zugeschnitten sind. Die Kommunikation enthält eine Reihe von spezifischen Gliederungssignalen, die Sprecherwechsel ermöglichen, Verständnis sichern, aktives Zuhören signalisieren, Korrekturen ankündigen und begleiten. Außerdem ist die konzeptionell mündliche Sprache durch Interjektionen und Abtönungspartikel gekennzeichnet, die Gefühle ausdrücken oder unterstreichen, Pausen anzeigen oder überbrücken usw. Damit hängt die syntaktische Struktur konzeptioneller Mündlichkeit eng zusammen, die (aus schriftsprachlicher Sicht) nicht-satzförmige, nicht-wohlgeformte Äußerungen bevorzugt (vgl. Hoffmann 1998: 3). Die Last des Ausdrucks liegt hier nicht allein auf der Sprache, sondern auch auf Gestik, Mimik, geteilter Situation und Vorwissen. Aufgrund der häufigen Redundanzen sowie der starken Situationseinbettung können auch elliptische Formen die Kommunikationsfunktion erfüllen. Lexikalisch zeichnet sich konzeptionelle Mündlichkeit durch semantische Variabilität aus. Aufgrund des geteilten Kontexts trägt das Wortmaterial nur teilweise zur Bedeutungsgebung bei, weshalb sog. „passe-partout-Wörter" (Koch & Oesterreicher 1994: 591), also inhaltsarme Wörter wie *das, da* häufig gebraucht werden und in der Wortwahl generell gering variiert werden. Lexikalischer Reichtum wird in diesem Konzeptionsbereich nur in besonders mit Emotionen behafteten Bereichen realisiert, zum Beispiel durch drastische Metaphern und Hyperbeln.

Im Rahmen konzeptioneller Schriftlichkeit hingegen können Gesprächswörter aufgrund der situationsenthobenen, stark geplanten und schwach emotionalen Sprachsituation kaum verwendet werden bzw. diese müssen durch aufwändigere Verfahren ersetzt werden. Beispielsweise kann die Textgliederung nicht durch linear-reihende und vorläufige Artikulationen mit typisch mündlichen Gliederungssignalen erfolgen, sondern es ist eine hierarchisch komplexe Textgliederung mit expliziten Signalen (*im Folgenden, anschließend, einerseits, andererseits*) notwendig. Textkohärenz kann ausschließlich mit sprachlichen Mitteln erzeugt werden, was eine „durchstrukturierte semantische Progression und eine explizite Verkettung zwischen Sequenzen im Text erfordert" (Koch & Oesterreicher 1994: 590). Damit ist eine deutlich höhere Planungsintensität verbunden, als dies bei konzeptionell mündlicher Sprache der Fall ist. Verstärkt wird diese Tendenz durch strikte Kongruenzregeln, die festlegen, was wie verbunden werden kann, aber auch durch große Variationsmöglichkeiten. Diese werden mit Hilfe ko-referenzieller Ausdrücke, deren abwechselnde Nutzung zu einem stilistisch ansprechenden Text beiträgt, ermöglicht. Verkettung von Sätzen geschieht selten durch UND-Verknüpfung, sondern durch differenzierte Formen, die die logischen Relationen präzisieren. Diese Planungsintensität bedingt Lektüre ähnlicher Texte, Kontroll- und Korrekturschleifen sowie den Zugriff auf externe Wissensspeicher wie beispielsweise Lexika. Syntaktisch ist die konzeptionelle Schriftlichkeit durch Normenkonformität sowie durch ein explizites und gleichzeitig kompaktes Satzformat gekennzeichnet. Die Last der Information ruht auf dem sprachlichen Material, was Eindeutigkeit notwendig macht und mit differenzierten Präpositionen, hypotaktischen Konjunktionen, regulierter Tempus- und Modusnutzung und hypotaktischen Strukturen einhergeht (vgl. Koch & Oesterreicher 1994: 591). Zudem wird Information zusammengefasst und kondensiert, was den Nominalstil zur Folge hat. Damit zusammenhängend findet sich eine hohe Bandbreite an lexikalischem Material, da präzise auf Referenzobjekte verwiesen werden soll. Dies soll die nicht vorhandenen außersprachlichen Verständnishilfen kompensieren, verbindet die konzeptionelle Schriftlichkeit aber auch mit fachspezifisch benannten Konzepten – zusammengefasst im Fachbegriff (vgl. Kap. 2.2.1 Lexikalische Phänomene). Die Möglichkeiten der Wortbildung bzw. Entlehnung werden weitaus mehr ausgeschöpft als in der konzeptionellen Mündlichkeit, ebenso die Nutzung von Abstraktion. Ziel der lexikalischen Differenzierung ist bei der konzeptionellen Schriftlichkeit keine Ausrichtung am Kriterium der Emotionalität, sondern

> „an dem einer versachlichten kontextunabhängigen Nutzung des in lexikalischen Einheiten komprimierten gesellschaftlichen Wissens" (Koch & Oesterreicher 1994: 591).

In Anlehnung an Seibicke (1976) nennt Grießhaber (2010: 38f.) sechs Merkmale, die den Fachwortschatz der naturwissenschaftlichen Fächer kennzeichnen: Ein deutlich hoher Anteil an Substantivierungen mit besonderer Dichte an Komposita, Abkürzungen und Kurzwörtern sowie spezielle Zeichen und Symbole, Neubildungen und stetige Veränderungen der Lexik. Weiterhin bedeutsam sind alltagssprachliche Kollokationen und Wendungen, die in der Fachsprache eigene Bedeutung erhalten. Chlosta und Schäfer (2008) definieren morphologische Besonderheiten der fachsprachlichen Kommunikation im Unterricht (vgl. Chlosta & Schäfer 2008: 290f.): Infinitive werden häufig substantiviert und es treten häufig Mehrwortkomplexe auf, die Wortfelder eröffnen (z.B. *Blutkreislauf, Blutplättchen, Blutkrebs, Blut...*). Häufig vorhanden sind Bildungen neuer Wörter, die aus Eigennamen und anderen Lexemen bestehen (z.B. *Bunsenbrenner*). Schließlich lassen sich gehäuft auftretende Passivformen sowie Imperfekt- und Konjunktivverwendungen verzeichnen, die in der Alltagssprache selten zu beobachten sind (vgl. Chlosta & Schäfer 2008: 290).

In Bezug auf die Syntax der Fachsprache sind Funktionsverbgefüge bedeutsam, deren Verb inhaltsleer bleibt und nur noch zur Unterstützung der substantivierten Tätigkeit dient (vgl. Fabricius-Hansen 2005: 424f.). Es finden sich anstelle von Gliedsätzen vermehrt Satzglieder, die deren Funktion einnehmen. Des Weiteren sind die Texte durch einen Ausdruck von Allgemeingültigkeit und Unpersönlichkeit gekennzeichnet, was in starkem Gegensatz zur Alltagssprache steht. Durch Textverweise, wie Wiederholungen und Wiederaufnahmen von Textelementen durch Pro-Formen, wird eine hohe Dichte erreicht (vgl. Rösch 2005: 50). Chlosta und Schäfer referieren auf Ergebnisse von Steinmüller und Scharnhorst (1987: 9), wenn sie zusammenfassend feststellen, dass es besonders die „relativ abstrakte Sprachverwendung mit hypotaktischen Satzbildungen" (Chlosta & Schäfer 2008: 291) ist, die die Besonderheit der schulischen Kommunikation ausmacht.

Die hier vorgestellte sprachsystematische Betrachtung von Bildungssprache ermöglicht es, einzelne Phänomene aufgrund von Korpusanalysen herauszufiltern und darzustellen. Diese Ergebnisse können unter anderem dazu dienen, Textschwierigkeitsanalysen durchzuführen und Leseförderung zu planen (vgl. Kap. 2.4.2 Explizite Sprachbildung). Im Zuge der Beschäftigung mit dem Begriff Bildungssprache wurde diese Sichtweise jedoch auch kritisiert (vgl. Kap. 2.1.3 Werkzeug des Denkens und der fachlichen Arbeit). Eine Untersuchung des sprachlichen Systems einer Varietät bleibt (im Idealfall) wertfrei. Im Zuge bildungspolitischer Debatten um die Chancengleichheit von Kindern mit und ohne Zuwanderungsgeschichte lassen sich Erkenntnisse der linguistischen Forschung jedoch nutzbar machen, da sie Argumente liefern können. Eine Funktion der Bildungssprache ist die der Mittlersprache zwischen Fachsprachen (Vollmer & Thürmann 2013b: 42). Sie stellt somit ein Medium dar, in dem fachliche bzw. wissenschaftliche Inhalte adäquat transportiert werden können, ohne jedoch derartig spezialisiert zu sein, dass sie nur von Fachleuten verstanden wird. Dies ist in ihrem geringeren Abstraktionsgrad begründet sowie in der Verminderung der Häufigkeit von Fachlexik. Bildungssprache bleibt aber dennoch einem kleinen Kreis – den Gebildeten – vorbehalten, weshalb sie als die Varietät derjenigen begriffen werden kann, die in der Gesellschaft einflussreich sind (Vollmer & Thürmann 2013b: 42). Eine Nicht-Beherrschung dieser Varietät impliziert im Umkehrschluss, dass die betreffende Person oder Gruppe nicht an fachlichen und gesellschaftlichen Diskursen teilhaben kann, Wissen und

Kenntnisse nicht adäquat kommunizieren kann und von vielen Funktionen der Gesellschaft ausgeschlossen bleibt.

Daher ist mit dem Begriff Bildungssprache die Sichtweise eng verknüpft, dass verschiedene Personengruppen – insbesondere MigrantInnen – im deutschen und durch das deutsche Bildungssystem benachteiligt sind und werden. Dies soll im Folgenden dargestellt werden.

2.1.2 Selektionsmechanismus

Die Beschäftigung mit dem Begriff Bildungssprache, die, im Gegensatz zu dem bisher erläuterten Ansatz, weniger versucht eine sprachsystematische Analyse zu erstellen, sondern die Funktion von Bildungssprache ergründet, geht auf Habermas (1977) zurück. Er versucht zu klären, in welchem Verhältnis Umgangssprache und Wissenschaftssprache zueinander stehen, aber auch wie Sprache und Macht sich zueinander verhalten. Dies wurde Ausgangspunkt für die Überführung seiner Terminologie durch andere ForscherInnen in den Diskurs Deutsch als Zweitsprache.

Die Auffassung, dass Sprache an der Schaffung sozialer Ungleichheit beteiligt ist, wurde bereits früher diskutiert. Morek & Heller (2012) verweisen darauf, dass in den 1960er Jahren ein Terminus zum Thema Bildungsexpansion und Chancengleichheit im Bildungssystem in den Fokus rückte. Sprachbarrieren durch die Verwendung bestimmter Codes schienen als Erklärung bildungsbedingter Ungleichheit passend zu sein. Diese, auf die Thesen Bernsteins (2003) zurückgehende, Betrachtung rückte die Unterschiede zwischen den sprachlichen Besonderheiten verschiedener gesellschaftlicher Schichten ins Zentrum der Diskussion. Mittel- und Oberschichtkinder verfügen über eine Sprachgebrauchsform, die kontextentbundene Textentfaltung ermöglicht, den sogenannten elaborierten Code. Unterschicht- und Arbeiterkinder hingegen können nur den restringierten Code verwenden (Bernstein 1971: 221)[1]. Mit dem Beitrag Habermas' wird der Begriff Code in diesem Diskurs abgelöst und durch Bildungs-

---

[1] Diese Gegenüberstellung wurde in die sprachdidaktische Diskussion ihrer Zeit recht enthusiastisch übernommen, wird mittlerweile aber kritisch betrachtet, da einerseits eine Orientierung allein an Oberflächenmerkmalen sprachlicher Register verkürzt ist und andererseits die empirische Beweisführung für Zusammenhänge zwischen Code und Leistung nicht erbracht wurde (vgl. Morek & Heller 2012: 68). Auch wenn die Begriffe in der heutigen Behandlung des Problems kaum mehr eine Rolle spielen, so kann man daran doch eines lernen: Patenterklärungen und Wundermittelerwartungen, die sich an erklärende Begriffe – wie Bildungssprache – hängen, führen nicht zwangsläufig zu einer Lösung des Problems.

sprache ersetzt. Dieser Terminus stellt weniger die Varietäten und Register der Lernenden in den Vordergrund, sondern jene der Bildungsinstitution.

Um das Verhältnis der Sprachgebrauchsformen zu untersuchen, definiert Habermas zu Beginn die Begriffe Umgangssprache, Fachsprache und Wissenschaftssprache: Umgangssprache ist im Verständnis Habermas' die Sprache, die Angehörige einer Sprachgemeinschaft im alltäglichen Umgang benutzen. Es handelt sich dabei in der Regel um jene Sprache, die im Kindesalter im Austausch mit der Umwelt erworben wird. Diese ist im Vergleich mit den Sondersprachen wenig normiert (vgl. Habermas 1977: 37f.). Fachsprache wird erworben, während man sich bestimmte Kenntnisse aneignet. Sie erlaubt für diesen Kenntnisbereich eine größere Präzision in der Kommunikation, doch diese Präzisierung beruht nicht darauf, dass die Verwendung fachsprachlicher Ausdrücke explizit geregelt wäre, sondern diese Nutzung entwickelt sich im Verlauf der Kommunikation über den Kenntnisbereich. Hier trennt Habermas die Fachsprache strikt von der Wissenschaftssprache, wobei letztere die Funktion aufweist, Tatsachen festzustellen und Aussagen zu prüfen, woraus sich die Notwendigkeit zu starker Normierung ergibt. Die Ausdrücke müssen kontextfrei und theoriebezogen Verwendung finden können (vgl. Habermas 1977: 38). In dieser Definition lässt sich also ein steigender Abstraktionsgrad zwischen Fachsprache und Wissenschaftssprache beobachten, beide sind aber Arbeitssprachen. Oder anders ausgedrückt: Alle Sprachgebrauchsformen dienen dazu, kommunikativ an spezifische Situationen und Sachverhalte gebunden Probleme zu lösen und Sachverhalte mitzuteilen.

Habermas konstatiert außerdem die zwingende Abhängigkeit der Fach- und Wissenschaftssprachen von der Umgangssprache, da diese zuerst erworben wird. Ohne die Beherrschung der Umgangssprache kann keine Wissenschaftssprache erlernt werden (vgl. Habermas 1977: 38). Gleichzeitig nehmen die Sondersprachen Einfluss auf die alltägliche Umgangssprache, z.B. indem Termini des wissenschaftlichen Fortschritts mit dem Einfließen technischer Neuerungen in die Gesellschaft den Sprachschatz erweitern. Dabei büßen Begriffe aber ihre Präzision häufig ein. Neben den Fach- und Wissenschaftsbereichen ist nach Habermas die Öffentlichkeit „das andere große Einfallstor, durch das wissenschaftliches Vokabular in das allgemeine Bewußtsein eindringt" (Habermas 1977: 39).

Die Sprache der Öffentlichkeit ist die Bildungssprache. Sie wird nach Habermas in den Massenmedien verwendet und unterscheidet sich von der Umgangssprache durch einen „differenzierten, Fachliches einbindenden Wortschatz" (Habermas 1977: 39). Im Unterschied zur Fachsprache steht sie grundsätzlich allen offen, die sich auf der Basis ihrer schulischen Bildung ein allgemeines Orientierungswissen verschaffen können[2]. Orientierungswissen ist charakterisiert als die Kenntnis spezieller Sachverhalte, die in relevante Zusammenhänge der Lebenswelt eingeordnet werden (vgl. Habermas 1977: 39f.). Bildungssprache ist also das Medium, das gesellschaftliche Teilhabe durch Sprache ermöglicht, und rangiert in ihrem Abstraktionsgrad zwischen der Umgangssprache und der Fach- bzw. Wissenschaftssprache.

Das von Habermas entwickelte Konstrukt einer kognitiv anspruchsvolleren Sprachform, die für die gesellschaftliche Teilhabe konstituierend ist, wurde von der Forschung erweitert und auf die konzeptionellen Unterschiede von Sprache nach Koch und Oesterreicher bezogen (vgl. Gogolin 2002; 2004). Bildungssprache gilt als konzeptionell schriftliches Register, das in durch räumliche Distanz gekennzeichneten Kommunikationssituationen Verwendung findet. Sie verwendet sprachliche Mittel, mit deren Hilfe komplexe und abstrakte Inhalte ausgedrückt werden können. Das schulische Register gilt dabei als Manifestation der Selektionsfunktion von Schule, da nur SchülerInnen erfolgreich an Bildungsprozessen teilhaben können, die – im Sinne Bourdieus (u.a. 2005) – über das notwenige kulturelle Kapital verfügen.

Bildungssprache stellt, in Form von verinnerlichten Denk-, Wahrnehmungs- und Handlungsschemata, ein Element des individuellen und schichtspezifischen Habitus dar. Der Habitus ist zu verstehen als System von dauerhaften Dispositionen, das durch die Geschichte und das Umfeld des Individuums erworben wird und sich bei Personen mit ähnlichen Erfahrungen und Hintergründen gleicht. Anders ausgedrückt handelt es sich dabei um Gewohnheiten im Denken, Fühlen und Handeln, die Mitgliedern einer Gruppe gemeinsam sind. Der Habitus prägt und strukturiert die Sinneswahrnehmung einer Person und ordnet diese in sinnvolle Zusammenhänge ein, die auf der Basis des Vorwissens in spezifischer Weise verstanden werden. Nach Gogolin (1994) ist die monolinguale Orientierung von LehrerInnen als Ausbildung eines spezifischen Habitus zu sehen, der auf die Schule als Bildungssystem ausgeweitet werden kann. LehrerInnen begreifen sich und die Schülerschaft als einsprachig und können vor dem Hintergrund dieses Verständnisses Probleme und Hürden mehrsprachiger SchülerInnen nicht erkennen und dementsprechend handeln. Dies betrifft neben der Sprache auch multikulturelle Zusammenhänge, die als solche nicht wahrgenommen und behandelt werden. Der monolinguale Habitus

---

2 Bildungssprache ist nicht notwendigerweise abstrakt oder komplex, sondern Habermas rechnet auch die ‚Bild'-Zeitung zu Medien, die diese Sprachform nutzen. Hier ist das transportierte Orientierungswissen selbstverständlich weniger tief oder differenziert als beispielsweise in Fachzeitschriften.

der deutschen Schule stellt einen der Hauptgründe für das Scheitern mehrsprachiger Kinder im Bildungswesen dar, da deren Entwicklung an einsprachigen, monokulturell geprägten Maßstäben gemessen wird (vgl. Gogolin 1994: 24f.). Diese Überlegungen können auf sprachschwache Kinder übertragen werden, die zwar nicht aufgrund der Einsprachigkeit der Schule Nachteile haben, die aber dennoch nicht dem (bildungs-)sprachlichen Habitus entsprechen.

Der Habitus der Mittelschicht unterscheidet sich von dem der Arbeiterklasse bzw. der bildungsfernen Schicht – hier unterscheidet sich die Argumentation nicht von der Bernsteins. Der Erwerb von Sprache wird durch die Interaktion im Elternhaus in unterschiedlicher Weise unterstützt, und es werden unterschiedliche diskursive Strategien herausgebildet. Klassenspezifischer Sprachgebrauch von Kindern aus bildungsfernen Haushalten wird in der mittelschichtnahen Schule jedoch nicht als kulturelles Kapital anerkannt (vgl. Morek & Heller 2012: 77). In der Bildungsinstitution werden Lernergebnisse häufig daran gemessen, wie sie ausgedrückt werden, weshalb sprachschwache Lernende mit guten fachlichen Kompetenzen benachteiligt sind (vgl. Vollmer & Thürmann 2010: 111, Tajmel 2010b: 141f.). Da hier die Kompetenz, das eigene Sprachverhalten an die Gebrauchsweisen der Schule anzupassen, bei der Leistungsbewertung implizit eine Rolle spielt, kann behauptet werden, es handle sich bei der Bildungssprache um das „geheime und entscheidende schulische Curriculum" (vgl. Vollmer & Thürmann 2010: 111). Schulische Erwartungen an die Sprache der Lernenden werden selten thematisiert oder vermittelt. So kann festgestellt werden, dass es nicht in erster Linie die heterogenen, in der außerschulischen Sozialisation erworbenen, sprachlichen Voraussetzungen der Lernenden zu Bildungsungleichheit führen, sondern die Tatsache, dass Schule ihre sprachlichen Ansprüche und Bewertungsmaßstäbe nicht offen legt und Sprache nicht zum Lerngegenstand macht (vgl. Morek & Heller 2012: 78). Dies stellt die maßgebliche Neuerung in der Diskussion seit der Behandlung der unterschiedlichen Codes dar.

Auch Gogolin und Schwarz (2004) weisen darauf hin, dass der Vermittlung schulspezifischer Sprache ein großer Stellenwert für den Schulerfolg der Lernenden zukommt. Sie belegen dies anhand einer Studie, die aufzeigt, dass „in Schulen, die gute Erfolge erzielen, ein hohes Maß an Lehr- und Lernintensität darauf verwendet wird, die Schülerinnen und Schüler mit der dekontextualisierten (bzw. uneingebetteten) Rede des Unterrichts vertraut zu machen und sie explizit an die Divergenzen zwischen der Sprache des Lebensalltags und der Schule heranzuführen" (Gogolin & Schwarz 2004: 837). Besonders bedeutsam ist diese Leistung der Schule, wenn das familiäre Umfeld nicht in der Lage ist, schulspezifische Varianten des Deutschen zu vermitteln. Risikogruppen sind einerseits Kinder aus bildungsfernen Schichten, aber auch Lernende mit Migrationshintergrund, für die Deutsch eine Zweitsprache darstellt. Dennoch ist ein multilingualer Hintergrund nicht zwingend ein Grund für Probleme mit der Bildungssprache: Eckhardt (2008) konnte zeigen, dass Probleme beim Erwerb der schulischen Sprachvariante hauptsächlich auf die soziale Herkunft und sprachlichen Anregungen in der Familie bezogen sind und weniger auf den (zweit-)sprachlichen Hintergrund der Lernenden (vgl. Eckhardt 2008: 221). Kinder, deren Lesesozialisation durch Tätigkeiten wie Vorlesen, Bilderbücher besprechen usw. geprägt ist, kommen leichter mit den schulischen Anforderungen zurecht als Kinder, bei denen dies nicht geschah, unabhängig von der Sprache, die in der Familie gesprochen wird (vgl. Gogolin 2006a: 41).

Die hier aufgezeigte Argumentation – Lernende verwenden ein abweichendes Register und können daher nicht erfolgreich an Bildung partizipieren – lässt sich auch in die andere Richtung denken: Lernende empfinden sich nicht als bildungsschichtenzugehörig und verwenden ganz gezielt sprachliche Register, um sich abzugrenzen. Es handelt sich also bei der bildungssprachlichen Kompetenz nicht immer oder nicht automatisch um ein Kompetenzproblem, sondern unter Umständen um eines der Performanz. Sprache stellt ein zentrales Mittel der Selbstdarstellung und der Zugehörigkeitsbestimmung dar: Soziale Verhältnisse und Beziehungen werden parasprachlich ausgedrückt und Situationen sprachlich geschaffen, ausgeführt und definiert. Um erfolgreich in Bildungsinstitutionen zu sein, sind bildungssprachliche Kompetenzen unabdingbar, wobei Bildungssprache hier eine doppelte Funktion erfüllt. Sie ist einerseits bedeutsam beim Erwerb von Wissen, gleichzeitig aber auch „das Medium für den Nachweis von Wissen" (Berendes et al. 2013: 25). Wer das bildungssprachliche Register verwendet, gibt sich als Mitglied einer bildungsnahen, womöglich akademisch orientierten Gruppe zu erkennen (vgl. Morek & Heller 2012: 79). In Bezug auf Schule bedeutet dies, dass Lernende mit der Nutzung dieser Sprachgebrauchsform eine bestimmte Haltung zur Schule ausdrücken, die von Gleichaltrigen durchaus kritisiert werden kann. Unter Umständen bildet sich so eine Abwehrhaltung gegen das Verwenden des schulsprachlichen Registers heraus (vgl. Harren 2011: 113). Diese kann auch auf der Tatsache basieren, dass schulische Bildung aufgrund des Überschusses an weiblichen Lehrpersonen, gerade in jüngeren Stufen, weiblich konnotiert ist (vgl. Bischof & Heidtmann 2002: 244). Gerade die nach männlichen Rollenbildern suchenden Jugendlichen können sich dem mit Weiblichkeit verbundenen Bildungsideal wenig zuordnen. Im Zuge dessen kann es sein, dass sich Lernende ganz gezielt von bildungssprachlichen Praktiken distanzieren (vgl. Preece 2009: 9).

Bildungssprache mag als komplexe und nicht einfach erschließbare Sprachgebrauchsform selektiven Charakter haben, indem sie SchülerInnen, die ihr nicht gerecht werden, aussortiert. Dies ist aber nicht ihre sprachliche Funktion. Diese richtet sich nach dem sachlichen Inhalt, der transportiert werden soll, insofern weist sie Nähe zu den Fachsprachen auf. Für die Betrachtung von Sprache im Fachunterricht ist diese Perspektive insofern bedeutsam, da sie es ermöglicht, den Zusammenhang zwischen sprachlichen Formen und deren Funktion bei der Übermittlung von Inhalten zu bestimmen. Im Hinblick darauf, dass Sprachvermittlung immer dann am erfolgreichsten ist, wenn sie an authentischen Kommunikationssituationen geschieht (vgl. Rösch 2005: 29), bietet sich hier eine große Chance für die Sprachbildung im Fachunterricht. Im Folgenden wird Bildungssprache daher aus funktionaler Perspektive beschrieben.

2.1.3 Werkzeug des Denkens und der fachlichen Arbeit

Keine der beiden Varietäten – mündlich oder schriftlich, Sprache der Schule oder Sprache der Lernenden – ist der anderen überlegen, sondern jede erfüllt in ihrem Kommunikationsbereich spezifische Funktionen, die sie im jeweils anderen nicht erfüllen kann. Der Zusammenhang zwischen Sprachstruktur und kommunikativer Funktion ist nachweisbar: So lässt sich beispielsweise der Nominalstil, also das gehäufte Auftreten von komplexen Nominalphrasen, folgendermaßen in seiner Funktion für die bildungssprachliche Kommunikation erklären: Lexikalisch gefüllte Nominalphrasen garantieren im Gegensatz zu deiktischen Formen referenzielle Eindeutigkeit und dienen der klaren, informationsstrukturellen Gliederung. Letzteres wird durch den Umstand bewerkstelligt, dass Zusammenhänge, die vorher in Satzform definiert wurden, nun durch die komplexe Nominalphrase wieder aufgegriffen werden. Dies kondensiert den Inhalt auf die kompakte nominale Form und erleichtert die Herstellung von Textkohärenz (vgl. Morek & Heller 2012: 72).

Die funktionale Perspektive auf Bildungssprache geht auf Halliday (1994) zurück, der das Konzept des sprachlichen Registers (vgl. Kap. 2.1.1 Sprachsystem) in die Diskussion einführt. Sprache und Handeln finden in diesem Begriff zusammen, da das Register an die Situation und die Handlungsziele gebunden ist, statt an die Gruppe der Sprachverwendenden (Halliday 1994: 110). Unter Rückgriff auf den Begriff Functional Grammar untersucht er, wie grammatische Strukturen und andere sprachliche Phänomene sich je nach Thema, Beziehung der Akteure zueinander und Medium verändern. Kompetenz wird hier als die situationsangemessene Wahl des passenden Registers begriffen. Das bildungssprachliche Register kann unterschiedliche Erscheinungsformen annehmen, wobei die kommunikativen Strategien und Diskursstrukturen auf der Grundlage von Verstehensprozessen und Kommunikationsabsichten die Auswahl konkreter sprachlicher Mittel bestimmen (vgl. Vollmer & Thürmann 2010: 109).

Reich (2008) legt eine Definition aus erziehungswissenschaftlicher Perspektive vor. Er betrachtet Bildungssprache als eine Varietät, die aus den Zielen und Traditionen der Bildungseinrichtungen heraus entstanden und von ihnen geprägt ist. Ihre Funktion liegt in der Vermittlung von Wissen und Fertigkeiten, aber auch in der Einübung von Kommunikationsformen. Da Bildungssprache somit Ziel der Bildung ist, kann daraus abgeleitet werden, dass es Aufgabe der Schule sei, diese zu vermitteln (vgl. Reich 2008: 9f. in Gogolin & Lange 2011: 113). Bildungssprache soll so zu einem Werkzeug werden, das Lernende je nach Situation und Ziel einzusetzen im Stande sind und das sie zum Lernen nutzen können.

Feilke nennt als spezifisch bildungssprachlich „bestimmte Formate und Prozeduren einer auf Texthandlungen wie *Beschreiben, Vergleichen, Erklären, Analysieren, Erörtern* etc. bezogenen Sprachkompetenz, wie man sie im schulischen und akademischen Bereich findet" (Feilke 2012: 5, kursiv im Original). Diese Sprachformen sind Ausdruck kommunikativer Anforderungen in fachlichen Lernkontexten, die für komplexe Herausforderungen in der Verwendung von Sprache als kognitives Werkzeug stehen. Sprachlich-kommunikative Anforderungen im Fachunterricht lassen sich häufig an Operatoren ablesen, die mit Hilfe von Sprachhandlungsverben eine Verbindung zwischen sachlichen Inhalten und kognitiven Prozessen herstellen (z.B. *benenne, erörtere, beschreibe...*) (vgl. Feilke 2012: 12). Dabei handelt es sich um Diskursfunktionen, die kommunikative Ziele im Unterricht spezifizieren (Schmölzer-Eibinger 2008: 32).

Besonders hervorzuheben ist, dass diese Sprachhandlungen aus verschiedenen Teilhandlungen bestehen, die gesondert vermittelt werden müssen und die jeweils spezifische sprachliche Mittel auswählen. Zum Beispiel bedeutet Erörtern „Positionen aus unterschiedlichen Texten zu referieren, Gegensätze auszudrücken, Sachverhalte als Möglichkeiten und Annahmen zu formulieren usw." (Feilke 2012: 5, kursiv im Original). Solche bildungssprachlichen Registerkompetenzen werden bereits in der vor-literalen Phase angelegt, z.B., indem durch das Vorlesen von Kinderbüchern ein Bewusstsein dafür geweckt wird, dass Sprache konzeptionell schriftlich sein kann. Im Unterricht der Grundschule muss dieses bildungssprachliche Vorwissen ausgebaut werden, auch wenn die Texte und Aufgaben hier noch nah am umgangssprachlichen Register liegen (vgl. Hövelbrinks 2013: 83). Unterstützung in dieser frühen Phase der Literalität erweist sich bei der Vorbereitung höherer Bildungsziele als sinnvoll (vgl. Feilke 2012: 6).

Aufgrund der vom Situationskontext weitgehend abgelösten Verständigung, die mit Bildungssprache möglich ist, erfordert diese von den KommunikationspartnerInnen ein „kognitiv abstrahierendes Sprachdenken" (Feilke 2012: 6). Umgekehrt lässt sich festhalten, dass abstraktes Denken ohne abstrahierende sprachliche Kompetenzen nicht möglich ist: Man kann nur denken, wovon man einen Begriff hat. Außerdem ist die Bildungssprache die Brücke zum Verständnis, indem sie relevantes Vorwissen sprachlich aktiviert. Sachverhalte, die bildungssprachlich komplex ausgedrückt werden, können mit Hilfe der eigenen Sprachkompetenz auseinandergenommen und einzeln bearbeitet werden, um den Sinn zu erschließen (vgl. Feilke 2012: 7). Portmann-Tselikas (1998) verwendet nicht den Begriff Bildungssprache, macht aber auf die mentalen Leistungen aufmerksam, die für Bildungsprozesse benötigt werden, indem er formuliert, es sei ein „schulischer Sprach- und Denkstil" (Portmann-Tselikas 1998: 23) notwendig. Dieser baut auf den alltagssprachlichen Denkformen auf, muss aber in der Schule ausgebaut werden, um dort eine doppelte Funktion zu erfüllen, nämlich sowohl Ziel als auch Mittel des Lernens zu sein. Dabei wird die Sprache zunehmend abstrakter, benötigt mehr kohärenzbildende Mittel und klare Referenzierungen, die von der Alltagssprache abheben. „So lernen die Schüler von Alltagspraktiken losgelöste Fragen als Denkaufgaben zu begreifen" (Lengyel 2010: 596).

Ehlich (1999) greift auf den Terminus alltägliche Wissenschaftssprache zurück und fasst darunter jene sprachlichen Phänomene, die zur Erarbeitung und Kommunikation wissenschaftlicher Sachverhalte dienen, aber der Alltagssprache entnommen wurden. Damit macht er auf die Schwierigkeiten für Deutsch als Fremdsprachenlernende an der Universität aufmerksam, denen Fachsprache in Form von Begriffen vermittelt wird, jedoch ohne auf die weniger auffälligen Strukturen, eben jene alltäglichen Phänomene der Fachsprache, einzugehen (vgl. Ehlich 1999: 7-10). Außerdem benennt er diese Sprachgebrauchsform einerseits als Bestandteil, Resultat, aber auch als Voraussetzung der Wissenschaftskommunikation und damit als Werkzeug für sprachliche fachbezogene Prozesse (vgl. Ehlich & Graefen 2001: 373). Für die Betrachtung schulsprachlicher Phänomene aus handlungstheoretischer Sicht werden diese Überlegungen von Redder (2012) genutzt. Sie unterscheidet auf der Basis der funktionalen Pragmatik illokutive und diskursive sowie propositionale Einheiten. Diese Unterscheidung geht auf die von Austin (u.a. 1972) und Searl (u.a. 1984) getroffene Definition des Sprechaktes zurück. Dieser besteht aus dem Äußerungsakt (sprachliche Form), dem propositionalen Akt (Inhalt) und dem illokutiven Akt

(Qualität der Handlung). Damit weisen sie auf den Umstand hin, dass Sprache eben nicht nur Zeichensystem und Regelwerk, sondern auch Handlung ist, und richten den Fokus der Wissenschaft auf Phänomene wie implizite Sprechakte, mitgetragene Bedeutung und Handlungsmuster, die durch performative Verben ausgedrückt werden (z.B. *drohen, beichten, darstellen* usw.).

Illokutive und diskursive Akte, die bei der Untersuchung von Bildungssprache bedeutsam sind, sind die Sprechhandlungen Begründen, Reformulieren, Erklären, Erläutern, Beschreiben und Berichten sowie deren innere Handlungsmuster (vgl. Redder 2012: 84; Lengyel 2010: 596). Propositionale Einheiten, die Berücksichtigung finden, sind Ausdrücke und Phrasen der alltäglichen Wissenschaftssprache. Im Unterschied zu anderen Positionen wird mit dieser Perspektive der sprachliche Handlungsaspekt in den Vordergrund gerückt. „Diskurs und Text [sind] darauf zu befragen, ob sie den alltäglichen Sprechhandlungen in ihrer illokutiven Dimension entlehnt und der wissenschaftlichen Wissensgewinnung dienstbar gemacht werden" (Redder 2012: 84). Gesellschaftliches Wissen umfasst komplexes sprachliches Handlungswissen, fachliches Wissen und wissenschaftliches Wissen, was mit der Hinführung von zumindest einem Teil der Lernenden zur Studierfähigkeit begründet werden kann. Auf der Basis dessen lässt sich feststellen: Wissenschaftssprache und Bildungssprache haben die wissensbezogene Methodik gemeinsam. Bildungssprachlich relevant sind die „sprachliche Fähigkeiten der mentalen Entfaltung" (Redder 2012: 87). Damit ist gemeint, dass Lernende die Fähigkeit entwickeln, bestimmte Diskurs- und Textarten von „hoher semantischer Tiefenschärfe und differenter Abstraktionsstufe" (Redder 2012: 87) bewältigen zu können. Diese elaborierte Diskursivität bezieht sich auch auf Steuerung gemeinsamen Diskurswissens. Es geht also um schulisch modifizierte oder ausgebildete sprachliche Handlungsmuster. Lernende müssen in erster Linie die damit verbundenen Handlungsziele erkennen, um diese zu erfüllen. Diese Sichtweise spricht sich gegen eine „Auflistung von Merkmalen oder gar sprachlichen Mitteln für die Erfassung des mit Bildungssprache Gemeinten" (Redder 2012: 88) aus, und schlägt stattdessen vor zu rekonstruieren, wie bestimmte sprachliche Mittel der Wissensbearbeitung dienen und welche Verstehensleistungen sie von den Lernenden fordern. Folgende Zusammenstellung basiert auf der Analyse eines Arbeitsblattes zum Hamburger Hafen, welches in einer vierten Klasse Verwendung findet (vgl. Redder 2012: 89-91): Lernende müssen bei der Bearbeitung des Aufgabenblattes Substantivierungen von Verben als Abstraktion von Handlung erkennen und die Verfahren der Präfigierung als Modifizierungen verstehen (Bsp.: *das Be- und Entladen*). Präfixe sind auch bei Verben bedeutsam und müssen von den SchülerInnen als abstrakte Bedeutungsträger in Verbindung mit Präpositionen (Bsp.:

auf, um) und erwartungsbearbeitenden Partikeln (Bsp.: *weiter-, Weitertransport*) angewendet werden. Wie an diesem Ausschnitt zu sehen ist, kann eine pragmatische Perspektive den Blick darauf schärfen, was den Lernenden sprachlich beizubringen ist. Bildungssprache, verstanden als schulischer Diskurs und Ausdruck von Denkprozessen, eröffnet den Blick auf die Verwobenheit von sprachlichen Phänomenen und ihrem Handlungszusammenhang.

Wie gezeigt werden konnte, begreift die systemisch funktionale Linguistik Sprache als eine Art Repertoire, aus dem Akteure schöpfen können. In Bezug auf Zweitsprachenlernende bedeutet dies, dass sie, obwohl sie die Inhalte verstanden haben und den situativen Kontext richtig einschätzen, nicht über die notwendigen sprachlichen Werkzeuge verfügen, um bildungssprachliche Performanz zu zeigen (vgl. Gantefort & Roth 2010: 579). Dies könnte ein Grund dafür sein, dass gerade sprachschwache Lernende sich selten aktiv am Unterricht beteiligen (vgl. Benholz & Lipkowski 2000: 10). Wie sich an diesen Beispielen erkennen lässt, hängen Sprache und fachliches Können eng zusammen. Dies wurde auch in den großflächigen Schulleistungsstudien belegt, z.B. zeigen die PISA-Ergebnisse die Stärke des Zusammenhangs zwischen sprachlicher und naturwissenschaftlicher Leistungsfähigkeit auf (vgl. Gogolin & Schwarz 2004: 835). SchülerInnen, die in der Lage waren, bildungssprachliche Redemittel zu verwenden, wiesen signifikant bessere Ergebnisse in den standardisierten Leistungstests zu den Fertigkeiten Lesen und Mathematik auf (vgl. Lengyel 2010: 596). In diesem Zusammenhang stellt sich die Frage, wie die Kompetenzen, die es Lernenden ermöglichen, schulische Sprache zu bewältigen, beschrieben werden können. Im Folgenden wird diesen Fragen nachgegangen, um die Perspektive nun von der Sprache auf die Sprechenden zu richten.

2.1.4 Kompetenz

Warum die konzeptionell schriftliche Sprache vielen Lernenden Probleme bereitet, ist breit diskutiert worden. Zentrales Begriffspaar in diesem Zusammenhang ist die von Cummins (1980) benannte Unterscheidung zwischen den beiden zentralen Kompetenzen, die Werkzeuge zur sprachlichen Problemlösung und sprachlichen Bewältigung begrifflicher Operationen darstellen. Er unterscheidet alltagssprachliche und bildungssprachliche Kompetenzen: Die basic interpersonal communication skills (BICS) bezeichnen die Fähigkeit, kontextgebundene, mündlich geprägte und alltagssprachliche Mittel kommunikativ lernen und verwenden zu können. Diese umfassen die Kompetenz zur sprachlichen Handlung in informellen Kommunikationssituationen. Besonders in der mündlichen

Verständigung sind BICS erforderlich und ausreichend. Sie sind sprachgebunden, d.h. nur für eine Einzelsprache anwendbar. Die cognitive academic language proficiency (CALP)[3] hingegen bezeichnet die Fähigkeit zur kommunikativen Aneignung und Anwendung von abstrakten, kontextenthobenen, formalen und schriftsprachlich geprägten Kommunikationsmitteln. Akademische Sprachkompetenz beruht einerseits auf der Kontextentbundenheit der Kommunikation, andererseits auf den verfügbaren sprachlichen Handlungsroutinen der Lernenden. Damit ist gemeint, dass bildungssprachliche Kompetenzen darauf abzielen, dekontextualisierten Sprachgebrauch zu leisten, der explizit und präzise sein muss, aber auch prozedurales Wissen bzw. Routinen benötigen, die Ressourcen zur tiefergehenden Verarbeitung von Propositionen freisetzen (vgl. Gantefort & Roth 2010: 577). Diese Handlungsroutinen sind sprachunabhängig (vgl. Schmölzer-Eibinger 2008: 49) und betreffen die Organisation sprachlichen Handelns, die nur unter Zuhilfenahme der cognitive academic language proficiency zu bewältigen sind. Hier ist ein Grund dafür zu finden, warum sog. SeiteneinsteigerInnen (vgl. Kap. 2 Theoretische Grundlagen) bessere Chancen haben, die bildungssprachlichen Kompetenzen im Deutschen zu erlernen, als diejenigen sprachschwachen Lernenden, die in Deutschland geboren sind. Im Idealfall haben die neu zugewanderten SchülerInnen bereits einige Jahre die Schule in ihrem Heimatland besucht, dort Lesen und Schreiben in der Herkunftssprache gelernt und handlungspraktisches Wissen über den akademischen Sprachstil erworben. Da dieser sprachunabhängig ist, kann dieses Wissen auf das Deutsche übertragen werden.

Bildungssprache verlangt von den Lernenden, Prozesse der Planung und Überarbeitung durchzuführen und sich dabei an Feedback zur Optimierung und Weiterentwicklung zu orientieren (vgl. Vollmer & Thürmann 2010: 109). Beides sind Kompetenzen, die zur cognitive academic language proficiency gerechnet werden können, obwohl sie nur in zweiter Linie sprachliche Kompetenzen darstellen. Das bildungssprachliche Register wird von sprachschwachen SchülerInnen deutlich langsamer erworben, als die Alltagssprachkompetenzen ausgebaut werden. Betroffen sind davon Kinder mit anderer Erstsprache als Deutsch, die keine Förderung erfahren, und Lernende aus sprachlich anregungsarmen Familien (vgl. Vollmer & Thürmann 2010: 110). Beide Gruppen sind auf Unter-

---

[3] Diese Arbeit verwendet die Begriffe, die von Cummins zu Beginn seiner Auseinandersetzung mit der Thematik gewählt wurden, weil diese in der Fachdiskussion und in der bildungspolitischen Debatte zu Leitbegriffen avancierten. Cummins selbst hat später den Terminus cognitive academic linguistic proficiency gewählt, um auf die sprachtheoretische Ausrichtung hinzuweisen.

richt angewiesen, der bildungssprachliche Fähigkeiten gezielt fördert. Ziel der Sprachbildung ist,

> Literalität oder Diskursfähigkeit, die fachbasiert, textbezogen und selbst-reflexiv ist und die in den verschiedenen Abschnitten institutionalisierten Lernens von der Grundschule bis zum Abschluss der Sekundarstufen systematisch unterrichtlich unterstützt (Vollmer & Thürmann 2010: 110) abläuft.

Die CALP werden in der Regel verzögert zur alltagssprachlichen Kompetenz erworben (vgl. Kniffka & Siebert-Ott 2009: 22), da ausreichend sprachlich anspruchsvoller, aber bewältigbarer Input vorhanden sein muss. Dieser wird als Sprachbad bezeichnet (vgl. Leisen 2010: 60). Diese Sichtweise geht auf die systemisch funktionale Linguistik zurück, die besonders in der angloamerikanischen Diskussion um Zweitspracherweb und Schulerfolg erörtert wird: Sprachkompetenz wird dabei als etwas begriffen, das sich durch Dialog und Handlung entwickelt und ausdifferenziert. Da Sprache in diesem Ansatz als soziales Phänomen betrachtet wird, stellt die Interaktion, in der Bedeutung ausgehandelt wird, den zentralen Faktor für Lernprozesse dar (vgl. Gantefort & Roth 2010: 578).

Spracherwerb durch Interaktion findet in der Schule auf zwei verschiedene Arten statt, nämlich entweder durch Submersion oder durch Immersion: Submersion bezeichnet eine Aneignungssituation, in der die Lernenden ausschließlich in der Zweitsprache unterrichtet werden und diese ihre Erstsprache/n nicht benutzen dürfen (vgl. Leisen 2010: 60). Für viele DaZ-Lernende stellt diese Situation die Norm dar. Ihre Erstsprache besitzt in der Aufnahmekultur häufig geringes Prestige und wird im schulischen Umfeld sanktioniert – unter Umständen so weit, dass sie diese nicht einmal auf dem Schulhof sprechen dürfen (Mecheril 2004: 153f.). Gesellschaftlich spielt in diesem Fall die Erstsprache nur im Familien- und engsten Sozialkreis eine Rolle. Immersion bezieht sich auf eine Aneignungssituation, in der die Lernenden die Erstsprache als Erklärsprache verwenden können. LehrerInnen sind in der Lage, die Erstsprache zu verstehen, und nutzen diese, um die Kinder bei Schwierigkeiten zu unterstützen (vgl. Leisen 2010: 60). Diese Konstellation findet sich in der Regel beim Fremdsprachenlernen, wenn Lernende im Heimatland in einer neuen Sprache unterrichtet werden. Der Unterricht findet zwar in der Zielsprache statt, kann aber auf die Erstsprache zurückgreifen, wenn dies notwendig werden sollte. Die Erstsprache besitzt in diesem Fall ein hohes Prestige und wird auch außerhalb der Schule gefördert.

Dieses Verhältnis lässt sich auf den Fachunterricht übertragen. Sprachschwache Lernende mit und ohne Migrationshintergrund werden mit einer neuen, ungewohnten Sprachform konfrontiert und sollen diese in Auseinandersetzung mit den fachlichen Inhalten erwerben. Der Fachunterricht stellt dabei ein Sprachbad dar, in das die Lernenden untergetaucht werden (Submersion), da sie keine Hilfen erhalten, sich diese Sprache anzueignen. Werden Lernende jedoch angeleitet, die Bildungssprache aufzunehmen, anzuwenden und Sprachbewusstheit zu entwickeln, tauchen sie in das Sprachbad lediglich ein (Immersion), ohne die Gefahr darin zu ertrinken (vgl. Leisen 2010: 61).

Bedeutsam für die Sprachbildung ist also ein Bewusstsein über den Unterschied zwischen der interaktiv-zwischenmenschlichen (interpersonal communication) und der kognitiv-akademischen (cognitive academic) Sprachform. BICS dienen dem Austausch zweier Individuen, CALP hingegen dem Erwerb, der Rezeption und der Wiedergabe von Fachwissen. Die Beherrschung des bildungssprachlichen Registers setzt die Fähigkeit voraus, alltagssprachlich kommunizieren zu können, geht jedoch darüber hinaus. Cummins (1984) sieht einen direkten Zusammenhang zwischen der Kontexteingebundenheit von Sprache und den durch sie behandelten Sachverhalten. Kommen kognitiv anspruchsvolle Sachverhalte mit kontextarmer Sprache zusammen, wird die Kommunikation abstrakt. Für diese Kommunikationen benötigen die SprachbenutzerInnen CALP, kontexteingebundene Kommunikation kann mit BICS bewältigt werden.

Cummins (1984) ordnet diese Fähigkeiten im sog. Eisbergmodell an, um darauf hinzuweisen, dass die BICS an der Oberfläche zu beobachten und schneller zu erwerben sind, die CALP aber in der Tiefe liegen. Die kognitiven Prozesse, die an der Verarbeitung von Sprache und Aufgaben beteiligt sind, orientiert Cummins an Blooms (1976) Taxonomie zu den Stufen der mentalen Verarbeitung, die vom einfachen Aufnehmen von Wissen über Verstehen, Anwenden bis zu den anspruchsvolleren Ebenen der Analyse, Synthese und Beurteilung reicht. Die Aussprache steht ganz oben, da sie von Kindern mit DaZ sehr schnell erworben wird und weil dies das auffälligste Merkmal der Sprache ist. Spricht ein Kind z.B. ohne Akzent, wird ihm zugeschrieben, in allen sprachlichen Bereichen ebenso kompetent zu sein. Schwierigkeiten auf den tieferliegenden Ebenen, wie beispielsweise die Wahl des richtigen Ausdrucks in einer spezifischen Situation, bleiben zuerst unentdeckt. So ist zu erklären, warum bei der Einschulung von Kindern mit DaZ sprachliche Mängel häufig nicht als solche erkannt werden (Berendes et al. 2013: 22). Schmölzer-Eibinger (2008: 49) erläutert, dass die BICS sprachspezifisch sind und daher für jede Sprache neu erlernt werden müssen. Dies stellt jedoch eine geringe Herausforderung dar, da die BICS jene Sprachform sind, die Zweitsprachenlernende häufig in ihrer Umgebung antreffen. Die CALP hingegen sind sprachenübergreifend bzw. zwischen mehreren Sprachen transferierbar, indem z. B. Strategien des Leseverstehens und Schreibens von einer Sprache auf die andere übertragen werden. Damit zusammenhängend kann erklärt werden, warum Lernende, die mit Beginn der Vor-Pubertät nach Deutschland zuwandern, bessere Chancen auf Bildungserfolg haben, als Kinder, die hier geboren sind und DaZ beim Eintritt in das Bildungssystem zu lernen begonnen haben (vgl. Gogolin 2004: 103): Die SeiteneinsteigerInnen sind – sofern sie im Heimatland eine Schule besucht haben – in der Herkunftssprache alphabetisiert und haben bei günstiger Ausgangslage in Form eines sprachlich anregenden, sozialen Umfelds bereits Grundlagen der CALP entwickelt. Diese können sie, nachdem sie die BICS ausgebaut und sich den Alltagswortschatz angeeignet haben, auf das Deutsche übertragen.

Ein weiterer Begriff, der die Kompetenz, die für eine gelingende schulische Laufbahn notwendig ist, zu fassen versucht, ist der Terminus Literacy. Der Begriff Literacy geht zurück auf die anglo-amerikanische Forschung, und zielt auf die „Basisqualifikationen, die für das Leben in der modernen Gesellschaft für eine in beruflicher und gesellschaftlicher Hinsicht erfolgreiche Lebensführung unerlässlich sind" (vgl. Hurrelmann 2007: 21). Dazu zählen die mathematische, die naturwissenschaftliche und die Lesekompetenz als basale Kulturwerkzeuge, die für Kommunikations- und Handlungsanforderungen in Alltag und Beruf notwendig sind (vgl. Baumert et al. 2001: 20). In die deutsche Bildungsdiskussion wurde der Begriff durch die PISA-Studie eingebracht, deren InitiatorInnen den kognitionstheoretischen Ansatz favorisierten, der Lernen als Informationsaufnahme begreift. Vorteil der Konzeption von Literacy ist die Testbarkeit, da ihre Bestandteile sich forschungspraktisch als Instrument zur Messung von Leistung verwenden lassen (vgl. Hurrelmann 2007: 19). In Bezug auf Lesekompetenz bzw. Reading Literacy bedeutet dies, dass eine grundlegende Zweiteilung vorgenommen und zwischen textimmanenten und wissensbasierten Verstehensleistungen unterschieden wird. Das Modell hat sich mehrfach empirisch bewährt und wurde weiteren großen Bildungsstudien zugrunde gelegt (z.B. IGLU, DESI, PIRLS, vgl. Hurrelmann 2007: 24). Was in dem Konzept nicht aufgegriffen wird, ist jede Form von individuellem Zugang zu und Nutzen von Lesen, wie z.B. Freizeitvergnügen, ästhetische und soziale Weiterentwicklung durch Perspektivwechsel oder literarisches Probehandeln (Abraham & Kepser 2009: 13-17). Die aktive und konstruierende Leistung der Lesenden findet ebenso wenig Beachtung wie die motivational-emotionale Bereitschaft zum Lesen (vgl. Hurrelmann 2007: 24).

Gogolin und Schwarz (2004) legen eine Studie zum Mathematiklernen in sprachlich und kulturell heterogenen Schulklassen vor, für die sie Erhebungs- und Auswertungsinstrumente zur Erfassung der Literacykompetenz erstellen. Folgende Bereiche werden im Zuge dessen als bildungssprachlich relevant definiert: Lernende erfüllen kommunikative Anforderungen im Unterricht. Sie verwenden sprachliche Strategien der Gesprächsführung, Artikulation von Nichtwissen, spezifische Strategien bei fehlenden Ausdrücken (z.B. Umschreibungen) und nutzen Codeswitching produktiv. Sie nutzen das Verb zur Verdeutlichung von Handlungszusammenhängen. Durch Abfolgen von Verben, Nutzung mehrteiliger Verbformen als Prädikatsklammer, Verwendung von Perfekt- und Präteritumformen gestalten sie den sprachlichen Ausdruck. Lernende leisten die adäquate Verbindung von Sätzen und stellen Textkohärenz mit Hilfe von verschiedenen Konjunktionen her. Außerdem verwenden sie fachsprachliche Elemente (vgl. Gogolin & Schwarz 2004: 840f.).

So ungenau diese Zusammenstellung erscheinen mag, so verweist sie doch ganz klar auf eine sprachsystematische bzw. linguistische Perspektive auf Sprache, und der Rückgriff auf konzeptionelle Schriftlichkeit ist zu erkennen. Dieser Ansatz basiert auf der Annahme, dass schulische Kommunikation – auch in der medial mündlichen Form – an der konzeptionellen Schriftlichkeit orientiert ist. Dem widersprechen andere Perspektiven auf schulische Kommunikation die darauf abstellen, dass mündliche Unterrichtsdiskurse einerseits häufig lehrermonologisch ablaufen und von SchülerInnen lediglich die Nennung von Begriffen oder Daten erfordern (vgl. Chlosta & Schäfer 2008: 288), andererseits mündliche Unterrichtspassagen häufig in Alltagssprache gestaltet sind (vgl. Leisen 2003: 3f.). Bildungssprache als mündliche Ausdrucksform ist in diesem Kontext lediglich in Form von Referaten oder mündlichen Prüfungen – also selten – notwendig. Dieser Diskussion wird im Rahmen dieser Arbeit nicht weiter nachgegangen, da nicht ausreichend empirische Daten über den Biologieunterricht, der im Folgenden den Schwerpunkt bildet, zur Verfügung stehen, um eindeutige Aussagen zu treffen. Festzuhalten ist, dass einige Lernende mit der „Welt der Texte" (Schmölzer-Eibinger 2013: 29) nicht vertraut sind, da es ihnen an literalen Erfahrungen fehlt. Damit geht eine mangelnde Kompetenz einher, mit konzeptionell schriftlicher Sprache umzugehen. SchülerInnen können „Sinnzusammenhänge vielfach nicht verstehen und Sachverhalte nicht nachvollziehbar wiedergeben" (Schmölzer-Eibinger 2013: 29). Dabei stellt besonders der Übergang vom alltäglichen, kontextualisierten Sprechen hin zur abstrakten Darstellung von Sachverhalten ein Problem dar. Ohm (2010) erklärt sprachliche Probleme beim Bewältigen fachlicher Aufgaben ebenfalls auf der Handlungsebene und definiert ausgebaute Sprachkompetenz als „Mittler-Reiz" (Ohm 2010: 93). Indem Lernende dekontextualisierte Sprache nutzen können, sind sie in der Lage, diese als Reaktion auf die Umwelt zu steuern und im Idealfall auch ihre Umwelt zu beeinflussen. Ohm (2010) verdeutlicht dies am Beispiel einer Lernerin, die eine Bildbeschreibung anfertigt. Das Ergebnis ihrer Bemühungen ist

nicht dazu geeignet, bei Lesenden eine Vorstellung des Bildes zu erzeugen –
diese also zu steuern –, da die Lernerin nicht über die nötige Sprachhandlungskompetenz verfügt. Sie beschreibt unmittelbar, was sie auf dem Bild sieht und wird damit vom Reiz des Bildes gesteuert, was zu einem zusammenhangslosen Text führt. Sprachliche Handlungen, wie das Schaffen eines Rahmens, der Lesenden Orientierung bei der folgenden Nennung von Bildbestandteilen bietet, erfordern auch sprachliche Mittel, wie Lokaladverbien und Präpositionen. Diese müssen im Unterricht angeboten werden, um die Lernenden bei der Entwicklung von Sprachhandlungskompetenz zu unterstützen (vgl. Ohm, Kuhn, & Funk 2007: 92-99).

An diesem Beispiel lässt sich erkennen, dass sprachliche Mittel und sprachliche Kompetenz zusammenhängen. Um die Kompetenzen, die Lernende erwerben sollen, eindeutiger zu fassen, stellen Vollmer und Thürmann (2010a) ein Modell der Bildungssprache vor, das alle bisher besprochenen Aspekte integriert. Es basiert auf der Überzeugung, dass Bildungssprache zum einen ein dynamisches Konstrukt ist, das im Zusammenhang mit gesellschaftlichem Wissen und der Diskussion relevanter Themen Veränderungen unterworfen ist. Zum anderen stellt Bildungssprache ein komplexes Konstrukt dar, dessen Reduktion auf systemlinguistische Betrachtungsweisen zu kurz greift. Deshalb müssen neben system- und pragmalinguistischen Aspekten auch Modalität, Handlungen und kognitive Operationen bedacht werden (Vollmer & Thürmann 2013b: 44f.). Abgeleitet ist das Modell aus Curriculumsanalysen und theoretischen Überlegungen, mit dem Ziel, einen Rahmen zur Beschreibung von schulischer Sprache zu liefern, der unter Umständen mit dem bereits bestehenden Gemeinsamen Europäischen Referenzrahmen für Sprachen (GER) verknüpft werden kann. Es soll durch die Fachdidaktiken in der Praxis verifiziert, modifiziert und ergänzt werden, stellt also eine rein theoretische Basis dar (Vollmer & Thürmann 2013b: 46). Vollmer und Thürmann (2013) ergänzen das Modell um zwei weitere Dimensionen, nämlich um das Repertoire sprachlicher Mittel in Form von Aussprache, Schreibung, Wortschatz, Grammatik und Pragmatik, sowie um die Dimension des soziokulturellen Kontexts und der personalen Faktoren. Die Sprachmittel treten hinzu, um abzubilden, dass jedes Fach eine spezifische Auswahl sprachlicher Mittel nutzt, um seine kommunikativen Funktionen zu erfüllen. Der soziokulturelle und personale Kontext findet Berücksichtigung, um zu verdeutlichen, dass Bildungssprachkompetenz nicht nur eine Frage des Unterrichts, sondern auch der Lernenden ist. Aufgrund von Lernerfahrungen, schulischen Misserfolgen und Faktoren des sozialen Umfelds kann eine Investition in das kulturelle Kapital der Bildungssprache unter Umständen vom Individuum als nicht gewinnbringend angesehen werden, und es findet eine Lernverweigerung statt (vgl. Vollmer & Thürmann 2013b: 49).

2.1.5 Zusammenfassung

Bildungssprache als Register fasst die Sprachgebrauchsformen in einem bestimmten sozial-funktionalen Kommunikationsfeld, nämlich dem der Bildung, zusammen. Ihre Hauptaufgabe ist es, zwischen Wissenschaft und Alltag zu vermitteln. Hier verschieben sich die Akzentuierungen im Verlauf des Gebrauchs dieses Begriffes. Während Habermas (1977) die Einbringung von Fachlichem oder wissenschaftlicher Information in die Öffentlichkeit als zentrale Funktion ansieht, ist die Definition der Bildungssprache als Medium in seinem Denken eher sekundär – nämlich eines Mediums, dessen Beherrschung jeder Person möglich ist, die eine schulische Bildung genossen hat. Habermas geht davon aus, dass jemand, der die Schule beendet hat, an abstrakten Aushandlungen teilnehmen kann[4]. Die erste Akzentverschiebung erhielt der Begriff durch Gogolin (u.a. 1994), die auf die selegierende Funktion von Sprache fokussiert, die anderen Bestandteile jedoch nicht in Abrede stellt. Bildungssprache gilt bei Gogolin weiterhin als Medium des Übergangs von Wissenschaft und Fachlichkeit in die Alltagssprache, sie argumentiert jedoch, dass eben nicht alle Menschen nach Beendigung der Schule dieses Register beherrschen. Sie führt dies insbesondere auf die institutionell verankerte Benachteiligung der MigrantInnen zurück bzw. sieht diese in der nicht expliziten bildungssprachlichen Bezogenheit der Schule begründet. Bildungssprache ist also nicht mehr etwas, was sich jeder aneignet, der eine schulische Ausbildung durchläuft, sondern sie wird als Selektionsmechanismus und geheimes Curriculum erfasst, die bestimmte ethnische Gruppen von der gesellschaftlichen Teilhabe ausschließen.

In der neueren Diskussion ist wieder eine Akzentverschiebung festzustellen, die auf Gogolin Bezug nimmt. Waren es früher die MigrantInnen, die aufgrund der Bildungssprache als benachteiligt galten, erweist es sich seit dem Beginn des neuen Jahrtausends immer mehr, dass SchülerInnen verschiedener – und eben auch deutscher – Herkunft Probleme mit dem schulischen Register haben (vgl. Feilke 2012: 8). Damit verliert die von Habermas konstatierte Haupt-

---

4 Dabei ist zu bedenken, dass erst im Zuge der Bildungsoffensive der 70er Jahre der Zugang zu weiterführenden Schulabschlüssen für alle Gesellschaftsschichten denkbar wurde. Seit der Jahrtausendwende ist dieser Ansatz verbreitet worden und nicht zuletzt die großangelegten OECD-Studien fordern gleiche Bildungschancen für alle SchülerInnen.

funktion der Bildungssprache ihr Ziel: die Übertragung von Fachwissen in die Gesellschaft. Die Bildungssprache ist nun selbst eine Art Fachsprache und wird nur von bestimmten SchülerInnengruppen adäquat verstanden. Lernende, die keine günstigen sprachlichen Bedingungen in ihrem Umfeld vorfinden, sehen sich durch eine Kluft von der Sprache der Schule getrennt, die sie allein nicht überwinden können. Gleichzeitig besteht aber der gesellschaftliche Anspruch, möglichst allen Lernenden gleiche Bildungschancen zu bieten. Hier sind die Lehrenden gefordert, die Sprache ihres Faches zu kennen und zu vermitteln. Ein Ansatzpunkt kann die Analyse dieser spezifischen Varietät sein. Systemlinguistisch kann Bildungssprache als Varietät beschrieben und in ihre sprachlichen Phänomene zergliedert werden. Dabei werden sprachliche Mittel auf der Basis ihrer Häufigkeit in Bezug auf ihre grammatikalischen Kategorien beschrieben. Die funktionale Perspektive erweitert diese Sichtweise um den pragmatischen Aspekt von Sprache und weist auf den Nutzen von sprachlichen Mitteln für den Ausdruck von Inhalt einerseits, auf die von Lernenden benötigten Kompetenzen andererseits hin. Cognitive Academic Language Proficiency umfasst die Fähigkeit komplexe Inhalte sprachlich adäquat zu fassen und auszudrücken. Ihre Funktion ist es, kognitiv anspruchsvolle Zusammenhänge sprachlich durchdringen und Informationen verarbeiten zu können. Nach Habermas steht diese Fähigkeit Menschen zur Verfügung, die eine höhere Schullaufbahn absolviert haben. Damit erklärt er die Vermittlung der Bildungssprache zur Aufgabe der Bildungsinstitutionen. Wer aber die geforderten sprachlichen Leistungen nicht zu erbringen vermag, kann keinen Bildungsabschluss erreichen. Da die Schule die geforderte Sprachnorm weder zur Kenntnis nimmt noch explizit vermittelt, sondern davon ausgeht, dass alle SchülerInnen die gleichen sprachlichen Bedingungen haben, sprechen ForscherInnen in Anlehnung an Gogolin (1994) von einem monolingualen Habitus und bezeichnen die Bildungssprache als Selektionskriterium sozialer Auslese. Damit wird auf den Umstand aufmerksam gemacht, dass Menschen mit Migrationshintergrund im deutschen Schulwesen benachteiligt sind (vgl. Gogolin 2006b: 83).

Grundsätzlich ist für die Betrachtung von Bildungssprache bedeutsam, dass diese sich im Verlauf der schulischen Laufbahn fachbezogen domänenspezifisch ausdifferenziert und die sprachlichen Mittel zunehmend spezifischer werden (vgl. Lengyel 2010: 596). Es kann also nicht damit getan sein, bildungssprachliche Mittel und Funktionen allgemein zu beschreiben, sondern es müssen fachbezogene Besonderheiten und Sprachhandlungen untersucht und dargestellt werden. Was Bildungssprache auf der konkreten sprachlichen Ebene ist bzw. aus welchen sprachlichen Mitteln sie besteht, lässt sich jedoch nicht genau festmachen bzw. die Forschung hat darauf noch keine einvernehmliche

Antwort gefunden. Vollmer und Thürmann (2013) kritisieren, dass die meisten Versuche allein auf sprachliche Oberflächenmerkmale rekurrieren, die noch dazu empirisch nicht validiert sind (Vollmer & Thürmann 2013b: 43). Dies ist zutreffend, denn eine systematische Erarbeitung der konkreten Bildungssprache einzelner Fächer steht noch aus. Für die vorliegende Arbeit wurde daher auf ein besser erforschtes Feld zurückgegriffen: Die Fachsprachenforschung. Diese erhebt schon seit geraumer Zeit die spezifischen Merkmale der fachsprachlichen Kommunikation, und es existiert eine große Zahl von Darstellungen der sprachlichen Mittel und Diskurse fachlicher Kommunikation – auch bezogen auf Sprachlernprozesse (vgl. u.a. Hoffman 1985, Buhlmann 1985, Fluck 1997, Buhlmann & Fearns 2000, Roelcke 2010). Die hier aufgezeigten fachsprachlichen Phänomene sind in der Bildungssprache der Schule nicht in vollem Umfang vorzufinden, denn Bildungssprache ist eben doch keine Fachsprache, sondern wie Leisen (2010) es beschreibt, auf der Abstraktionsebene unterhalb dieser anzusiedeln. Dennoch sind Phänomene, die in der Fachsprachenforschung aufgedeckt und in ihrer Kommunikationsfunktion begründet wurden, in der Bildungssprache zu finden. Das gilt in verstärktem Maße für die naturwissenschaftlichen Fächer, da diese eine engere Bindung an die Fachsprache ihrer jeweiligen Wissenschaftsdisziplin aufweisen als andere Fächer. Es existiert ein kontinuierlicher Austausch zwischen der Fachsprache der Wissenschaftsdisziplin und der Bildungssprache der Schule, da der Unterricht eine zentrale Rolle bei der Vergesellschaftung von Wissen spielt: Gerade im lexikalischen Bereich treten, durch neu entdeckte Sachverhalte und Zusammenhänge, neue Begriffe in die Bildungssprache der Schule ein. Diese Dynamik ist jedoch nicht ausschließlich auf den lexikalischen Bereich beschränkt, sondern auch die „Präsentationsformen von Wissen werden kontinuierlich überprägt und weiterentwickelt und damit der Gebrauch von Zeichensystemen und Genres" (Vollmer & Thürmann 2013b: 43). Die Phänomene der Fachsprachen können also ein Ansatzpunkt sein, um Bildungssprache der naturwissenschaftlichen Fächer zu untersuchen, auch wenn diese in geringerer Frequenz und Dichte in Schulbuchtexten auftauchen als in Fachtexten der Wissenschaftsdisziplinen. Es darf aber auch nicht vergessen werden, dass Lernende eine geringer ausgeprägte sprachliche und sprachstrategische Kompetenz haben als Erwachsene, weshalb diese (einfacheren) Lehrbuchtexte für sie im selben Maße schwierig und komplex sind wie für deren LehrerInnen die Texte an der Universität.

Die bisher vorgestellten Modelle sind – wie es Modellen eigen ist – theoretisch orientiert und versuchen, konkrete Ereignisse zu erklären sowie die zusammenwirkenden Faktoren aufzuzeigen. Um für eine konkrete Betrachtung der Problematik, bezogen auf ein spezifisches Fach, anwendbar zu sein, müssen die abstrakten Begriffe mit ebenso spezifischen Inhalten gefüllt werden. Eine solche praktische Ausdifferenzierung steht noch aus und ist in Zusammenarbeit mit der Praxis für die einzelnen Fächer zu leisten. Ein erster Ansatz für das Fach Biologie soll im folgenden Kapitel versucht werden. Aus diesem Grund werden im Folgenden die bildungssprachlichen Phänomene, die im Fachunterricht Biologie auffindbar sind, dargestellt und in ihrer Funktion für das Fach begründet. Diese Aufstellung muss unvollständig bleiben, da die Sprache des Faches – besonders in Bezug auf Diskurse – noch nicht hinreichend erforscht ist (vgl. Ahrenholz 2013: 90). Es bietet aber einen Ansatz für die Analyse von Schwierigkeiten und darauf zugeschnittene Sprachbildungsmaßnahmen.

2.2 Bildungssprache im Fach Biologie

Bezogen auf die Spezifika des Faches Biologie steht eine systematische Beschreibung der Bildungssprache noch aus. Es lässt sich aber festhalten, dass diese in den steigenden Klassenstufen Nähe zur Fachsprache der Naturwissenschaften aufweist, da aktuelle wissenschaftliche Erkenntnisse beständig in die schulischen Curricula überführt werden. Daher werden im Folgenden die Grundlagen der naturwissenschaftlichen Fachsprache besprochen und auf den Kontext Biologieunterricht angewandt. Dies muss notwendigerweise beispielhaft und oberflächlich bleiben, da die Fachsprachlichkeit der Schulbuchtexte in den Klassenstufen stark variiert. Zwar finden sich auch in den Schulbüchern für die fünfte Klasse bereits bildungssprachliche Mittel, jedoch in verminderter Frequenz als in den Texten für die höheren Klassen. Der Abstraktionsgrad ist geringer ausgeprägt und die dafür verwendeten Mittel liegen näher an der Alltagssprache. Dennoch kann eine Beschreibung dieser Mittel dazu beitragen, Hürden auch in den Texten für jüngere SchülerInnen zu erkennen.

Ziel des folgenden Kapitels ist es, die Bildungssprache des Faches Biologie an Schulen zu erfassen und dabei die Hürden für die Lernenden aufzuzeigen, die der Fachunterricht in sprachlicher Hinsicht bietet. Zunächst werden die lexikalischen und morphosyntaktischen Besonderheiten der Bildungssprache im Fach Biologie aufgegriffen und dargestellt, um dann auf die nächstgrößere Ebene, den Text, überzuleiten. Dem folgen Ausführungen zu Abbildungen, Tabellen und Grafiken, die in Biologieschulbüchern eine besondere Rolle spielen. Im Anschluss wird auf die Sprache des Faches als Werkzeug des fachlichen Denkens und Verständnisses eingegangen. Dies stellt die Basis für Überlegungen zur Sprachbildung im Fach Biologie im daran anschließenden Kapitel dar.

2.2.1 Lexikalische Phänomene

Begriffe sind einerseits das prominenteste Merkmal der Fachsprachen, andererseits ein zentraler Bestandteil der Biologie und des Biologieunterrichts (vgl. Grießhaber 2010: 38). Zwar verweist der Terminus Begriff bereits auf Sprachliches – eine Zeichenfolge, der ein Sachverhalt arbiträr zugeordnet ist –, bezeichnet im biologischen Sinne aber auch noch etwas anderes: Begriffe sind „die Bausteine, aus denen das biologische Wissen aufgebaut ist" (Graf 1989: 5), und ihre Beherrschung ist die Voraussetzung für das Verständnis biologischer Phänomene und Zusammenhänge. Das Lernen von Begriffen ist also sowohl sprachlicher als auch fachlicher Bestandteil des Unterrichts. Daher ist es sinnvoll einen genaueren Blick auf die Begriffe zu werfen, wenn man sich mit der Sprache des Faches Biologie befasst.

Biologie zeichnet sich aufgrund seiner fachwissenschaftlichen Ausrichtung durch eine Überfülle an Begriffen aus (vgl. Grießhaber 2010: 40). Dies ist darauf zurückzuführen, dass es Aufgabe dieses wissenschaftlichen Faches ist, die Umwelt zu klassifizieren und somit zu ordnen. Einen Begriff zu beherrschen, bedeutet in biologischer Sicht mehr als die Verwendung eines Wortes zu kennen, denn der Begriff ist nicht bzw. nicht ausschließlich der Name dessen, was bezeichnet werden soll, sondern das Bezeichnete selbst: „Der Begriffsinhalt ist die Summe aller kritischen, d.h. gemeinsamen Attribute eines Begriffs. [...] Der Begriffsumfang ist die Gesamtheit aller in einem Begriff zusammengefaßten Ereignisse" (vgl. Graf 1989: 13f.). Die Verwendung von Begriffen zielt auf die Genauigkeit im Ausdruck. Der Begriff besteht aus einer Inhaltsseite und einer Ausdrucksseite und zeichnet sich gegenüber anderen Fachausdrücken dadurch aus, „dass sein begrifflicher Inhalt im Rahmen seiner Terminologie präzise definiert und einer festgelegten Benennung zugeordnet ist" (Hanser 1999: 71). Genauigkeit ist hier unter Umständen missverständlich, denn ein Begriff kann mit verschiedenen Termini belegt werden, wenn verschiedene Definitionen gegenüber stehen:

> Tracheata und Antennata haben den gleichen Begriffsumfang. Sie benennen die Tiergruppen Myriapoda und Insecta (Tausendfüßler und Insekten). Im Fall Tracheata wird darauf Wert gelegt, daß die unter dieser taxonomischen Gruppierung eingeordneten Tiere Tracheen besitzen, im Fall Antennata darauf, daß sie nur ein Antennenpaar haben. Sie haben den gleichen Begriffsinhalt, weil die beiden Termini dieselben invarianten Attribute besitzen (Graf 1989: 14).

Wie sich hier ersehen lässt, ist Genauigkeit nicht zwingend mit dem alltagssprachlichen Verständnis übereinzubringen, denn es gibt für manche Sachverhalte zwei alternierende Begriffe. Diese sind in sich aber präzise, referieren sie doch auf eine spezifische Auswahl kritischer Attribute, was aus Sicht der Biologie Präzision darstellt.

Begriffe vereinfachen das Verständnis der Umwelt, da sie diese sortieren, Verbindungen herstellen und konkrete Sachverhalte ordnen, was einen der zentralen Aufgabenbereiche der Biologie darstellt. Da die kritischen Attribute allen Begriffsvertretern eigen sind, kann von einem wahrgenommenen Attribut auf weitere geschlossen werden, sofern es sich um ein Attribut handelt, das die Zuordnung zu dieser Klasse bewirkt. Graf führt zur Illustration das Beispiel des Begriffs *Apfel* an: Wird eine runde Frucht aufgrund der kritischen Attribute des Äußeren als Apfel erkannt, kann auf das Innere geschlossen werden, ohne sie zu öffnen (vgl. Graf 1989: 14). Kritische Attribute sind dabei z.B. die Blatt- und Fruchtform, unkritisches Attribut wäre die Farbe, da es sowohl rote als auch grüne oder gelbe Äpfel gibt. Begriffe können konkret sein (*Tier*, *Nilkrokodil*) oder abstrakt und der direkten Sinneswahrnehmung nicht zugänglich (*Evolution*, *Phylogenese*) (vgl. Graf 1989: 17).

Im Verständnis des Faches Biologie ist ein Begriff also eine kognitive Einheit, die Ereignisse der konkreten Welt aufgrund gemeinsamer Attribute sowie Regeln ihrer Verknüpfung zusammenfasst und die phonisch und/oder grafisch ausgedrückt wird. Er wird durch Denk-Akte gebildet und umfasst eine beliebig große Gruppe von Individuen oder Sachverhalten, als seien diese äquivalent: Verschiedene individuelle Hunde mögen unterschiedlich sein, doch aus Sicht der Biologie sind sie alle gleichrangige Vertreter der Spezies *Hund*, da der Begriff eben nur die gemeinsamen Attribute umfasst (Zahl der Beine, Gebissform usw.), nicht die sie unterscheidenden (Charakter, Größe usw.). Die gesamte Umwelt wird im begriffsbezogenen Denken der Biologie auf diese Weise als System von Ereignissen gefasst, die in einigen Merkmalen übereinstimmen und sich in anderen unterscheiden. Die Art der Gruppierung ist jedoch nicht universal, sondern kultur- und zeitabhängig (vgl. Graf 1989: 15). Solcherart entstandene Begriffe zeichnen sich durch interne Ordnungen aus, die sog. Taxonomien entstehen lassen. Oberbegriffe werden mit Hilfe von Abstraktion aus Gruppierungen von Begriffen gewonnen, die übereinstimmende Attribute aufweisen. Da die Anzahl der Oberbegriffe notwendigerweise kleiner ist als die der Unterbegriffe, entstehen Begriffspyramiden, an deren Basis sich konkrete Ereignisse aus der Umwelt befinden, und an deren Spitze ein hochabstrakter Begriff steht, der weniger Informationen enthält als seine Unterbegriffe (vgl. Graf 1989: 16). Insgesamt ergibt sich ein verwirrendes Bild, auch wenn die Taxonomien versuchen, die Realität zu ordnen und zu klassifizieren. Wie das Beispiel der beiden Termini für Tausendfüßler zeigt, können verschiedene Begriffe mit unterschiedlichen Schwerpunktsetzungen synonym kursieren. Außerdem werden Oberbegriffe nicht immer nur aus dem begrifflichen Material der eigenen Pyramide gebildet, sondern auch durch Kombination mit anderen Begriffsordnungen. Angemessener als die Metapher der Pyramide wäre also ein dreidimensionales Netz, das die Verknüpfungen und Beziehungen zu anderen Taxonomien aufzeigt.

Begriffe werden aus fachlicher Sicht in der Biologie nicht durch einfache Anhäufung von Attributen gebildet, sondern nach festgelegten Regeln, die die Attribute miteinander verknüpfen. Diese Regeln orientieren sich an den logisch möglichen Verknüpfungen zweier Eigenschaften einer Sache und können daher in drei Formen auftreten: Konjunktion, Disjunktion und Relation. Konjunktion liegt vor, wenn beide kritischen Attribute zur Bestimmung notwendig sind. Diese werden sprachlich mit und verbunden. Disjunktion kann in zwei Arten auftreten. Es kann eine entweder-oder-Relation vorliegen (exklusive Disjunktion), oder es kann die Möglichkeit bestehen, dass entweder das eine oder das andere Attribut oder beide zusammen ein Ereignis zum Vertreter der Klasse machen (inklusive Disjunktion). Schließlich kann eine Relationsbeziehung bestehen, nämlich wenn eine spezifische Kombination zwischen kritischen Attributen vorliegt. Einen Sonderfall stellen die affirmativen Begriffe dar, da sie nur durch ein einziges Attribut bestimmt werden, also keine Attributkombination vorliegt. Graf nennt als Beispiel die Farbe Grün, die ausschließlich durch das Attribut Licht einer bestimmten Wellenlänge bestimmt ist (vgl. Graf 1989: 18).

Ziel der Begriffsarbeit in der Biologie ist die Ökonomie[5]. Die Nennung oder Rezeption des Begriffs ruft das dahinterliegende Konzept in Form einer spezifischen Kombination von Attributen hervor, und es kann auf Umschreibungen verzichtet werden. Maßnahmen, die der Vermittlung dieser Fachbegriffe dienen, fordern zwar didaktisch begründete Entscheidungen, diese unterscheiden sich aber nicht danach, ob sich der Unterricht an sprachschwache Lernende richtet oder nicht. Bei der Betrachtung monolingual deutschsprachiger Lernender und solchen mit Deutsch als Zweitsprache ergeben sich in Studien keine nennenswerten Unterschiede auf der Ebene der Verwendung von Fachbegriffen (vgl. Gogolin & Schwarz 2004: 845), gerade wenn es sich um Komposita mit Fremdwörtern oder Eigennamen handelt (vgl. Vögeding 1995: 34). Es lässt sich mutmaßen, dass Termini, die im Unterricht eingeführt werden, allen SchülerInnen die gleichen Probleme bereiten, da es sich um neue Begriffe, verbunden mit

---

5 Ökonomie stellt eine der funktionalen Eigenschaften der Fachsprache dar (vgl. Roelcke 2010: 29f.), weshalb geschlossen werden kann, dass die Bildungssprache des Schulfaches aufgrund ihrer zahlreichen Ökonomisierungen eine sehr große Nähe zur Fachsprache der Wissenschaftsdisziplin aufweist.

neuen fachlichen Konzepten, handelt. Dies gilt jedoch nicht für jene Fachtermini, die durch Terminologisierung von Alltagsbegriffen entstanden sind. Hier wird ein Terminus aus der Alltagssprache übernommen und seine Bedeutung dabei verändert – in der Regel trägt der Fachbegriff eine engere, vielleicht aber auch gänzlich andere Bedeutung (vgl. Gaebert & Bannwarth 2010: 155). Vögeding nennt das Beispiel des Begriffs *Schale*, das häufig beim Aufbau der Atome Verwendung findet und eine materielle Vorstellung suggeriert, die nachträglich nur schwer zu revidieren ist (vgl. Vögeding 1995: 35). Sprachschwache Lernende verfügen nicht über das nötige lexikalische Wissen, um von einer sachlichen Bedeutung auf eine mathematisch-physikalische zu schließen. Es entstehen falsche Denkstrukturen und Verknüpfungen, obgleich der Begriff aufgrund seiner Gestaltnähe zur Alltagssprache unauffällig wirkt und nicht als Problem begriffen wird. Besonders bei alltäglichen Begriffen, die eine fachliche Verwendung haben, haben sprachschwache Lernende weitaus größere Probleme, da sie den Umfang des Wortes nicht ausreichend bestimmen können. Sie verbinden eine spezifische Folge von Lauten bzw. Buchstaben mit einem einzigen Inhalt und können die bekannte Wortform nur schwer auf andere Bereiche übertragen. Grießhaber (2010) nennt als Beispiel das Wort *Säule*, welches im Rahmen eines schulischen Experiments eingeführt wurde. Dieser Begriff konnte von sprachschwachen Kindern nur mit dem im Experiment verbundenen Inhalt genutzt werden (*Säule – Kolben mit Flüssigkeit*), und nicht auf andere Kontexte übertragen werden (z.B. *tragende Säule*) (vgl. Grießhaber 2010: 42)[6]. Besonders schwer fällt sprachschwachen Lernenden in diesem Zusammenhang die Übertragung auf eine metaphorische Bedeutung (*Die Macht des Staates ruht auf den drei Säulen...*).

Die bis hierher referierte Sichtweise repräsentiert die biologisch-fachliche Sicht auf das Wort *Begriff*, welches ein zentrales Konzept der Biologie darstellt. Diese Perspektive unterscheidet sich von der linguistischen Sicht, die die Zusammensetzung und Bildungssystematiken von Wörtern fokussiert. Begriffe können sprachlich auf verschiedene Weisen gebildet werden: Für die Fachsprache sind die Zusammensetzung und die Ableitung die beiden zentralen Wege,

---

6 Große Unterschiede stellten Gogolin und Schwarz bei der Nutzung des Verbs fest, sowohl was dessen korrekte Setzung anbelangt als auch die Komplexität der verwendeten Formen. Dabei ist auffällig, dass der Anwendungsbereich Verb zwischen monolingualen und bilingualen Lernenden unterschiedlich ausfällt, aber auch als Indikator für Leistungsstärke dienen kann: „Er trennt sowohl zwischen leistungsschwächeren und leistungsstärkeren monolingualen als auch zwischen monolingualen und bilingualen Schülerinnen und Schülern" (Gogolin & Schwarz 2004: 846).

neue Begrifflichkeiten zu formieren. Unter Ableitung bzw. Derivation versteht man eine Form der Wortbildung, bei der mindestens ein lexikalisches Morphem mit einem grammatischen Morphem verbunden wird, um ein neues Wort zu bilden. Dies dient häufig der Überführung einer Wortart in eine andere (*wild – Wildheit*) oder der Bedeutungsabwandlung (*wildern – verwildern*). Gerade diese semantische Differenzierung ist für sprachschwache Lerner schwer zu begreifen, da sie mit einem Wort nur eine Bedeutung assoziieren und diese auf andere Kontexte übertragen. Die Sprache des Faches Biologie macht umfangreichen Gebrauch von Präfixen, um die Wortbedeutung zu variieren. Ein bisher verständliches Wort wie geben kann durch die Vorsilben *auf-, zu-, ver-* usw. eine unüberwindliche Hürde werden, besonders wenn die lexikalische Vielschichtigkeit von Begriffen Schwierigkeiten bereitet (vgl. Steinmüller & Scharnhorst 1985: 63). Die Wortzusammensetzung bzw. Komposition ist das zweite prominente Mittel der Begriffsbildung und kann in verschiedenen fachsprachlichen Funktionen auftreten: Determinierend dient es zur Bezeichnung eines spezifischen Gegenstandes innerhalb eines Zusammenhangs und differenziert anhand der kritischen Attribute (*Blutkreislauf – Blutplasma – Blutkörperchen*...), syntaktisch komprimierend verdichtet es Informationen (*Erhöhung der Temperatur – Temperaturerhöhung*). Weitere Mittel der Begriffsbildung in der Fachsprache sind Entlehnungen (*Nukleus*), Lehnübersetzungen (*fast breeder – schneller Brüter*), metaphorischer Gebrauch (*Schraubenkopf*), Metonymie (*Watt*) und die Terminologisierung eines alltagssprachlichen Wortes (*Spannung*) (vgl. Hanser 1999: 71). Obwohl die Regeln der Bildung denen der Alltagssprache ähnlich sind, ist es für sprachschwache Lernende problematisch, die Komposita zu analysieren. Dies hängt u.a. damit zusammen, dass schwache Lesende buchstäblich lesen und die Wortgrenzen schlecht erkennen können. So fällt es ihnen schwer, herauszufinden, aus welchen Bestandteilen ein Kompositum besteht und wie diese aufeinander bezogen sind.

Biologiespezifisch und für schwächere Lernende problematisch ist die Fachbegriffsdichte des Faches an sich: SchülerInnen der fünften und sechsten Klasse beispielsweise können im Durchschnitt nur ein bis zwei neue Fachbegriffe während einer Unterrichtseinheit lernen, die Faktendichte der Lehrbuchtexte übersteigt dies jedoch bei Weitem (vgl. Grießhaber 2010: 40). Es ergibt sich eine dreifach größere Menge an ‚Vokabeln' als im Fremdsprachenunterricht. Gleichzeitig kann davon ausgegangen werden, dass den Lehrenden diese Dichte nicht zwingend bewusst ist, eben weil viele Termini auch in der Alltagssprache vorkommen, im Fachunterricht aber eine spezifischere oder andere Bedeutung haben. Drumm 2010 konnte zeigen, dass Lehrende der naturwissenschaftlichen Fächer diese Problematik kennen und durchaus ernst nehmen. Begriffe treten scheinbar leicht ins Bewusstsein und sind schnell als Problemquelle zu identifizieren (vgl. Drumm 2010: 67f.). Dies bedeutet aber lediglich, dass Begriffe ein prominentes Mittel der fachlichen Sprache darstellen und als schwierig begriffen werden. Damit geht nicht automatisch ein Bewusstsein über die sprachliche Seite der Begriffsdichte des Faches einher.

Aus dem Dargestellten lässt sich schließen, dass die Vermittlung von Begrifflichkeiten aber nicht nur ein fachliches Ziel des Unterrichts im Fach Biologie darstellt, sondern auch ein sprachdidaktisches, um zum Beispiel die dichten Texte nutzbar zu machen. Doch neben den Begriffen sind auch andere sprachliche Phänomene für die Dichte der Texte und weitere Hürden verantwortlich, die eher selten Beachtung im Unterricht finden.

2.2.2 Morphologische und syntaktische Phänomene

Wie am Beispiel der Begriffe gezeigt werden konnte, weist die Sprache des Schulfaches Biologie große Nähe zur Fachsprache der wissenschaftlichen Disziplin auf. Dies zeigt sich auch im morphosyntaktischen Aufbau: fachsprachliche Sätze sind in ihrer Konstituentenstruktur einfach, die Konstituenten intern jedoch komplex strukturiert. So können z.B. Substantive in der Nominalphrase vielfältig präzisiert sein (vgl. Steinmüller & Scharnhorst 1985: 63). Attribute ergänzen den Kern der Nominalphrase in Form von Adjektivattributen (*das gestreckte Bein*), Präpositionalattributen (*das Argument gegen Treibnetze*), Genitivattributen (*die Gene des Vaters*) und Relativsätzen (*die Vögel, die keine Nesthocker sind, ...*) (Bsp. aus Gaebert & Bannwarth 2010: 156). Nominalphrasen können durch mehrere und kombinierte Attribute ergänzt werden, was eine sehr dichte und für sprachschwache Lernende kaum zu durchschauende Struktur zur Folge hat, kommunikativ aber den Zweck erfüllt, komplexe Aussagen präzise und textökonomisch zu treffen (vgl. Gaebert & Bannwarth 2010: 156). Problematisch für Lernende ist, wenn komplexe Nominalphrasen auf Vorwissen referieren, der verdichtete und kondensierte Sachverhalt also nicht im selben Text vorher eingeführt wurde, sondern davon ausgegangen wird, dass die komplexe Form basierend auf Weltwissen oder bereits vorhandenem Fachwissen verstanden wird.

Die Mitteilungsform naturwissenschaftlicher Sachtexte wird häufig als Nominalstil bezeichnet. Die Funktion der häufig verwendeten Nominalisierung besteht darin, die Begriffe hervorzuheben, Vergegenständlichung und messbare Vereinzelung hervorzubringen und das Dargestellte zu verallgemeinern. Außerdem dient sie der sprachlichen Ökonomie, da redundante Teile eingespart werden. So soll eine eindeutige und übersichtliche Präzisierung von Aussagen über Sachverhalte erreicht werden (vgl. Hanser 1999: 73f.). Eng verbunden mit der hochfrequenten Nutzung von Nominalisierungen ist der Hang zu Funktionsverbgefügen. Auch sie dienen dem terminologiebezogenen Ausdruck eines Sachverhalts (vgl. Hanser 1999: 74).

Modale Inhalte werden in der Fachsprache mit Hilfe syntaktischer, lexikalischer und morphologischer Mittel ausgedrückt. Dazu zählen Modalpartikel (*angeblich, vermutlich*), Präpositionalgruppen (*dem Anschein nach, ohne Zweifel*), Adjektive mit modaler Bedeutung (*möglich, notwendig*), Wortbildungsmittel (z.B. das Suffix *-bar*), Attribuierung (*die zum Kernwachstum erforderlichen Stoffe...*) und Nominalisierung (*weil man ihre Entstehungsmöglichkeit... außer Acht lässt...*) (Bsp. aus Hanser 1999: 76). Präpositionen dienen dazu, lokale, temporale, kausale oder modale Bezüge zwischen Satzgliedern oder Teilen eines Satzglieds herzustellen. Damit stellen sie ein unverzichtbares Mittel der sprachlichen Präzision dar, wie sie für die naturwissenschaftlichen Fächer zentral ist. Um Präpositionen sinnvoll und präzise verwenden zu können, müssen Lernende die Valenz von Verben kennen und nutzen können. Beispielsweise wird das Verb reagieren in der naturwissenschaftlichen Fachsprache in der Regel mit zwei Präpositionalobjekten verbunden:

> Eisen reagiert mit Schwefel zu Eisensulfid.

Die Präposition *mit* dient als Verbindung zwischen den Reaktionspartnern, das Wort *zu* leitet auf das Ergebnis über. Letzteres ist für die Fachsprache der Naturwissenschaften typisch, denn alltagssprachlich kann *zu* auch andere Funktionen erfüllen. In folgendem Satz führt die ungenaue Verwendung der Präposition dazu, dass unklar ist, ob nach dem Wort *zu* der Reaktionspartner oder das Reaktionsprodukt kommt.

> Das Hexanmolekül reagiert zu einem Hexylradikal.

Aus fachlicher Sicht sind beide Varianten möglich, aber nur durch die adäquate Verwendung einer eindeutigen Präposition ist das korrekte Verständnis gesichert (Bsp. aus Vögeding 1995: 38f.).

Die genannten syntaktischen Mittel der Fachsprache sorgen zwar für Verständnisschwierigkeiten, können aus fachlicher Sicht aber nicht wegfallen. Komplexe Nominalphrasen beispielsweise sind für sprachschwache Lernende schwierig zu durchschauen, da leseschwache SchülerInnen Probleme haben, die einzelnen Begriffe auf das entsprechende Substantiv zu beziehen. Das gewöhnliche Muster Artikel – Substantiv wird aufgebrochen, und Artikel und

Substantiv liegen aufgrund der mehrfach auftretenden Attribute weit auseinander. So kann es passieren, dass der Akteur des Satzes nicht als solcher erkannt wird, sondern für die schwachen Lesenden in der Reihe aus Attributen nicht mehr auffindbar ist. Dennoch können Fachtexte nicht dadurch vereinfacht werden, indem die Attribute durch explizite Propositionen ersetzt werden, wie es im Kontext Deutsch als Wissenschaftssprache für ausländische Studierende versucht wurde (vgl. Vögeding 1995: 76). Die beiden Formen sind zwar semantisch, aber nicht textstrukturell äquivalent. Die Informationsstruktur des Textes geht verloren und dieser kann seine pragmatische Funktion nicht mehr erfüllen. Vögeding verdeutlicht dies an einem Beispiel aus der Chemie:

Original:
Die Bildung von spaltbarem Plutonium 239Pu aus – eventuell mit 235U angereichertem – natürlichem Uran, ...

Explizite Propositionen:
1. Plutonium 239 wird aus natürlichem Uran gebildet.
2. Plutonium 239 ist spaltbar.
3. Das natürliche Uran ist eventuell mit Uran 235 angereichert.
...

Zwar ist die Reihe von Propositionen redundanter und klarer gegliedert, diese Gliederung verschiebt jedoch die Bedeutung: Die Spaltbarkeit war im Originaltext eine nebensächliche Information, die nun eine gleichrangige, und damit deutlich dominantere Stellung als zuvor erhält (vgl. Vögeding 1995: 77).

Auf der Satzebene ist das Hauptmerkmal der biologisch fundierten Bildungssprache das Passiv. Es dient dazu, Vorgänge neutral zu beschreiben, und suggeriert, dass kein Akteur vorhanden ist, was den Fokus auf die Handlung bzw. die dargestellten Prozesse und Vorgänge richtet. In der Biologie spiegelt sich im Passiv aber auch eine Vorstellung von biologisch relevanten Sachverhalten als natürlichen Gegebenheiten (vgl. Gaebert & Bannwarth 2010: 160). Das Passiv drückt dabei aus, dass Vorgänge nicht intentional sind – also nicht von einer Entität ausgelöst werden – sondern auf Naturgesetzen basieren, die nicht in Gang gebracht werden müssen, sondern von sich aus ablaufen. Die unpersönliche Ausdrucksweise wird in Fachtexten bevorzugt, da Mitteilungen über wissenschaftliche Gegenstände das Ziel der Äußerung sind. Diese sollen nachvollzogen und aufgrund ihrer inhaltlichen Stichhaltigkeit allgemein akzeptiert werden, nicht aufgrund argumentativer Güte.

„Eine Aussage mag zwar zunächst einen Urheber haben; bis sie allgemein akzeptiert wird, muss sie jedoch von mehreren Leuten überprüft und reproduziert werden. Damit treten die Handelnden in den Hintergrund; die Aussage oder das betreffende Vorgehen wird zum Allgemeingut" (Hanser 1999: 75).

Das werden-Passiv eignet sich zur unpersönlichen, sachbezogenen Darstellung von Sachverhalten und Prozessen, die unabhängig vom menschlichen Handeln existieren bzw. ablaufen. Wenn die Sache doch auf Handlung fußt, kann der Handlungsträger dem Kontext entnommen und daher vernachlässigt werden. Zusätzlich bietet das Passiv spezielle Möglichkeiten Textkohärenz zu stiften, indem es z.B. Verknüpfungen ohne Subjektwechsel (durch Ellipse des Hilfsverbs) erlaubt (vgl. Hanser 1999: 75). Damit geht die bevorzugte Tempusform einher, das Präsens, um Zeitlosigkeit und dauerhafte Gültigkeit darzustellen.

Häufigste syntaktische Form der Fachsprache ist der Relativsatz. Des Weiteren sind Sätze in der Regel vollständig und weisen ein finites Verb auf. Zwar kommen auch elliptische Formen und Fragmente vor, wie beispielsweise verblose zweigliedrige Kurzsätze und eingliedrige Sätze, diese jedoch nur in ganz spezifischen kommunikativen Funktionen, wie Überschriften sowie bei speziellen Textsorten, wie in Lexikonartikeln, Definitionen und Merkkästen (vgl. Hanser 1999: 73).

Dieser Einblick in die Bedeutung und Funktion der Komplexität der naturwissenschaftlichen Fachsprache soll genügen, um zu illustrieren, welche Aufgaben auf Lehrende dieser Fächer zukommen. Die Sprache lässt sich nicht, oder nicht vollständig, vereinfachen – zum einen weil eine Reduktion der Komplexität mit Bedeutungsverschiebungen einhergeht. Zum anderen aber auch weil SchülerInnen nur in Kontakt mit komplexer Sprache lernen können, diese irgendwann zu verstehen und selbst zu produzieren. Hier ist von Fall zu Fall zu entscheiden, wie im Unterricht mit den sprachlichen Hürden umgegangen werden kann.

2.2.3 Texte und Textsorten

Komplexe Sprache, die SchülerInnen im Fach Biologie bewältigen müssen, tritt ihnen in Form von Sachtexten gegenüber. Texte aus dem Schulbuch oder auf Arbeitsblättern zählen zu einer der zentralen Vermittlungsformen des Faches. Sachtexte weisen, ebenso wie die bisher vorgestellten bildungssprachlichen Phänomene, eine große Nähe zu den Fachtexten der Wissenschaftsdisziplin Biologie auf, da sie deren Erkenntnisse transportieren sollen. Fachtexte der Wissenschaft werden produziert und rezipiert, wenn Menschen „sich über arbeitsteilige Sachverhalte in Sphären der gesellschaftlichen Tätigkeit verständigen und durch sprachliche Handlungen kommunikative Aufgaben lösen" (Gläser 1990: 6). Solche kommunikativen Aufgaben treten in Form von Texten auch im Unterricht auf und müssen von den Lernenden als solche verstanden werden.

Der Sachtext ist eine zusammenhängende, sachlogisch gegliederte und komplexe sprachliche Äußerung, die einen Sachverhalt abbildet und dabei sprachliche, bildliche und grafische Zeichen nutzt, die aufeinander Bezug nehmen (vgl. Gläser 1990: 18). Texte im Schulbuch sollen den Unterricht strukturieren, Fachwissen aktualisieren, methodische Anregungen, Aufgaben und Übungen, Grafiken und Bilder bieten sowie den Kompetenzerwerb der SchülerInnen mit zentralen Inhalten verknüpfen (vgl. Hechler 2010: 97). Theoretisches Wissen soll mit Hilfe fachlicher Lehrtexte vermittelt werden, die kommunikative Funktion bezieht sich also meistens auf die Bereitstellung von Erkenntnissen zu einem Sachverhalt. In naturwissenschaftlichen Fächern geschieht dies in Form jahrgangsübergreifender Schulbücher (vgl. Banse 2010: 63). Kommunikationsverfahren sind Definieren, Klassifizieren, Beschreiben, Referieren, Vergleichen, Empfehlen, Behaupten, Beweisen, Folgern, Erklären, Kommentieren und Interpretieren (vgl. Buhlmann 1985: 105). Die Verteilung dieser Funktionen hängt von der Fachlichkeit der Texte und – in Bezug auf die Produktionen der Lernenden – von der Klassenstufe ab. Gemeinsam mit dem Fokus auf Sachbezogenheit gehen Entpersönlichung des Ausdrucks sowie die Orientierung an Eindeutigkeit, Genauigkeit, Ordnung und Übersichtlichkeit, Knappheit und Bündelung, Schlichtheit, Angemessenheit und Anschaulichkeit (vgl. Hanser 1999: 69) einher[7].

Die schulbuchgestützte Vermittlung erfolgt durch Unterricht gesteuert, indem Lehrpersonen Texte auswählen, didaktisieren oder sie so verwenden, wie sie vom Verlag vordidaktisiert wurden. Dabei steht jedoch zumeist die fachliche Aussage im Vordergrund, während Leseprozesse und Leseförderung weniger beachtet werden, obwohl gerade Sachtexte für Lernende ungewohnt und daher schwierig zu entschlüsseln sind. Diese Schwierigkeit liegt zum Teil an den bisher beschriebenen, bildungssprachlichen Phänomenen, jedoch auch an anderen, rein textbezogenen Besonderheiten.

Wie bereits angedeutet, kann die Behandlung von Texten aus zwei Perspektiven geschehen, nämlich einmal, indem man sie als vorgefertigte Wissensspeicher begreift, die die Lernenden lesen können sollen, aber auch als Produkte,

---

[7] Es ist nicht schwer zu erkennen, dass eine volle Erfüllung aller Ideale nicht möglich ist, denn Anschaulichkeit und Knappheit können sich widersprechen, besonders wenn Knappheit auf Kosten der Redundanz geht. Dies kann für sprachschwache Lernende Probleme mit sich bringen, die der Unterricht aufgreifen sollte.

die die Lernenden anfertigen. Darum wird im Folgenden auf der Basis dieser Unterscheidung das Phänomen Sachtext im Biologieunterricht weiter eingegrenzt und mit Fokus auf Hürden für sprachschwache Lernende beschrieben.

2.2.3.1 Sachtexte lesen

Das, was Lernende beim Lesen aufnehmen, gestaltet sich in Wechselwirkung mit dem Wissen, das bereits im Gedächtnis gespeichert ist und das beim Verstehen aktiviert wird (vgl. u. a. Göpferich 2008: 293; Schwarz-Friesel 2006: 64). Lesen ist demnach mehr als das Identifizieren von Zeichen als Buchstaben und das Zusammenfügen zu Wörtern und Sätzen, um diesen dann Sinn zu entnehmen. Die Identifikation von einzelnen Buchstaben oder Wörtern spielt im Leseprozess sogar eher eine untergeordnete Rolle. Dies ist darauf zurückzuführen, dass Wahrnehmung immer auf den bereits im Gehirn gespeicherten Informationen basiert. Die Kapazität des Arbeitsgedächtnisses ist begrenzt, so dass nur ein kleiner Teil der von außen eintreffenden Informationen verarbeitet werden kann (vgl. Ehlers 1998: 82; Lutjeharms 2006: 146). Das Gehirn löst dieses Problem, indem es die Informationen mit bereits vorhandenen Wissensbeständen abgleicht und Inhalte, die bereits vorhanden sind, damit verknüpft. Diese stoßen aus dem Langzeitspeicher hinzu, was als Inferenz bezeichnet wird (vgl. Ehlers 2008: 218). Aus diesem Grund ist (Text-)Verstehen ein interaktiver Prozess zwischen den Signalen im Text und den bereits vorhandenen Kenntnissen der Lesenden. „Je mehr vorhandene Kenntnisse dem Lesevorgang beigemischt werden können, desto mehr Bedeutung kann konstruiert werden bei gleichzeitiger Reduzierung des Informationsbedarfs aus dem Text" (Westhoff 2005: 50).

Das hierbei zum Einsatz kommende Vorwissen umfasst Weltwissen (kulturelles Wissen, Situations- und Rahmenkenntnisse), Wissen zum Textthema und der Textsorte, Wortschatzkenntnisse, Kenntnisse grammatischer Phänomene sowie Wissen über die Kombinierungsmöglichkeiten sprachlicher Zeichen (vgl. Lutjeharms 2006: 146f). Damit SchülerInnen mit Fachtexten lernen können, müssen sie über die Textoberfläche hinaus deren Inhalte bewerten und reflektieren können. Um dies bewerkstelligen zu können, müssen sie sprachlich vermittelte Sinnkontexte durch die Konstruktion mentaler Modelle verstehen und verinnerlichen (vgl. Schmölzer-Eibinger 2008: 60).

Die Schwierigkeiten, die Sachtexte für Lernende bieten, lassen sich gut im Unterschied zu literarischen Texten herausarbeiten und beziehen sich besonders auf die unterschiedlichen Funktionen, die diese Texte für die Lesenden haben: Literarische Texte sollen unterhalten oder zur ästhetischen Bildung beitragen, indem sie zum Nachdenken anregen, andere Perspektiven aufzeigen usw. Sachtexte hingegen lassen sich anhand ihrer Funktion in Lehrtexte, Persuasionstexte und instruktive Texte teilen (vgl. Rosebrock 2007: 51). Für den Kontext des naturwissenschaftlichen Unterrichts am bedeutsamsten sind die Lehrtexte, deren Funktion darin besteht, deklaratives Wissen zu vermitteln. Dies geschieht darstellend, beschreibend oder berichtend. Begriffe und Konzepte in literarischen Texten sind in der Regel gewohnter und alltagsnäher für die Lernenden, auch wenn die Texte fremde Kulturen oder Zeiten beschreiben. Ihre Sachverhalte sind am Alltagserleben angeschlossen, was sich im Wortschatz und der Konnotation von Begriffen spiegelt. Im Gegensatz dazu abstrahiert der Sachtext stärker von der Lebenswelt der SchülerInnen, um neues Wissen in den betreffenden Gebieten zu vermitteln (vgl. Rosebrock 2007: 59). In biologischen Sachtexten in Schulbüchern für die jüngeren Klassen findet sich zu Beginn des Textes häufig eine an die Alltagserfahrung der Lernenden angeschlossene Sequenz, doch bereits im zweiten Absatz folgt eine starke Abstraktion, die mit der Alltagswelt nichts mehr gemein hat. Dieser Punkt betrifft auch die Textorganisation, die große Unterschiede zwischen den Textsorten zeigt. Literarische Texte neigen zu einer narrativen Struktur, die als story grammar bezeichnet werden kann (vgl. Rosebrock 2007: 59). Damit ist gemeint, dass eine Erzählung immer ähnlich aufgebaut ist, da zuerst Akteure und Setting vorgestellt werden, die Handlung beginnt, Spannungsbögen auftreten usw. Prominentestes Beispiel ist sicher das Märchen, dessen Eingangs- und Schlussphrasen auch kulturübergreifend funktionieren. Doch auch die für Lernende in der Schule bereitgestellten literarischen Texte weisen eher klassische Strukturmerkmale auf, die von Kindern bereits vor der eigentlichen Literalität gelernt werden können – beispielsweise durch Vorlesen und Erzählgeschichten sowie Filme, Comics oder Bilderbücher, die häufig ebenfalls diesem Muster folgen. Selbstredend variieren narrative Muster, aber elementare Momente ähneln sich und bilden den Erfahrungsschatz der Lesenden, der im Laufe der Leseerfahrung ausgebaut und differenziert wird (vgl. Rosebrock 2007: 59). Im Gegensatz dazu variieren Sachtexte stärker in der Struktur, der sie folgen. In der Biologie können Unterschiede ausgemacht werden, je nachdem ob die Texte einen Gegenstand von allen Seiten beschreiben (Bsp.: Darstellung des Säugetiers Hund in allen seinen Besonderheiten), diesen nach und nach vertiefen (Bsp.: Mikroskopieren in verschiedenen Verarbeitungsstufen und Vergrößerungsgraden) oder auf andere Bereiche ausdehnen (Bsp.: Übertragung der Beziehung zwischen Eule und Maus auf allgemeine ökosystembezogene Räuber-Beute-Beziehungen). Sachtexte erfordern, im Gegensatz zu erzählenden Texten, eine Umstrukturierung von Wissensbeständen je nach Textfunktion und Handlungszusammenhang (vgl. Schleppegrell 2004: 82f.). Mit steigender Klassenstufe sind gerade dieser Umgang mit

Material in Form von Sachtexten, Primärquellen, Grafiken und Abbildungen, der selbständige Transfer auf andere Bereiche und die Produktion eigener fachlich und bildungssprachlich angemessener Texte Bedingung für eine gelingende Schullaufbahn (vgl. HKM 2010: 2f.).

Aus der jeweiligen Funktion lassen sich typische Anforderungen ableiten: Da Lehrtexte Wissen vermitteln sollen, zielen sie auf die kognitiven Leistungen der Lesenden. Diese müssen bereits vorhandene Wissensstrukturen aktivieren, damit die neuen Informationen eingebettet werden können, was als Verstehen begriffen werden kann (vgl. Rosebrock 2007: 51; Hurrelmann 2007: 23). Auf diese Weise werden Konzepte verinnerlicht und Kategorien gebildet, die schließlich zu mentalen Modellen ausgebaut werden. Lernende müssen einen Text jedoch als kohärent erkennen, um ihm Wissen zu entnehmen: Kohärenz – verstanden als funktionale Kette zwischen den sprachlichen Einheiten (vgl. Roelcke 2010: 92) – entsteht durch im Text ausgedrückte Sachverhalte und deren Verhältnis zueinander. Ein Mittel der Satzverknüpfung, von dem auch die Bildungssprache im Fach Biologie regen Gebrauch macht, ist die Verbindung mit Hilfe von Pro-Formen. Als Pro-Formen können Pronomen, Synonyme, Präpositionaladverbien auftreten, die den Sachverhalt in Folgesätzen wieder aufgreifen. Für sprachschwache Lernende sind gerade solche Verknüpfungen, die über mehrere Sätze reichen, schwer zu durchschauen, da sie nicht in der Lage sind, den Referenten, auf den sich die Pro-Form bezieht, zu identifizieren (vgl. Rösch 2005: 51). Gerade in Sachtexten mit hoher Informationsdichte geht für sie der Zusammenhang schnell verloren.

Heinemann & Heinemann (2002) unterscheiden zwischen einer textgeleiteten Komponente der Kohärenz und der Verknüpfung von im Text präsentierten Inhalten mit dem Weltwissen der Rezipierenden, also einer wissensgeleiteten Kohärenz (vgl. Heinemann & Heinemann 2002: 94f.). Folgendes Beispiel, entnommen aus einem Biologielehrbuch, illustriert diesen Zusammenhang:

> „Bewegung. Pflanzen können nicht laufen oder springen. Blüten aber öffnen und schließen sich. Der Stängel der Bohne wächst und windet sich langsam um die Stange. Setzt sich eine Fliege auf das Blatt einer Venusfliegenfalle, klappen die beiden Blatthälften zusammen. Mikroskopisch kleine Algen unter den Pflanzen können sogar durch das Wasser schwimmen. Bewegung ist ein Kennzeichen auch bei Pflanzen" (Bauer et al. 2004).

In diesem Beispiel wird die Kohärenz für die Rezipierenden erzeugt, indem das verbindende Element der Bewegung bei verschiedenen Vertretern von Pflanzen genannt wird. Dass Pflanze als Oberbegriff fungiert, wird durch den ersten Satz ausgedrückt. Dieser verneint einen großen Teil von Bewegungsformen für Pflanzen, die SchülerInnen bekannt sind: laufen und springen. Der Text knüpft damit an die Erfahrungen der Lernenden an, die Bewegungen aus dem eigenen Leben kennen. Der Text erweitert diese Alltagserfahrungen, indem er vermittelt, dass Pflanzen nicht springen, hüpfen oder laufen, aber sich eben doch bewegen. Das Konzept Bewegung als Kennzeichen des Lebens schließt damit an die Erfahrungswelt und das Vorwissen der Kinder an und erweitert es gezielt. Danach folgen Konkretisierungen der Großkategorie Pflanze, die sich dennoch bewegen. Blüten öffnen und schließen die Blütenblätter. Die Bewegungen werden in einen Kontext eingeordnet, indem Adjektive genannt werden (*langsam*) oder bestimmte Bedingungen genannt werden, unter denen Bewegung stattfindet (*wenn sich eine Fliege...*). So ist der Text als zusammengehörig ausgewiesen und kann als Ganzes verstanden werden (vgl. Drumm 2013: 394).

Diese Verarbeitung der Sinneswahrnehmung durch mentale Prozesse gilt als bedeutendster Faktor beim Erschließen und Verstehen von Sachverhalten. Das bereits vorhandene Wissen wird als Schema begriffen, das im Langzeitgedächtnis gespeichert ist. Diese grundlegenden Wissenseinheiten, die „aus Konzepten und Relationen zwischen diesen Konzepten bestehen" (Göpferich 2008: 293), sind die Bausteine des Gedächtnisinhalts und das Fundament für neu eintreffende Informationen. Sie bestehen aus „kognitiven Repräsentationen von Teilen eines Systems, d.h. dessen Struktur, und [...] dynamischen Verknüpfungen dieser Teile, d.h. von Prozessen, denen das System unterworfen ist" (Weidenmann 1994: 38). Komplexes Wissen wird immer in Form von solchen Modellen gespeichert, die in Analogiebeziehung zu Ausschnitten aus der Realität stehen und die Einzelheiten des Sachverhalts aufgreifen.

Es lassen sich verschiedene Stufen von mentalen Modellen unterscheiden, je nachdem wie ausgereift diese im Kopf der Lernenden sind: Elaborierte mentale Modelle erlauben Vorhersagen zu Veränderungen in Teilen des Systems und dazu, wie sich diese auf andere Systemteile auswirken. Ein solches „Arbeitsmodell" (Weidenmann 1994: 38) ermöglicht es den Lernenden, Abläufe und Auswirkungen im System gedanklich zu simulieren. Diese Eigenschaft des mentalen Modells ist zentral für die Fähigkeit der Lernenden, Transferleistungen im Unterricht zu erbringen, indem sie basierend auf dem mentalen Modell zu einem Sachverhalt Hypothesen aufstellen und Schlüsse auf andere Sachverhalte ziehen (vgl. Mayer 1997: 4). Weniger geübte Lernende können solche elaborierten Vorstellungen nicht ohne Hilfe aufbauen – ihre mentalen Modelle zeichnen sich durch inkohärente oder lückenhafte Strukturen aus, aus denen sich nur unzutreffende Vorhersagen ableiten lassen. Auch kann davon ausgegangen werden, dass sich ein lückenhaftes mentales Modell schwerer kommunizieren lässt als ein elaboriertes, was erklärt, warum schwache Lernende Schwierigkeiten haben, Sachverhalte in eigenen Worten wiederzugeben.

Die Einpassung neuer Informationen in das mentale Modell findet während des Lesens statt. Dabei werden bestehende Konzepte korrigiert, erweitert oder differenziert, während aus dem Text gelernt wird (vgl. Rosebrock 2007: 52). Im Anschluss an das Lesen findet das Bewerten statt, was im Literacy-Konzept die höchste Stufe der Kompetenz darstellt: reflektieren und bewerten (vgl. Hurrelmann 2007: 24). Sachtexte haben die Aufgabe, das Wissen der Lernenden über das konkret Erfahrbare hinaus zu erweitern und „behandeln [dazu] einen spezifischen Ausschnitt aus dem Universum menschlichen Wissens und fordern, auf welchem Niveau auch immer, Vorwissen aus eben dieser Domäne ein" (Rosebrock 2007: 54). Daraus lässt sich ableiten, dass die Aktivierung und Nutzung von Vorwissen aus dem Bereich, in dem der Text angesiedelt ist, die zentrale Stellschraube für die Verarbeitung darstellen. Sprachschwache Lernende verfügen häufig über geringere Vorwissensbereiche und können diese zudem schlechter mit Strategien kompensieren.

Wie sich aus dem Dargestellten ablesen lässt, hängen die rezeptive Verarbeitung der Sachverhalte und deren produktive Wiedergabe eng zusammen – nur wenn Lernende in der Lage sind, bildungssprachliche Texte zu verstehen und die darin vorkommenden sprachlichen Mittel zu dekodieren, können sie ein Modell des Sachverhalts aufbauen, das Vorhersagen erlaubt und dessen Inhalt sie im Anschluss darstellen können. Dennoch bietet die Sprache im Fachunterricht weitere Hürden, die sich rein auf die schriftliche Produktion beziehen. Sachtexte in Biologieschulbüchern sind in der Regel gemischte Zeichenkomplexe (vgl. Roelcke 2010: 91), da sie in der Regel aus schriftlichen Texten, Abbildungen und Fotos sowie Diagrammen und anderen Textformen bestehen. Die einzelnen Bestandteile der Schulbuchseite erfüllen spezifische, aufeinander bezogene Funktionen, wie einen Sachverhalt einführen, definieren, erklären und gegebenenfalls in einen größeren Zusammenhang einordnen. Dabei spielen Text- und Bildelemente unterschiedliche, aber im Idealfall aufeinander bezogene Rollen. Text und Bild dienen dazu, eine der drei Grundfunktionen des Faches zu erfüllen, nämlich wissenschaftliche Erklärungen in Form der Beschreibung von Phänomenen, Regeln oder Modellen zu vermitteln (vgl. Mayer 1997: 3).

Sachtexte des Faches Biologie integrieren also verschiedene Darstellungsformen zu einem didaktisch ausgerichteten Informationszusammenhang. Neben dem Fließtext lassen sich gerade im Kontext Biologie die Bilder als zentrales Element der Wissensvermittlung ausmachen und ihr Informationswert ist nicht durch andere Textbestandteile auffangbar (vgl. Frankhauser-Inniger & Labudde-Dimmler 2010: 849). Visuelle Informationen können jedoch nicht allein durch die Fähigkeit des Sehens ins Gehirn übernommen werden, sondern müssen verarbeitet werden. Mayer (1997) versteht diese Verarbeitung als Auswahlprozess:

> Within the context of a dual-coding view, there can be two kinds of selecting processes: selecting words and selecting images. From the verbal information that is presented, the learner selects relevant words for a verbal representation. [...] Similarly, from the visual information that is presented, the learner selects relevant images for a visual representation. [... this] results in the construction of what can be called a pictorial representation or image base (Mayer 1997: 5).

Was genau Lernende auswählen und wie sie daraus Informationen rekonstruieren, ist noch nicht eindeutig erforscht. Festgehalten werden kann jedoch an dieser Stelle, dass alle Teile der Schulbuchseite mittels einer Text-Bild-Integration zu einem sinnvollen Ganzen verbunden werden müssen, um den Sachverhalt vollständig zu verstehen und mit Hilfe von Illustrationen, Grafiken und Tabellen zu lernen. Die Text-Bild-Integration rückt gerade erst in den Fokus der Erforschung von Leseprozessen und muss für unterschiedliche Bereiche und Textsorten erst noch ausdifferenziert werden. In Anlehnung an Ballstaedt (2005: 66) können drei verschiedene Text-Bild-Beziehungen unterschieden werden: Kongruenz besteht, wenn Text und Bild denselben Gegenstand zeigen, also das gleiche mentale Modell aktivieren. Bei inhaltlicher Komplementarität aktivieren Text und Bild unterschiedliche Sachverhalte, die durch die Lernenden miteinander in Verbindung gebracht werden müssen. Text und Bild liefern hierbei den jeweiligen Kontext. Liegt schließlich Elaboration vor, betreffen Text und Bild unterschiedliche Konzepte, die mittels der Schlussfolgerung aufeinander bezogen werden müssen. Leider sind solche Beziehungen in Schulbuchseiten selten explizit, Lernende müssen also selbst erschließen, ob der Text dieselben Informationen liefert wie die Bilder oder ob beide Teile in ihrem Informationsgehalt unterschiedlich sind.

Damit SchülerInnen mit illustrierten Fachtexten lernen können, müssen sie über die Textoberfläche hinaus seine Inhalte bewerten und reflektieren können. Um dies zu bewerkstelligen, müssen sie sprachlich vermittelte Sinnkontexte durch die Konstruktion mentaler Modelle aufbauen und prüfen. Diese Sinnkontexte müssen ihnen dabei jedoch auch entgegenkommen. Passen Text und Bild überhaupt nicht zueinander – etwa weil das Bild als bloße Illustration beim Text steht, diesen nicht ergänzend aufgreift oder der Bezug zwischen Text und Bild unklar bleibt – können sie die Lernenden beim Aufbau mentaler Modelle behindern. Kohärenz kann also als eine der zentralen Anforderungen an gemischte Zeichenkomplexe gelten (vgl. Weidenmann 1994: 48; Drumm 2015: 48-54), und deren Herstellung durch die Lernenden stellt eine zentrale Aufgabe der sprachunterstützenden Arbeit im Fachunterricht dar. Hier lässt sich erkennen, dass die rezeptiven und produktiven sprachlichen Kompetenzen stark an das gebunden sind, was die Lernenden bereits über den Sachverhalt wissen bzw. welche Vorstellungen sie zu einem Thema haben. Im Kontext des Biologieunterrichts entsteht hier eine weitere Hürde: die notwendige Präzision im Ausdruck. Es ist im Rahmen der Behandlung von Begriffen und Morphosyntax bereits angerissen worden, dass Verdichtung und Komplexität die Sprache des Faches auszeichnen. Diese Dichte erfordert sprachliche Präzision, da schwammige, aber redundante Äußerungen keine adäquaten Ersetzungen sind. Dies hängt mit dem biologisch-naturwissenschaftlichen Sachverständnis zusammen, welches sich in der Sprache spiegeln soll und stellt eine spezifische Schwierigkeit für sprachschwache Lernende im Bereich Schreiben dar.

2.2.3.2 Sachtexte schreiben

Wenn es um die aktive Produktion von schriftlicher Sprache geht, lässt sich feststellen, dass SchülerInnen im Fachunterricht Biologie wenige kohärente Texte schreiben. Das Festhalten von Stichworten dominiert (vgl. Hanser 1999: 35-38). Jene Textsorten, die von den Lernenden tatsächlich aktiv produziert werden und die dann auch Feedback durch die Lehrenden erhalten, sind die Texte, die der Leistungsüberprüfung dienen. Dabei handelt es sich um Texte für Referate und Präsentationen, für deren Erarbeitung Lernende häufig auf das Internet zurückgreifen. Sprachschwache Lernende verarbeiten die dort auffindbaren und häufig sehr schwierigen Texte nicht ausreichend sondern tragen sie einfach vor (vgl. Schmölzer-Eibinger & Langer 2009: 205). In Prüfungssituationen werden Tests und Klassenarbeiten verfasst, in denen von den Lernenden plötzlich zusammenhängende Texte erwartet werden. Auch hier neigen sprachschwache Lernende zum Auswendiglernen. Als letzte Textsorte sind freiwillige Arbeiten zu nennen, die wie eine kleine wissenschaftliche Hausarbeit in der Oberstufe angeboten werden und von den SchülerInnen zur Aufbesserung der Note angefertigt werden können. Diese sind fachlich und sprachlich anspruchsvoll und werden in der Regel nur von SchülerInnen übernommen, die eine hohe Selbstwirksamkeitserwartung an ihre Leistung haben (vgl. Schmölzer-Eibinger & Langer 2009: 205). Weitere Textsorten spielen im Fachunterricht Biologie eine untergeordnete Rolle.

Wie bereits dargestellt, zeichnet sich die Sprache im Fach Biologie durch Textökonomie und Präzision aus, was die bereits erläuterte Dichte der Texte zur Folge hat. SchülerInnen haben in der Regel Schwierigkeiten, diese zu produzieren. In Biologie werden zwar häufig Mitschriften verfasst, wenn Lehrvorträge von Lehrpersonen oder MitschülerInnen gehalten werden, diese werden aber nicht explizit eingeübt. Dies kann bei Äußerungen von Lernenden zu fragmentarischen schriftlichen Produktionen führen, weil diese nur schlagwortartig Inhalte auflisten. Der Zweck der Mitschrift besteht darin, die wichtigsten Inhalte während des Zuhörens zu notieren, um diese später für die Prüfung lernen zu können. In Mitschriften, wie sie aber häufig von SchülerInnen verfasst werden, dominieren einfache, syntaktisch verkürzte, teilweise elliptische Sätze, in denen finite Verbformen und Artikel häufig ganz fehlen. Kohäsion wird entweder nicht oder mit Hilfe von Symbolen hergestellt (vgl. Schmölzer-Eibinger & Langer 2009: 204).

> Nashorn hat aufgestaute Energie → Rivale, Konkurrent (Bsp. aus Hanser 1999: 201).

Hier zeigt sich eine Auflistung von Fachtermini (*Rivale, Konkurrent*), die zwar mit einem Pfeil auf das Nashorn Bezug nehmen, aber welcher Art dieser Bezug ist, wird nicht klar. Da der bildungssprachliche Ausdruck sich u.a. durch klare Referenzierung mit Hilfe von Konjunktionen und Präpositionen auszeichnet, ist solch eine Mitschrift für die spätere Textproduktion nicht förderlich. Aus dieser Art, Notizen zu machen, ergeben sich also mehrere Probleme: Zum einen bleiben sprachliche Schwierigkeiten und mangelnde Sachkenntnis verborgen. Die Zusammenhänge sind nicht eindeutig zu erkennen und können so zu falschen Internalisierungen führen, wenn später mit solchen Mitschriften gelernt wird. Zum anderen sind isolierte Aussagen in der Biologie selten richtig oder falsch, sondern nur im Zusammenhang mit Voraussetzungen, Gegebenheiten, Umgebungsfaktoren o.Ä. sinnvoll.

> Trittpflanzen → durch Tritt gefördert (Bsp. aus Gaebert & Bannwarth 2010: 160).

Dieses Beispiel ist, im Gegensatz zu den bereits genannten, fachlich sinnvoll[8]. Dennoch bleibt es ohne den Verständniszusammenhang ohne Wert, da die Aussage je nach Kontext richtig oder falsch sein kann (vgl. Gaebert & Bannwarth 2010: 160f.), was für die Lernenden später nicht mehr ersichtlich ist. Aus diesem Grund plädieren Gaebert und Bannwarth dafür, nicht nur das Wissen um Sachverhalte zu vermitteln, sondern vor allem das richtige Erklären und

---

8 Trittpflanzen sind solche, die einerseits mechanische Verletzung ihrer oberirdischen Teile durch Tritt gut vertragen, die aber auch auf durch Tritt bestimmten Untergründen gut wachsen, da sie spezifische Bedingungen wie stark konzentrierte Dichte der Erde und Wasserstau usw. bevorzugen. Somit werden diese Pflanzen durch Tritt gefördert, da dieser die Konkurrenz anderer Pflanzenarten verhindert. Zu viel Tritt, der immer eine Verletzung darstellt, kann aber auch diese Pflanzen schließlich verenden lassen (vgl. Hohla 2013: 9f.).

Verstehen. Es geht hierbei demnach um „Beziehungsdenken" (Gaebert & Bannwarth 2010: 161), das spezifische sprachliche Mittel, wie beispielsweise Verknüpfungen wie deshalb, damit, weil usw. benötigt. Hier zeigt sich treffend, welche Vorteile sich aus der Vermittlung von Diskursen – verstanden als Kombination von fachlichem Inhalt in Verbindung mit sprachlichen Operationen – anstelle von rein inhaltlicher Bezogenheit ergeben.

Abschließend ist zu den Fachtexten zu sagen, dass diese – besonders wenn sie in didaktischer Absicht verfasst wurden – spezifische Gliederungssignale verwenden, die so in literarischen oder Zeitungstexten nicht oder weitaus weniger vorkommen. Dazu zählen rhetorische Mittel, die explizit ankündigen, rhetorisch fragen und metakommunikativ verweisen, aber auch grafische Mittel wie Fettdruck, gesperrte Schrift sowie unterschiedliche Größe der Buchstaben (vgl. Hanser 1999: 86). Abbildungen, Grafiken und Tabellen können ebenfalls als Gliederungssignale dienen. Damit sprachschwache Lernende diese jedoch in ihrer Funktion erkennen, müssen diese besprochen und erklärt werden. Dies gilt nicht nur für Steuerungsmittel im Text sondern auch für Grafiken, Abbildungen und Tabellen, die den Text begleiten: Gerade Sprachschwache haben Schwierigkeiten, diese adäquat zu nutzen.

2.2.4 Sprache als Spiegel biologischen Verständnisses

Wie bereits besprochen, können Sprache und Inhalte nicht getrennt voneinander betrachtet werden sondern hängen eng zusammen. Sprache dient eben nicht nur zum Transport von Inhalten sondern fachliche Inhalte und Strukturen werden durch Sprache auf der kognitiven Ebene zusammengeführt (vgl. Kuplas 2010: 186). Wenn aber erwartet wird, dass sich das Verständnis biologischer Sachverhalte in der verwendeten Sprache spiegelt (vgl. Gaebert & Bannwarth 2010: 159), kann es passieren, dass Lehrende aufgrund einer fehlerhaften sprachlichen Oberfläche auf mangelndes Verständnis der Lernenden schließen – ob dies gegeben ist oder nicht.

In biologischen Fachdidaktikbüchern wird die Rolle der Sprache für das Denken zwar wahrgenommen, diese aber zumeist ungenau dargestellt, was daran liegen mag, dass die betreffenden AutorInnen ebenso wenig Erfahrung und Kenntnisse in sprachlichen Belangen haben wie ihre Zielgruppe. So schreibt Stelzig über das Darstellen von Sachverhalten durch die Lernenden (2010: 143): „Hierbei ist weniger der Einsatz einer Fachsprache gefordert, als vielmehr die Fähigkeit, ein Objekt möglichst genau zu beschreiben". Dass gerade diese Genauigkeit durch (bildungs-)sprachliche Mittel ausgelöst wird, wird nicht explizit gemacht. Zur Lösung des Problems greift Stelzig auf eine Maßnahme zurück, die programmatisch für den schulischen Umgang mit sprachlichen Fragen im Fachunterricht ist: „[...] bei der Einführung in die Beschreibung bietet sich daher ein fächerübergreifender Unterricht mit dem Deutschunterricht an" (Stelzig 2010: 143). Da die sprachlichen Aspekte nicht zum Fach gerechnet werden, sollen diese im Deutschunterricht behandelt werden. Dies wird hier euphemistisch als fächerübergreifender Unterricht bezeichnet, bedeutet aber häufig nichts anderes als die Verantwortung abzugeben. In Bezug darauf, dass Sprache an authentischen Situationen, wie sie im Fachunterricht auftreten, gelernt werden soll, erscheint dies jedoch nicht sinnvoll.

Das Verstehen biologischer Sachverhalte umfasst „das Begreifen der Anpassung und Entwicklung von Organismen an ihre Umwelt in Bau und Leistung, in Morphologie und Physiologie, in Struktur und Funktion" (Gaebert & Bannwarth 2010: 156), und dies drückt sich in den betreffenden Formulierungen aus. Beispielsweise neigen Lernende dazu, biologische Sachverhalte und Prozesse so auszudrücken, als würde Sinn, Absicht oder Zweck dahinter stehen, obwohl dies mit dem biologischen Verständnis nicht zu vereinbaren ist. Folgendes Beispiel, das diesen Sachverhalt illustriert, wurde Gaebert und Bannwarth (2010: 159) entnommen:

> Das Kaninchen bekommt ein Winterfell, um sich gegen die Winterkälte zu schützen und den Winter zu überstehen.

Die um-zu-Konstruktion suggeriert, dass das Kaninchen diese Entscheidung willentlich trifft, weil es dies für sinnvoll hält. Biologische Beschreibung erfordert aber mehr Abstraktion und Präzision:

> Das Kaninchen bekommt ein Winterfell und ist so besser an die kalte Jahreszeit im Winter angepasst und besser vor Erfrieren geschützt.

Gaebert und Bannwarth halten fest, dass es allgemein gesprochen durchaus zulässig sei, biologische Sachverhalte als sinnvoll zu bewerten. Für die Lehrperson hingegen stelle es ein zentrales Erziehungsziel des Biologieunterrichts dar, Sinn unterstellendes Denken zu vermeiden (vgl. Gaebert & Bannwarth 2010: 160).

2.2.5 Zusammenfassung

Die Sprache des Faches Biologie ist gekennzeichnet durch Dichte und Komplexität und orientiert sich an der Fachsprache der wissenschaftlichen Disziplin.

Wie gezeigt werden konnte, erfüllt jedes der sprachlichen Mittel eine spezifische, auf die Zwecke des Schulfaches bezogene, kommunikative Funktion und vermittelt dessen Perspektive auf die Umwelt. Es kann davon ausgegangen werden, dass Lehrende des Faches die Rezeption und Produktion dieser Formen beherrschen, da sie sich während der Ausbildung und während des Berufsalltags ständig damit konfrontiert sehen. Fraglich ist jedoch, ob sie die Phänomene als solche benennen und in ihrer Funktion verorten können.

Anhand der Darstellung der sprachlichen Besonderheiten des Faches wurden zentrale Schwierigkeiten für sprachschwache Lernende aufgezeigt. Die hier präsentierte Aufstellung mag lückenhaft wirken, doch dies ist darin begründet, dass eine systematische Aufarbeitung der sprachlichen Anforderungen bezogen auf das Fach Biologie an Schulen noch nicht erfolgt ist. Das hier Präsentierte basiert auf der Durchsicht der aktuell verfügbaren Texte und Studien zur Sprache im Fachunterricht und ist durchaus erweiterungsfähig. Aufgrund der unbefriedigenden Quellenlage erscheint es dringend angeraten, Unterricht zu beobachten sowie Lehrmaterial zu analysieren. Dennoch konnte ein Einblick vermittelt werden, wo Sprachförderung im Fachunterricht ansetzen kann und welche Problembereiche Berücksichtigung finden sollten. Außerdem konnte aufgezeigt werden, wie sprachliche Mittel und Perspektive des Faches zusammenhängen. Dies stellt die Grundlage für Überlegungen zur Sprachbildung im Kontext Biologieunterricht im folgenden Kapitel dar.

2.3 Sprachbildung im Fachunterricht

Die Beherrschung der Bildungssprache ist der Schlüssel zum Bildungserfolg, da mit ihrer Hilfe Wirklichkeit erschlossen, Wissen organisiert und vertieft, aber auch Lernleistung erfasst und bewertet wird und damit Lebenschancen vergeben werden (vgl. Vollmer & Thürmann 2013a: 212). Die Sprache der Schule, verstanden als Bildungssprache und konzeptionell schriftliches Register, das bestimmte bildungssprachliche Kompetenzen verlangt, muss auf ihre Ziele und kommunikativen Funktionen bezogen vermittelt werden. Sprache ist Werkzeug des Denkens, und ohne Sprache ist wiederum kein Denken möglich. Insofern ist Bildungssprache kulturelles Kapital und notwendige Ressource für Lernen und gesellschaftliche Teilhabe (vgl. Feilke 2012: 9). Wissenserwerb braucht die Fähigkeit zur Abstraktion und die Fähigkeit zur Abstraktion benötigt sprachliche Mittel, die Abstraktion ausdrücken. Es ist unumgänglich, dass Schule ihre sprachliche Wirklichkeit ernst nimmt und den Bildungsauftrag in dieser Hinsicht anpasst, also sprachsensibel wird (vgl. Gantefort & Roth 2010: 576). Nicht zuletzt die Bildungsstandards der Kultusministerkonferenz (KMK) erkennen dies. Der Begriff Fachsprache wird in den Bildungsstandards der KMK deutlich von dem der SchülerInnen- oder Alltagssprache abgegrenzt und mehrfach als eigenständiger Lernbereich genannt. Dabei wird jedoch auf spezifische, sprachliche Elemente der Fachsprache nicht eingegangen. Folglich bleibt der Terminus abstrakt und wenig greifbar, wie z.b. in der folgenden Formulierung:

> Grundlage zur Erschließung der Welt ist die Wortsprache. Auch das Fach Biologie leistet einen unterrichtlichen Beitrag zum Ausbau der Sprachkompetenz, vor allem der fachlich basierten Lese- und Mitteilungskompetenz der Lernenden. Die Lernenden tragen ihre individuellen Alltagsvorstellungen in den Fachunterricht hinein und umgekehrt fachliche Konzepte und Fachsprache in die Alltagssprache zurück. Dadurch erreichen Schülerinnen und Schüler eine Diskursfähigkeit über Themen der Biologie, einschließlich solcher, die von besonderer Gesellschafts- und Alltagsrelevanz sind (KMK 2005: 11).

Weiterhin weisen die Standards klar darauf hin, dass Lernen und Sprache verbunden sind. Im Bereich der Kompetenz Sach- und Fachkommunikation wird erläutert, dass „Formen von Kommunikation [...] einerseits direkter Lerngegenstand, andererseits Mittel im Lernprozess [sind]. Erkenntnisgewinn und fachbezogener Spracherwerb bedingen sich gegenseitig" (KMK 2005: 11). Im Bereich Standards für den Kompetenzbereich Kommunikation wird die Darstellung präziser: „Die Schülerinnen und Schüler [...] stellen biologische Systeme, z.B. Organismen, sachgerecht, situationsgerecht und adressatengerecht dar" (KMK 2005: 15). Kommunikationskompetenz wird in sachliche, situationelle und adressatenbezogene Angemessenheit differenziert, wodurch auf die Gestaltung von Texten Bezug genommen wird. Nach Knapp (2008) stellt dies die Entwicklung zu einem konzeptionell schriftsprachlichen Ausdruck dar. Sie vollzieht sich von einer Orientierung am unmittelbar Beobachtbaren bis zu einer „Bewusstheit für die kommunikative Qualität" (vgl. Knapp 2008: 249) des eigenen Textes. Jedoch erreichen ein Großteil der SchülerInnen diese Kompetenzen bis zum Abschluss der Hauptschule nicht (vgl. Knapp 2008: 250).

Anstelle von Bildungssprache beziehen sich die Bildungsstandards häufig auf den Begriff Kommunikation. Dieser wird auch für die Fächer Biologie und Mathematik als bedeutsam eingestuft, bleibt jedoch auch in den Anforderungen an die Fachwissenschaften und Fachdidaktiken eher vage und unbestimmt. LehrerInnen „verfügen über die Kompetenzen der fachbezogenen Reflexion, Kommunikation, Diagnose und der Evaluation und sind vertraut mit basalen Arbeits- und Erkenntnismethoden der Biologiedidaktik" (KMK 2008a: 10). Was fachbezogene Kommunikation ist, welche Teile sie umfasst und wie sie auf das Fach und dessen Didaktik Bezug nimmt, bleibt unklar. Hier zeigt sich ein Mangel der bildungspolitischen Umsetzung sprachbezogener Themen, auf den Winters-Ohle, Seipp & Ralle (2012) in Bezug auf den Nationalen Integrationsplan und die veränderten Gesetze zur Lehrerausbildung in Nordrhein-Westfalen hinweisen: Es „muss festgestellt werden, dass diese Vorgaben weitgehend unoperationalisiert und damit nicht handlungswirksam sind" (Winters-Ohle, Seipp & Ralle 2012: 27). Es lässt sich also festhalten, dass die Wichtigkeit des Themas erkannt wurde, genaue Vorgaben und Perspektiven zur Sprachbildung seitens der Bildungspolitik aber noch ausstehen. Dem versucht die Forschung entgegenzuwirken, indem sie vermehrt konkrete Vorschläge für die Sprachbildung im Fachunterricht entwickelt und publiziert. Diese gründen auf verschiedenen Annahmen, die sich aus den bereits besprochenen Charakteristika der Bildungssprache ableiten. Solche Grundannahmen sollen im Folgenden vorgestellt werden, um die Basis zu bereiten, auf der die Darstellung der Sprachförderung und Sprachbildung erfolgt. Die Ausführungen richten sich im Folgenden weniger auf eine spracherwerbstheoretische Grundlegung von Sprachbildungsmaßnahmen sondern beschreiben, was sich in den letzten Jahren als konkretes Vorgehen etabliert hat. Dabei wird zwischen expliziter und impliziter Sprachbildung unterschieden. Im Anschluss folgt ein Teil zu verfehlter Sprachbildung. Dies erscheint notwendig, da nicht alles, was im Unterricht mit der Bezeichnung Sprachförderung betitelt wird, auch tatsächlich sprachförderlich ist. Dem schließt sich eine Vertiefung einer Sprachfördermaßnahme an, die sich als sehr erfolgreich erweist und die als Gegenentwurf zum klassischen Fachunterricht begriffen werden kann: das Scaffolding. Zuletzt erfolgt eine Zusammenfassung, die die Inhalte des theoretischen Teils dieser Arbeit zusammenführt, sowie eine kritischer Schluss, der zu den Forschungsfragen überleitet.

2.3.1 Theoretische Grundlagen sprachbildender Konzepte

Da Sprache immer an Inhalte gebunden ist und daher nur im Zusammenhang mit diesen vermittelt und ausgebaut werden kann, muss die Förderung der bildungssprachlichen Kompetenzen von Lernenden sowohl fachbezogenes als auch fachübergreifendes Konzept sein. Fachbezogen, weil es eben die fachlichen Inhalte sind, die die Sprache des Faches prägen, fachübergreifend, da schulische Diskursfunktionen einander ähneln und deren Erwerb ein aufwändiger Prozess ist, der in allen Fächern mitgetragen werden muss. Bisher ist dieser Aspekt in der Schule eher übersehen und zu Gunsten von zusätzlichem Deutschunterricht vernachlässigt worden, der eine umfassende Sprachkompetenz für alle Fächer vermitteln und schulen soll. Dies bedeutet aber nicht, dass Sprache bisher im Fachunterricht nicht zum Thema wurde. Wenn allerdings Sprache im Fachunterricht thematisiert wird, dann häufig in Form von Interventionen an der sprachlichen Oberfläche, nicht bezogen auf fachliche Diskurse (vgl. Vollmer & Thürmann 2013: 42). Da sprachliche Mittel jedoch immer nur Mittel für einen bestimmten kommunikativen Zweck sind, müssen diese im Kontext ihrer fachlichen Funktionalität gesehen werden. In dieser Hinsicht ist die Sprache der einzelnen Fächer nicht nur Bildungssprache sondern auch Fachsprache: Fachsprache gestaltet sich in der Kommunikation über Gegenstände und wird während der Aneignung von Kenntnissen über diese Gegenstände erworben. Sie erlaubt für diesen Kenntnisbereich eine größere Präzision in der Kommunikation, sofern die sprachlichen Mittel zur Behandlung des Sachverhalts zur Verfügung stehen (vgl. Habermas 1977: 37f.). In der Schule liegt die Aufmerksamkeit der Lehrenden häufig auf Bedeutung und Inhalt von Aussagen (sowohl in mündlicher als auch in schriftlicher Form), nicht auf der sprachlichen Situationsangemessenheit. So kann begründet werden, dass Lernende in der Regel wenige dezidierte Rückmeldungen auf die Angemessenheit ihres Sprachgebrauchs erhalten. Wünschenswert wäre es aber, dass Lehrende bei den SchülerInnen das Bewusstsein dafür wecken, dass die Wahl verschiedener sprachlicher Formen Auswirkungen auf die jeweilige Bedeutung hat (vgl. Schleppegrell 2004: 3).

In den vergangenen zehn Jahren sind vermehrt Konzepte und Lösungen entstanden, um sprachschwache SchülerInnen in ihrer sprachlichen Handlungsfähigkeit zu unterstützen und ihnen bessere Bildungschancen zu ermöglichen. Rösch (2011) unterteilt diese Konzepte in zwei Hauptrichtungen: Zum einen die additiven Ansätze, die zusätzlich zum Unterricht, häufig als Zusatzunterricht am Nachmittag in Form von Förderkursen, Theaterprojekten, Schreib- und Lesewerkstätten angesiedelt sind und mit dem Begriff Sprachförderung belegt werden (vgl. Vollmer & Thürmann 2013b: 41). Unter Umständen können sich solche Förderkonzepte als wirkungslos erweisen, da sie darauf basieren, einzelne SchülerInnen auszusortieren und zu suggerieren – besonders, wenn es sich um sogenannten Förderunterricht handelt – dass diejenigen, die diesen besuchen müssen, defizitär sind. Es ist daher nicht verwunderlich, dass gerade die additiven Ansätze, die Lernende aufgrund ihrer Herkunft oder sprachlicher Probleme nachmittags zusätzlich beschulen, selten erfolgreich sind[9] (vgl. Voll-

---

9 Eine Ausnahme bildet hier der Förderunterricht für Kinder mit Migrationshintergrund, wie er von Benholz in Zusammenarbeit mit der Stiftung Mercator seit Jahrzehnten erfolgreich an der Universität Duisburg Essen umgesetzt wird (vgl. u.a. Benholz 2010). Das Besondere an diesem Konzept ist darin zu sehen, dass die SchülerInnen nicht in der Schule Förderunterricht durch Studierende des Lehramtes erhalten, sondern dass diese in die Universität kommen, wo Räumlichkeiten für den Förderunterricht bereitgestellt werden. Dies hat zwei Effekte, die sich

mer & Thürmann 2013b: 42). Aus diesem Grund setzten sich vermehrt integrative Ansätze durch, die im situativen Kontext des Fachunterrichts angesiedelt sind und – je nach zugrundeliegendem Konzept – Durchgängige Sprachbildung (Gogolin & Lange 2010) oder sprachsensibler Fachunterricht (Leisen 2010) heißen (vgl. Rösch 2011: 18). Sie basieren darauf, Fachunterricht als sprachlich gefasste Situation zu begreifen, dessen Spezifika sich am besten in authentischen fachlichen Situationen vermitteln lassen. Im Rahmen dieser Arbeit werden diese Ansätze, welche als zielführender befunden werden, mit dem Begriff Sprachbildung bezeichnet, da dieser sich auf die Aufgabe der Schule bezieht, sozial- und/oder migrationsbedingte Leistungsdifferenzen der Lernenden auszugleichen und alle SchülerInnen sprachlich zu bilden. Bildungssprachevermittlung wird damit zur Aufgabe aller Fächer und Grundlage der schulischen Arbeit. Damit findet eine Akzentverschiebung statt: Der bisher gebräuchliche Terminus Sprachförderung weckt die Assoziationen von additiven, zusätzlich zum regulären Unterricht ablaufenden Fördermaßnahmen für vereinzelte Lernende, die besondere Schwierigkeiten haben. Sprachbildung hingegen referiert auf eine Bildungsaufgabe, die große Teile der SchülerInnen betrifft und für Schule allgemein und den Unterricht in allen Fächern[10] gilt (vgl. Vollmer &

---

positiv auf den Förderunterricht und dessen Ergebnisse auswirken. Zum einen ist der motivationale Aspekt höher anzusehen, wenn die Lernenden nicht in der Schule Nachhilfe erhalten, sondern dafür die Universität besuchen – etwas, das sie unter den MitschülerInnen auszeichnet. Zum anderen ist der Weg zur Universität eine Hürde, die von Lernenden eigenständig genommen werden muss. Sie werden nicht mit Hilfe von Noten reglementiert, wenn sie nicht zum Förderunterricht gehen, da dieser in der Verantwortung der Universität und nicht in der der Schule liegt. Dies hat den Effekt, dass lediglich SchülerInnen in den Förderunterricht kommen, die motiviert sind daran teilzunehmen (vgl. ausführlich zum Förderunterricht in Duisburg-Essen Benholz 2010).
10 Als wegweisend für diese veränderte Haltung an Schulen sind die Arbeiten von Rösch (2005) und Leisen (2010) zu nennen, da deren Handbücher und Unterrichtsmaterialien in Schulen einen hohen Bekanntheits- und Verbreitungsgrad erreicht haben. Das mag auch auf die leichte Anwendbarkeit zurückzuführen sein, da beide Arbeiten konkretes Unterrichtsmaterial in Form von Arbeitsblättern und Methodenwerkzeugen bereitstellen. Dies wird nicht unkritisch gesehen. So argumentiert Kuplas (2010), dass die Gefahr inhaltsloser Methodenschulung besteht. Statt eines willkürlichen Einsatzes von Methodenwerkzeugen und Kopiervorlagen, wie sie Leisen (auch) zur Verfügung stellt, muss zuerst das Sprachlernbedürfnis der Lernenden analysiert werden, um dann zielgerichtet zu fördern (vgl. Kuplas 2010: 199f.). Diese Kritik ändert nichts daran, dass Leisens Materialordner und Röschs jahrgangsbezogene Hefte in einer großen Anzahl der Lehrerbibliotheken anzutreffen sind. Die große Leistung dieser Arbeiten besteht darin, das Thema an die einzelnen LehrerInnen in einer Form herangetragen zu haben, die diese als praktisch und nutzbar verstehen. Dies öffnet die Tür für weitere Arbeiten und

Thürmann 2013b: 41f.). Die sprachliche Arbeit soll in den Fachunterricht selbst integriert werden, also dort ansetzen, wo mit der Sprache gehandelt und gearbeitet wird. Dies erbringt für das Fach Vorteile, denn die Sprachsensibilisierung im Fachunterricht steht nicht für sich sondern dient der Bewältigung fachlicher Aufgaben, da durch den Zuwachs an fachlicher Kommunikationskompetenz auch das fachliche Verständnis verbessert wird (vgl. Gaebert & Bannwarth 2010: 158). Zudem verlangt durchgängige Sprachbildung eine Zusammenarbeit zwischen den sprachlichen und nichtsprachlichen Fächern, denn es besteht die Notwendigkeit, alle Lehrenden sprachförderbezogen weiterzubilden[11]. Es wären also nicht mehr nur wenige Lehrende als SprachexpertInnen zuständig für die Kompetenzentwicklung der Lernenden – wie dies bisher dem Deutschunterricht zugeschrieben wird, sondern das gesamte Kollegium würde sich mit diesen Themen befassen, was möglicherweise der Weg wäre, um den von Gogolin kritisierten monolingualen Habitus der Schule zu überwinden.

Sprachbildung hat folgende Aufgaben und Ziele: Sie vermittelt die sprachlichen Fertigkeiten Lesen, Schreiben, Hören und Sprechen sowie die notwendigen sprachlichen Mittel, Wortschatz und Grammatik. Sie schult die kommunikativen Fähigkeiten und führt sprachbezogene Lerntechniken und Strategien ein. Außerdem weckt sie das Interesse für Sprache und deren Veränderbarkeit, Situationsangemessenheit und Kommunikationsfunktion. Dies leitet die Lernenden zu Sprachbewusstheit und metasprachlicher Reflexionsfähigkeit an (vgl. Rösch 2005: 31f.). Leisen (2010) stellt mehrere Grundthesen auf, die Lehrkräfte bei der

---

nicht zuletzt für gezielte Weiterbildungen, die den sinnvollen Umgang mit den Methodenwerkzeugen schulen.

11 Sinnvolle Ansätze, um die Sprache des Faches Biologie bzw. die Sprache der naturwissenschaftlichen Schulfächer zu fassen, können aus der Deutsch als Fremdsprache (DaF)-Forschung übernommen werden. Im Kontext DaF befassen sich mehrere AutorInnen damit, die Sprache der naturwissenschaftlichen bzw. fachlichen Wissensvermittlung zu beschreiben und darauf aufbauend didaktisch-methodische Vorschläge für den Unterricht zu entwickeln (vgl. u.a. Buhlmann & Fearns 2000; Ehlich 1993; Vögeding 1995). Der Vorteil dieser Ansätze liegt darin, dass sie immer auf der Grundüberlegung aufbauen, dass die naturwissenschaftliche Sprache Hürden für die Lernenden bereithält, die der Unterricht zu überwinden helfen muss. Gleichermaßen arbeitet der Content and Language Integrated Learning-Ansatz (CLIL), bei dem ein Sachfach in einer Fremdsprache unterrichtet wird. Auch aus diesem Bereich lassen sich sinnvolle Ansätze zur Sprachbildung im Unterricht ableiten (vgl. Beese & Benholz 2013: 42f.; Rösch 2013: 30f.), z.B. Sprache nicht nur zu nutzen sondern immer wieder zum Thema des Unterrichts zu machen. Im CLIL-Unterricht schließt die Entwicklung der sprachlichen Kompetenzen eng an den fachlichen Inhalt an, der möglichst lernerautonom und aufgabenorientiert vermittelt werden soll. Zwar steht Sprache nicht im Mittelpunkt, soll aber als Handlungswerkzeug den Lernenden zur Verfügung gestellt werden (vgl. Rösch 2013: 31).

Planung sprachsensiblen Fachunterrichts anleiten sollen: Lernende sollen in bewältigbare Sprachsituationen gebracht werden. Dazu ist es notwendig, dass die Lehrenden sowohl die Sprachkompetenz der Lernenden als auch die Schwierigkeit der fachlichen Materialien und Situationen einschätzen können. Die sprachlichen Anforderungen sollen knapp über dem individuellen Sprachvermögen liegen und den Lernenden sollen so wenige wie möglich, aber so viele Sprachhilfen wie nötig zur Hand gegeben werden (vgl. Leisen 2010: 6). In Bezug auf den mündlichen Diskurs argumentiert Leisen gegen die Orientierung an Fehlerkorrektur und plädiert dafür, gelingende Kommunikation ins Zentrum zu stellen. Damit ist gemeint, dass Lernende positiv unterstützt werden und notwendige Änderungen durch die Lehrperson mit Hilfe von Überformungen geschehen. Außerdem sollen die SchülerInnen zu umfangreichen Äußerungen angeregt werden (vgl. Leisen 2010: 12). Um dies zu unterstützen, stellt Leisen umfangreiche Lese- und Schreibübungen für Anfänger und fortgeschrittene Lernende zusammen.

Um die genannten Ziele zu erreichen, untersuchen Lehrende die Materialien ihres Faches auf sprachliche Hürden und Stolpersteine, stellen daran die Textschwierigkeit fest und planen Interventionen. Auf diesem Wege entwickeln sie Lese- und Schreibübungen, die sowohl an der authentischen fachlichen Situation die jeweiligen darauf bezogenen sprachlichen Mittel einüben, als auch Strategien zur Bewältigung der jeweiligen Situation an die Hand geben. Es konnte anhand einer Vergleichsstudie gezeigt werden, dass es nicht vieler Maßnahmen bedarf, im Unterricht sprachbildnerisch zu agieren, diese jedoch eine hohe Sprachbildungskompetenz seitens der Lehrenden voraussetzen: In einer Berliner Realschule wurden ausgewählte Schwierigkeiten des Deutschen (hier: Verben und Präpositionen) im sprachfokussierten Biologieunterricht fachnah vermittelt. Die SchülerInnen dieser Klasse zeigten sowohl sprachlich als auch fachlich bessere Leistungen als deren Vergleichsgruppe, die Unterricht ohne diesen sprachsensiblen Bezug erhielt. Die Vorbereitung wurde von der betreffenden Biologielehrkraft als sehr aufwändig und nur durch Unterstützung einer DaZ-Expertin als möglich benannt, und der Unterricht wurde als verlangsamt bewertet (vgl. Rösch 2013: 27). Dies illustriert, dass die Anforderungen an verändertem Unterricht nicht zu unterschätzen sind, auch wenn nur wenige Sprachphänomene zum Einsatz kommen. Hierzu ist eine veränderte Sicht auf Sprache, Fach und Lernfortschritt notwendig, doch gerade diese veränderte Grundhaltung erweist sich als schwierig zu erreichen.

In Bezug auf Sprachbildung sind implizite und explizite Ansätze zu unterscheiden: Implizite Sprachbildung basiert darauf, Lernende in Situationen zu bringen, in denen sie sich Bildungssprache aneignen, indem sie fachbezogen handeln. Explizite Konzepte zielen darauf, sprachliche Phänomene und deren kommunikativen Sinn den Lernenden bewusst zu machen. Diese Unterscheidung geht zurück auf die Überlegungen Krashens (1982: 10-32), der postuliert, dass sprachliche Handlungsmuster besonders durch modellhafte Sprachverwendung in authentischen und für die Lernenden bedeutsamen Situationen erworben werden. In solchen Situationen müssen sprachliche Strategien und Mittel für die Lösung von Problemen und Aufgaben produziert, reflektiert und modifiziert werden, was den Erwerb begünstigt. Übertragen auf den Fachunterricht bedeutet dies, dass bildungssprachliche Mittel präsentiert und eingeübt werden müssen, indem sie in kooperativen Aufgaben zur Verfügung gestellt und zur Lösung derselben benötigt werden. Demgegenüber ist einzuwenden, dass die situative Angemessenheit bei der Verwendung von Bildungssprache auf bewussten Prozessen basiert. Explizite Vermittlung sprachlicher Mittel und ihrer Funktion kann die metasprachliche Bewusstheit der Lernenden fördern, so dass diese schließlich gezielt zwischen verschiedenen Registern wählen können (Vollmer & Thürmann 2013b: 51). Außerdem ist das Alter der Lernenden zu berücksichtigen: Während implizite Vermittlung bei jungen Lernenden häufig der beste Weg ist, kann bei älteren SchülerInnen eine explizite Thematisierung sinnvoll sein (vgl. Grotjahn, Schlak & Berndt 2010: 2f.).

Unterricht in der Schule setzt meist darauf, dass die Bildungssprache durch den reinen Gebrauch, z.B. das Schreiben von Erörterungen im Deutschunterricht oder Protokollen in den naturwissenschaftlichen Fächern, erworben wird (vgl. Rösch 2011: 207). Dies ist jedoch nur der Fall, wenn die Lernenden ohnehin schon gut ausgebaute sprachliche Kenntnisse haben. Sprachschwache SchülerInnen sind auf Unterweisung und Unterstützung angewiesen. Sprachbildung ist besonders dann effektiv, wenn sie sowohl implizit als auch explizit, je nach Lerngruppe, Unterrichtsziel, Thema und Situation, erfolgt. Aus diesem Grund werden im Folgenden beide Ansätze mit Schwerpunkt auf konkrete Maßnahmen vorgestellt.

2.3.2 Explizite Sprachbildung

Explizite Sprachbildung basiert darauf, dass Lernende auf sprachliche Strukturen hingewiesen werden und deren Funktion erklärt – oder von den Lernenden experimentell entdeckt – wird. Diese Verfahren zielen auf Sprachbewusstheit, womit das Verfügen über ein Repertoire sprachlicher Regeln, lexikalischer Mittel und das benötigte Stilempfinden gemeint ist, um beides situationsgerecht zu nutzen. Sie beinhaltet die Reflexion über Sprache und damit den „Prozess der gedanklichen Beschäftigung mit Sprachlichem als Objekt" (Oomen-Welke 2003: 453). Auf der Basis eines solchen, aufmerksamen Gebrauchs werden sprachliche Regeln, Regularitäten und Beziehungen wahrgenommen, kognitiv verarbeitet und in Einstellungen überführt. Damit umfasst Sprachbewusstheit Aufmerksamkeit auf Sprachliches sowie die zugehörigen metasprachlichen Fähigkeiten. Entwickelt wird diese Bewusstheit im Gebrauch der Sprache/n auf der Basis der menschlichen Sprachfähigkeit. Aus bekannten Sprachdaten werden Hypothesen gebildet, im Gebrauch verifiziert oder falsifiziert und ggf. verändert. Die Ergebnisse dieses Prozesses bilden das Sprachwissen (vgl. Oomen-Welke 2003: 453). Zentrales Konzept zum Erwerb von Sprachbewusstheit ist das Lernen durch Entdecken – Lernende nehmen aktiv und konstruierend Unterschiede in Sprachgebrauchsnormen wahr und erkennen die Relevanz verschiedener Formen in betreffenden Situationen (vgl. Oomen-Welke 2003: 457). Um die Aufmerksamkeit auf Sprachliches und dessen Funktion zu lenken, muss Sprache aber auch im Unterricht explizit thematisiert werden. Dazu zählt auch die Vermittlung und das Training von Lese-, Schreib- und Lernstrategien.

Sinnvoll für explizite Thematisierung ist die Fokussierung auf Schriftsprachlichkeit und Texte. Einerseits wird Wissen im naturwissenschaftlichen Fachunterricht häufig und mit steigender Klassenstufe zunehmend über Texte vermittelt. Andererseits soll das von den Lernenden erwartete Register sich im Laufe der Schulzeit in Richtung der konzeptionellen Schriftlichkeit entwickeln (vgl. Schmölzer-Eibingern 2013: 35). Daher ist es angezeigt, Texte aktiv zu nutzen und die Schriftsprachlichkeit bewusst zu machen. Da Texte fixierte Kommunikation sind, kann man sie im Unterricht gezielt untersuchen, um auf diesem Weg bildungssprachliche Muster zu entdecken und zu reflektieren[12]. Außerdem können Texte als Schreibvorbilder dienen, da sie sprachliche Muster bezogen auf sachlichen Inhalt präsentieren. Spezifische Strukturen und Abfolgen von Texten, wie beispielsweise Protokolle, können gemeinsam mit den Lernenden aufgefunden und von diesen nachgeahmt werden. Texte, die im

---

[12] Betrachtet man naturwissenschaftlichen Unterricht, so ist jedoch zu verzeichnen, dass gerade in Gruppen, die viele sprachschwache SchülerInnen aufweisen, häufig vereinfachte Materialien und wenige Texte verwendet werden. Sprachdidaktisch aufbereitete und stark vereinfachte Texte bringen aber das Problem mit sich, dass Lernende keine Gelegenheit haben, sich mit bildungssprachlichen Phänomenen vertraut zu machen. Außerdem wird durch die reduzierte Schwierigkeit über ihre tatsächlichen Probleme hinweggetäuscht, was die Lernenden nicht dazu anleitet, sich sprachlich verbessern zu wollen (vgl. Ohm, Kuhn & Funk 2007: 99). Die Arbeit mit echten, zum Teil auch schwierigen Texten ist also unabdingbar, sollte allerdings im Unterricht selbst stattfinden und nicht in Form von Hausaufgaben ausgelagert werden, um die Lernenden nicht mit Problemen allein zu lassen.

Biologieunterricht Verwendung finden, sind Sachtexte und von den Lernenden wird eine eben solche Sachlichkeit im Ausdruck erwartet, weshalb die Lerntexte gute Beispiele abgeben können.

Gerade im Rahmen expliziter Sprachbildung gehört es zu den Zielen des Unterrichts, dass sich Lernende ihrer eigenen Lernstrategien bewusst werden. Wenn ein Text schwer verständlich ist, dann liegt das oftmals nicht ausschließlich an mangelnden Lesekompetenzen sondern auch an der Diskrepanz zwischen dem Vorwissen und dem Textinhalt (vgl. Kap. 2.3.2 Texte und Textsorten). Strategietraining zum Lesen kann hier ansetzen. Kenntnisse über fachliche Textstrukturen gehören zu den Vorwissensbereichen, über die Lernende verfügen müssen, sollen sie erfolgreich einen Sachtext bewältigen können. Rosebrock (2007) nennt eine Studie aus dem US-amerikanischen Umfeld, bei der gezeigt werden konnte, dass die Unterstützung bei der Wahrnehmung und Verarbeitung der Textstruktur positiv auf das Lesen einwirkt und zwar effektiver als die Vermittlung von Wissen und Begriffen (vgl. Rosebrock 2007: 60). Deshalb muss es zur Aufgabe der Fächer werden, die für sie spezifischen Sachtextstrukturen zu vermitteln und von den Lernenden anwenden zu lassen.

Bilder können die Behaltensleistung von Inhalten verbessern, denn sie regen zur Auseinandersetzung mit dem Sachverhalt an und tragen zur Authentizität bei (vgl. Baumann 1998: 411). Besonders konkrete Abbildungen konnten in Studien als positiv für das Verstehen von Inhalten herausgestellt werden (vgl. Mayer 1997). Bei Lernenden mit geringem Vorwissen zum Thema konnten Vorteile aus der Kombination von Text und Abbild ausgemacht werden, bei Lernenden mit großem Vorwissen trat dieser Effekt jedoch nicht auf. Lernende mit großem Vorwissen zum Thema können auch ohne piktoriale Unterstützung ein mentales Modell aus dem Text heraus generieren, weshalb sich positive Effekte aus der Kombination beider Darstellungsformen besonders für unerfahrene Lernende abzeichnen (vgl. Mayer 1997: 7). Es kann daher davon ausgegangen werden, dass Lernende mit großen Vorwissensbereichen fähig sind, mentale Modelle von Texten aufzubauen, ohne dass diese von Abbildungen illustriert werden. Leistungsschwache Lernende hingegen nutzen die Abbildungen, um diese Informationen in den Aufbau von mentalen Modellen zu integrieren und das mangelnde Vorwissen zu kompensieren. Diese Vorteile eines integrierten Text-Bild-Angebots können auf die duale Codierung im Gehirn zurückgeführt werden: Informationen aus dem Text und aus dem Bild treffen auf die Sinneswahrnehmung der Lernenden und werden in unterschiedlichen Hirnarealen verarbeitet, was den Aufbau eines mentalen Modells positiv beeinflusst. Zu diesem Zweck muss das Bildverstehen aber in einem bewussten Verarbeitungsprozess ablaufen, indem Bildcodierungen thematisiert und genutzt werden (vgl.

Niederhaus 2011: 9). Das Lesen von Bildern muss ebenso angeleitet und gesteuert werden wie das Lesen von Texten. Wie bereits in Bezug auf Texte ausgeführt, gestalten sich Informationen, die Lernende neu aufnehmen, in Wechselwirkung mit dem Wissen, das bereits im Gedächtnis gespeichert ist und das beim Verstehen aktiviert wird (vgl. u. a. Göpferich 2008: 293; Schwarz-Friesel 2006: 64). Zu einem bestimmten Zeitpunkt kann immer nur eine begrenzte Menge an bildlicher oder schriftlicher Information im Arbeitsgedächtnis verwertet werden (vgl. Mayer 1997: 5; Schnotz 2001: 309), um eine Idee des Gegenstandes entstehen zu lassen. Gerade schwache Lernende nutzen Bilder nicht selbstständig, sondern sind darauf angewiesen, dass der Unterricht sie dazu anleitet. Durch die explizite Nutzung der angebotenen Elemente der Schulbuchseite kann ein Bewusstsein für Strategien geschaffen werden, die den Leseprozess unterstützen.

Um Lernenden zu vermitteln, dass Sprache ein Werkzeug zur Erreichung bestimmter sprachlicher Ziele sein kann, ist es sinnvoll, mit ihnen die Mitteilungsabsicht eines Textes zu untersuchen. Daran lässt sich klären und verdeutlichen, dass einige komplexe und daher schwierige sprachliche Phänomene erst in Hinblick auf den kommunikativen Zweck Sinn erhalten und notwendig sind. In Bezug auf die Mitteilungsabsichten überschneiden sich die Fächer der Schule, da in vielen definiert, unterschieden, begründet usw. wird. Der Vorteil der Behandlung von Mitteilungsabsichten und fachsprachlichen Handlungen ist, dass diese Form der Sprachbeschreibung über die grammatischen Kategorien hinausgeht und erklärt, warum eine bestimmte Struktur vorherrscht und wodurch man sie unter Umständen ersetzen könnte (vgl. Ohm, Kuhn, & Funk 2007: 102f.). Die explizite Vermittlung von sprachlichen Strukturen und deren Funktion im Kommunikationszusammenhang hat weiterhin den Vorteil, dass Schreibaufgaben integriert werden können, die Lernende dazu anleiten, die gelernten Muster aktiv zu verwenden. Auch die bereits genannten Operatoren des Faches können in der Sprachbildung explizit nutzbar gemacht werden, da sie funktional den Bestandteilen der Schulbuchseiten und Aufgabenblättern entsprechen. Wenn Lernende genau wissen, welche sprachliche Handlung in einer bestimmten Aufgabe von ihnen verlangt wird, können sie diese besser und zielgerichteter erfüllen.

Gerade aktives sprachliches Handeln findet im Fachunterricht aber zu selten statt. Dies gilt auch für das Schreiben, denn kohärente Texte werden nicht zum Zweck des Lernens verfasst, sondern nur in Prüfungsphasen. Statt aktiv zu konstruieren, wird im Fachunterricht häufig nur reproduziert. Fragen, die beantwortet werden sollen, werden nur zum Schein gestellt und ihre Antwort steht bereits fest (vgl. Schmölzer-Eibinger 2013: 30). Sie dienen lediglich der Überprüfung, ob diese auch verstanden bzw. aus dem Text herausgelesen wurde (vgl.

Schmölzer-Eibinger 2013: 30). Das durch Reproduktion erworbene Wissen kann aber selten in anderen Kontexten angewandt werden, was in höheren Klassenstufen ein zentrales Unterrichtsziel und Bewertungskriterium darstellt. Um dies zu lernen, sind jedoch besondere Aufgabenstellungen notwendig, die es den Lernenden ermöglichen, ein elaboriertes mentales Modell des Sachverhalts zu entwickeln, das Vorhersagen in anderen Kontexten erlaubt.

Problematisch in Bezug auf die explizite Förderung ist, dass im Fachunterricht häufig die Zeit fehlt, auf sprachliche Probleme der Lernenden einzugehen und Strategien zu vermitteln. Außerdem sind sprachliche Anforderungen im Fachunterricht häufig weder für die Lernenden noch für die Lehrenden transparent. Dies beginnt bereits bei den Lernziel- und Kompetenzdefinitionen, erstreckt sich über die Aussagen in Fachdidaktik- und Schulbuchliteratur bis hin zum eigentlichen Unterricht. Wie bestimmte sprachliche Handlungen ausgestaltet werden, ist bisher noch nicht hinreichend erforscht und stellt einen wichtigen Schritt auf dem Weg zur Verbesserung der Situation dar. Erst wenn geklärt ist, wie bestimmte fachliche Handlungen ausgeführt und an welchen Kriterien sie gemessen werden, beispielsweise das „Erfassen des Zusammenhangs zwischen der stofflichen und energetischen Veränderung" (Bsp. aus Schmölzer-Eibinger 2013: 31) – kann dies auch als sprachliche Handlung im Unterricht geübt werden.

2.3.3 Implizite Sprachbildung

Während die bisher genannten Mittel darauf ausgerichtet sind, Lernende explizit auf Sprachstrukturen und Hilfsmittel hinzuweisen, geht die implizite Sprachbildung einen anderen Weg: „Wirksame [implizite] Sprachförderung lässt sich folglich als solche Maßnahmen definieren, die Situationen nutzen, herstellen bzw. nachahmen, welche im natürlichen Spracherwerb zu einer Entwicklung von sprachlichen Kenntnissen und Fertigkeiten in der Zielsprache führen" (Hopp, Thoma & Tracy 2010: 611). Dabei ist zu beachten, dass die Maßnahmen auf den Entwicklungsstand der Kinder bezogen sind und ihnen helfen, diesen zu erweitern. Der Unterricht sollte demnach immer die Zone der nächsten Entwicklung (vgl. u.a. Wygotski 1978) im Blick haben. Im Zuge dessen muss den Lernenden relevanter Input angeboten werden. Relevanter Input meint Variations- und Kontrastreichtum auf allen sprachlichen Ebenen sowie Wiederholung in unterschiedlichen Kontexten. Außerdem ist die Präsentation in sprachhandlungsbezogenen authentischen Interaktionen zwischen Lernenden und mit Lehrenden ein zentrales Element. Dabei sollte eine Abstimmung auf den jeweiligen Sprachstand und die kommunikativen Interessen der Lernenden erreicht werden. Besonders hervorgehoben werden kann der Zusammenhang zwischen solchem Input und dem Erwerb von Wortschatz. Während einmaliger Kontakt mit einem neuen Wort zumeist lediglich zu einer passiven Kompetenz führt, kann die Wiederholung von Wörtern in unterschiedlichen Kontexten beschleunigend auf die aktiven Fertigkeiten einwirken (vgl. Hopp, Thoma & Tracy 2010: 612). Gerade in einem begriffslastigen Fach wie Biologie sollten solche Möglichkeiten voll ausgeschöpft werden. Dies gilt in besonderem Maße für Begriffe, die ebenfalls in der Alltagssprache vorkommen, im Fach aber eine spezifische Bedeutung haben. Lernende, die aufgrund lexikalischer Schwächen das Wort nur im Fachunterricht kennenlernen und es daher nur mit einer einzigen Bedeutung belegen, können durch Wiederholung des Wortes in unterschiedlichen Kontexten für die Mehrfachbedeutungen sensibilisiert werden und die korrekte Generalisierungsebene des Begriffs erwerben. Durch die handlungsbezogene Interaktion werden die Begriffe zudem schneller und langfristiger gelernt als nur passiv rezipierte Wörter (vgl. Hopp, Thoma & Tracy 2010: 612). Durch kontextualisierte Vermittlung von Begriffen können im Unterricht Konzepte zu abstrakten Aussagen erstellt werden, die mit spezifischen sprachlichen Mitteln verknüpft werden. Dabei geht es nicht um das Auswendiglernen von fachsprachlichen Vokabeln, sondern darum, dass inhaltliche Vorstellungen in systematischen Zusammenhang mit anderen Vorstellungen und Inhalten gebracht sowie mit den dafür erforderlichen sprachlichen Zeichen und Realisierungsmöglichkeiten vermittelt werden (vgl. Steinmüller & Scharnhorst 1985: 69).

Die Aufgabe der Lehrperson besteht im Rahmen der impliziten Sprachbildung darin, Situationen zu schaffen, in denen Lernende in ihrer sprachlich-kognitiven Entwicklung unterstützt werden. Der natürliche Spracherwerbsmechanismus soll in Bezug auf die Zone der nächsten Entwicklung der Lernenden hin stimuliert werden, weshalb die Lehrperson einerseits den aktuellen Sprachstand diagnostizieren und andererseits eine in Bezug auf die sprachlichen Erfordernisse des Fachunterrichts inputhaltige Situation schaffen muss (vgl. Hopp, Thoma & Tracy 2010: 613). Diese aus der sprachlichen Früherziehung übernommene Forderung ist in Schulen der Sekundarstufe nicht in vollem Umfang umsetzbar, da zum einen mehr Lernende in der Lerngruppe zusammenkommen, weshalb individualisierte Förderung erschwert wird. Zum anderen hat das fachliche Lernen einen größeren Stellenwert als im Primarbereich. Dennoch kann es für Sprachbildung ertragreich sein, Fachunterricht als sprachliche Situation zu begreifen, in der Input für die Lernenden relevant sein und dessen

Bedeutung in Interaktion ausgehandelt werden muss (vgl. Schmölzer-Eibinger 2013: 34). Dies kann auch schriftlich geschehen, denn gerade kooperative Schreibaufgaben eignen sich zur Aushandlung von Bedeutung und Ausdruck in dekontextualisierten Kommunikationssituationen.

2.3.4 Probleme bei der Umsetzung von Sprachbildung

Zentral ist, dass Interaktion und Input aber nicht automatisch zu besseren Lernergebnissen und einer Verbesserung der sprachlichen Kompetenz führen. Harren (2011) stellt eine Studie mit dem Titel Die verborgene Arbeit der Fachlehrer – sprachliche Anforderungen im Fachunterricht vor, in der sie Lehrer-Schüler-Dialoge auf Sprachförderung untersucht. Sie benennt den Dialog zwischen Lehrenden und Lernenden im Unterricht als sprachförderlich, da hier scheinbar gemeinsam etwas sprachlich ausgehandelt wird (vgl. Harren 2011: 101-123). In den präsentierten Beispielen bieten die Lehrenden jedoch einen Großteil des bildungssprachlichen Materials selbst an, der zum Teil von den SchülerInnen wiederholt wird, zum Teil aber auch nicht. Teilweise produzieren die Lernenden nur einzelne Worte oder kurze Phrasen, während die Lehrenden den größten Teil der Äußerungen stellen (vgl. Harren 2011: 116). Sprache in der Interaktion zwischen Lehrenden und Lernenden wird also häufig nicht ausgehandelt, sondern die Lernenden antworten lediglich in Satzfetzen.

Auch bei Lernenden untereinander muss eine gemeinsame Diskussion nicht zwingend zum Erfolg führen. So konnte Ahrenholz (2010) zeigen, dass sprachschwache Lernende dazu neigen, gestisch zu sprechen und dekontextualisierte Sprachmittel auszuklammern (vgl. Ahrenholz 2010: 31f.). Dies ändert sich jedoch, wenn SchülerInnen tatsächlich zusammen etwas aushandeln. Bedingung dafür ist, dass relevante Frage- und Problemstellungen angeboten werden, die tatsächliches Aushandeln notwendig machen. In der Studie von Harren (2011) findet bildungssprachliche Umsetzung statt, sobald zwei Lernende gemeinsam nach dem passenden Fachbegriff suchen (vgl. Harren 2011: 111). Zusätzlich zu der Notwendigkeit, sprachlich gemeinsam etwas zu erarbeiten, wirkt sich größere Redezeit für die Lernenden, wie sie in Kleingruppen oder Partnerarbeit möglich ist, allgemein positiv auf die sprachlichen Kompetenzen aus, weshalb diese Sozialform für die sprachliche Entwicklung nutzbar ist[13] (vgl. Benholz & Lipkowski 2000: 10).

---

13 Sprache und Denken beeinflussen sich wechselseitig – auch im Fachunterricht. Gerade das Auffinden von neuen Gedankengängen und Hypothesen sind in dem Denken verwurzelt, das

Harren (2011) argumentiert, Sprachbildung bestehe darin, dass die Lehrenden auf die problematischen Aspekte in den Schüleräußerungen unterstützend und korrigierend reagieren, „beispielsweise wenn Schüler/innen statt einer Benennung von Referenten lediglich deiktisch auf sie verweisen, wenn sie geteiltes Hintergrundwissen in ihren Darstellungen aussparen oder wenn sie Inhalte überblicksartig statt kleinschrittig und detailliert in wenigen Sätzen zusammenfassen" (Harren 2011: 105). Dem ist insofern zuzustimmen, dass die Lehrenden damit Wert auf bildungssprachliche Prägung der Kommunikation legen – dies geschieht in den Beispielen aber häufig nicht mit einem Verweis auf erwünschte sprachliche Formung, sondern lediglich in der Überformung. Ausnahme sind zwei Sequenzen, in denen die Lehrenden das geforderte Register tatsächlich einfordern:

> FW: „[...] wie nennen wir die [Schmarotzer] auf schlau?" (FW = Frau Witt).
>
> HM: „Wissen Sie noch wie der erste Schritt vornehm hieß?" (HM = Herr Merten) (Bsp. aus Harren 2011: 112)

Diese scherzhafte Darstellung der unterrichtlichen Varietät verdeutlicht zweierlei: Den Lehrenden scheint es bewusst zu sein, dass mündliche Kommunikation gemeinhin anders abläuft – konzeptionell mündlich –, während hier konzeptionelle Schriftlichkeit eingefordert wird. Sie erklären dies aber nicht, sondern ziehen es ins Lächerliche, als wollten sie sagen ‚Wir reden hier jetzt zwar so, aber das gilt sonst ja nicht'. Dies erweckt den Eindruck, dass sie die Unsicherheit nicht einordnen können, da ihnen das Wissen über Konzeption von Sprache fehlt. Sie wissen zwar, wie es sich anhören soll, können dies aber nicht begründen und erklären.

Das in der Studie von Harren (2011) gezeigte Vorgehen der Lehrerkorrektur von mündlichen Schüleräußerungen geht aus der Sicht der naturwissenschaftlichen Didaktik möglicherweise auf die weit verbreiteten Empfehlungen zum exemplarischen Lernen von Wagenschein (1978) zurück. Er plädiert dafür, abs-

---

durch die Herkunftssprache geprägt ist (vgl. Mocikat 2007: 136). Daher ist die Alltagssprache, jene Sprache in der die Lernenden jeden Tag handeln, auch im Fachunterricht bedeutsam. Nicht umsonst finden viele Erklärungen und Verdeutlichungen in der Alltagssprache statt. Um Inhalte passgenau, stilistisch angemessen und bildhaft wiederzugeben, muss auf eine Sprache rekurriert werden können, in der das Denken stattfinden kann. In Bezug auf Mehrsprachige bedeutet dies, dass ihnen ermöglicht werde sollte ihre Herkunftssprache zu verwenden. Auf diese Weise können sie Inhalte sprachliche aushandeln und in ihre mentalen Modelle integrieren, die anschließend nur noch mit dem bildungssprachlichen Material zur dekontextualisierten Kommunikation unterfüttert werden müssen.

trakte Sachverhalte aus der Alltagssprache heraus zu entwickeln, um so schrittweise und durch aktive Hilfe der Lehrenden die gefundene Information sprachlich zu verdichten. Dieses Konzept verdeutlicht er anhand der Vermittlung des Boyl'schen Gesetzes über den Zusammenhang von Druck und Volumen von Gasen (frei übernommen nach Wagenschein 1978: 326f. – LP = Lehrperson, S1 = Schüler):

1. Fassung
   S1: Wenn ich eingesperrte Luft zusammendrücke, dann geht das immer schwerer.
   LP: Gut. Aber das Ich muss heraus, der Mensch überhaupt. Die Luft ist die Hauptperson.
2. Fassung
   S1: Je weniger Platz die Luft noch hat, desto mehr wehrt sie sich.
   LP: Wenn die Luft ein Tier wäre, könnte man das so sagen.
3. Fassung
   S1: Je kleiner der Raum der Luft geworden ist, desto größer ihr Druck.
   LP: Das ist die sogenannte Je-desto-Fassung. Physik will Zahlen sehen. Wie klein, wie groß?
4. Fassung
   LP: nach der Messung ergibt sich ein Gesetz von erstaunlicher Einfachheit.
   S1: Wenn das Volumen des Gases 5mal kleiner geworden ist, dann ist der Druck in ihm 5mal größer geworden.
5. Fassung
   LP: mathematische Formel?
   S1: Das Produkt Druck mal Volumen bleibt immer dasselbe: p x v = konstant.

Hier lässt sich ablesen, wie sich die Fachsprache der Physik aus der Alltagssprache heraus entwickelt. Die Lehrperson steuert den Prozess, indem sie zur Bildung des Passivs anregt und die ereignisbezogenen Äußerungen durch abstrakte, allgemeingültigere ersetzen lässt (vgl. Grießhaber 2010: 48). Diese für den naturwissenschaftlichen Unterricht prototypische Vorgehensweise entspricht dem, was als Ziel der fachlichen Arbeit im Unterricht gilt – dem wissenschaftspropädeutischen Arbeiten. Wichtig ist, dass hier natürlich sprachlich gearbeitet wird, dies aber nicht als Sprachbildung, also nicht als Anregung zur sprachlichen Verbesserung der Lernenden betrachtet wird, sondern als fachliche Arbeit gilt. Dem ist nichts entgegenzusetzen, gehen aus Sicht der Sprachförderdidaktik ja Fach- und Sprachlernen Hand in Hand – und in dem von Wagenschein aufgezeigten Beispiel eine sinnvolle Verbindung ein. Dennoch ist es wichtig zu betonen, dass dieses Vorgehen zum regulären Handeln der Lehrenden gehört und genau da endet, wo auch das Beispiel schließt: Beim sachlichen Inhalt, der nun als eigenständig erarbeitet gelten kann. Vollmer und Thürmann (2013b) merken an, dass dieses Vorgehen – da es eben nicht die sprachliche Bildung zum Ziel hat, sondern das Erarbeiten des Sachverhalts – nicht zur Entwicklung von Bildungssprachlichkeit beiträgt (Vollmer & Thürmann 2013b: 53), besonders da die enge Steuerung durch den Lehrenden auch hier nur einsilbige Antworten der Lernenden zulässt. Sprachproduktion wird aber am besten gelernt, wenn Sprache produziert wird – und das würde im Vorgehen Wagenscheins nur passieren, wenn der Lehrer mit allen SchülerInnen diese Sequenz einzeln durchspielt. Findet solch ein Vorgehen in der Klasse statt, dann ist dies nur möglich, indem ein Schüler oder eine Schülerin mit der Lehrkraft gemeinsam stellvertretend für die Klasse agiert und dieses Gespräch für die anderen als Exempel dient. Es ist anzunehmen, dass der/die SchülerIn, die ausgewählt wird, selten zu den Sprachschwachen gehört, da Lehrkräfte hier ein gelungenes Exempel zeigen und niemanden vorführen wollen und sprachschwache Lernende sich im Unterricht außerdem eher passiv und zurückhaltend zeigen (vgl. Benholz & Lipkowski 2000: 10). Sprachschwache Lernende können aus diesem Vorgehen aber wenig mitnehmen, da sie häufig bei fachlich ausgedrückten Mitschülerbeiträgen den Faden verlieren, weil ihr fachsprachliches Hörverstehen nicht gut genug ausgeprägt ist (vgl. Benholz & Lipkowski 2000: 4). Diesen SchülerInnen wird der sachliche Inhalt wahrscheinlich klar, denn dieser wird zuerst alltagssprachlich erklärt und anschließend mit den passenden Begriffen (Bsp. Druck) angereichert. Aber damit die SchülerInnen lernen, dies selbst in einer sinnvollen, wohlgeformten Passivkonstruktion auszudrücken, müssen das Passiv als sprachliches und gedankliches Konstrukt sowie seine sprachlichen Mittel explizit gemacht und eingeübt werden (vgl. Benholz & Lipkowski 2000: 7; Lengyel 2010: 599). Können sie am Ende der Einheit keinen passivischen Satz produzieren, der den Zusammenhang des Boyl'schen Gesetzes ausdrückt, wird dies unter Umständen als Unfähigkeit zum abstrakten Denken oder Unwilligkeit interpretiert und sanktioniert (vgl. Benholz & Lipkowski 2000: 5).

Besonders leistungsfähig ist die Studie von Harren (2011) in Bezug auf die sprachlichen Erwartungen der Lehrenden, die sich in den Korrekturen zeigen. Präzision stellt ein Hauptmotiv dar, die mit erhöhter Explizitheit einhergeht, wobei diese beiden Erfordernisse ganz unterschiedlich realisiert werden können. Präzision wird durch die Lehrenden durch eine spezifische Wortwahl hergestellt, durch das explizite Benennen von Referenzobjekten anstelle von Deixis, durch Nutzung von Attributen und Attributivsätzen sowie die durch Integration von Adverbialen (Harren 2011: 117). Die von den Lehrenden immer wieder geforderte Explizitheit steht im Widerspruch zum alltäglichen Funktionieren von Mündlichkeit. Beispielsweise werden die erneute Nennung von Referenzobjekten und die Darstellung von Inhalten, die bereits unmittelbar zuvor erwähnt wurden, von der Lehrkraft gefordert (vgl. Harren 2011: 118). Der Unterricht strebt also konzeptionelle Schriftlichkeit an, dies aber in einem Medium und einer Situation, wo diese Varietät nicht angemessen ist. Außerdem macht die Lehrperson diese geforderte Varietät nicht als Anspruch, Kommunikationsnorm und sinnvolle Übung für spätere Verschriftlichung explizit. Diese Anforderungen – unabhängig von Medium und Situation eine Varietät zu produzieren, weil diese gerade gefordert wird – wird in der Regel nur von Lernenden bewältigt, die sehr viel Sprachhandlungskompetenz besitzen. Auch Harren stellt Überlegungen an, ob es vielleicht nur diejenigen SchülerInnen sind, die durch ihre Elternhäuser bereits an distanzsprachliche Ausdrucksweise gewöhnt sind, die aufgrund des LehrerInnenvorbilds sprachliche Handlungsweisen internalisieren, da der explizite Fokus der AkteurInnen im Unterricht ausschließlich auf den fachlichen Inhalten bleibt (vgl. Harren 2011: 119).

In den von Harren präsentierten Beispielen zeigt sich das Frage-Antwort-Muster, das als „lehrerzentrierte kommunikative Ordnung" (Becker-Mrotzeck & Vogt 2009: 180f.) bezeichnet werden kann. Die Lehrperson stellt Fragen, die von den Lernenden mit einem Wort oder einer Phrase beantwortet werden, woraufhin die Lehrkraft einen bewertenden oder weiterführenden Kommentar abgibt. Vorteilhaft für die Lehrperson ist, dass sie die Themenentwicklung kontrolliert, dies führt aber bei sprachschwachen Lernenden nicht zu einer Verbesserung der Ausdrucksfähigkeit. Diese benötigen neben der Gelegenheit zur Umsetzung von längeren Beiträgen ausreichend Zeit für die Planung und Versprachlichung. Dies gelingt besser, wenn die Lernenden Gelegenheit haben, die Sprachproduktion zu planen und ko-konstruktiv durchzuführen. Dies ist aber nur durch die Veränderung des Unterrichtsdiskurses zu leisten.

2.3.5 Scaffolding

Ein solch veränderter Unterrichtsdiskurs wurde von der australischen Sprachpädagogin Gibbons (2002) für Unterrichtssituationen in sprachlich heterogenen Gruppen entwickelt und als Scaffolding bezeichnet. Der Begriff (engl. Baugerüst) wurde ursprünglich in der Erstspracherwerbsforschung für sprachliche Unterstützungshandlungen geprägt, die Erwachsene in der Interaktion mit einem Kleinkind einsetzen. Das Bild des Baugerüstes impliziert eine vorübergehende Hilfestellung: Ist das Kind schließlich in der Lage, eine bestimmte sprachliche Handlung selbstständig auszuführen, wird das stützende Gerüst entfernt. Grundlage des Konzept bildet ebenfalls Wygotskis (1978) Theorie von der Zone der proximalen Entwicklung: Ein kompetenterer Partner hilft dem weniger kompetenten Partner im Zuge der gemeinsamen Interaktion, seine kognitiven und sprachlichen Fähigkeiten auszubauen (vgl. Kniffka 2010a: 1).

Gibbons (2002) adaptierte den Ansatz um ein Unterstützungssystem im (sprachsensiblen) Fachunterricht zu bezeichnen. Der Ansatz basiert auf einer integrierten Sprachbildung, bei der Unterrichtsaktivitäten in eine Reihenfolge gebracht werden, die es ermöglicht, Sprache und Fach gemeinsam zu vermitteln. Basierend auf interaktionistischen Vorstellungen soll es den Lernenden ermöglicht werden, Bildungssprache aktiv einzusetzen, wofür Veränderungen im Unterrichtsdiskurs vorgenommen werden müssen. Scaffolding basiert darauf, dass Lernende bei der eigenen Anwendung von bildungssprachlicher Kommunikation von kompetenten MitschülerInnen und der Lehrkraft unterstützt werden, indem sie sprachliche Hilfsmittel an die Hand bekommen (vgl. Kniffka 2010b: 76).

Gibbons unterteilt den Unterricht in Phasen, in denen die Komplexität des sprachlichen Handelns stückweise erhöht wird (vgl. Gibbons 2002: 128f.). Die erste Phase zeichnet sich zunächst durch eine Auseinandersetzung mit den fachlichen Inhalten aus, wobei die Kommunikation keinen Restriktionen unterworfen ist. Die Lernenden sollen handelnd mit dem Gegenstand umgehen, um erste Erkenntnisse zu gewinnen und den Sachverhalt auf der Basis ihrer individuellen Gegebenheiten zu verstehen. Da in dieser durch Experimente und konkrete Anschauung geprägten Phase Gegenstände vorhanden sind, muss die Sprache nicht vom Kontext gelöst sein und alltagssprachliche Redemittel und Diskursformen helfen beim Verarbeiten der Sache. In der zweiten Phase sollen die Lernenden an das erforderliche Register herangeführt werden. Dies geschieht, indem die Lernenden für die sprachlichen Formen sensibilisiert werden. Die dritte Phase zeichnet sich durch ko-konstruktive Prozesse aus, in der sprachliche und fachliche Anteile zusammengebracht werden. Bedeutungen und Formen werden gemeinsam sprachlich ausgehandelt, umformuliert und zu zunehmend anspruchsvolleren Kommunikationen entwickelt. In der letzten Phase verfassen die Lernenden schließlich Texte, die sich noch weiter von der Mündlichkeit entfernen (vgl. Lengyel 2010: 600f.). Scaffolding bezieht sich in dieser Phase auf die Bereitstellung konkreter sprachlicher Mittel, wie z.B. Konjunktionen und Präpositionen, um die bildungssprachliche Ausdrucksfähigkeit zu erhöhen (vgl. Ohm 2010: 89).

Die Besonderheit am Scaffolding liegt darin, dass individuelle Erfahrungen zum Ausgangspunkt von Lernen gemacht werden und dieses Verständnis eines Sachverhalts sprachlich ausgebaut wird, bis es von den Lernenden bildungssprachlich wiedergegeben werden kann. Die Lehrperson erhält hier die Rolle des Begleitenden, der sprachliche Hilfen zur Verfügung stellt, aber den Lernenden Raum gibt, sprachlich zu handeln. Quehl (2009: 193-205) zeigt eine Unterrichtssequenz auf, in der Scaffolding im Sachunterricht einer Grundschule betrieben wird. Besonders auffällig ist, dass sich die Lernenden einfache naturwissenschaftliche Versuche in Kleingruppen aneignen und erschließen, diese aber später der Klasse ohne Rückgriff auf die verwendeten Gegenstände berichten sollen. Dies führt zu der Notwendigkeit, kontextenthoben zu sprechen, denn der Kontext – das durchgeführte Experiment – steht nicht mehr zur Verfügung. Zusammen mit dem Umstand, dass die Lernenden Zeit zum Berichten und zum einander Ergänzen haben, ohne dass die Lehrperson fragend eingreift, führt dazu, dass bildungssprachliche Formen mündlich produziert werden. Besonders das Passiv, eines der Kennzeichen naturwissenschaftlichen Sprachgebrauchs, stellt sich wie von allein ein, wenn die eigentliche Handlungsebene wegfällt.

Im Gegensatz zu dem behavioristisch orientierten Unterrichtsdiskurs – Lehrende produzieren Bildungssprache, damit es die Lernenden durch Nachmachen lernen –, der in der Regel nur kurze Antworten zulässt (vgl. Lengyel 2010: 604), haben die Lernenden hier die Möglichkeit, längere Beiträge zu produzieren und sich gegenseitig beim Vortrag der Ergebnisse zu unterstützen. Gleichzeitig darf nicht vergessen werden, dass ein solcher die Lernenden aktiv einbindender Unterricht mehr Zeit in Anspruch nimmt. Kniffka (2010a) stellt daher die Überlegung an, dass möglicherweise die Unterrichtsinhalte zugunsten eines Scaffolding basierten Unterrichts gestrafft werden müssten (vgl. Kniffka 2010a: 4).

2.3.6 Zusammenfassung und Kritik

Sprache wird in jedem Fach gelernt und verwendet. Dabei hängt der Erfolg der fachlichen Arbeit von der sprachlichen ab. Aus diesem Grund fordern auch Fachdidaktiken vermehrt, im Biologieunterricht sprachliche Kompetenzen zu unterstützen und auszubauen (vgl. Berck & Graf 2010: 118f.). Sprachförderung stellt dabei eine Daueraufgabe dar, da sich kommunikative Kompetenzen nur schrittweise und über einen langen Zeitraum aufbauen und immer wieder unterstützt werden müssen (vgl. Leisen 2011: 9).

Häufig bezieht sich die sprachliche Arbeit im Fachunterricht Biologie ausschließlich auf den Erwerb und die Nutzung von Begriffen (vgl. Ahrenholz 2013: 88)[14]. Dabei bietet gerade die fachliche Lernsituation weitaus mehr Möglichkei-

---

14 Die Ausnahme bildet in diesem Zusammenhang die Fachdidaktik des Faches Mathematik, die in den letzten Jahren besonders bspw. durch die Arbeiten von Prediger (2009) bereichert wurde.

ten, die spezifischen bildungssprachlichen Mittel authentisch anzuwenden und zu festigen. Dazu müssen die Lehrkräfte der Fächer aber die Sprache ihres Faches und deren Besonderheiten kennen und selbst beherrschen, um dann an der sprachlichen Seite des Unterrichts arbeiten zu können. Indem sie Verbindungen zwischen Allgemein- und Bildungssprache aufzeigen, bildungssprachliche Mittel explizit machen und bereitstellen oder indem sie den Lernenden Gelegenheit geben, diese Phänomene produktiv anzuwenden, fördern sie Fachlichkeit und Sprachkompetenz (vgl. Lengyel 2010: 599). Um dies zu erreichen, ist jedoch eine grundlegende Sensibilisierung von Lehrpersonen für die Sprache des eigenen Faches notwendig (vgl. Tajmel 2013: 198).

Aus der Zusammenfassung der fachsprachlichen Besonderheiten lassen sich auf der Basis der eben skizierten Grundlagen zur Sprachbildung Maßnahmen ableiten, um Lernende sprachlich und fachlich zu unterstützen. Dies soll keine umfassende Darstellung sein, da dies nicht das Ziel der vorliegenden Arbeit ist, sondern einen Einblick bieten, wie sich konkrete Maßnahmen aus der Beschreibung der sprachlichen Phänomene und deren Funktion ableiten lassen. Dies kann als Illustration dessen verstanden werden, was von FachlehrerInnen im Unterricht verlangt würde, wäre Sprachbildung allerorten grundlegendes Prinzip der schulischen Vermittlung.

Sprachbildung im Fach Biologie muss die sprachliche Komplexität und Dichte des Faches für die Lernenden bewältigbar machen. Besonders für die Behandlung von Begriffen, deren Verbindung mit dem jeweiligen Sachfeld und deren Abgrenzung zueinander müssen Lösungen entwickelt werden. Die Möglichkeiten der Begriffsbildung – aus linguistischer, aber auch aus fachlicher Perspektive – sollten gerade in den jüngeren Klassen thematisiert und eingeübt werden, damit Lernende Unterschiede erkennen und für das Verständnis nutzen können. Problematisch sind sowohl die für das Deutsche untypischen Morpheme als auch die Tatsache, dass es mehrere Schreibweisen geben kann. Bei der ungewohnten Gestalt des Wortes stellt dies eine weitere Verwirrung für sprachschwache Lernende dar. Für fachsprachliche Begriffe gilt, dass diese für Lernende besser zu behalten sind, wenn sie mit der Übersetzung und dem Verweis auf die Herkunftssprache angeboten werden, dies geschieht in Lehrbüchern jedoch nur unzureichend (vgl. Gaebert & Bannwarth 2010: 156). Deshalb muss dies im Unterricht thematisiert werden. In Bezug auf die Vermittlung der Komposita, die aus Alltagsbegriffen gebildet werden, ist es notwendig, zum Beispiel Wortfelder zu erstellen, Komposita mit gleichem Grundwort und unterschiedlichen Bestimmungswörtern zu sammeln und zu unterscheiden, Wortbildungsregeln zu klären usw.

Auch die Beschreibung begrifflicher Sachverhalte in Texten muss für die Lernenden durch spezifische Leseübungen transparent gemacht werden, indem Attribute und deren Funktion besprochen und Lesestrategien für betreffende Teile vermittelt werden. Die Behandlung von Pro-Formen und anderen Mitteln der Satzverknüpfung bietet Vorteile für das Lesen, aber auch für die schriftlichen Fähigkeiten von Lernenden. Durch deren Thematisierung können SchülerInnen in die Lage versetzt werden, Kohärenz herzustellen, was sie beim Aufbau mentaler Modelle unterstützt und ihre eigenen Produktionen verbessert. Passiv und Präsens sollten ebenfalls behandelt werden; die Wortformen, die diese sprachlichen Strukturen ausdrücken, sowie ihre Funktion sollten erklärt werden. Zudem ist es dringend angeraten, dass Lernende die Gelegenheit erhalten, diese Formen aktiv zu produzieren, indem handlungsorientierte Aufgaben gestellt werden. Besonderes Augenmerk verdienen auch die für das Fach typischen Elemente der Texte – Bilder und Grafiken. Diese sollten seitens der Lehrenden aktiver und expliziter in den Unterricht integriert werden, damit SchülerInnen lernen, Bilder zu lesen und mit dem Textinhalt zu verbinden. So können Vorstellungen geschaffen werden, die helfen, abstrakt zu denken und Wissen auf andere Kontexte zu übertragen.

Bei der sprachbildnerischen Arbeit ist kritisch zu bedenken, dass diese möglicherweise die Abhängigkeit von der Lehrperson verstärkt, da Lernende auf Aufgaben angewiesen sind, die sie beispielsweise Schritt für Schritt durch einen schwierigen Text leiten. Deshalb muss die selbstständige Bewältigung immer als eigentliches Ziel im Hintergrund der konkreten Arbeit am Material stehen und es muss auf dieses hingearbeitet werden (vgl. Ohm, Kuhn, & Funk 2007: 99). Dazu dient die Vermittlung und Bewusstmachung von Strategien.

Der sprachbewusste Unterricht, der Sprachbildung als explizierbares Wissen begreift, kann große Vorteile aus der Nutzung von Strategien ziehen, die sich auf das Lesen und Schreiben richten. Doch dazu müssen den Lernenden Handlungsalternativen aufgezeigt, und diese müssen im Unterricht trainiert und eingeübt sowie reflektiert werden. Sprachschwache Lernende bedürfen gezielter Unterstützung, um fachliche Inhalte verstehen sowie Resultate sprachlich angemessen wiedergeben zu können. Förderung der schriftsprachlichen Kompetenzen muss also in der expliziten Sprachbildung an erster Stelle stehen. Die sprachlichen Mittel in ihrem funktionalen Zusammenhang der fachlichen Diskurse müssen ebenso explizit vermittelt und geschult werden wie Textsortenkenntnisse und Strukturmerkmale der fachlichen Kommunikation (vgl. Schmölzer-Eibinger 2013: 36). Dies alles dient der Entwicklung einer gesteigerten Sprachaufmerksamkeit der Lernenden, die sie in die Lage versetzt, Bildungssprache rezeptiv und produktiv zu nutzen und bei Schwierigkeiten auf ihre strategischen Kenntnisse zurückzugreifen.

Sowohl implizite als auch explizite Förderung kann sich als sinnvoll erweisen. In dieser Arbeit wird keine der beiden Positionen als absolut gesehen, sondern es wird davon ausgegangen, dass beide Ansätze verschränkt und im Unterricht zur Anwendung gebracht werden müssen. Dies richtet sich nach dem jeweiligen Registerphänomen, das vermittelt und gelernt werden soll, nach der Zielgruppe des Unterrichts, deren Alter und Situation sowie weiteren Faktoren, die bei der Planung von Unterricht beachtet werden müssen. In Bezug auf Sprachbildung soll für eine explizite oder implizite Vermittlung entschieden werden, um die sprachliche Kompetenz der Lernenden zu verbessern. Daraus lässt sich schließen, dass Lehrende, um effektive Sprachbildung betreiben zu können, beides beherrschen müssen. Einerseits müssen sie anregenden Input anbieten können und Lernende bei der Aushandlung von Bedeutung unterstützen, also Bildungssprache implizit vermitteln. Andererseits müssen sie in der Lage sein, Sachverhalte explizit in den Unterricht zu integrieren, wenn dies erforderlich sein sollte. Dazu müssen Lehrende solche Situationen wahrnehmen und die Bildungssprache ihres Faches so gut kennen, dass sie diese sowohl implizit als auch explizit vermitteln können.

Wie in den eben aufgeführten Beispielen deutlich wurde, stellen Diagnosekompetenzen zentrale Fertigkeiten von Lehrenden in Bezug auf Sprachbildung dar. Eine gute Diagnose von Schwierigkeiten kann den Eindruck vermindern, Lernende mit sprachlichen Schwächen seien insgesamt schwach, da genau eingegrenzt werden kann, wo und in welchem Maß Probleme auftreten. Zu diesem Zweck müssen spezifische sprachliche Register der Bildungssprache als Gegenstand von Performanz und Kompetenzentwicklung betrachtet werden (vgl. Gantefort & Roth 2010: 575). Diagnostik soll nicht den Zweck erfüllen, mit Hilfe von Tests Fehlverläufe festzustellen und Lernende zu etikettieren und auszuschließen. Stattdessen soll es darum gehen, einen umfassenden Blick auf die Bildungsbedingungen von Kindern und deren Lernentwicklung zu werfen, um Schwierigkeiten und Problemfelder, aber auch Kompetenzen und Fortschritte aufzudecken. Merkmale der Performanz müssen Rückschlüsse auf die eigentliche Kompetenz der Lernenden ermöglichen. Damit geht einher, dass Sprachdiagnostik nicht nur die sprachliche Oberfläche von SchülerInnenäußerungen im Sinne grammatischer Richtigkeit erfassen soll, sondern diese auf Phänomene untersucht, die auf die bildungssprachlichen Fertigkeiten schließen lassen (vgl. Gantefort & Roth 2010: 578).

Zur Schaffung von Sprachfördersituationen benötigen Lehrende demnach verschiedene Kenntnisse und Fähigkeiten neben ihren fachlichen Qualifikationen. Dazu zählen Fachwissen zur Sprache ihres Faches und zum Spracherwerb, anwendungsbezogenes Wissen zu sprachförderlichen Situationen und allgemeines pädagogisches Wissen. Sie müssen sowohl fachliche Inhalte als auch Sprache didaktisieren können und Methoden zur Vermittlung kennen (vgl. Hopp, Thoma & Tracy 2010: 614f.).

Wie sich erkennen lässt, sind bereits einige Schritte auf dem Weg zu einer veränderten Schule unternommen worden. Zwar werden Themen wie Bildungsbeteiligung sozial schwacher SchülerInnen und solchen mit Migrationshintergrund schon lange diskutiert (vgl. Steinmüller & Scharnhorst 1987), es kann jedoch auf die immer größer werdende Zahl von Lernenden mit sprachlichen Schwächen zurückgeführt werden, dass dieses Thema nun endlich umfassend behandelt wird. Einige Maßnahmen sind auf den Weg gebracht worden, doch diese sind nicht immer erfolgreich, und es kann nicht davon ausgegangen werden, dass die Probleme durch Diskussion allein gelöst werden. Vielmehr müssen Erkenntnisse, die in Studien und Projekten gewonnen werden, verstärkt in die Praxis überführt werden und schulischer Alltag werden. Rückblickend muss jedoch festgehalten werden, dass wenige Maßnahmen, die auf den ‚PISA-Schock' folgten, tatsächlich nachhaltige Wirkung erzielten. Vollmer und Thürmann (2013) sehen für diesen Missstand zwei Gründe: Zum einen, dass die Fächerschule nicht in der Lage ist, die sprachpädagogische Aufmerksamkeit von der Oberflächenebene der Sprache (Morphosyntax, Lexik, Kollokationen) und deren normativ orientierter Korrektur abzuheben und diskursive, pragmatische und kohärenzbezogene Bereiche zu fokussieren. Zum anderen wurde an Schulen keine verantwortliche Instanz ins Leben gerufen, die die kontinuierliche und kleinschrittige Entwicklung in Richtung einer sprachsensiblen Arbeit koordiniert und unterstützt (vgl. Vollmer & Thürmann 2013b: 41). Dies ist besonders bedenklich, wenn einbezogen wird, dass es bereits in den 1990er Jahren umfassende Studien zu den sprachlichen Leistungen von SchülerInnen – unabhängig von deren Herkunft – gab, die ein erschütterndes Bild der Situation aufzeigen:

> Unsere Untersuchungen führen uns zum Schluss, dass der sprachlichen Seite des fachlichen Lernens und Weitergebens kaum der nötige Stellenwert eingeräumt wird: Zu wenig ist die sprachliche Seite fachlichen Wissens überhaupt ein Thema im Fachunterricht; zu wenig wird die Möglichkeit der Rezeption verschiedener Muster sprachlicher Vermittlung gegeben, zu wenig die Möglichkeit, gute Vorbilder sprachlicher Bewältigung schwieriger wissenschaftlich-technischer Sachverhalte kennenzulernen. Zu marginal erscheinen uns auch die Lern- und Übungsmöglichkeiten, in denen Formulierungserfahrungen, Schreiberfahrungen im Zusammenhang mit schwierigem Sachwissen gesammelt werden können. Zu sehr beschränkt sich das zusammenhängende textuelle Bewältigen von Fachwissen auf Prüfungssituationen, in denen ein Lernen unter denkbar ungünstigen Bedingungen stattfindet (Sieber & Nussbaumer 1994: 317).

Diesem Zitat scheint nichts hinzuzufügen zu sein – haben doch Sieber u.a. in einer umfassenden Studie zu den wahrgenommenen und tatsächlich vorhandenen Sprachfähigkeiten von Lernenden scheinbar alles aufgedeckt, woran der Fachunterricht in Bezug auf Bildungssprache krankt. Dass sich seitdem nichts oder kaum etwas an der Situation geändert hat, kann als Beleg dafür dienen, dass bisher noch nicht der richtige Weg beschritten wurde. Scheinbar fehlt ein Verbindungsstück zwischen der Wissenschaft und der Schule, in der Sprachbildung längst schon angesiedelt sein sollte.

Im Rahmen der vorliegenden Studie wird davon ausgegangen, dass der Zugang zu den Akteuren im Fachunterricht – den Lehrerinnen und Lehrern – noch nicht gefunden wurde, sondern bisher Forschung und Bildungspolitik über deren Köpfe hinweg Themen diskutieren und entscheiden. Zahlreiche kleine Leuchtturmprojekte und Umsetzungen zeigen, dass sich Schule wandelt, wenn die eigentlichen Akteure ins Boot geholt und im Unterricht selbst unterstützt werden. Darum fokussiert die vorliegende Arbeit diese Akteure und deren Sicht; nicht um diese zu bewerten, sondern um den Ist-Zustand darzustellen und damit Anschlusspunkte für sinnvolle Maßnahmen aufzudecken.

2.4 Erkenntnisinteresse und Forschungsfragen

Um herauszufinden, wie man LehrerInnen der naturwissenschaftlichen Fächer aus- und weiterbilden kann, ist zuerst zu erheben, wo sie tatsächlich stehen. Das bedeutet, dass erhoben werden muss, wie sie ihr Fach und die Sprache ihres Faches betrachten. Studien konnten wiederholt zeigen, dass viele LehrerInnen der naturwissenschaftlichen Fächer Sprachförderung für wichtig und für zwingenden Bestandteil jedes Faches halten, auch wenn sie nicht wissen, wie sie dabei vorgehen sollen (vgl. Tajmel 2010a; Riebling 2013). Es lässt sich also mutmaßen, dass Lehrende der Naturwissenschaften durchaus sensibel für sprachliche Fragen sein können. Nun stellt sich die Frage, wie sie mit dieser Erkenntnis umgehen und welche Lösungen sie für sich ableiten. Welche Vorstellungen verbinden sie damit, was klassifizieren sie als wichtig und was als nebensächlich? Mit diesem Ansatz soll zweierlei erreicht werden. Zum einen können die Lehrenden als ExpertInnen ihres Faches viel genauere Angaben zu den Anforderungen machen, die Lernende erfüllen müssen, als Lehrende des Faches Deutsch das vermögen. Ihre Sicht ist zwar eine fachlich geprägte, aber wie im Kapitel Sprachbildung beschrieben, kann Förderung nicht abgehoben von fachlichen Themen, Diskursen und Textsorten ablaufen. Hier erweist sich die Zusammenarbeit zwischen Fach- und Deutschlehrenden als produktiv, da erstere den SprachexpertInnen die fachliche Sicht eröffnen können. Zum anderen ist der Ansatz sinnvoll, da herausgearbeitet werden kann, wo diese fachliche Sicht an ihre sprachdidaktischen Grenzen stößt. Hier kann die Sprachexpertin Ansätze ausmachen, die weiterentwickelt und mit sprachförderlichen Techniken unterstützt werden können.

Es ist also der Ist-Zustand aus der Sicht der Lehrenden zu erheben. Dabei ist es für die vorliegende Arbeit zentral, eine positive Haltung den Lehrpersonen gegenüber einzunehmen. Es erscheint einfach, als SprachdidaktikerIn auf Fachunterricht zu blicken und diesen zu kritisieren. Dies soll nicht der Ansatz der vorliegenden Arbeit sein. Es ist vielmehr darauf Rücksicht zu nehmen, dass die Lehrenden, die Dienst in Schulen tun, eben nicht auf Sprachförderung vorbereitet wurden und daher nicht an deren Ansprüchen gemessen werden dürfen. Aber es kann davon ausgegangen werden, dass sie ihre Arbeit nach bestem Wissen und Gewissen tun. Es soll die Sichtweise von Lehrpersonen betrachtet werden, die nicht für Sprachförderung ausgebildet sind, aber dennoch mit SchülerInnen in Kontakt kommen, die als sprachschwach bezeichnet werden können. Es ist in diesem Zusammenhang von besonderem Interesse, wie die LehrerInnen diese Situation ohne Zuhilfenahme sprachdidaktischer Expertise bewerten, was sie wahrnehmen und welche Überlegungen und Vorstellungen daraus folgen.

Menschen haben bestimmte Wissensbereiche, Erinnerungen und Erfahrungen, auf deren Basis sich ihre Vorstellungen ausbilden. Diese Vorstellungen sind argumentgestützt und erfüllen Zwecke, bezogen auf aktuelle oder zukünftige Handlungen. LehrerInnen verfügen einerseits über ein sich ähnelndes Wissen und vergleichbare Sozialisationen als FachlehrerInnen, andererseits aber auch über individuelle Kenntnisse, die ebenfalls Einfluss auf ihren Unterricht nehmen. Sie machen jeden Tag weitere Erfahrungen, reflektieren Geschehnisse, agieren in mehrsprachigen Klassen, beschäftigen sich mit aktuellen Diskursen des Tagesgeschehens, werden von bildungspolitischen Maßnahmen betroffen usw., was ihre Vorstellungen erweitert, verändert oder bestätigt. Diese zahlreichen Wissens- und Erfahrungsschätze beeinflussen das Handeln, erklären es oder rechtfertigen Handlungsmuster. Im Rahmen der vorliegenden Studie wird davon ausgegangen, dass Lehrende des Faches Biologie über Kompetenzen verfügen, die mit der Tätigkeit als Lehrhaft einhergehen und für diese konstitutiv sind. Dies sind Kompetenzen wie z.B. die von Weinert (2001) zusammengestellten: Er unterscheidet Fachkompetenz, didaktische Kompetenz, Klassenführungskompetenz und diagnostische Kompetenz, deren Zusammenspiel die Lehrperson in ihrer Professionalität ausmacht und die es ihr ermöglichen, flexibel und sinnvoll auf unterrichtliche Situationen zu reagieren.

Es kann also davon ausgegangen werden, dass Lehrende Probleme im Unterricht wahrnehmen und im Rahmen ihrer Vorstellungen und Überzeugungen Handlungsalternativen und Strategien ausbilden, um diese Probleme anzugehen. Für die Forschung ist dies deshalb interessant, weil es offenlegt, welche Probleme wahrgenommen werden und welche nicht. Weiterhin kann aufgezeigt werden, wie die Probleme gehandhabt werden und worauf Lösungen basieren. Es ist besonders interessant, welche Sprachförderansätze bereits – ohne Ausbildung – vorhanden sind, und wie weit diese reichen. Kann man nämlich an die Probleme, die LehrerInnen bereits von sich aus zu lösen versuchen, anschließen, ist Weiterbildung für beide Seiten profitabel. Aus dem eben Erläuterten lassen sich somit mehrere Forschungsfragen herausarbeiten, die im Verlauf der Arbeit beantwortet werden sollen:

- Welche Vorstellungen haben Lehrende des Faches Biologie an Schulen zum Fach Biologie und zu dessen Sprache?
- Welche Vorstellungen zu SchülerInnen-Kompetenzen explizieren sie?
- Welche Schwierigkeiten und Probleme in Bezug auf die bereits genannten Punkte nehmen sie wahr?
- Welche Strategien zur Sprachbildung leiten sie aus ihren Vorstellungen ab?

Um diese Forschungsfragen zu beantworten, muss geklärt werden, wie sich die Vorstellungen von Lehrenden erforschen lassen. Im Folgenden werden forschungstheoretische und methodische Überlegungen präsentiert, die zur Auswahl eines Instruments geführt haben, welches die Beantwortung dieser Fragen ermöglicht. Vorher wird jedoch der bisherige Forschungsstand dargestellt, um die vorliegende Studie einordnen zu können.

3 Empirische Studie

Wie in den vorangegangenen Kapiteln aufgezeigt werden konnte, stellen Bildungssprache und ihre Beherrschung den zentralen Dreh- und Angelpunkt der Diskussion um die Bildungsbeteiligung von sprachschwachen Lernenden in der deutschen Schule dar. Bildungssprache tritt in allen Fächern auf und ist dort aufgrund unterschiedlicher Diskurstypen und Textsorten jeweils spezifisch ausgestaltet. Um Lernenden dieses sprachliche Register zu vermitteln und diese zu befähigen, sich in unterschiedlichen Situationen angemessen auszudrücken, sind in der Literatur verschiedene Werkzeuge und Techniken entwickelt worden.

Wie bereits erläutert geht die vorliegende Arbeit davon aus, dass Lehrende an Schulen auf der Basis ihrer Ausbildung nicht ausreichend für die Sprachbildung qualifiziert sind. Die Gründe können in der fachdidaktischen und fachlichen Ausrichtung an den Universitäten und pädagogischen Hochschulen gesucht werden, die Sprache als Teil des Fachunterrichtes bislang aus der Lehrerbildung ausklammern. Zwar sind immer wieder Initiativen zu verzeichnen, die LehrerInnen für die Sprachbildung im Fachunterricht zu qualifizieren versuchen, doch dies ist noch nicht flächendeckend in der Schule angekommen. In den letzten Jahren setzt sich auch in den Fachdidaktiken stellenweise die Überzeugung durch, dass Sprache im Fachunterricht eine zentrale Rolle spielt und demnach auch dieser die Verantwortung für die sprachliche Bildung der SchülerInnen trägt (vgl. u.a. Fenkart, Lembens & Erlacher-Zeitlinger 2010; Prediger & Özdil 2011). Aufbauend auf diesen Überlegungen werden aktuell neue LehrerInnengenerationen ausgebildet, mit dem Ziel, diesen die nötigen Grundkenntnisse in den Bereichen Sprachdiagnose und Sprachbildung zu vermitteln. Solche Ansätze sind unterschiedlich umfangreich und inhaltlich verschieden ausgestaltet, je nach Bundesland, Hochschule und Schultyp, für den ausgebildet wird. Daher sind Lehrerzimmer weiterhin höchst heterogen besetzt, was Sprachbildungskenntnisse anbelangt. Außerdem kann das, was im Studium gelernt wurde, nur als Grundlage bezeichnet werden, auf dem erweiterte Kenntnisse aufbauen. Hier sind praxisbegleitende Ansätze angezeigt, die es ermöglichen, die tagtäglichen Erfahrungen zu reflektieren und Handlungsalternativen kennenzulernen. Daher ist systematische Weiterbildung notwendig, um das deutsche Schulsystem zu einem sprachunterstützenden werden zu lassen und Bildungssprache nicht länger als Selektionsmechanismus fortzuführen. Obgleich in zunehmender Menge Materialien und Ausbildungsmodule für sprachsensiblen Unterricht entwickelt werden, ist bislang nicht geklärt, wo Aus- und Weiterbildungen ansetzen müssen. Weder das, was im Biologieunterricht tatsächlich sprachlich geleistet wird und werden muss, noch die Sichtweise der Lehrenden darauf, ist bisher hinreichend erforscht. Hier nimmt die vorliegende Arbeit ihren Ausgang.

3.1 Forschungsstand

Forschungen zu Lehrenden an Schulen und deren Vorstellungen werden seit geraumer Zeit unternommen. Dabei lassen sich unterschiedliche Perspektiven ausmachen, die die Richtung und Art der betreffenden Untersuchungen prägen. Für die vorliegende Arbeit wurden zunächst Studien gesichtet, die in der Fachdidaktik Biologie angesiedelt sind, um sich dem Gegenstand aus der Perspektive des Faches zu nähern. Eine Durchsicht der Forschungslandschaft ergibt jedoch, dass Vorstellungen und Wissensbereiche von Lehrenden auf ihr Fach, Sprache im Fach Biologie und Sprachbildung bisher nicht hinreichend erforscht sind. Zwar befasst sich die Biologiedidaktik mit Lehrenden des Faches, dies jedoch nicht aus sprachbezogener Perspektive. Dennoch werden im Folgenden Studien aufgeführt, die Lehrende des Faches fokussieren, um aufzuzeigen, welche Fragestellungen die Forschung bisher einbezieht.

Als gut erforscht erweist sich die Einstellung, die Lehrende dem Fach gegenüber einnehmen. Neuhaus und Vogt (2005) entwickeln einen Fragebogen, um verschiedene Einstellungsausprägungen von Lehramtsstudierenden des Faches Biologie bezüglich der Biologie als Wissenschaft, des Biologieunterrichts und der Schule im Allgemeinen zu erfassen. Dazu wurde zuerst ein offener, halbstandardisierter Fragebogen für BiologielehrerInnen zu Themengebieten, Grundpfeilern und Zielen eines guten Biologieunterrichts und zur Bedeutung der Wissenschaft Biologie und des Biologieunterrichts für die Gesellschaft entwickelt und deutschlandweit eingesetzt. Auf Grundlage dieser halboffenen Fragebögen konnten dreizehn bedeutende Themengebiete identifiziert werden, zu denen in einem zweiten Schritt geschlossene Items entwickelt wurden. Die Items wurden an Lehramtsstudierenden des Faches getestet. Schließlich wurden die Items von FachexpertInnen geprüft und ggf. revidiert.

In diesem Prozess wurden schließlich 107 Items, die in einer 5-stufigen Ratingskala bewertet werden sollten, für den Einsatz an BiologielehrerInnen in der gesamten Bundesrepublik ausgewählt. Auf der Basis ihrer Einstellung zum Unterricht identifizieren die AutorInnen sechs verschiedene Dimensionen, die es erlauben, BiologielehrerInnen auf Grundlage ihrer Einstellung verschiedenen Typen zuzuordnen. So konnten drei eindeutige Lehrertypen herausgearbeitet werden: der pädagogisch-innovative Typ, der fachlich-innovative Typ und der fachlich-konventionelle Typ (vgl. Neuhaus & Vogt 2005).

Urhahne (2006) präsentiert eine Fragebogenstudie zu den Motiven für die Berufswahl von Lehramtsstudierenden des Faches Biologie. Die wichtigsten Faktoren, die für die Berufswahl entscheidend sind, betreffen die pädagogische bzw. bildungsbezogene Motivation der Arbeit mit Kindern. Außerdem können extrinsische Faktoren wie Vorschläge oder Präferenzen der eigenen Familie, aber auch ein allgemeines Interesse an der Natur und Tieren verantwortlich sein. Besonders die positiven Emotionen bezüglich der individuellen Erfahrungen mit Tieren und Natur beeinflussen die Wahl der Biologie als Unterrichtsfach (Urhahne 2006: 122). Lehrende sind tendenziell an diesen Themen besonders interessiert, haben persönliche Erfahrungen in der Pflege von Tier und Natur und möchten dieses Interesse mit den Lernenden teilen bzw. halten dies für besonders wichtig und bildungswürdig.

Im Rahmen der Erforschung von Berufswahlmotiven wurden individuelle Vorstellungen zum Fach erhoben, nach Sprache und Sprachbildung jedoch nicht gefragt. Auch Studien zum Wissen der LehrerInnen des Faches Biologie betreffen lediglich fachliches, fachdidaktisches und fachbezogenes diagnostisches Wissen (vgl. Alfs & Hößle 2009; Basten, Birnhölzer & Wilde 2011), Daraus lässt sich schließen, dass dieses Thema für die Fachdidaktik Biologie noch keine gewichtige Rolle spielt. Aus diesem Grund erscheint es ertragreicher, bei der Erfassung des Forschungsstandes mehr auf die Sprachdidaktik und die Mehrsprachigkeitsforschung zu fokussieren.

Im Kontext der Lehrerprofessionalität in Bezug auf DaZ und Sprachförderung gibt es eine kleine Anzahl quantitativer Studien, die versuchen das Feld abzustecken: Sieber u.a. (1994) erheben im Rahmen des umfangreichen Forschungsprojekts Muttersprachliche Fähigkeiten von Maturanden und Studienanfängern in der Deutschschweiz auch die Einschätzungen von SchülerInnen-Sprachfähigkeiten seitens der Lehrenden. Dazu verwenden die ForscherInnen qualitative Fragebögen, deren Items sich auf allgemeine Einschätzungen, wahrgenommene Qualitäten, Mängel und Veränderungen der Sprachfertigkeiten von SchülerInnen und Studienanfängern beziehen. Im Zuge dessen wurden 441 Fragebögen von Lehrenden an Mittelschulen ausgewertet. Die Auswertung erfolgte quantitativ, und es wurden auf absoluten Zahlen, Prozentzahlen und Durchschnittswerten basierende Vergleiche, gezogen (vgl. Brütsch & Sieber 1994: 79f.)[1].

---

1 Nachteilig an der Studie ist, dass sie zwar offene Items präsentiert, die durch die Lehrenden schriftlich gefüllt werden, es sich aber dennoch um eine rein quantitative Untersuchung han-

Die Ergebnisse (vgl. Brütsch & Sieber 1994: 85-110) weisen darauf hin, dass der Begriff sprachliche Fähigkeiten aus Sicht der Lehrenden im Spektrum zwischen Angemessenheit und Korrektheit des sprachlichen Ausdrucks variiert, die Gewichtung aber bei der formalen Richtigkeit liegt. Diese Korrektheit ist häufig nicht auf ein Ziel hin orientiert, sondern richtet sich auf die überindividuellen Normen der Rechtschreibung und Grammatik. In Bezug auf erwünschte Fähigkeiten werden Präzision, Logik und Genauigkeit sowohl in negativer wie positiver Ausprägung besonders häufig angeführt. Einerseits werden sie bei Qualitäten der Lernenden genannt (können genau argumentieren...) als auch bei den Mängeln (sind nicht in der Lage genau zu beschreiben...).

Sieber und Nussbaumer kommen zu dem Ergebnis, dass formale Sprachfehler für Lehrende leichter zu greifen sind. In ihren Befragungen werden in Bezug auf SchülerInnentexte zumeist formale, in der Regel Rechtschreibmängel genannt, die AutorInnen konnten anhand der Durchsicht der Texte allerdings zeigen, dass gerade dieser Bereich weit weniger problematisch ist. Daraus ziehen sie den Schluss, dass die Lehrenden „ein Unbehagen, das von anderen Aspekten herrühren mag, am Sprachformalen fest [machen], möglicherweise in Ermangelung eines klaren Begriffs von Sprachfähigkeiten" (Sieber & Nussbaumer 1994: 307). Deutliche Mängel seitens der Lernenden bestehen nach Sieber und Nussbaumer besonders in Bezug auf die Angemessenheit der verfassten Texte: Probleme haben die Lernenden beim situationsadäquaten Einsatz von Sprachmitteln, der Herstellung von Textkohärenz und Textentfaltung sowie mit Präsuppositionen (vgl. Sieber & Nussbaumer 1994: 307; 314).

In Bezug auf den Umgang mit Sprache und Sprachen im Unterricht sind verschiedene Studien entstanden. So befragen beispielsweise Schnitzer, Bergdolt & Zurell (2011) Studierende des Lehramtes an der Pädagogischen Hochschule Heidelberg dazu, wie gut sie sich auf die Arbeit im mehrsprachigen Umfeld vorbereitet fühlen. Im Rahmen der Studie wurden 231 Grund-, Haupt- und Realschulstudierende der Fächer Deutsch, Englisch, Mathematik und Theologie mit Hilfe eines Fragebogens befragt. Es zeigt sich, dass Mehrsprachigkeit ein aktuelles Thema für die Befragten darstellt, jedoch unterschiedlich bewertet wird. Für 88 % der Befragten spielt Vielsprachigkeit im schulischen Alltag eine wichtige Rolle, 40 % benennen Angst und das Gefühl der Überforderung damit und 48 % die Mehrsprachigkeit im Klassenzimmer als Chance und Bereicherung (vgl. Schnitzer, Bergdolt & Zurell 2011: 28). Unterschiede bezüglich der studierten Fächer scheinen nicht zu bestehen – im Gegenteil: Studierende des Faches

---

delt. Dies kann einen interessanten Einblick in die Mengenverhältnisse geben, aber diese nicht erklären und begründen.

Deutsch empfinden sich nicht als wesentlich besser vorbereitet als ihre Mitstudierenden.

Zu einem ähnlichen Ergebnis kommt auch Drumm (2010): Im Rahmen einer Fragebogenuntersuchung zum Sprachförderwissen naturwissenschaftlicher Fachkräfte konnte gezeigt werden, dass Lehrende Sprache durchaus als Problemfeld des Unterrichts wahrnehmen und im Rahmen ihrer Möglichkeiten Unterstützung für die Lernenden anbieten wollen. Dabei wurde versucht, größere Kenntnisse im Bereich Sprache und Sprachförderung auf Faktoren in der LehrerInnen-Biografie zu beziehen. Die geringe Größe der Stichprobe erlaubt keine eindeutigen Aussagen, doch auf der Basis der Antworten konnte gezeigt werden, dass Lehrpersonen mit Migrationshintergrund nicht automatisch mehr und Lehrpersonen, die nach dem Abschluss des Diploms als QuereinsteigerInnen ins Lehramt wechselten, nicht automatisch weniger sprachbewusst sind. Auch die Gruppe der Lehrpersonen, die neben Biologie das Fach Deutsch studiert haben, weist keine gesteigerte Sprachbewusstheit auf (vgl. Drumm 2010: 86f.).

Eine zentrale Studie vor dem Hintergrund der mangelnden Bildungsspracheförderung im naturwissenschaftlichen Unterricht legt Riebling (2013) vor. Im Rahmen einer umfassenden Fragebogen-Untersuchung bei LehrerInnen der Fächer Biologie, Physik und Chemie in verschiedenen Schultypen entwickelt sie deduktiv aus der Literatur zu Sprachbildung und Sprachdidaktik vier verschiedene Typen von Lehrenden, anhand ihres Umgangs mit Sprache im Unterricht (vgl. Riebling 2013: 64f.). Diese werden anhand von 229 quantitativen Fragebögen in ihrem Vorkommen in der Stichprobe gemessen. Ein Ergebnis der Studie besteht darin, dass nur etwa 3% der befragten LehrerInnen dem sprachorientierten Typus angehören, insofern, dass ihr Unterricht sich durch sprachliche Unterstützung anstelle von Entlastung auszeichnet. Etwa ein Drittel kann zum entlastenden sprachorientierten Typus gezählt werden. Diese LehrerInnen nehmen sprachliche Schwierigkeiten wahr, tendieren aber zur Vereinfachung. Einen ausschließlich entlastenden Unterricht hingegen betreiben etwa 10 % der Befragten (vgl. Riebling 2013: 166f.). Sie versuchen Verstehen zu ermöglichen, indem sie sprachlich komplexe Anforderungen aus dem Unterricht verbannen. Riebling konnte außerdem aufzeigen, dass die Hälfte der Befragten dem wenig sprachorientierten Typus angehört: Dieser geht davon aus, dass Bildungssprache im Unterricht nebenbei, ohne explizite Anleitung erworben wird[2].

---

2 Diese Studie hat sich als wegweisend für die vorliegende Arbeit erwiesen. Im Rahmen der Ergebnisdarstellung wird sich zeigen, dass die von Riebling entdeckten Typen auch im hier untersuchten Datenmaterial zu Tage treten. Dennoch kann davon ausgegangen werden, dass die von Riebling erarbeiteten Ergebnisse durch die vorliegende Studie sinnvoll ergänzt werden

Alle bisher genannten Studien waren quantitativer Art. Dabei ist zu bedenken, dass quantitative Erhebungen immer nur Daten zählbar machen. Sie können nicht die Gründe für bestimmte Gegebenheiten erklären und es können nur Inhalte und Themen erfragt werden, die bereits bekannt und operationalisierbar sind (vgl. Kap. 3.2 Unterscheidung qualitativer und quantitativer Verfahren). Qualitative Untersuchungen im Bereich der Sprachdidaktik im naturwissenschaftlichen Unterricht sind jedoch besonders rar gesät. Eine davon ist die Arbeit von Harren (2011), die Biologieunterricht beobachtet und videographiert und das Material auf die Frage hin untersucht, wie AkteurInnen an Sprache arbeiten und dabei Inhalte fassen. Sie erläutert, dass Sprachförderung auch implizit stattfinden kann, wenn Lehrende Äußerungen der Lernenden aufnehmen und sie um neue, ergänzende, präzisierende Formulierungen bitten (vgl. Harren 2011: 101). Dabei zeigt sie anhand der Behandlung von Fachbegriffen und Kollokationen auf, wie Lehrende Schüleräußerungen korrigieren, und interpretiert dies als sprachförderlich. Sie argumentiert, dass trotz der mangelhaften Lage der Fachdiaktik in Bezug auf Anleitung zum sprachsensiblen Handeln und der Ausbildung, die diese Themen ausspart, „sprachliche Förderung im Fachunterricht seit jeher statt[findet]" (Harren 2011: 104). Diese Förderung sei aber nicht institutionalisiert, sondern hänge eben von der Ausrichtung und der Kompetenz der jeweiligen Lehrperson im Umgang mit SchülerInnenbeiträgen ab. Dieses „handlungspraktische Können sprachlicher Unterstützung und Förderung in der Interaktion" (Harren 2011: 104) soll sicht- und nutzbar gemacht werden, um die LehrerInnenausbildung zu verbessern – ein Ansatz, dem auch die vorliegende Studie folgt.

Wie gezeigt werden konnte, ist das Feld der Vorstellungen, Einstellungen und Perspektiven von Fachlehrenden der Biologie bisher nur unzureichend erforscht. Die Studien, die es gibt, sind mehrheitlich im quantitativen Paradigma angesiedelt und erfragen den Sachverhalt mit Hilfe eines Fragebogens. Im Rahmen der vorliegenden Studie wird jedoch davon ausgegangen, dass sich Vorstellungen nur auf eine Art und Weise untersuchen lassen, die Begründungen und Argumentationen der Befragten einbezieht. Aus diesem Grund erfolgt nun eine Diskussion der beiden Forschungsparadigmen qualitative und quantitative Forschung, um daran zu erläutern, welcher Art das forschungsmethodische Design gestaltet sein soll, dass dieser Studie zugrunde gelegt wird.

---

können, insofern, dass es sich hier um qualitative, reichere Daten handelt, die Begründungen und Argumentationen liefern, warum der einzelne Typus so denkt und handelt, wie er es tut.

3.2 Unterscheidungen qualitativer und quantitativer Verfahren

Empirische Forschung im Bereich der Sprachdidaktik „sammelt datengeleitet systematisch und methodisch kontrolliert Erkenntnisse über die Wirklichkeit des Lehrens und Lernens" (Riemer & Settinieri 2010: 764). Dabei werden Grundlagen und Methoden aus anderen Disziplinen, wie beispielsweise der Psychologie, Soziologie und Erziehungswissenschaft, aufgenommen und erweitert, um sie für den Gegenstand des Faches nutzbar zu machen. Zentral für das Fach ist, dass die Praxis aufgegriffen und erforscht wird und dass empirische Ergebnisse über die allgemeine Schaffung von Wissen hinaus in die Praxis rückgeführt und für sie brauchbar gemacht werden können. Die vorliegende Studie sieht sich diesem Anspruch verpflichtet, indem sie nicht nur die Wissensbereiche und Vorstellungen der Lehrenden um ihrer selbst willen erhebt, sondern, aufbauend auf den daraus resultierenden Ergebnissen, Überlegungen für eine veränderte LehrerInnenausbildung anstellt.

Um zu entscheiden, wie das empirische Vorgehen gestaltet sein soll, ist eine Beschäftigung mit den beiden großen Forschungsparadigmen der Human- und Sozialforschung notwendig: mit quantitativer und qualitativer Forschung. Die strenge Unterscheidung der beiden Forschungsansätze ist nur auf dem Papier möglich, weshalb es sinnvoller erscheint, beide nicht als getrennte Paradigmen zu verstehen, sondern als Endpole eines Kontinuums, auf dem empirische Forschung angesiedelt ist (vgl. Bortz & Döring 2006: 296). Aktuell werden sowohl quantitative als auch qualitative Ansätze als gewinnbringend gesehen, Verknüpfungen beider Richtungen in einem Forschungsdesign sind jedoch selten.

Die Verortung eines Forschungsprojekts in einem eher quantitativ oder qualitativ orientierten Ansatz geschieht durch forschungstheoretische und -methodologische Entscheidungen. Diese können das der Forschung zugrundeliegende Menschenbild, die Datenerhebung, die Daten selbst und die Auswertung der Daten betreffen (vgl. Riemer & Settinieri 2010: 765). Im Folgenden werden beide Ansätze unter den Gesichtspunkten Menschenbildannahmen und Forschungsmethodik dargestellt, bevor auf die daraus resultierenden Gütekriterien für Forschungsarbeiten eingegangen wird.

3.2.1 Unterschiede im Menschenbild

Zentral für den Unterschied zwischen qualitativem und quantitativem Denken ist die Differenz in der Betrachtung des Menschen und seiner Tätigkeit. Seit den

1970er Jahren befasst sich die Wissenschaft zunehmend mit dem Menschen als Subjekt und nicht als Objekt der Forschung (vgl. König 1995: 11). Sowohl die Beforschten als auch die Forschenden bringen sich in den Forschungsprozess ein, verändern und gestalten ihn. Rein objektive Forschung ist in dieser Sichtweise nicht möglich, nur die Einflussnahme der Subjekte können einbezogen und mit ausgewertet werden. Im Rahmen der subjektiven Wende werden nun auch Sachverhalte als untersuchbar angesehen, die bisher aufgrund des quantitativ orientierten Paradigmas ausgeklammert waren. Diese Wende kann als Abkehr vom Behaviorismus gefasst werden, der menschliches Tun als reines Verhalten interpretierte, das von Reizen gesteuert wird. Im Gegensatz dazu wird menschliches Tun zunehmend als Handeln verstanden (vgl. Schlee 1988: 13, König 1995: 11): „Handlungen lassen sich als absichtsvolle und sinnhafte Verhaltensweise beschreiben; sie werden konstruktiv geplant und als Mittel zur Erreichung von (selbstgewählten) Zielen eingesetzt" (Schlee 1988: 12). Handeln ist, im Gegensatz zu Verhalten, intentional und sinnhaft (vgl. König 1995: 11). Menschen sind demzufolge nicht ausschließlich auf Reize programmierte Wesen, sondern reflektieren aktiv und autonom konstruierend ihre Umwelt und ihr Tun (Scheele & Groeben 1988: 13). Das impliziert, dass Menschen den Situationen, die sie erleben, Sinn zuschreiben, welcher ihre Handlungen und Reaktionen auf die Situation konstituiert (vgl. König 1995:11). Handlungen sind auf Resultate hin ausgerichtet und folgen den Motiven und Interessen des Subjekts. Aus diesem Grund sind sie nur auf der Grundlage eines Erfahrungs- und Wissenssystems denkbar, das die Handlungen begründet (vgl. Schlee 1988: 12). Menschliches Tun als Handeln schließt also den Subjektgedanken immanent mit ein – nur das kognitiv konstruierende Subjekt kann intentional handeln, sich Ziele setzen und diese mit seinem Tun versuchen zu erreichen. In dieser Vorstellung bilden Menschen ständig Hypothesen, prüfen und verwerfen diese, entwickeln Konzepte und mentale Strukturen, die ihr Handeln steuern (vgl. Schlee 1988: 13).

Ein weiteres zentrales Begriffspaar, das auf dem Kontinuum zwischen quantitativer und qualitativer Forschung angesiedelt ist, sind die Termini Erklären versus Verstehen. Quantitative Forschung erhebt den Anspruch, mittels inferenzstatistischer Verfahren Muster im Verhalten von Menschen zu zeigen und Gesetzmäßigkeiten aufzudecken, diese also zu erklären. Dem ist kritisch entgegenzusetzen, dass dieser Vorstellung eben jenes mechanistische Menschenbild zugerechnet wird, nach dem Personen von äußeren Ursachen gesteuert werden (vgl. Bortz & Döring 2006: 301). Will man hingegen verstehen, warum Menschen handeln, versucht man die Gründe – die als aktiv, intentional und vom Subjekt konstruiert gedacht werden – zu erheben. Dies kann nicht durch das Auffinden von Wirkungsfaktoren geschehen, sondern nur durch kommunikatives Nachvollziehen (vgl. Bortz & Döring 2006: 301). Außerdem bedeutet Verstehen, dass nicht nur die abschließenden Produkte, verstanden als beobachtbare Handlungen oder Verhaltensweisen, bedeutsam sind, sondern auch und besonders die Prozesse, die zu diesen Handlungen führen (vgl. Riemer & Settinieri 2010: 767). Aus diesem Grund ist die Einbeziehung der Untersuchungspersonen in die Datenauswertung und der Nachvollzug ihrer Perspektive in der qualitativen Forschung ein zentrales Element.

Ein weiteres Konzept, das aus den genannten Gründen fest mit der Vorstellung vom Handeln verbunden ist, ist das der Sinnhaftigkeit. Einzelne Teilhandlungen erhalten ihren Sinn durch ihre Zuordnung zu übergeordneten Handlungssystemen, die den Rahmen bilden. Alle Intentionalität folgt dem Sinn, den das Subjekt für sich setzt. Daraus ergibt sich, dass Forschende die Bedeutung einer einzelnen Teilhandlung nur erschließen können, wenn sie die übergeordnete Handlung und den Sinn kennen, den das Subjekt der Handlung zuschreibt (vgl. Groeben, Wahl, & Scheele 1988: 14). Diese Ausführungen machen ersichtlich, warum in subjektgeprägter Forschung Beobachtung allein nicht zum Ziel führt, denn Beobachtung fasst lediglich Verhalten auf. Schlee formuliert: „Handlungen manifestieren sich zwar in Verhaltensaspekten [...], ihre wesentlichen Bestimmungsmerkmale lassen sich aber nicht wie das manifeste Verhalten auf direktem Wege beobachten. Das Zuschreiben von Bedeutung, das Konstruieren von Sinn, das Verfolgen von Absichten lässt sich nicht per Augenschein erkennen" (Schlee 1988: 15). Diese "Innenaspekte des Handelns" (Schlee 1988: 15) sind ausschließlich im Dialog zwischen Forschendem und Beforschtem aufzudecken. Das menschliche Subjekt gilt neben seiner Handlungsstruktur als sprach- und kommunikationsfähiges Wesen, das sein Wissen und seine Sinnzuschreibung formulieren und weitergeben kann. Aus diesem Grund darf die subjektorientierte Forschung jene Fähigkeit zum Austausch nicht negieren, sondern muss sie einbinden und zum Ausgangspunkt der Forschungsstruktur machen (vgl. Groeben, Wahl, & Scheele 1988: 15).

Zusammenfassend und auf die Erforschung von Lehr-Lernprozessen bezogen bedeutet das Ausgeführte, dass davon auszugehen ist, dass Lehrpersonen Situationen mental verarbeiten, indem sie ihnen Sinn zuschreiben, Sachverhalte aktiv kategorisieren und aus dem Erlebten Handlungsalternativen ableiten. Diese Sinnzuschreibung muss verstehend nachvollzogen werden, woraus sich schließen lässt, dass die vorliegende Studie qualitativ orientiert sein muss. Es soll darum gehen, die Vorstellungen von Lehrkräften zu den Themen Sprache, Fach und Sprachbildung zu erheben und herauszuarbeiten, welche Sichtweise die Lehrenden zu den genannten Sachverhalten einnehmen. Der Sinn, den sie zuschreiben, soll erfasst und offengelegt werden, indem die Lehrpersonen als ExpertInnen ihres Faches ernst genommen werden.

Nachdem die Entscheidung für ein qualitatives Vorgehen gefallen ist, muss bedacht werden, was diese Ausrichtung für die Methodenwahl bedeutet. Hier ist eine Vertiefung der beiden Paradigmen sinnvoll, da sich aus deren Grundannahmen ableiten lässt, welche Methodik sich als sinnvoll erweist.

3.2.2 Paradigmatische Überlegungen bei der Methodenwahl

Qualitativ oder quantitativ orientierte methodische Entscheidungen sollen für jeden Teil der empirischen Arbeit getroffen und bezogen auf die forschungstheoretische Grundlage begründet werden. Dabei sind die Phasen des Feldzugangs, der Stichprobenziehung, der Datenerhebung und der Datenauswertung als zentral zu nennen. Außerdem unterscheiden sich die beiden Forschungsparadigmen häufig in der Art und Weise, wie sie Schlüsse aus den Ergebnissen ziehen.

Beim Feldzugang ist die quantitative Forschung dadurch gekennzeichnet, dass sie keinen individuellen Zugang zu den ProbandInnen anstrebt. Große Fallzahlen, die eine statistisch auswertbare Aussage bezogen auf die Grundgesamtheit zulassen, werden angestrebt. Im Gegensatz dazu versucht qualitative Forschung eher in die Tiefe zu gehen und arbeitet mit kleinen Fallzahlen. Verstehender Nachvollzug der subjektiven Perspektive erfordert den persönlichen Zugang zu den ProbandInnen, den Aufbau einer Beziehung und die zumindest teilweise Perspektivübernahme. Entscheidungen bei der Auswahl der Stichprobe sollen es ermöglichen, das Typische herauszuarbeiten und die Systematik darzustellen (Rosenthal 2008: 86f.). Quantitative Befragungen eignen sich, um große Mengen an Daten zu sammeln und vergleichend auszuwerten. Dabei können jedoch Sachverhalte übersehen werden, die bei der Erstellung des Instruments nicht bedacht wurden – ein quantitatives Instrument kann nur das bereits Bekannte messen. Unbekanntes kann nur qualitativ erforscht werden, weshalb explorative Studien häufig auf qualitative Designs zurückgreifen. Um das Feld nahezu umfassend zu untersuchen, werden in der qualitativen Forschung möglichst reichhaltige Daten gesammelt, was es häufig unmöglich macht, große Gruppen zu beforschen. Aus diesem Grund befassen sich qualitative Studien vermehrt mit Fallstudien, statt mit repräsentativen Stichproben (vgl. Riemer & Settinieri 2010: 767).

Datenerhebung in der quantitativen Forschung bezieht sich meist auf Instrumente, die die numerische Fassung von Informationen ermöglichen. Zu diesem Zweck arbeitet die quantitative Forschung mit standardisierten Erhebungsmethoden, die ein Verarbeiten der empirischen Befunde mittels inferenzstatistischer Verfahren ermöglicht. Kritisch einzuwenden ist, dass quantitative Forschung die Falsifikation deduktiv gewonnener Hypothesen anstrebt, was ein analytisches, den Gegenstand zerlegendes Vorgehen mit sich bringt. Quantitative Methoden konzentrieren sich gemeinhin auf das rein Beobachtbare, das standardisiert erhoben und ausgewertet wird (vgl. Lamnek 2010: 316). Wie in der Erfassung des Forschungsstandes gezeigt werden konnte, zeichnet sich besonders die Erforschung von Lehr-Lernprozessen durch weitgehend kontrollierte Experimente aus, um soziale und lernpsychologische Ergebnisse mittels der Methoden der naturwissenschaftlich orientierten Forschung zu gewinnen. Diese Fokussierung führt jedoch dazu, dass bisher nur wenige Gegenstände beforscht wurden, da Lehr-Lernprozesse häufig aufgrund der sie auszeichnenden Faktorenkomplexion nicht in das quantitativ orientierte Paradigma passen (vgl. De Florio-Hansen 1998: 3f.). Qualitative Forschung hingegen verwendet sog. nichtnumerisches Material (vgl. Bortz & Döring 2006: 297; Riemer & Settinieri 2010: 765f.), das häufig in Form von Texten vorliegt. Qualitative Erkenntnisgegenstände werden in ihrer Gesamtheit betrachtet und, im Gegensatz zur Zerlegung der quantitativen Richtung, kontextualisiert und erweitert untersucht. Die Erhebungsinstrumente sind nur in geringem Maße standardisiert, um den Beforschten die Möglichkeit zu geben, den Prozess der Datengewinnung mit zu steuern. In Bezug auf den Informationsgehalt sind die qualitativen Daten bezogen auf die Reichweite und Gültigkeit über das Individuum hinaus also reduziert (vgl. Bortz & Döring 2006: 297). In Bezug auf die Tiefe der Aussage kann aber davon ausgegangen werden, dass ihr Informationsgehalt den von quantitativen Daten übersteigt. Durch die offene, auf das Individuum eingehende Befragung können beispielsweise Begründungen erfasst werden, die sonst verborgen bleiben würden. Qualitative Daten werden mit Hilfe interpretativer Verfahren aufgeschlüsselt und ausgewertet, um die Aussagen und Vorstellungen der Befragten darzulegen. Dabei sind die hinter den eigentlichen Aussagen liegenden Strukturen dann zum Teil überindividuell vergleichbar (Bortz & Döring 2006: 297).

Die Auswertung von quantitativen Ergebnissen erfolgt durch Berechnung und dient der Beschreibung und Erklärung von Verhalten in Form von Zahlen sowie der Testung von Hypothesen. Letztere können verifiziert oder falsifiziert werden und sollen so formuliert sein, dass sie auch in Replikationsstudien erneut getestet werden können (vgl. Riemer & Settinieri 2010: 765). Damit ist ein zentraler Gesichtspunkt quantitativer Forschung aufgedeckt: Der Sachverhalt muss so bearbeitet werden, dass dieselbe Studie immer wieder wiederholt werden kann und bei gleichbleibendem Vorgehen identische Ergebnisse erzielt werden. Dies stellt eine Begründung für die Tendenz zu Laborforschung im quantitativen Ansatz dar. Dabei bezeichnet der Terminus Labor eine kontrollierte Umgebung, in der die Bedingungen von den Forschenden überwacht und reglementiert werden. Der qualitative Gegensatz dazu ist das Feld, in dem Sinne, dass die Forschung sich hier unter möglichst natürlichen bzw. alltäglichen Bedingungen abspielt. Kritik an Laborbedingungen, wie sie für die quantitative Forschung typisch sind, bezieht sich auf die Künstlichkeit des Szenarios, das wenig mit dem natürlichen Vorkommen der zu untersuchenden Gegenstände zu tun hat (vgl. Bortz & Döring 2006: 299). In Bezug auf die Felduntersuchungen kann zwar angenommen werden, dass diese in einem natürlicheren Rahmen angesiedelt sind, doch ist auch dieses nicht frei von Beeinflussung. Die Anwesenheit der Forschenden verändert bereits das alltägliche Geschehen (vgl. Lamnek 2010: 526), was aus der Sicht der qualitativen Forschung nicht gänzlich vermieden werden kann. Selbst wenn Forschende sich in Form von teilnehmender Beobachtung als Akteur ins Feld begeben und dort jahrelang verweilen, um eine Gewöhnung der Akteure an die Forschung zu ermöglichen, kann immer noch nicht völlig ausgeschlossen werden, dass die Anwesenheit Einfluss auf die Ergebnisse hat. Gleichzeitig verändern die Forschung und der Aufenthalt im Feld die Sicht der Forschenden selbst. Dies sollte in Form von Tagebüchern und Protokollen festgehalten und bei der Dokumentation der Ergebnisse berücksichtigt werden. Zudem sind Feldsituationen in sich weniger stabil als Laborgegebenheiten und von vielen Faktoren abhängig. Diese Schwierigkeiten können seitens der Forschenden nicht ausgeklammert werden, sollen in der Erhebung der Daten und deren Auswertung aber Berücksichtigung finden, um die Gütekriterien der qualitativen Forschung zu erfüllen.

In Bezug auf die Schlussverfahren beider Forschungsansätze wird häufig zwischen induktiven und deduktiven Schlüssen unterschieden. Der Induktionsschluss „führt vom Besonderen zum Allgemeinen, vom Einzelnen zum Ganzen, vom Konkreten zum Abstrakten" (Bortz & Döring 2006: 300). Der Deduktionsschluss hingegen verläuft umgekehrt. Letztgenannter wird eher mit der quantitativen Forschung in Verbindung gebracht, da er keine neue Erkenntnis erzeugt, sondern redundantes Wissen produziert, während Induktionsschlüsse zu neuem Wissen führen und daher eher dem qualitativen Ansatz zugerechnet werden. Diese Trennung ist jedoch nicht immer zutreffend, da in beiden Forschungsrichtungen Vermischungen der Schlussverfahren auftreten können (vgl. Bortz & Döring 2006: 300).

Beide Forschungsansätze bieten unterschiedliche Vor- und Nachteile, die vom jeweiligen Untersuchungsgegenstand und Erkenntnisinteresse abhängig sind. Für die vorliegende Studie bedeuten die genannten Unterscheidungen eine Entscheidung für qualitative Verfahren. Nachteilig im qualitativen Design ist, dass die Daten sehr stark variieren, je nachdem wie auskunftsfreudig die Befragten sind. Solche Designs eignen sich nicht für Untersuchungspersonen, die nicht oder nur schwer präzise Aussagen treffen können. Deshalb sollten qualitative Befragungen beispielsweise, wenn möglich, in der jeweiligen Erstsprache der Befragten geführt werden. Außerdem ist eine vertrauensvolle Atmosphäre und gegenseitige Wertschätzung unabdingbar (vgl. Bortz & Döring 2006: 298).

Aus dem Erläuterten lässt sich schließen, dass eine Studie, die Vorstellungen von Lehrenden erfassen will, qualitativ orientiert sein muss. Vorstellungen sind durch innere Argumentationsstrukturen und Beziehungen gekennzeichnet, die einerseits individuell, andererseits nur durch verstehenden Nachvollzug erschließbar sind. Hierzu eignen sich Methoden, die die Perspektive der ProbandInnen nachzeichnen und Verstehen ermöglichen. Kleine Fallzahlen, die dafür tiefgehend erforscht werden, ermöglichen das bisher noch unbekannte Feld abzustecken und typische Strukturen herauszuarbeiten. Aufgrund des theoretischen Vorwissens zu Sprachbildung, welches bei der Forscherin gegeben, bei den ProbandInnen aber nicht zu erwarten ist, bietet sich ein halb deduktiver und halb induktiver Zugang an. Der Prozess der Forschung soll das Vorverständnis der Forschenden überwinden und es sollen neue Horizonte des Gegenstandes abgesteckt und eingegrenzt, neue Theorien generiert und Typenbildung bisher unbekannter Sachverhalte vollzogen werden (vgl. Lamnek 2010: 317). Ziel ist nicht eine objektive Sicht, sondern Fremdverständnis, da soziales Handeln zum Ausgangspunkt und Untersuchungsgegenstand wird. Soziale Wirklichkeit wird erfasst, indem die Sicht der Akteure im Feld rekonstruiert und verstanden wird. So ist in der vorliegenden Studie das Erhebungsinstrument induktiv, da es offen für die Aussagen der Befragten bleibt und somit neues Wissen herausarbeitet, doch bedient sich die Auswertung deduktiver Oberkategorien, die die Aussagen ordnen und vorher erstellten Informationen zuschreiben (vgl. Kap. 3.8 Vertiefende Analyse).

3.3 Vorstellungen als Forschungsgegenstand

Wie im Rahmen der Darstellung des Forschungsstandes gezeigt werden konnte, existieren bislang wenige Studien zu den Vorstellungen von Lehrenden zu Sprache und Sprachbildung im Fachunterricht Biologie. Zwar kann an dieser Stelle bereits festgehalten werden, dass eine Erforschung qualitativ erfolgen muss. Dennoch muss zunächst geklärt werden, welche Grundlagen hinzugezogen werden können. Sollen Vorstellungen zu den genannten Bereichen erfasst werden, müssen Anleihen aus anderen Disziplinen gefunden werden. Die psychologische und erziehungswissenschaftliche Forschung bietet sich hier an, da sie schon seit langem subjektive Sichtweisen von Lehrenden als Grundlage der Lehrtätigkeit beforschen. Besonders prominent ist das Forschungsprogramm Subjektive Theorien (FST), das zudem in zahlreichen Folgestudien genutzt, variiert und angepasst wurde. Der Vorteil des Forschungsprogrammes liegt darin, dass es einen Begriff von Vorstellungen zugrunde legt, der aus verschiedenen Quellen (Erfahrung, Ausbildung, Reflexion) gespeist wird. Hiermit wird der Tatsache Rechnung getragen, dass Unterricht neben Denken auch Reflexion, Wissen, Einstellung und Handlung mit einbezieht. Individuen verfügen über Alltagswissen, das nicht vernachlässigbar ist, sondern für das Individuum Erklärungs- und Orientierungsfunktion einnimmt (Kallenbach 1996: 17 f.) und ihre Handlungen leitet. Dieses komplexe Zusammenspiel stellt die theoretische Basis für die Subjektiven Theorien dar. Erste Überlegungen zu einer Definition von Subjektiven Theorien lehnen sich an verschiedene Synonyme an, die Wahl (1981: 70) zur Erfassung des Lehrerbewusstseins aufführt: psychologisches Alltagswissen, naive Verhaltenstheorien, pragmatische Alltagstheorien, Berufstheorien, implizite Theorien. All diesen Begriffen ist gemeinsam, dass sie die subjektive Sichtweise von Individuen von der wissenschaftlichen abgrenzen, gleichzeitig aber auch Überschneidungen zwischen beiden Formen sehen. Mandl und Huber (1983) definieren Subjektive Theorie als „umfassende Aggregate von prinzipiell aktualisierbaren Kognitionen [von Menschen], in denen sich ihre subjektive Sichtweise des Erlebens und Handelns niederschlägt und die untereinander in einem Argumentationszusammenhang stehen" (Mandl & Huber 1983: 98). Subjektive Theorien stehen in engem Bezug zu der Situation, aus der heraus sie rekonstruiert werden und lassen sich deshalb an diese rückbinden; „sie integrieren kognitive, affektive und interaktive Aspekte, und sie können schließlich auch zur wissenschaftlichen Theoriebildung herangezogen werden" (Kallenbach 1996: 18).

Das Konzept der Subjektiven Theorien scheint also tragfähig zu sein, um Vorstellungen zu erheben, die für Lehrende handlungsleitende Funktion übernehmen können. Dies zeigt sich unter anderem daran, dass das Konzept im Rahmen von Lehrerforschung entwickelt wurde und viele Studien, die Lehrende fokussieren, darauf zurückgreifen: Treiber (1980) erhob Daten zu Subjektiven Theorien der Lehrpersonen in Bezug auf die Förderung schwacher SchülerInnen. Grundidee der Studie war, dass das instruktionale Verhalten von LehrerInnen bedeutsamer für die Förderung schwacher SchülerInnen ist, als Einflussfaktoren der Schülerpersönlichkeit. Aus diesem Grund untersucht er die betreffenden Kognitionen der Lehrenden, die in den jeweiligen Situationen bedeutsam sind. Koch-Priewe (1986) untersucht subjektive didaktische Theorien von Lehrenden in Bezug auf Tätigkeitstheorie, bildungstheoretische Didaktik und alltägliches Handeln im Unterricht. Sie erläutert, dass schulpraktische Erfahrung und schulpraktisches Denken eng zusammenhängen und die daraus resultierenden Theorien nicht weniger abstrakt sind als jene der Wissenschaft. „Es ist davon auszugehen, daß Lehrer in ihren pädagogischen Handlungen von Orientierungen geleitet werden, die ein Resultat ihrer Erfahrungen sowie ihrer Reflexionsprozesse sind" (Koch-Priewe 1986: 6). Durch die Offenlegung dieser Orientierungen werden die Handlungen in nachvollziehbare Sinnzusammenhänge eingeordnet und verstehbar. Koch-Priewe nutzte – wie viele andere Forschende – die Methode des nachträglichen Lauten Denkens für ihre Untersuchung, um so einen Zugriff auf die Begründungen für konkretes Unterrichtshandeln zu erhalten. Da sich die Subjektiven Theorien von Lehrenden auf unterrichtliches Handeln beziehen, ist in diesem Kontext der Ausdruck „subjektive didaktische Theorie von Lehrern" (Koch-Priewe 1986: 7, kursiv im Original) angemessen. Unter dem Gesichtspunkt, dass sich die vorliegende Arbeit mit den Vorstellungen zu Sprache und Sprachbildung befasst, wird im Folgenden Subjektive Theorie als subjektive sprach- und förderdidaktische Theorie verstanden.

Hierbei handelt es sich nur um eine kleine Auswahl, die jedoch illustrieren kann, dass die Erforschung mit Hilfe Subjektiver Theorien in Bezug auf Lehrpersonen einer langen Tradition folgt. Für die vorliegende Studie ist das Konzept insofern interessant, da es erlaubt, sowohl Kognitionen zu erfassen, als auch die Verbindungen zwischen diesen und daraus abgeleitete Strategien. Da es im Rahmen der Studie darum gehen soll, einerseits die Vorstellungen zu erheben, als auch andererseits die daraus abgeleiteten Förderideen herauszuarbeiten, ist das Erheben von Subjektiven Theorien die beste Wahl, da diese Argumentationen und Strategien offenlegen können.

Gemeinsam ist den unterschiedlichen Vorstellungen zu Subjektiven Theorien, dass sie die „Innensicht des reflexiven Subjekts" (Scheele & Groeben 1988: 13) einbeziehen. Dies geschieht, indem man die ProbandInnen des Feldes nach dem Sinn fragt, den sie mit ihren Handlungen verbinden. Grundlegend ist die Überzeugung, dass allen Menschen die Fähigkeit zum Theoretisieren und Abstrahieren gegeben ist (vgl. Schlee & Wahl 1987: 8). Einschränkend ist anzuführen, dass an die Vorstellungen und Begründungen, die in Subjektiven Theorien kondensieren, nicht dieselben Maßstäbe angelegt werden können wie an wissenschaftliche Theorien. So ist zum Beispiel die intersubjektive Generierung und Überprüfung derselben im Alltagshandeln aufgrund von Zeit- und Situationsdruck selten möglich. Dies führt zu der Bezeichnung subjektiv im Unterschied zu objektiven, wissenschaftlichen Theorien. Die beiderseitige Verwendung des Terminus Theorie hingegen deutet an, dass trotz der eben genannten Einschränkung Strukturparallelen gegeben sind und subjektive Vorstellungen ebenso Funktionen für das Denken und Handeln der betreffenden Individuen erfüllen wie wissenschaftlich belegte (vgl. Scheele & Groeben 1988: 14). Dies ist nicht so zu verstehen, dass Individuen immer rational bedingt handeln, sondern dass sie generell über die Fähigkeit zur Rationalität verfügen. Diese Rationalität findet sich in hochkomplexen Kognitionsstrukturen, die Konzepte von Sachverhalten sowie Beziehungen zwischen diesen Sachverhalten aufweisen. Solche Beziehungen können Handlungsweisen, Abläufe oder Relationen sein. Bedeutsam ist, dass in der Vorstellung von Subjektiven Theorien diese Beziehungen zwischen Sachverhalten eine implizite Argumentationsstruktur aufweisen. Hiermit ist ausgeführt, was bereits als Parallele zur wissenschaftlichen Theorie angesprochen wurde, „nämlich die [Funktion] der Erklärung, Prognose und Technologie" (Scheele & Groeben 1988: 16). Technologie meint in dieser Beziehung die „Ableitung von Handlungsanweisungen zur Beeinflussung (das heißt Veränderung, z.T. aber auch Konstanthaltung) der Umwelt" (Scheele & Groeben 1998: 16, Klammern im Original).

Zusammenfassend sei hier die Definition von Groeben, Wahl, & Scheele (1988) aufgeführt, die als weite Form der Subjektiven Theorie benannt ist. Sie stellt die bekannteste, am häufigsten verwendete und kritisch hinterfragte Definition dar und wurde im Rahmen des Forschungsprogramms Subjektive Theorien entwickelt:

> Subjektive Theorien sind
>
> - Kognitionen der Selbst- und Weltsicht,
> - als komplexes Aggregat mit (zumindest impliziter) Argumentationsstruktur,
> - das auch die zu objektiven (wissenschaftlichen) Theorien parallelen Funktionen
> - der Erklärung, Prognose, Technologie erfüllt
>
> (Groeben, Wahl, & Scheele 1988: 19, kursiv im Original).

Als Aggregat von Kognitionen bezeichnen die AutorInnen die konkreten Inhalte der Subjektiven Theorie. Das können subjektive Konstrukte in Form von Begriffen, subjektive Beschreibungen und Bewertungen konkreter Situationen sowie individuelle Wenn-dann-Hypothesen sein (vgl. König 1995: 13f.). Erweitert wird die genannte Definition durch die Überprüfung der Gültigkeit im Rahmen der Erforschung der Subjektiven Theorien. Wie angedeutet handelt es sich bei ihnen um höchst individuelle Kognitionsstrukturen als „Sinndimensionen des Handelns" (Scheele & Groeben 1988: 19). Deren Individualität muss im Forschungsprozess aufrechterhalten und von der Forscherin nachgezeichnet werden. Grundlage dieser Nachzeichnung ist das Verstehen der Aussagen des beforschten Gegenübers. Die Rekonstruktion der subjektiv-theoretischen Reflexionen kann daher nicht von der Forscherin allein gestaltet werden, sondern bedarf eines Aushandlungsprozesses, dessen Gelingen nur durch die Zustimmung des Beforschten sichergestellt werden kann (s. Kapitel 3.7.1 Kommunikative Validierung). Diese Bedingung führt zu der folgenden engeren Definition: Subjektive Theorien sind

- Kognitionen der Selbst- und Weltsicht,
- die im Dialog-Konsens aktualisier- und rekonstruierbar sind
- als komplexes Aggregat mit (zumindest impliziter) Argumentationsstruktur,
- das auch die zu objektiven (wissenschaftlichen) Theorien parallelen Funktionen
- der Erklärung, Prognose, Technologie erfüllt,
- deren Akzeptierbarkeit als ‚objektive' Erkenntnis zu prüfen ist
(Groeben, Wahl, & Scheele 1988: 22, kursiv im Original).

Nachdem nun ein Rahmen für die Untersuchung gefunden ist, müssen daraus erste Ableitungen für die Erforschung des interessierenden Sachverhalts getroffen werden. Da das Konzept Subjektive Theorie schon seit geraumer Zeit für die Forschung nutzbar gemacht wird, sind bereits einige forschungstheoretische und -methodische Überlegungen angestellt worden, die im Folgenden dargestellt und auf die vorliegende Studie bezogen werden.

Den Subjektiven Theorien liegt die Frage zugrunde, wie Menschen einen bestimmten Lebenszusammenhang modellieren und bewerten. Erfahrungen und Kenntnisse in einem bestimmten Bereich konstruieren das Wissen der Person, was auch Denkprozesse und Handeln miteinbindet (Kallenbach 1996: 18). Dabei ist zu überlegen, inwieweit Subjektive Theorien anderen vermittelt werden können und welche Form sich dafür eignet. Kallenbach (1996), die die Subjektiven Theorien von Fremdsprachenlernenden betrachtet, lehnt sich eng an das Forschungsprogramm Subjektive Theorien an und verwendet Interviews anstelle von Laut-Denk-Protokollen oder Beobachtungen. Sie geht davon aus, dass Subjektive Theorien prinzipiell aktualisierbar sind, sich jedoch nicht systematisch abrufen lassen. Sie sollen nach und nach im Gespräch erhoben werden, weshalb sich aus ihrer Sicht die Methode Interview als geeignet erweist (vgl. Kallenbach 1996: 50). Dem ist insofern zuzustimmen, dass Gespräche immer gemeinsame Aushandlung und gegenseitiges Verstehen sind. Somit stimmt die vorliegende Arbeit der Argumentation zu, dass der Handlungsspielraum der Beteiligten offen gehalten werden muss, was durch ein offenes Interview besser erreicht werden kann als durch Stimulus-Response-Verfahren oder Lautes Denken anhand von aufgezeichneten Handlungen. Durch die Verbalisierung kann es bei der Darstellung von Handlungen und deren Begründung jedoch zu Verzerrungen kommen, die einerseits mit dem Erinnerungs- und Verbalisierungsvermögen, andererseits mit dem Verhältnis von Forscherin und Beforschten zu tun haben können. De Florio-Hansen weist außerdem darauf hin, dass „das Erinnerungsvermögen der Probanden selbst bei bewußten bzw. bewußtseinsfähigen mentalen Vorgängen sehr unterschiedlich ist. Bereitschaft und Fähigkeit zur Verbalisierung variieren von Individuum zu Individuum beträchtlich" (De Florio-Hansen 1998: 5). Im Kontext der vorliegenden Studie kann davon ausgegangen werden, dass gewisse Verbalisierungskompetenzen gegeben sind. Es handelt sich bei der Zielgruppe um Menschen mit einem Studienabschluss und bei den fraglichen Informationen um Sachverhalte, die zum Teil zum Professionswissen gehören und daher expliziert werden können. Problematisch ist, dass ungeklärt bleibt, wie implizites und explizites Wissen zusammenhängen und ob die Theorien tatsächlich handlungsleitend sind (vgl. De Florio-Hansen 1998: 5). Diese Fragen sind sicherlich nicht zu vernachlässigen und wären in kombinierten Studien, die Unterrichtsbeobachtungen und Erhebungsmethoden für Subjektiven Theorien integrieren, zu untersuchen. Dann & Barth (1995) unternehmen diesen Versuch in Bezug auf Gruppenarbeitsanleitung durch eine Lehrkraft und kommen zu dem Schluss, dass sich Handlungen mit Subjektiven Theorien erklären lassen (vgl. die ausführliche Darstellung des Beispiels in Kap. 3.7.2 Handlungsvalidierung). Was das Fach Biologie auszeichnet und welche Handlungen, Themen und Konzepte es prägen, kann als bewusster Inhalt der Vorstellungen vorausgesetzt werden. Die Fragen nach Sprache und Sprachbildung mögen eher auf unbewusste, nicht reflektierte Sachverhalte referieren, doch auch dies ist für die vorliegende Arbeit interessant. Es soll gerade darum gehen zu erheben, was bewusst wahrgenommen und differenziert argumentiert wird und was nicht.

Eine weitere Frage, die zu klären wäre, ist, ob Subjektive Theorien tatsächlich ausschließlich subjektiv sind, oder ob sich aus deren Erhebung allgemeine Aussagen ableiten lassen. Haag & Mischo (2003) entwickelten eine Trainingsstudie zum Gruppenunterricht, basierend auf der Annahme, dass die Auseinandersetzung mit den Subjektiven Theorien erfolgreicher Lehrender bei der Veränderung der unterrichtsbezogenen Fähigkeiten von ProbandInnen unterstützend wirkt. In der Interventionsstudie mit insgesamt 30 ProbandInnen wurde eine Gruppe mit den Theorien der erfolgreichen Lehrenden konfrontiert, eine zweite erhielt rezeptartige Tipps zur Unterrichtsgestaltung und eine dritte Gruppe beides. Im Vorfeld wurden Daten zur Unterrichtsqualität der Teilnehmenden erhoben. Dabei zeigte sich die Auseinandersetzung mit Subjektiven Theorien als besonders effektiv, was als Beleg dafür gesehen werden kann, dass

Subjektive Theorien – so individuell sie auch sein mögen – generalisierbar sind. Außerdem kann angenommen werden, dass diese aufgrund ihrer komplexen Struktur, die Begriffe und Begründungen integriert, zur besseren Anleitung von Handlung dient als wissenschaftliche Abhandlungen und didaktische Rezepte (vgl. Haag & Mischo 2003: 44). Sie können also zum einen über die Sichtweise der Einzelperson hinausweisen, zum anderen Begründungszusammenhänge für Dritte aufschließen – in diesem Fall für die Forschung.

Zu der Frage nach dem Sinn eines Konzepts Subjektive Theorie treten Überlegungen zur Erforschung derselben. Aufgrund der breiten Forschungstätigkeit im Bereich der Subjektiven Theorie ist eine große Zahl von Vorgehensweisen entwickelt worden, die jedoch alle zumindest in Teilen auf der qualitativen Befragung basieren (vgl. König 1995: 14-19). Viele Studien integrieren jedoch auch Formen von Beobachtungen, ehe auf die Kognitionen eingegangen wird. Der Gegenstand der Beobachtung ist das soziale Handeln der Akteure in der betreffenden Situation, wobei sich jedoch lediglich das Verhalten beobachten lässt. Damit ist auch die Einschränkung der Methode angesprochen, nämlich dass sich Handeln, sofern es als sinnhaft und durch die Subjekte argumentativ belegbar definiert wird, nicht durch einfache Beobachtung erschließen lässt. Daher sollte Beobachtung sinnvollerweise mit anderen Formen der qualitativen Forschung kombiniert werden, wenn es bei der Erhebung auch um die Sinnzuschreibungen der Akteure geht. Eine objektive Beschreibung muss zwar am Anfang stehen, ist aber ohne verstehende Interpretation sinnlos. Lamnek illustriert dies am Beispiel eines Fußballspiels, das möglichst objektiv beschrieben wird (vgl. Lamnek 2010: 500). Die Darstellung offenbart zwar, dass sich dreiundzwanzig Menschen für eine definierte Dauer über einen Platz bestimmter Größe bewegen und dabei zählbaren Körperkontakt zu einem mit Luft gefüllten, runden Gegenstand haben (x-Mal mit dem Fuß, y-Mal mit dem Kopf usw.), dies bleibt aber ohne Sinn, solange keine verstehende Interpretation zugefügt wird. Eine solche Interpretation lässt sich einerseits aus dem Beobachteten schlussfolgern. In diesem Fall muss aber eindeutig von der zuvor erfolgten Beschreibung unterschieden und beide Teile kenntlich gemacht werden. Andererseits kann der Sinn von Handlungen erfasst werden, indem zu den beobachteten Situationen Befragungen durchgeführt werden. Bedeutsam ist, dass das Subjekt trotz seiner Fähigkeit zur Kommunikation nicht ohne Weiteres in der Lage ist, seine Innen-Perspektive darzulegen, und die Forschung dazu fördernde Rahmenbedingungen bereitstellen muss, was durch die Befragung gewährleistet wird (vgl. Schlee 1988: 25). Hier ist besonders darauf zu achten, die Regeln der qualitativen Forschung einzuhalten, das Subjekt zu Wort kommen zu lassen, nicht suggestiv zu arbeiten usw., um lediglich ein stützendes Gerüst für die

Explikation der Innensicht bereitzustellen. Es lässt sich an dieser Stelle bereits erkennen, wie zentral die Orientierung an Gütekriterien qualitativer Forschung ist, um dem Gegenstand der Vorstellung bzw. Subjektiven Theorie gerecht zu werden. Im Folgenden sollen daher Gütekriterien für die Erforschung der Vorstellungen behandelt werden, ehe daraus Rückschlüsse für die endgültige Nutzung des Forschungsprogrammes im Rahmen der vorliegenden Arbeit getroffen werden.

3.4 Gütekriterien der qualitativen Forschung

Aus den bisher erläuterten Unterschieden zwischen der quantitativen und der qualitativen Forschungsrichtung lassen sich jeweils spezifische Kriterien für die Güte der damit durchgeführten Untersuchung aufstellen, an denen sich die Forschung messen lassen muss. Die sogenannten ‚klassischen' Gütekriterien der quantitativen Forschung Validität, Reliabilität und Objektivität entstammen der experimentell-statistischen, Hypothesen testenden Forschung und Testtheorie (vgl. Steinke 2000: 319).

Reliabilität meint die Zuverlässigkeit der Studie in Bezug auf die verwendeten Verfahren und die Bewertung der Ergebnisse. Zu unterscheiden sind zwei Formen der Bewertungszuverlässigkeit sowie die Testzuverlässigkeit: Interrater Reliabilität ist gegeben, wenn verschiedene Forschende unabhängig voneinander zu den gleichen Ergebnissen kommen, Intrarater Reliabilität liegt vor, wenn Forschende zu unterschiedlichen Zeiten das Material mit dem gleichen Ergebnis auswerten (vgl. Albert & Marx 2010: 29). Testzuverlässigkeit schließlich bezieht sich auf die Wiederholbarkeit: Als zuverlässig gilt ein Verfahren in der Perspektive der quantitativen Forschung dann, wenn bei einer Wiederholung unter identischen Bedingungen die gleichen Ergebnisse erzielt werden (vgl. Albert & Marx 2010: 28).

Das zweite Gütekriterium, die Objektivität, bezieht sich auf die Gültigkeit der Ergebnisse, da überprüft wird, ob Erhebung, Auswertung und Interpretation der Ergebnisse unbeeinflusst und nicht-subjektiv stattgefunden haben. Dies soll in der quantitativen Forschung mit Hilfe standardisierter Erhebungs- und Auswertungsinstrumente gesichert werden, da verschiedene Forschende aufgrund identischer Verfahren gleiche Daten erheben können und subjektive Einflüsse vermindert werden (vgl. Albert & Marx 2010: 30).

Validität schließlich meint die Gültigkeit der Ergebnisse und ergibt sich daraus, „ob tatsächlich das erhoben, erfragt oder beobachtet und gemessen wird, was untersucht werden soll" (Albert & Marx 2010: 30). Valide sind die Ergebnisse, wenn alle Schritte der Studie in Hinblick auf ihre Gültigkeit geprüft worden sind, also die Auswahl der zu befragenden Personen, die Instrumente zur Erhebung sowie die Auswertungsschritte. Im Rahmen quantitativer Forschung sind unterschiedliche Arten der Gültigkeit wichtig: interne Validität bezieht sich darauf, „inwiefern Ergebnisse das abbilden, was sie abbilden sollen" (Albert & Marx 2010: 31). Dazu zählen beispielsweise Fragen nach der Angemessenheit der Versuchspersonen sowie mögliche Verzerrungen durch Vorwissen. Aus letztgenanntem Grund werden in der quantitativen Forschung die Beforschten in der Regel über den Untersuchungszweck im Unklaren gelassen, damit die Kenntnis über die Erforschung keinen Einfluss auf ihr Verhalten nimmt. Externe Validität bezieht sich auf die Übertragbarkeit der Ergebnisse über die betreffende Studie hinaus: Da quantitative Forschung versucht, aus der Untersuchung einer Stichprobe Aussagen über die Gesamtheit der betreffenden Personen oder Sachverhalte zu treffen, muss das Ergebnis der Messung insofern valide sein, als dass es für alle möglichen Fälle gilt. Die Gütekriterien werden auf alle Schritte des quantitativen Forschungsprozesses angewendet, um methodologische Standards einzuhalten und zu sichern.

Dieser Gedanke – die Orientierung des gesamten Forschungsprozesses an Kriterien der Qualität – spielt auch in der qualitativen Forschung eine wichtige Rolle. Es können verschiedene Positionen unterschieden werden, was die Anwendbarkeit der ‚klassischen' quantitativen Gütemerkmale angeht. Die erste Position versucht die quantitativen Kriterien anzupassen, indem sie diese umformuliert und re-operationalisiert (vgl. Steinke 2000: 319; Mayring 2011: 51f.). Beispielsweise kann die Interrater Reliabilität auch auf qualitative Daten angewandt werden, indem die Forschenden die Ergebnisse mit anderen Forschenden besprechen bzw. die Daten mit Hilfe ihres gewählten Instruments von anderen Forschenden auswerten lassen (vgl. u.a. Mayring 2011: 51). Intrarater Reliabilität ist ebenso auch qualitativ zu bewerkstelligen, indem Forschende zu verschiedenen Zeitpunkten die Daten interpretieren und die Ergebnisse vergleichen.

Eine andere Haltung geht davon aus, dass sich diese aus der quantitativen Forschung übernommenen Gütekriterien nicht einfach auf qualitative Forschung übertragen lassen. Ein qualitatives Design muss auf Beurteilungskriterien rekurrieren, die auf den Merkmalen qualitativer Forschung beruhen (Flick 1987: 247f.; Steinke 2000: 320). Diese können Validität, Objektivität und Reliabilität sein, aber nur, wenn dies dem Forschungsgegenstand angemessen ist. Da in der qualitativen Forschung beispielsweise der Untersuchungskontext nicht überwacht wird sondern die Studien im Feld stattfinden, ist eine Kontrolle der Variablen nicht im selben Maße möglich wie bei quantitativen Experimenten, weshalb die interne Validität eingeschränkt ist. Im Gegensatz zu quantitativen

Studien kann die externe Validität aber als größer angesehen werden, eben weil das Umfeld nicht kontrolliert ist. Damit kann angenommen werden, dass die Ergebnisse im Alltag deutlich wahrscheinlicher auftreten als unter Laborbedingungen (vgl. Riemer & Settinieri 2010: 767).

Eine dritte Position geht in die entgegengesetzte Richtung und lehnt die Anwendung von Gütekriterien generell für die qualitative Forschung ab und postuliert, dass in einem offenen Forschungsprozess keine Kriterien gelten können. Steinke erläutert zutreffend, dass diese radikale Perspektive nicht haltbar ist, da die generelle Zurückweisung von Kriterien „die Gefahr der Beliebigkeit und Willkürlichkeit" (Steinke 2000: 321) birgt. Qualitative Forschung sollte zwar offen, aber nicht willkürlich sein, weshalb es Vorschläge für Gütekriterien gibt, die sich sinnvoll auf qualitative Kontexte anwenden lassen.

Eine Position, die die Übertragbarkeit quantitativer Kriterien auf qualitative Kontexte bezweifelt, plädiert auf der Basis wissenschaftstheoretischer, methodologischer und methodischer Begründungen für eigene Kriterien qualitativer Forschungsarbeit. Steinke (2000) nennt auf der Basis der Durchsicht einer Vielzahl von Werken zu qualitativer Forschungsmethodik folgende als zentrale Gütekriterien: kommunikative Validierung, Triangulation, Validierung der Interviewsituation und Authentizität (vgl. Steinke 2000: 320f.). Wie an dieser Aufzählung zu erkennen ist, lehnen sich die qualitativen Kriterien zum Teil an die Terminologie der quantitativen Kriterien an, verändern diese aber aufgrund der unterschiedlichen Schwerpunktsetzung und Begründungszusammenhänge der verschiedenen Forschungsparadigmen, um damit auf Unterschiede hinzuweisen. Validität, als aus der quantitativen Richtung stammendes Kriterium, wird auch in qualitativen Zusammenhängen verwendet, jedoch anders definiert (vgl. Kap. 3.7.1 kommunikative Validierung). Andere Kriterien werden vollständig anders bezeichnet, wie beispielsweise die Reliabilität. Inter- und Intrarater Reliabilität finden sich zum Teil im Konzept der Triangulation wieder. Des Weiteren werden neue, rein qualitative Kriterien hinzugenommen, wie beispielsweise die Authentizität, die sich auf das Arbeitsbündnis zwischen ForscherIn und Beforschten bezieht.

Flick nennt Transparenz und Überprüfbarkeit qualitativer Verfahren, ihrer Anwendung und der damit gewonnenen Ergebnisse als zentrale Kriterien der Güte (vgl. Flick 1987: 260). Außerdem beschreibt er Prüfverfahren, mit deren Hilfe die Ergebnisse qualitativer Studien gesichert werden können. Besonders relevant sind an dieser Stelle kommunikative Validierung, Handlungsvalidierung und Triangulation (vgl. Flick 1987: 253-259).

Eine Entscheidung für passende Gütekriterien lässt sich nach Steinke im Bereich der qualitativen Forschung nur mit Bezug auf die jeweilige Fragestellung, Methode sowie Spezifik des Untersuchungsfelds und -gegenstands treffen. Dies hängt mit der eingeschränkten Standardisierbarkeit qualitativer Forschung zusammen, die immer gegenstands-, situations- und milieuabhängigen Charakter hat. Steinke entwirft auf der Basis dieser Einschränkungen ein zweistufiges Vorgehen, um qualitative Forschung in ihrer Offenheit ernst zu nehmen, aber dennoch Wissenschaftlichkeit zu gewährleisten: Sie formuliert breit angelegte Kernkriterien, die als Rahmenbedingungen betrachtet werden können. Diese Kernkriterien müssen dann untersuchungsspezifisch Anwendung finden, indem sie je nach Fragestellung, Gegenstand und Methodenauswahl angepasst, konkretisiert und gegebenenfalls ergänzt werden (vgl. Steinke 2008: 323f.). Als Kernkriterien benennt sie intersubjektive Nachvollziehbarkeit, Indikation des Forschungsprozesses, empirische Verankerung, Limitation, Kohärenz, Relevanz und reflektierte Subjektivität (vgl. Steinke 2000: 324-331).

Riemer und Settinieri konkretisieren Gütekriterien mit dem Fokus der Erforschung von fremd- und zweitsprachlichen Lehr-Lernprozessen und benennen, teilweise übereinstimmend mit Steinke, teilweise mit alternativen Benennungen, folgende Kriterien als zentral: Offenheit im Forschungsprozess, Einbezug der UntersuchungsteilnehmerInnen, ausreichende Präzisierung des Untersuchungsgegenstandes, Gegenstandsangemessenheit bei der Methodenauswahl, Nachvollziehbarkeit der Datenerhebung, -aufbereitung und -interpretation sowie Intersubjektivität bzw. reflektierte Subjektivität der Forschungsergebnisse (vgl. Riemer & Settinieri 2010: 770; Flick 2006: 18-20).

Nach Durchsicht der Literatur zu Gütekriterien der qualitativen Forschung kristallisiert sich Intersubjektive Nachvollziehbarkeit als das wichtigste Kernkriterium heraus. Sie bezieht sich auf den Gedanken der Reliabilität und Validität der Forschung und erfordert Transparenz in allen Teilen der Studiendokumentation. Im Rahmen der Verschriftlichung einer durchgeführten Studie werden alle Schritte offengelegt und begründet, was den RezipientInnen die Möglichkeit gibt, den Prozess und die damit gewonnenen Ergebnisse zu bewerten. Dokumentiert werden dabei das Vorverständnis der ForscherIn sowie die expliziten und impliziten Erwartungen, um damit die Methodenwahl und die Interpretation zu begründen und offenzulegen (vgl. Steinke 2000: 324f.). Diese müssen RezipientInnen der Studie transparent und damit überprüfbar gemacht werden. Erhebungsmethode und Erhebungskontext werden dargelegt, um die Glaubwürdigkeit der Aussagen zu belegen. Durch Auflistung der Transkriptionsregeln wird offengelegt, welche Informationen erhoben und welche vernachlässigt wurden. Die Dokumentation der Datensätze dient der Überprüfbarkeit der Verwendung der Instrumente, also wie zum Beispiel das Interview durchgeführt wurde, was tatsächlich wann gefragt und wie mit den Antworten umgegangen wurde. Entscheidungen und Probleme werden ebenso festgehalten wie Widersprüche, die im Forschungsprozess aufgetreten sind. Schlussendlich müssen Kriterien aufgestellt werden, denen die Arbeit genügen soll (vgl. Steinke 2000: 325). Diese Transparenz wird nachdrücklich gefordert, da sie eine Voraussetzung für die Ergänzung durch und Vergleichbarkeit mit anderen Studien ist. Dies dient auch der Übertragbarkeit von kleinen Stichprobenresultaten auf umfassendere Kontexte (vgl. Riemer & Settinieri 2010: 770) und bezieht sich auf ein weiteres Kernkriterium, nämlich die empirische Verankerung: Hypothesen und Theorien sollten in der qualitativen Forschung mit Hilfe von empirischen Daten verankert werden. Dabei muss die Theoriebildung so gestaltet sein, dass neue Entdeckungen möglich sind bzw. bestehende Annahmen revidiert, verändert oder verworfen werden können (vgl. Steinke 2000: 328). Eine systematische Datenanalyse dient der Weiterentwicklung der Theorie und erfasst neue Informationen über das Feld.

Diese kurze Darstellung konnte zeigen, dass die Gütekriterien eng zusammenhängen, ineinander übergehen und sich nur auf einer sehr abstrakten Ebene gut voneinander abgrenzen lassen. Hier zeigt sich erneut die enge Verwobenheit der einzelnen Bestandteile einer qualitativen Forschungsarbeit. Kriterien können somit nur sehr eingeschränkt vorab bestimmt und festgelegt werden, sondern müssen immer wieder bei der Darstellung der einzelnen Schritte angeführt und begründet werden.

3.5 Zusammenfassende Überlegungen zur Erforschung von Vorstellungen

Die gesellschaftliche Produktion von Wirklichkeit erfolgt über Kommunikation zwischen Menschen. Da die Daten subjektiver Natur sind, können sie nur erhoben werden, wenn dem kommunikativen Regelsystem der Befragten Rechnung getragen wird (vgl. Lamnek 2010: 318). Das Paradigma qualitativer Forschung erfordert in dieser Hinsicht den Prinzipien Kommunikativität, Explikation und Offenheit zu folgen (vgl. Lamnek 2010: 317-320). Letzteres bezieht sich darauf, dass der Forschungsprozess weitestgehend nicht standardisiert abläuft und offen ist für die Bedeutungsstrukturierung der Beforschten selbst. Kommunikativität bezieht sich darauf, dass Menschen primär über Kommunikation soziale Realität, Beziehung und Handlung herstellen. Soziale Verhältnisse werden in Sprache ausgedrückt, ebenso wie Wissensbestände, Vorstellungen, Meinungen und Ansichten. Daraus ergibt sich, dass qualitative Forschung, die diese subjektiven Sichtweisen in den Blick nimmt, nur mittels Kommunikation erfolgen kann. Daten werden erhoben, indem Forschende sich in eine Kommunikationsbeziehung zu den Beforschten begeben. Deutungsmuster werden kommunikativ verhandelt und der Forschung über Kommunikation zugänglich. Deshalb ist es für die Forschung bedeutsam, den Prozess der Kommunikation – verstanden als sukzessive Interaktion zwischen Forscherin und Beforschten – nutzbar zu machen. Aus diesem Grund eignen sich Interviewformen besonders gut, um qualitative Forschung zu betreiben. Doch nicht nur die Kommunikation in Form der Befragung verläuft prozesshaft, sondern der Akt des Forschens ebenso. Forschende sind in die Erhebungssituation eingebunden und konstitutiver Bestandteil des Prozesses – ihren Einfluss zu negieren wäre illusorisch. Dennoch sollten Forschende möglichst zurückhaltend bleiben, eben weil ihr Einfluss auf den Forschungs- und Kommunikationsprozess so groß ist. Zur Zurückhaltung tritt die Flexibilität, die von den Forschenden erwartet wird. Qualitative Forschung fokussiert häufig Gegenstände, die zum Teil noch unbekannt oder nicht absehbar sind, und standardisierte Instrumente fehlen. Die Standardisierung kann aber auch nicht das Ziel sein, da die Subjektivität der ProbandInnen als zentrales Kriterium gilt. Deshalb sollen Forschende flexibel reagieren können, indem zum Beispiel im Interview nicht ein schematischer Fragebogen abgearbeitet wird, sondern flexible Untersuchungsmethoden zur Anwendung kommen, die sich der aktuellen Situation anpassen lassen.

Eine Form der Befragung, die in der Erforschung Subjektiver Theorien eine wichtige Rolle spielt, ist das Selbstkonfrontations-Interview, auch bekannt als Laut-Denk-Protokoll. Es fokussiert eine konkrete Handlungssituation, in der die Befragten artikulieren, was ihnen dabei durch den Kopf geht bzw. eine konkrete Situation wird auf Video aufgezeichnet und die ProbandInnen erläutern beim späteren Ansehen, warum sie in dieser Lage so gehandelt haben. Vorteilhaft ist das Reflektieren im Moment der Handlung bzw. vor Augenführen der Handlung im Nachhinein. Es kann sich nachteilig auswirken, wenn Personen handeln und gleichzeitig darüber berichten sollen. Dies kann zu Überforderung, aber auch zu Ablehnung führen, besonders, wenn die Akteure möglicherweise mit kritisch bewerteten Handlungen konfrontiert werden. König merkt an, dass besonders im letztgenannten Fall die Gefahr groß ist, dass statt „handlungsrelevantem Wissen möglicherweise Legitimationswissen dargestellt wird" (König 1995: 18), wenn beispielsweise eine ProbandIn im Nachhinein gesellschaftlich anerkannte Beweggründe für kritische Handlungen anführt.

Ein weiteres Instrument, das sich im Laufe der Jahre zur zentralen Methode zur Offenlegung Subjektiver Theorien entwickelt hat, ist das Leitfadeninterview, das als Großkategorie von verschiedenen Interviewformen begriffen werden kann. Zu nennen sind hier: fokussiertes Interview, Konstrukt-Interview, problemzentriertes Interview, Tiefen-Interview, Experten-Interview usw. (zu den verschiedenen Interviewformen und deren Typologie vgl. u.a. König 1995; Mayring 2002; Lamnek 2010; Flick 2011). Das Leitfadeninterview vereint die Vorteile von möglichst großer Offenheit mit Strukturierung der Situation und Vergleichbarkeit der Ergebnisse (vgl. Kapitel 3.5 Das qualitative Interview).

Schließlich führt König die Strukturlegeverfahren an, die jedoch in der Regel keine Alternative zu den Interview- und Befragungsformen darstellen, sondern als zweiter Schritt im Forschungsdesign auftreten (vgl. Kapitel 3.7.3 Rekonstruktion der Interviewaussagen). Diese basieren auf der Überzeugung, dass die gesammelten Daten nicht einfach von den Forschenden interpretiert werden, sondern vielmehr dass die Selbstauskünfte des Subjekts von den Forschenden verstanden werden. Dieses Konzept erweist sich als zentral in der Erforschung Subjektiver Theorien, da deren Struktur, die Zusammenhänge von Begriffen und Konzepten sowie deren Reichweite erfragt werden sollen, um sie voll zu verstehen und nachzuvollziehen. In der qualitativen Forschung hat die Forscherin die Möglichkeit nachzufragen, die Befragten um Erklärung zu bitten oder selbst Interpretationen in Form von Paraphrasierungen anzubieten. Auch andere Hilfsmittel, wie beispielsweise Visualisierungen mit Hilfe von Kärtchen, können im Zuge einer kommunikativen Validierung hinzugezogen werden (vgl. Kap. 3.7.3 Rekonstruktion der Interviewaussagen). Qualitative Forschung will zwar den Gegenstandsbereich beschreiben, aber auch verstehen, und da Sinnzuschreibungen und Wissensinhalte von Individuen Gegenstand der Studie sind, kann diese nicht ohne ein beidseitiges Verhältnis zwischen Forschenden und Befragten ablaufen. Schlee empfiehlt, die Subjektiven Theorien im Dialog zu rekonstruieren und die Beschreibung in argumentativer Auseinandersetzung und Verständigung zu erzielen (Schlee 1988: 25). Bezogen auf die Gütekriterien der Forschung kann ein solches Vorgehen als Explikation der Verständnisprozesse zwischen Forschenden und Beforschten verstanden werden, in der Dokumentation der Studie als Offenlegung des Forschungsprozesses für die scientific community.

Auch De Florio-Hansen (1998) fordert, dass die Erforschung Subjektiver Theorien sowohl einen mehrstufigen Validierungsprozess beinhaltet als auch eine Gegenüberstellung der subjektiven „und „objektiven" (wissenschaftlichen) Theorien" (De Florio-Hansen 1998: 6, Anführungszeichen im Original) ist. Aus diesem Grund sollen Subjektive Theorien zu einer überindividuellen Theorie zusammengefasst werden, was durch fallübergreifende Überlegungen gewährleistet werden kann.

Erste Überlegungen zu einer sinnvollen Methodenwahl betreffen die Zielgruppe der Forschung: Lehrende des Faches Biologie an Schulen. Aktuell ist die

Tendenz gegeben, Aufzeichnungen des Unterrichts anzufertigen, und diese im Nachhinein von Lehrenden besprechen und erklären zu lassen, also mit Selbst-Konfrontationsinterviews zu arbeiten. In der vorliegenden Studie wurde davon Abstand genommen, da Video-Aufzeichnungen mehrere Nachteile mit sich bringen. Zum einen sind sie problematisch in Bezug auf die rechtliche Situation: Der Unterschied zwischen Videoaufzeichnungen und anderem Datenmaterial ist das eindeutige Abbilden von Personen (vgl. Stadler 2003: 179). „Videoaufnahmen des Unterrichts bedürfen nach deutschem Recht der ausdrücklichen Einwilligung der Erziehungsberechtigten (,Recht am eigenen Bild')" (Helmke 2012: 347). Soll also in einer Schulklasse eine Videoaufnahme durchgeführt werden, müssen alle Eltern, Schulleitende und ggf. auch das zuständige Schulamt zustimmen. Dies kann auch der Fall sein, wenn lediglich die Lehrperson aufgezeichnet werden soll. Des Weiteren führt eine Videoaufzeichnung u. U. zu einer geringeren Auswahl an Personen, da Aufzeichnungen mit Bild während des Unterrichts als etwas Bedrohliches aufgefasst werden und deshalb mögliche Untersuchungspersonen abgeschreckt werden bzw. die Teilnahme zurückziehen. Schule in Deutschland zeichnet sich durch die Tendenz zur Vereinzelung aus, insofern, dass Lehrende sich ungern beim Unterrichten beobachten lassen, wenig Austausch und Teamarbeit stattfindet und Beobachtungen von außen als unangenehm empfunden werden. Lehrende fühlen sich schnell der Kritik ausgesetzt und das Gefühl, möglicherweise nicht gut zu unterrichten, ist allgegenwärtig (vgl. Helmke 2012: 345). Dies potenziert sich in Klassen, in denen Schwierigkeiten auftreten können, wie beispielsweise mit pubertierenden SchülerInnen, großen Klassen und wenigen Ressourcen der Lehrpersonen, um Unterricht abwechslungsreich zu gestalten. All diese Faktoren hätten bei der vorliegenden Studie dazu geführt, dass sich kaum Lehrende bereit erklärt hätten, an der Studie teilzunehmen. Da aufgrund der Fragestellung tatsächlich Vorstellungen erhoben werden sollen und Subjektive Theorien als gedankliches Konstrukt und zugrundeliegende Argumentationsstrukturen, nicht als Erklärung von konkreter Handlung verstanden werden, wurde auf Video und Selbstkonfrontation verzichtet.

Auf der Basis dieser Überlegungen wurde ein Vorgehen entwickelt, dass sich den Vorstellungen der Lehrenden auf verschiedenen Wegen nähert. Zur Orientierung im Feld, dem Auffinden von interessierenden Sachverhalten und der Kontaktaufnahme bot sich die Beobachtung als Methode an. Ziel war es, sprachliche Handlungen und sprachliche Situationen im Fachunterricht zu identifizieren, Sprachförderansätze oder Möglichkeiten für Sprachbildung zu erkennen, Textsorten, aber auch fachliche Besonderheiten zu sehen und zu verstehen. Dies kann als der erste Schritt zum verstehenden Nachvollzug der

Situation Biologieunterricht gesehen werden. Um die Begriffe und Relationen der Theorien zu erheben und den Sinn der beobachteten Vorgänge erfassen zu können, wurde das Leitfadeninterview ausgewählt. Um schließlich die ProbandInnen in den Prozess aktiv einzubeziehen, wurde ein Strukturlegeverfahren zur kommunikativen Validierung entwickelt und durchgeführt. Im Folgenden werden diese Methoden der Datengewinnung zuerst forschungstheoretisch dargelegt und anschließend in ihrer konkreten Verwendung dargestellt.

3.6 Zugang zu und Auswahl von ProbandInnen

Aus den bisherigen Ausführungen zum Subjekt als Partner der Forschung kann geschlussfolgert werden, dass sich die Studie auf die Beteiligung der Beforschten einlassen muss. Qualitative Forschungsansätze gehen davon aus, dass Einflussnahmen durch Forschende und Forschung an sich auf die Qualität der Daten prinzipiell nicht auszuschließen ist (vgl. Schlee 1988). Das Forschungsprogramm Subjektive Theorien versucht im Gegenzug dezidiert den Zusammenhang zwischen Forschung und Ergebnis nicht zu negieren, sondern konstruktiv zu nutzen (vgl. Schlee 1988: 26). Die Untersuchungsbedingungen sollen demnach so gestaltet sein, dass die Fähigkeiten des Subjekts zur Reflexion und Rationalität die Chance zur Realisierung erhalten. Konstituierend für diese Realisierungschance ist nach Schlee die grundlegende Aufklärung über den Untersuchungszweck und -ablauf sowie die Hintergründe der Forschung (vgl. Schlee 1988: 26). Dies scheint ein hehres Ziel, doch gestaltet sich dies in der Praxis als problematisch. Da der Zugang zum Feld die schwierigste und bedeutsamste Phase der Untersuchung ist (vgl. Lamnek 2010: 546), lohnt es sich, im Vorfeld genau zu überlegen, wie dies angegangen werden kann. Wichtige Kompetenzen sind in diesem Zusammenhang Offenheit, Einfühlungsvermögen und Würdigung der Untersuchungspersonen (vgl. Lamnek 2010: 546f.). Offenheit bedeutet, dass sich die Forscherin auskunftsbereit den Beforschten gegenüber zeigen muss. Dies bedeutet jedoch nicht, dass sie gezwungen ist, jedem Probanden und jeder Probandin alle Ziele und Vorgehensweise der Studie transparent zu machen, denn diese würde die Forschung unnötig erschweren, vielleicht unmöglich machen oder die Ergebnisse deutlich verfälschen. In der vorliegenden Studie sollen Wissen und Bewusstheit der Lehrpersonen bezüglich Sprache, Sprachförderung und sprachliche Gestaltung des eigenen Faches nachgezeichnet werden. Eine explizite Darstellung dieser Zielsetzung im Vorfeld würde das Ergebnis beeinträchtigen und zudem die Befragten unter großen Druck setzen. Es wird im Rahmen dieser Studie davon ausgegangen, dass die Lehrenden keine Unterweisung in den Bereichen Sprachdidaktik und Sprachförderung erhalten haben, sofern sie nicht ein sprachliches Fach studiert haben. Gerade Lehrpersonen der naturwissenschaftlichen Fächer werden nicht dazu ausgebildet, über Sprache zu reflektieren, denn es fällt aus fachlicher und fachdidaktischer Sicht nicht in ihren Aufgabenbereich (vgl. Kapitel 2.2.5 Sprache als Spiegel des biologischen Verständnisses). Würde nun über das Ziel der Studie – Förderansätze in den Überlegungen der Lehrenden zu identifizieren – aufgeklärt, könnten die Aussagen der Lehrenden verfälscht sein, da diese eventuell versuchen würden, etwas zu erklären, wofür sie keine Erklärungen haben. Es zeigte sich bei der Kontaktaufnahme, dass gerade der Faktor Sprache bei einigen der ProbandInnen Unsicherheit und eine Abwehrhaltung auslöste. Es war zu erwarten, dass sich dies potenziert, wenn von Sprachförderung im naturwissenschaftlichen Unterricht die Rede ist. Unsichere Personen könnten so von der Teilnahme abgeschreckt werden, da sie davon ausgehen, zu diesem Thema nichts beizutragen zu haben. Diejenigen, die teilnehmen würden, ständen unter großem Druck, da sie das Gefühl haben müssten, ihr Unterricht würde nach Kriterien bewertet, die sie nicht kennen und nicht erfüllen können. Dennoch muss, um die Offenheit der ProbandInnen zu gewährleisten, offen mit ihnen umgegangen werden und es ist angezeigt, je nach Untersuchungsgegenstand und Ziel, einen Mittelweg zwischen Transparenz und Verschleierung zu finden. Schlee führt aus, dass das persönliche Verhältnis zwischen Befragten und Forschenden durch „das Bemühen um Verständnis und Vertrauen gekennzeichnet" (Schlee 1988: 26) sein sollte. Die Rekonstruktion der Innensicht muss unter Bedingungen geschehen, die für die ProbandInnen unterstützend und bedrohungsfrei sind. Wenn man das bei den FachlehrerInnen automatisch mit dem Thema Sprache auftretende Bedrohungsempfinden berücksichtigt, zeigt sich, dass eine hundertprozentige Transparenz eher das Gegenteil von dem Geforderten erreichen würde. Aus diesem Grund werden die Lehrenden ausschließlich darüber aufgeklärt, dass es sich bei der Untersuchung um den Gegenstandsbereich Sprache im Biologieunterricht handelt. Sprache wird ihnen gegenüber als umfassend dargestellt, indem in der Hospitation und in Gesprächen alle sprachlichen Handlungen der Stunde in die Betrachtung einbezogen werden.

Wie bereits beschrieben, sind die Schritte der Datenerhebung und -auswertung durch die Merkmale qualitativen Forschens gekennzeichnet und müssen sich an deren Gütekriterien messen lassen. Im Forschungsprozess werden auf drei unterschiedlichen, jedoch eng miteinander in Beziehung stehenden Ebenen Auswahlentscheidungen getroffen: Bei der Erhebung der Daten, der Interpretation und schließlich bei der Darstellung von Ergebnissen (vgl. Flick 1995: 78). Die Trennung der Phasen ist jedoch teilweise aufgehoben, da im Prozess Zwischenergebnisse der Auswertung erneute Datenerhebungen notwendig machen können. Dies bezieht sich auf eine offen bleibende Forschungsfrage, insofern, als diese die Möglichkeit zur Modifikation im laufenden Prozess bietet. Eng damit in Zusammenhang steht die (Möglichkeit zur) stetige(n) Hypothesenbildung im Forschungsprozess und die schrittweise Entwicklung der Stichprobe im Verlauf der Studie (vgl. Rosenthal 2008: 85). Auch hier greifen die Gütekriterien der qualitativen Forschung, da intersubjektive Nachvollziehbarkeit bei allen Entscheidungen gewährleistet sein muss. Insofern sind also auch für die Auswahlprozesse Kriterien und Begründungen darzulegen, die die Entscheidungen transparent machen. Merkens spricht in diesem Zusammenhang von einer Fallkonstruktion, die „einer rationalen Kritik unterworfen werden kann" (Merkens 2000: 286). Im Folgenden soll dies geschehen.

3.6.1 Stichprobensampling der Befragung

Die erste zu treffende Entscheidung bezieht sich auf die Daten, die erhoben werden sollen. Dazu muss der interessierende Fall jedoch zuerst konkretisiert werden. Merkens bemängelt, dass in qualitativen Studien wenig Wert auf adäquate Fallauswahl gelegt wird bzw. darauf, diese begründet vorzunehmen. Dies wird auf der Basis argumentiert, dass qualitative Untersuchungen auf „das Besondere des Falls" (Merkens 2000: 287) abzielen. Merkens erläutert, dass aber dennoch – auch wenn individuelle Fälle betrachtet werden – mit einer Fragestellung an die Forschung herangegangen wird, die das festschreibt, was interessiert. Daraus ergibt sich der Fall: Man grenzt ein, welche Merkmale die in die Stichprobe einbezogenen ProbandInnen haben sollen, bevor die Untersuchung begonnen wird. Der Verzicht auf größere Gruppen von Befragten darf nicht zu wahlloser oder zufälliger Zusammenstellung der Datensätze führen (vgl. Riemer & Settinieri 2010: 767).

Sampling bzw. Stichprobenziehung meint die gezielte Auswahl der zu beforschenden Personen, Ereignisse oder Gegenstände. Die Stichprobe bezeichnet die getroffene Menge der Fälle (vgl. Rosenthal 2008: 85). Während in quantitativen Untersuchungen die Stichprobe im Vorhinein definiert wird, um repräsentative Verteilungen zu messen, ist diese in qualitativen Studien offener und es können neue Fälle hinzugezogen werden, wenn dies dem Forschungsinteresse entspricht. Stichprobenbildung in der qualitativen Sozialforschung zielt nicht auf die Abbildung aller empirisch vorfindbaren Fälle (der Grundgesamtheit), sondern auf die Abbildung der theoretisch relevanten Kategorien (vgl. Rosenthal 2008: 85). Damit ist gemeint, dass nicht eine Aussage über alle Fälle notwendig ist, sondern Aussagen über die den Fall erzeugenden Strukturen und die Regeln dieser Strukturbildung, mit dem Ziel, den Fall, dessen Entstehung und Funktionalität zu verstehen (vgl. Rosenthal 2008: 80).

Kriterien für die Vorkonstruktion des Falles – die theoretischen Überlegungen, ehe die tatsächliche Stichprobe gezogen wird – sind in der vorliegenden Studie wie folgt aufgebaut: ProbandInnen sind Lehrpersonen des Faches Biologie an Schulen. Sie haben das Fach Biologie auf Lehramt studiert und das Referendariat absolviert. Sie arbeiten seit mindestens einem Jahr in ihrem Beruf. Für die Studie interessant, sind deren Vorstellungen zu Fach, Sprache und Sprachförderung. Das Fach Biologie wurde gewählt, weil es sich dabei um ein naturwissenschaftliches Schulfach handelt, das eine sehr gemischte ProbandInnengruppe betrifft und damit viele Variablen bietet. Zum einen wird es früh in den Fächerkanon eingeführt, nämlich bereits in Klasse fünf, und wird – mit je nach Schule unterschiedlichen möglichen Unterbrechungen - bis zum Abitur unterrichtet, wo es auch als Leistungskurs gewählt werden kann. Daher ist die Bandbreite an SchülerInnen, mit denen Lehrpersonen des Faches Biologie zu tun haben, sehr breit gefächert. Zum anderen ist Biologie ein beliebtes Zweitfach, was die Menge an Fächerkombinationen, die bei möglichen ProbandInnen vorzufinden sind, erhöht. Biologie wird im Studium ebenso mit Sprachfächern wie Deutsch und Fremdsprachen kombiniert, als auch rein naturwissenschaftlich mit Chemie oder Physik, mit Hauptfächern wie Mathematik und Nebenfächern wie Sport, Kunst oder Politik und Wirtschaft. Als letzter Grund kann angeführt werden, dass das Fach, obgleich es in der Oberstufe aktuelle, fachliche Themen anschneidet, für außenstehende Nicht-NaturwissenschaftlerInnen einfacher nachvollziehbar ist. Da die Forscherin das Fach nicht studiert hat, war ein naturwissenschaftliches Fach zu wählen, dessen Inhalt in weiten Teilen verständlich bleibt. Sprachlich weist Biologie bereits ab Klasse 5 in den Schulbuchtexten fachsprachenspezifische Besonderheiten auf, und das fachliche Denken prägt die Aufbereitung und Darstellung der Inhalte im Unterricht (vgl. Kap. 2.2 Bildungssprache im Fach Biologie). Lehrpersonen müssen aus sprachdidaktischer Sicht bereits früh mit der sprachförderlichen Arbeit beginnen, da Biologie den ersten Zugang für SchülerInnen zur Fachsprache der Naturwissenschaften eröffnet. Bei der Auswahl des Personenkreises der Biologielehrenden wurde die Einschränkung festgelegt, nur Lehrpersonen zu befragen, die bereits ein Jahr eigenständig unterrichten. Damit wird darauf abgezielt, dass diese eine gewisse Expertise und Professionalität aufweisen. Sie haben das Fach nicht nur studiert und auch die praktische Ausbildungsphase hinter sich gebracht, sondern auch mindestens einen Schuljahresdurchlauf eigenständig Unterricht geplant und durchgeführt.

Weiter wurde der anvisierte Fall nicht vorstrukturiert, da zum einen alle interessierenden Faktoren hier bereits aufgegriffen sind (Lehrerinnen des Faches mit praktischer Expertise), und zum anderen auch eine ausreichende Offenheit gegenüber dem konkreten Feld besteht. Dies ist notwendig, da der Eintritt in die Feldstudie weitere Auswahlmechanismen mit sich bringt. Besonders im Bereich der Stichprobenziehung folgt die qualitative Forschung einer „Entdeckungslogik" (Rosenthal 2008: 85), weshalb vorab die Auswahl der konkreten Fälle nicht erfolgen kann. Es kann vor der Sichtung der ersten Ergebnisse nicht abgesehen werden, welche Personen, Ereignisse oder Gegenstände sich als theoretisch relevant erweisen werden. Aus diesem Grund wird der Topos Stichprobensampling nach der Diskussion der Datenerhebung im Umfeld der Datenauswertung nochmals aufgegriffen, um daran die Entscheidungen für die Auswahl und Darstellung von Datensätzen zu erläutern und zu begründen.

3.6.2 Beschreibung des Forschungsfelds und Fallauswahl

Ein Problem bei der Auswahl von ProbandInnen ist die Zugänglichkeit bzw. Erreichbarkeit (vgl. Merkens 2000: 288). Nur weil eine bestimmte Gruppe an Personen für die Untersuchung ins Auge gefasst wird, bedeutet das nicht, dass diese sich auch für die Untersuchung zur Verfügung stellt. In der Regel verweigern eine Reihe der ausgewählten ProbandInnen die Mitarbeit an der Studie, was im Zuge der Dokumentation ebenfalls aufgegriffen werden muss. Es ist dabei darauf zu achten, ob die Verweigerungen systematischer Natur sind und ob ein Nichteinbeziehen die Ergebnisse in Relation zum Gesamtfall verfälschen würde (vgl. Merkens 2000: 288). Da es Schwierigkeiten mit sich bringen kann, ProbandInnen für eine Studie zu gewinnen – besonders wenn die Befragung mit Ängsten, sozialen Hindernissen oder Tabus verbunden ist – spielen Personen, die der Forscherin den Zugang zum fokussierten Personenkreis öffnen, eine besondere Rolle. Solche Schlüsselpersonen oder Gatekeepers (vgl. Merkens 2000: 288, Lamnek 2010: 550f.) sollen ebenfalls genannt und beschrieben werden, damit die Reichweite der Daten abgeschätzt werden kann.

In der vorliegenden Studie wurden zwei SchulrektorInnen angeschrieben, in der Hoffnung, dass diese als Schlüsselpersonen fungieren. Die Auswahl der Schulen erfolgte auf der Basis verschiedener Überlegungen: Es bestehen bereits Kontakte zu den jeweiligen Schulen, da diese zu den Praktikumsschulen der promotionsbetreuenden Universität gehören. Außerdem decken die beiden Schulen weite Teile der hessischen Schulformen ab. Eine der beiden Institutionen (Schule I) ist eine integrierte Gesamtschule, in der die SchülerInnen von der fünften bis zur einschließlich zehnten Klasse lernen. Die Schule integriert die Abschlüsse der Haupt-, Real- und Gymnasialstufe im Klassenverband insofern, dass Lernende aller angepeilten Abschlüsse in vielen Fächern gemeinsam lernen. Der Haupt- und Realschulabschluss wird an der Schule selbst vergeben, Abiturienten besuchen die benachbarte Oberstufe (Schule II). Beide Schulen sind auf mehreren Ebenen eng vernetzt: Räumlich liegen die Gebäude sehr nah beieinander und die Schulhöfe gehen ineinander über. Referendare und PraktikantInnen werden an beiden Schulen eingesetzt, um sowohl Mittel- als auch Oberstufenerfahrung sammeln zu können. Daraus ergibt sich, dass auch die Kollegien stark vernetzt sind – zum Teil unterrichten Lehrpersonen ihr Fach an beiden Schulen. Des Weiteren zeichnen sich die Schulen beide durch einen hohen Anteil an SchülerInnen mit Migrationshintergrund, lese- und schreibschwachen SchülerInnen und Lernende aus schwierigen sozialen Verhältnissen aus. Bei Schule I ist dies deshalb der Fall, weil ihr Einzugsgebiet eher Stadtteile mit bildungsferner Bevölkerung umfasst und weil sie als Gesamtschule eher eine gemischte Schülerschaft aufweist. Schule II weißt diese sprachlich heterogene Schülerschaft auf, weil sie nicht nur die Oberstufe für die angrenzende Gesamtschule darstellt, sondern auch für weitere Gesamtschulen im Raum Darmstadt.

Die Auswahl der beiden Schulen erfolgte unter der Maßgabe, dass Lehrende befragt werden können, die Erfahrung im Umgang mit MigrantInnen, lese- und schreibschwachen SchülerInnen sowie Lernende aus sozial problematischen Familien haben. Somit kann die Möglichkeit zur Reflexion gegeben sein, die die Vorstellungen der Lehrenden auf spezifische Weise prägen könnte. Zudem konnten Lehrende befragt werden, die in Unter- und Oberstufe unterrichten, da die bildungssprachlichen Hürden mit zunehmender Klassenstufe ansteigen. Deshalb erweist es sich als interessant beide Schulbereiche einzubeziehen. Als letzter Punkt für die Auswahl kann gelten, dass an beiden Schulen – unter anderem durch die absolvierte Praktikumszeit – Gatekeepers gewonnen werden konnten, die den Zugriff auf Fälle ermöglichten. In einem ersten Schritt wurden die Schulleitenden per Mail kontaktiert, wobei auf das absolvierte Praktikum verwiesen wurde. Es wurde die Studie vorgestellt und um einen Termin gebeten. Eine der Schulvorsitzenden leitete die Mail an eine Lehrperson weiter. Es handelte sich dabei um eine Lehrperson der Fächer Biologie und Chemie an einer der Schulen, jedoch arbeitete diese Person auch hin und wieder mit der Universität zusammen und hatte allgemein viele Verbindungen zur Forschung sowie ein großes Interesse an schulbezogenen Studien. Diese Person wandte sich an eine Bekannte an der Universität, die wiederum die Forscherin kontaktierte. So wurde eine Verbindung geschaffen, die bereits einen Vorschuss an Vertrauen enthielt – einerseits weil die Forscherin durch die Kollegin an der Universität einen positiven Leumund bei der Lehrperson hatte, andererseits weil die Lehrperson keine Vorbehalte gegenüber wissenschaftlichen Zusammenhängen hatte. Sie eröffnete das Feld des Kollegiums für die Forscherin, indem sie die KollegInnen persönlich in einer Fachbereichssitzung auf die Studie ansprach und E-Mail-Adressen vermittelte. Gleichzeitig zeichnete sich die Person durch Gelassenheit und ein gesundes Maß an ‚leben und leben lassen'-Einstellung aus, die es ermöglichte, sie – nach der Kontaktaufnahme zu weiteren Lehrenden – als PilotierunspartnerIn einzusetzen. Es war nicht zu befürchten, dass diese Person der Studie misstrauisch oder ablehnend gegenüber stehen würde, sondern die betreffende Lehrperson zeigte sich als sehr offen und neugierig.

Die zweite Schulleitungsperson ließ sich die Studienabsichten vorstellen und entwickelte sich zum Gatekeeper, da sie die Forscherin an die Schule einlud und ihr Lehrpersonen des Faches – unter anderem die Fachleitung Biologie – vorstellte. Besonders in diesem Fall ist zu bedenken, dass Gatekeeper mit der Bereitschaft, Kontakte herzustellen, oft eigene Interessen verbinden, die offengelegt und reflektiert werden müssen (vgl. Merkens 2000: 288). So war bei der zweiten Schulleitungsperson auffällig, dass sie die Schule in einem guten Licht darstellen wollte. Es ist auch davon auszugehen, dass sie die Forscherin im Internet gesucht hat, um weitere Informationen zu erhalten, denn sie lenkte das Thema im Vorgespräch sehr schnell auf die Bereiche DaZ und Sprachförderung, die an ihrer Schule besonders im Vordergrund stehen und schlug KollegInnen für das Interview vor, die sich in diesem Bereich engagieren. Dies wurde für die Auswahl der Datensätze reflektiert (s.u.), stellte aber kein Problem dar, da die Studie ja gerade nach bereits vorhandenen Kenntnissen fragt und herausarbeiten will, woher diese stammen. Von daher war es sogar gewinnbringend, von der Schulleitung gleich eine Vorauswahl an KollegInnen zu bekommen, die aus Sicht der Schulleitung mit dem Thema Sprache und Sprachförderung vertraut sind. Im Zuge dessen wurde auch die Schulleitung selbst als ProbandIn aufgenommen, da es interessant ist, herauszuarbeiten, welche Vorstellungen sie zu Sprache und Sprachförderung hat, wo sie doch explizit dies als Leitgedanke der Schule herausstellt.

Zugänglich waren an den beiden Schulen LehrerInnen verschiedener Fächerkombinationen und Vorerfahrungen mit Migration und Sprachförderung. So konnten verschiedene Fallkonstellationen herausgearbeitet und befragt werden. Es konnte jedoch keine Lehrperson befragt werden, die ein Sprachfach als zweites Fach unterrichtet. Aus diesem Grund wurde eine weitere Schule (Schule III) hinzugezogen, an der sich wieder ein Gatekeeper fand, der Kontakt zu Lehrenden mit sprachlichen Fächern herstellte. Eine Lehrperson mit Englisch als Zweitfach erklärte sich bereit, sich befragen zu lassen, weshalb diese der Fallauswahl hinzugefügt wurde.

In der vorliegenden Studie wurde also mittels eines Verfahrens vorgegangen, dass mittig auf dem Kontinuum zwischen dem theoretischen Sampling (jede Datensatz wird vollständig ausgewertet, ehe ein neuer Fall hinzugezogen wird) und dem quantitativen Sampling (alle Daten werden erst gesammelt und dann geschlossen ausgewertet) angesiedelt ist. Die Lehrenden, die für die Fallauswahl herangezogen wurden, wurden anhand theoretischer Überlegungen ausgewählt. Direkt nach der Erhebung eines Datensatzes wurde dieser jedoch im engen Anschluss an die Methoden der Subjektiven Theorieforschung mittels kommunikativer Validierung vor-ausgewertet (vgl. Kap 3.7.3 Rekonstruktion der Interviewaussagen). Diese ersten, groben Ergebnisse wurden mit der betreffenden ProbandIn besprochen. Auf der Basis dieser Ergebnisse erfolgten weitere Fallauswahlen. Dies kam besonders bei der Auswahl der zu interpretierenden Ergebnisse zum Tragen, bei der weitere Auswahlentscheidungen getroffen wurden. Im Folgenden werden nun die Datenerhebungsmethoden und ihr Bezug zur Studie vorgestellt.

3.7 Qualitative Beobachtung als Methode

Da die Forscherin keine Expertise in Biologie aufweist, musste ein Zugang zum konkreten Unterricht in diesem Fach gefunden werden. Dazu sind verschiedene Möglichkeiten denkbar. Zum Beispiel kann mit Hilfe einer Dokumentenanalyse vorgegangen werden, indem Literatur zur Didaktik des Faches recherchiert und rezipiert wird. Dies erschien jedoch insofern nicht als sinnvoll, da Fachdidaktiken immer eine idealisierte Form von Unterricht darstellen und außerdem Sprache hier oft nur unzureichend thematisiert wird (vgl. Kap. 2.2 Bildungssprache Biologie). Da das Ziel der Studie der verstehende Nachvollzug der Vorstellungen von einzelnen Lehrenden ist, erwies es sich als tragfähiger, stattdessen den Unterricht zu besuchen, interessante Sachverhalte zu notieren und diese mit den betreffenden Lehrenden zu klären. So fiel die Entscheidung, teilnehmend zu beobachten.

Die teilnehmende Beobachtung gilt als eine der Standardmethoden der qualitativen Forschung (vgl. Mayring 2002: 80) und bedeutet „das systematische Erfassen, Festhalten und Deuten sinnlich wahrnehmbaren Verhaltens zum Zeitpunkt seines Geschehens [ohne räumliche Trennung]" (Atteslander 2008: 73). Die Forscherin steht dabei nicht passiv außerhalb des Gegenstandsbereichs der Forschung, sondern nimmt an der Situation teil, wobei sich vier verschiedene Rollen anhand ihres Partizipationsgrades der Forscherin unterscheiden lassen: die vollständige Teilnahme, Teilnehmer-als-Beobachter, Beobachter-als-Teilnehmer und die vollständige Beobachtung (vgl. Flick 2011: 283). Die letztgenannte Form hält eine vollständige Distanz zum Feld ein, um es möglichst wenig zu beeinflussen. Die Beobachtung erfolgt verdeckt, insofern, dass die Beforschten nicht über die Anwesenheit der Forschenden informiert sind. Dies ist ethisch fragwürdig, in manchen Studien aber nicht zu vermeiden, zum Beispiel wenn Handlungen an Orten mit hoher Fluktuation beobachtet werden sollen und nicht alle Beteiligten um Erlaubnis gebeten werden können (vgl. Flick 2011: 283).

Die Forscherin befindet sich aber bei qualitativer Beobachtung in jeder Form in direkter persönlicher Beziehung zu den Beforschten, da sie an der natürlichen Lebenssituation Anteil hat (vgl. Mayring 2002: 80). Kennzeichen dieser Methode sind die Forscherrolle des „Insiders" (Flick 2011: 28.), die Fokussierung von Alltagssituationen, der Zweck der Theoriebildung sowie ein fallorientierter Zugang. Teilnahme bedeutet hierbei nicht nur passiv zuzuschauen, sondern das aufzunehmen und zu analysieren, was das Feld anbietet. Gerade in der Unterrichtsforschung findet sich nicht nur das Verhalten von Lehrenden und Lernenden im Feld, sondern auch der Einsatz von Arbeitsblättern, Tafelbildern, Büchern und anderen Medien, den Unterricht umgebende Faktoren usw. Dies kann in einer teilnehmenden Beobachtung nicht ausgeklammert werden, denn es geht bei dieser Methode um das „Eintauchen des Forschers in das untersuchte Feld" (Flick 2011: 287). Teilnehmende Beobachtung ist also eine Feldstrategie, die Dokumentenanalyse, Befragung sowie direkte Teilnahme kombiniert. Daraus ergab sich, dass alle Dokumente, die im Unterricht Verwendung fanden, oder die die beobachteten Lehrpersonen zur Verfügung stellten, kopiert und zu den Aufzeichnungen genommen wurden, um später den Unterrichtsverlauf nachzuzeichnen.

Die Beobachtung als Methode ist dort angezeigt, wo soziale Felder sich als schwer zugänglich erweisen oder wo die Forschung relatives Neuland betritt (vgl. Lamnek 2010: 502). Eine fremde Kultur – verstanden als soziale Gruppe – kann durch Beobachtung erschlossen und deren Handlungen dem Verstehen zugänglich gemacht werden. In diesem Sinne stellte die Gruppe der Biologielehrkräfte für die Forscherin eine fremde Kultur dar, da kein Vorwissen über den Unterricht in diesem Fach und die Sozialisation durch Studium und Beruf bestand.

3.7.1 Formen der Beobachtung

Lamnek differenziert Beobachtungen anhand von sieben Dimensionen, die jeweils als Kontinuum mit zwei Endpunkten auftreten. Dies sind Wissenschaftlichkeit, Standardisierung, Transparenz, Beobachterrolle, Partizipationsgrad, Realitätsbezug und Natürlichkeit der Situation (vgl. Lamnek 2010: 513). Die Dimension Wissenschaftlichkeit bezieht sich auf die allgemeinen Kriterien beim Einsatz der Methode. Wie bereits erwähnt, können Verzerrungen auftreten, die vermieden werden sollen, indem die Ergebnisse wiederholt auf ihre Gültigkeit, Zuverlässigkeit und Genauigkeit geprüft werden (vgl. Lamnek 2010: 508). Dazu dienen die systematischen Aufzeichnungen der beobachteten Ereignisse. Wissenschaftliche Beobachtung erfolgt aufgrund systematischer Planung, dient einem bestimmten Forschungszweck und geht eine sinnvolle Verbindung mit den anderen Tätigkeiten des Forschungsprojekts ein. Dies steht in enger Beziehung zu der zweiten Dimension, der Standardisierung. Wissenschaftliche Beobachtung lässt sich in zwei Hauptgruppen unterteilen, nämlich die strukturierte und die unstrukturierte Beobachtung. Beide müssen sich, um wissenschaftlich zu sein, auf ein genau formuliertes Forschungsziel richten, systematisch geplant und aufgezeichnet werden, um damit für Überprüfungen zur Verfügung stehen zu können. Der Unterschied der beiden Formen liegt in ihrem Grad der Standardisierung: Die strukturierte geschieht „nach einem relativ differenzierten System vorab festgelegter Kategorien" (Lamnek 2010: 509), während die unstrukturierte sich lediglich an allgemeine Richtlinien anlehnt. Solche Richtlinien können in einem Beobachtungsleitfaden festgehalten werden, der internalisiert werden sollte. In der Beobachtungssituation selbst würde die Handhabung eines solchen Bogens störend wirken, doch er sollte präsent sein, um im Anschluss an die Beobachtung auch die Erstellung des Protokolls zu leiten (vgl. Mayring 2002: 82). Ein solcher Leitfaden darf aber nicht zu detailliert sein, um das Untersuchungsfeld nicht vorab bereits in Kategorien zu pressen, sondern flexibel bleiben zu können, um neue, bisher nicht absehbare Sachverhalte aufnehmen zu können. Problematisch ist, dass ein Beobachtungsbogen zu starker Strukturierung verleitet. Strukturierte Beobachtung setzt nämlich voraus, dass vor der Beobachtung bereits Hypothesen existieren, die anhand des Feldzugangs lediglich überprüft werden. „Solche Hypothesen könne jedoch nur formuliert werden, wenn der Forscher bereits einen Überblick über die zu beobachtenden Situation und über die verschiedenen sozialen Zusammenhänge besitzt" (Lamnek 2010: 510). In diesem Fall wäre eine offene Beobachtung unmöglich.

Eine weitere Dimension zur Unterscheidung von Beobachtungen ist der Grad der Transparenz. Geschieht die Beobachtung offen, sind die Akteure des Feldes darüber informiert, dass die Beobachterin als Forscherin tätig ist und zu wissenschaftlichen Zwecken beobachtet. Dies bedeutet jedoch nicht, dass die Ziele der Studie offengelegt werden, da dies, wie bereits erwähnt, die Ergebnisse verfälschen würde. Findet die Beobachtung verdeckt statt, gibt sich die Forscherin nicht als solche zu erkennen. In diesem Fall müssen forschungsethische Gesichtspunkte gegen die Gründe zur verdeckten Beobachtung abgewogen werden. Gleichzeitig ist die verdeckte Beobachtung aber schwierig auszuführen, wenn Wert auf Hospitationsnotizen gelegt wird. Schließlich ist es in den meisten Fällen schwer zu erklären, warum man Sachverhalte im Feld notiert.

Eng zusammenhängend sind die Beobachterrolle, der Partizipationsgrad sowie der Realitätsbezug der Beobachtung. Erstere bezieht sich auf den Aufenthaltsort der Forscherin während der Beobachtung, innerhalb oder außerhalb des Feldes. Der Partizipationsgrad der Beobachtung bezieht sich auf den Grad der teilnehmenden Aktivität der Forscherin im Feld. Aktiv teilnehmend bedeutet eine volle Identifikation mit dem Feld, indem die Forscherin zur Akteurin wird. Passiv teilnehmend ist die Forscherin, wenn sie als Forscherin im Feld erkennbar ist, aber sich auf die Beobachtung beschränkt. Realitätsbezug schließlich bezeichnet die Unterscheidung zwischen direkter und indirekter Beobachtung, also ob die Forscherin in der beobachteten Situation anwesend, oder von ihr räumlich oder sogar zeitlich getrennt ist. Letzteres wäre zum Beispiel mittels Videoaufzeichnung, die ohne die aktive Teilnahme der Forscherin geschieht, möglich, ist aber aus ersichtlichen Gründen in der qualitativen Forschung unüblich (vgl. Lamnek 2010: 511-513). Schließlich ist zu unterscheiden, ob es sich um Feld- oder Laborbeobachtungen handelt. Doch da sich die qualitative Forschung zum Ziel setzt, die soziale Interaktion in ihrem naturgemäßen Auftreten zu beleuchten, sind Laborbeobachtungen hier nicht angezeigt.

Lamnek merkt an, „dass die jeweiligen Unterscheidungsmerkmale analytischer Natur sind, d.h. dass jeweils Kombinationen zwischen den einzelnen Beobachtungsformen realiter auftreten (wenngleich sich auch einige untereinander logisch ausschließen)" (Lamnek 2010: 514, Klammern im Original). Je nach Forschungsdesign ergeben sich aus diesen Grundlagen gezielte Entscheidungen für die Umsetzung der Beobachtung.

3.7.2 Durchführung der Beobachtung

Bei Beobachtungen ist besonders darauf zu achten, Wahrnehmungsverzerrungen möglichst zu vermeiden oder zumindest deren Wahrscheinlichkeit zu kalkulieren. Gerade bei Beobachtungen im Feld kann es zu selektiver Wahrnehmung, Wahrnehmungsabwehr oder Wahrnehmungsakzentuierung kommen, was aufgrund der menschlichen Natur der Beobachtungsperson, ihren Vorannahmen und Einstellungen kaum auszuschließen ist. Gewisse Inhalte werden stärker registriert, andere schwächer, je nachdem mit welchen Zielen und Erwartungen beobachtet wird. Ein weiteres Problem stellt die Aufmerksamkeit der beobachtenden Person dar, die mit zunehmender Vertrautheit mit dem Forschungsfeld abnimmt. Sachverhalte, die mehrfach beobachtet wurden, werden selbstverständlich und treten in der Wahrnehmung zurück (vgl. Lamnek 2010: 506f.). Dies spricht für kürzere Beobachtungszeiten, sofern sich dies mit dem Forschungsgegenstand vereinbaren lässt. Außerdem ist hier bereits eine Begründung für detaillierte Aufzeichnungen nach jeder Beobachtungssitzung genannt. Die Behaltensleistung für beobachtete Phänomene ist gering und sinkt rapide mit der Zeit, die zwischen Beobachtung und Aufzeichnung vergeht. Deshalb sollten während und/oder direkt nach der Beobachtung Notizen angefertigt werden, die zentrale Dinge festhalten, reflektieren usw. Diese Notizen können helfen, nach langen Beobachtungszeiträumen Sachverhalte und Situationen wieder in die Aufmerksamkeit zu rufen, die mittlerweile selbstverständlich geworden sind (vgl. Altrichter & Posch 2007: 31).

Zu bedenken ist, dass die Beobachtung aber immer nur Ausschnitte aufzunehmen im Stande ist, da sie auf die Dauer der beobachtbaren Phänomenen einerseits limitiert ist, andererseits das menschliche Wahrnehmungsvermögen gewissen Einschränkungen unterliegt (vgl. Lamnek 2010: 504 f.). Des Weiteren lässt sich nur Beobachtbares beobachten. Diese Aussage mag tautologisch klingen, entfaltet aber größte Wichtigkeit, will man den Sinn des Gesehenen verstehen. Aus diesem Grund sollten Beobachtungen in zwei aufeinanderfolgenden, klar getrennten Schritten erfolgen: Zuerst steht die Beschreibung des Beobachteten, in der möglichst exakt und wertfrei das Verhalten mitnotiert wird. Diese wird im Anschluss interpretiert. Ein Beispiel aus dem Untersuchungsfeld Schule lässt sich leicht finden. Hospitiert man im Unterricht, kann man eine Situation folgendermaßen aufzeichnen:

> Die Lehrperson fragt freundlich, ob sie helfen kann.

Diese Formulierung verkürzt die Beschreibung auf den Sinn, der von der Beobachterin verstanden wurde. Intersubjektiv ist nicht nachvollziehbar, wodurch diese Deutung ausgelöst wurde, auch wenn sie vielleicht zutreffend ist. Da das Wort freundlich bereits eine starke Interpretation der Situation enthält, sollte sie unterlassen und versucht werden, das Verhalten objektiver zu beschreiben. Die folgende, in der wissenschaftlichen Beobachtung übliche, Formulierung geht anders vor:

> Die Lehrperson X geht zu einer in der Gruppe arbeitenden Schülerin, wartet neben dem Tisch und betrachtet die Gruppe beim Arbeiten. Dann beugt sich die Lehrperson herunter, lächelt und fragt: „Kann ich helfen? Hier scheint es ja Probleme zu geben". Dabei wendet sie sich der gefragten Schülerin mit dem Oberkörper leicht zu, eine Hand auf den Tisch gestützt.

Diese Beobachtung beschreibt möglichst exakt das beobachtete Verhalten der Lehrperson und versucht, wenig Wertung hineinzulegen. Auch in der vorliegenden Studie wurde versucht, diese Trennung in Beschreibung und Interpretation aufrecht zu erhalten, weshalb Notizen zu Gestik, Mimik und Verhalten aufgezeichnet, und die Rede möglichst direkt mitnotiert wurden. Diese Beschreibung sollte als Basis für die Interpretation dienen.

Wie bei allen qualitativen Verfahren besteht auch bei der Beobachtung, und bei dieser besonders stark, die Möglichkeit, sich zu sehr mit dem Untersuchungsfeld und den dort wirkenden Akteuren zu identifizieren. Da die Beobachtenden direkt in der sozialen Interaktion anwesend sind, sind sie in soziale Beziehungen im Feld – zumindest zum Teil – eingebunden. Außerdem gehört zu qualitativer Forschung die Annahme der fremden Perspektive, und sei es nur, um diese zu verstehen und nachzuvollziehen. Dabei setzt sich die Forscherin der Gefahr aus, nach und nach das Feld völlig aus der Sicht der Akteure zu betrachten und nicht mehr zu einer kritischen oder neutralen Haltung zu finden. Auch dabei kann die Rezeption von Notizen aus der Anfangszeit der Beobachtung helfen, um sich auf die anfängliche Perspektive rückzubesinnen.

Beobachtung gelingt besser, wenn der Zugang zum Feld über Kontaktpersonen erreicht wird, da dies einen Vertrauensvorschuss für die Forscherin mit sich bringt. Auch hier sind Gatekeeper und Schlüsselpersonen also zentrale PartnerInnen im Forschungsprozess. Da qualitative Forschung dem Postulat der Offenheit unterworfen ist, wird die theoretische Strukturierung des Gegenstands durch die Forschenden zurückgestellt. Dies bedeutet, dass auch das Zugehen auf das Feld offen sein muss. Gerade der Feldeintritt ist mit besonderer Umsicht zu gestalten, damit die Kontaktaufnahme gelingt und weitere Schritte des Forschungsprozesses nicht vereitelt werden (vgl. Mayring 2002: 82). Lamnek betont, dass Schwierigkeiten im Prozess des Beobachtens, die häufig durch "mangelnde Kommunikation begründet sind, durch eine geglückte Kommunikation tendenziell aufgefangen werden können" (Lamnek 2010: 522). Diese Kommunikation muss, wie die gesamte Beobachtung, solidarisch sein, insofern, als dass sich die Forscherin mit eigenen Wertungen zurückhält und die Tendenz zur Zustimmung signalisiert. Schwierigkeiten in der Durchführung der Methode resultieren häufig in der Beziehung zwischen Forscherin und Feld. Die Forscherin muss sich vor dem Beginn der Untersuchung entscheiden, welche Rolle sie einnimmt und wie diese ausgestaltet werden soll. Beides ist von der Forschungsfrage und dem Gegenstand abhängig und kann auf einem Kontinuum zwischen völliger Identifikation mit dem Feld und reiner Beobachtung ohne irgendeine Form der Partizipation angesiedelt sein. In vielen qualitativen Studien ist Partizipation am Geschehen notwendige Bedingung – so kann das sprachliche Verhalten von Jugendlichen in ihrer Peergroup nicht mit Hilfe von Beobachtung analysiert werden, wenn die beobachtende Person nicht aktiver Teil der Peergroup wird, weil das Verhalten dann sicherlich anders sein wird. Aus der Teilnahme am Feld entstehen aber eigene Komplikationen, und zwar einmal zwischen BeobachterIn und Feld, aber auch im Bewusstsein der beobachtenden Person. Es kann davon ausgegangen werden, dass Beobachtungen immer zu Veränderungen im Feld führen (vgl. Lamnek 2010: 526) und dass Beobachtende sich im Zuge des Forschungsprozesses verändern. Wünsche und Vorstellungen prägen die Interpretation des Gesehenen, Selbstverständlichkeiten werden übersehen, Unvertrautheit mit der Gruppenkultur führt zu Missverständnissen, oder die Forschende beginnt sich nach und nach vollkommen mit den Akteuren des Feldes zu identifizieren, so dass sie keine neutrale Haltung mehr einnehmen kann. Neben den bereits erwähnten kontinuierlichen Aufzeichnungen kann ein genaues Studium der Situation, z.B. durch Literaturrecherche und Dokumentenanalyse, helfen, korrigierend wirkendes Vorwissen zu erzeugen (vgl. Lamnek 2010: 526 f.). Sichtweisen und Interpretationen, die notiert werden und in die Datenauswertung einfließen, sollen reflektiert und, wenn möglich, den Rezipientinnen der Studie transparent gemacht werden, um Verzerrungen zu minimieren. Während der Beobachtung werden Protokolle angefertigt, die später bei der Formulierung des Forschertagebuchs helfen. Auch hier sollte möglichst auf neutrale, objektive Beschreibungen Wert gelegt werden. Protokolliert werden sollen allgemeine Handlungstypen und Muster, da es bei der qualitativen Beobachtung darum geht, Figuren und Regelmäßigkeiten herauszuarbeiten. Das Erkenntnisinteresse leitet die Auswahl von zu protokollierenden Sachverhalten, doch ergibt sich ein Verständnis erst mit der Zeit und zunehmender Vertrautheit mit dem Feld (vgl. Lamnek 2010: 562). Es stellt also eine Schwierigkeit dar, dass zu Beginn nicht genau klar ist, was notiert werden soll, was mit steigender Vertrautheit zwar verbessert wird, dann aber mit dem Prozess des Übersehens von Vertrautem einhergeht. Daher müssen Aufzeichnungen immer wieder miteinander verglichen werden, um Veränderungen im Protokollverhalten aufzudecken. Dieses „Dilemma von Identifikation und Distanz" (Lamnek 2010: 574f.) sollte stets im Fokus der Selbstreflexion stehen.

Die teilnehmende Beobachtung stellt einen Prozess dar, im Laufe dessen die Forscherin immer mehr zur Teilnehmerin des Feldes wird und sich die Fragestellung und weitere Forschungsschritte zunehmend konkretisieren. Man beginnt offen und flexibel und engt dann den Blick immer weiter ein. Dies lässt sich in drei Phasen fassen: deskriptive, fokussierte und selektive Beobachtung. Die deskriptive Phase steht zu Beginn und liefert unspezifische Beschreibungen, die möglichst umfassend protokolliert werden. In der Phase der Fokussierung verengt sich der Blick auf sich als interessant herauskristallisierende Einzelheiten. Für die Fragestellung der Arbeit besonders relevante Sachverhalte und Prozesse werden nun sichtbar. In der selektiven Phase schließlich werden weitere Beispiele für die fokussierten Gegebenheiten gesucht, diese konkretisiert und vertieft (vgl. Flick 2011: 288).

In Anlehnung an die bisher besprochenen Grundlagen wurde die Beobachtung an den beiden Schulen der Untersuchung geplant. Sinnvoll erschien es, eine Beobachtungsphase vorzuschalten, da es sich bei dem Fach Biologie für die Forscherin quasi um Neuland bzw. eine neue (Fach-)Kultur handelt und es sinnvoll ist, beim Betreten eines komplett neuen Feldes zuerst teilnehmend zu beobachten, um überhaupt erst einmal ein Gefühl für das Feld zu bekommen. Die Gefahr der Identifikation mit dem Feld kann auch als Vorteil bei der Interviewvorbereitung gesehen werden, wenn vorher zu den interessierenden AkteurInnen kein Zugang bestand. Soll beispielsweise eine andere soziale Schicht befragt werden, kann dies unter Umständen misslingen, weil die Kommunikationsregeln nicht bekannt sind und im Gespräch kein Zugang zur Zielgruppe gefunden wird. Eine vorangestellte Beobachtung ermöglicht es, die Gebräuche und Regeln im Feld kennenzulernen, zu erfahren, was als wichtig und was als schwierig erlebt wird und den Prozess des Going Native aktiv zu nutzen, um die für das Interview zentrale Vertrauensbasis herzustellen (vgl. Kap 3.5 Das qualitative Interview). Diese Übernahme der Perspektive der AkteurInnen ist natürlich aus bereits dargelegten Gründen nicht unproblematisch, kann aber mit Hilfe von Aufzeichnungen und Selbstreflexionen aufgefangen werden.

Aufgrund der Tatsache, dass die Forscherin nichts über das Feld wusste, wurde offen beobachtet und kein Leitfaden angefertigt, also deskriptiv beobachtet. Es sollte herausgearbeitet werden, welche Situationen überhaupt auftreten, und dabei wurde zu Beginn ganz bewusst die Perspektive der Sprachforscherin beibehalten: Sie hat zwar genaue Vorstellungen davon, was Sprachförderung ist und was nicht, aber eben kein Wissen darüber, welche sprachlichen Situationen überhaupt im Biologieunterricht auftreten. Aus diesem Grund erfolgte auch keine Dokumentenanalyse im Vorfeld, da diese den Blick schon zu sehr fokussiert hätte. Lediglich diejenigen Dokumente, die die Beforschten der Forscherin von sich aus zugänglich machten – wie im Unterricht verwendete Arbeitsblätter und Texte – wurden für die deskriptive Beobachtung genutzt. Der Zugang wurde so gewählt, wie man einer fremden Kultur gegenüber träte, um zu sichern, dass verstehender Nachvollzug nur auf der Basis der späteren Interviews erfolgen konnte. Gesehene Handlungen wurden also möglichst neutral protokolliert und aus Sicht der Sprachforschung hinterfragt, in interessierende Bereiche eingeteilt und für das Interview nutzbar gemacht. Im Interview wurden diese Sachverhalte dann durch die einzelnen Befragten mit Sinn gefüllt, was den Zweck hatte, deren subjektive Sichtweise und Vorstellung zu erfassen. Das dabei entstehende Verständnis für das Fach und seine Sprache kann also auf die einzelnen ProbandInnen zurückgeführt werden. Die Rolle, die in der Beobachtung eingenommen wurde, war eine passiv teilnehmende, da die Forscherin in die Klasse ging und zwischen den SchülerInnen saß, während der Unterricht ablief. Die Entscheidung, wie die Anwesenheit für die Lernenden kontextualisiert wurde, wurde der jeweiligen Lehrperson überlassen, da es nicht um einen Zugang zu den Lernenden, sondern zur Lehrkraft ging. Die Lehrpersonen lösten das Problem auf verschiedene Weise: Eine erklärte tatsächlich den Zweck des Besuchs mit Forschung und erläuterte, dies könne auch ein Berufsbild nach dem Abitur sein. Andere stellten die Forscherin als Besuch vor, und wieder andere thematisierten die Anwesenheit gar nicht. Ebenso war die Ansprache während der Hospitation unterschiedlich: Einige ProbandInnen ignorierten die Anwesenheit völlig, andere suchten immer wieder den Kontakt, die Bestätigung oder nutzten die Forscherin zur Solidarisierung gegen die Klasse. Auch dies war ein Baustein, der nach und nach Vertrauen entstehen ließ. Die Haltung den ProbandInnen gegenüber war stets freundlich und solidarisch. Während der Hospitation wurden Notizen in der oben erwähnten Weise angefertigt, wobei Beobachtung und Interpretation getrennt notiert und Interpretationen mit Fragezeichen aufgeführt wurden, um diese später klären zu können. Außerdem wurden diese Notizen im Anschluss an den Unterricht durch Gedächtnisprotokolle und Vermerke zu Arbeitsblättern, die aus dem Unterricht mitgenommen wurden, ergänzt.

3.7.3 Ergebnisse der Beobachtungsphase

Aus den Beobachtungsnotizen, Protokollen und Aufzeichnungen entstand ein Bild des Unterrichts im Fach Biologie aus sprachlicher Perspektive und eine erste Annäherung an sprachförderliche Situationen. Es konnten Techniken identifiziert werden, die einen sprachförderlichen Wert haben sowie Stellen im Unterrichtsgeschehen, an denen eine sprachförderliche Methode hätte ansetzen können, dies aber nicht geschah. Dies wurde in ein zusammenhängendes Mindmap übertragen, dass die Beziehung der sprachbezogenen Bestanteile des Faches, soweit diese beobachtet worden waren, abbildete. Dabei blieben viele Fragen erhalten, die in den Pilotierungsinterviews geklärt wurden, die dann zum Teil zu Leitfragen für die Hauptdatenerhebung wurden, sofern sie sich als produktiv für die Beantwortung der Forschungsfrage erwiesen.

Nicht alle Bereiche, die in der Beobachtung fokussiert wurden, gingen in die Interviewphase ein. So bildet die mündliche Sprache in Sprachförderkonzepten zwar einen Bestandteil der Förderung, doch fand dies im Unterricht kaum Berücksichtigung. Die beobachteten Situationen zeichneten sich durch die von Chlosta & Schäfer (2008) und von Schmölzer-Eibinger (2013) charakterisierten Strukturen aus: Lehrende haben den größten Anteil an der mündlichen Rede, Lernende antworten auf Fragen mit nur einem Wort. Sprachförderung im mündlichen Diskurs wird daher im Kontext dieses Faches als Anleitung zur Gruppenarbeit begriffen (vgl. Kap. 2.3.3 Implizite Sprachförderung).

Auch die Unterschiede zwischen konzeptioneller Mündlichkeit und Schriftlichkeit konnten nicht erfragt werden, wurde doch davon ausgegangen, dass die Lehrenden kein Wissen über solche Konzepte haben. Aufgrund dessen, dass sich in der Beobachtung zeigte, dass im Fachunterricht Wissen primär über Texte vermittelt und erworben wird und eine Diskrepanz zwischen großen Anteilen an konzeptionell und medial mündlichen Erklärungen und nichtthematisierten konzeptionell und medial schriftlichen Anforderungen vorherrscht, wurde für die Erfassung der Sprachförderung die Unterscheidung in Lesen und Schreiben fokussiert. Sprachförderung zielt immer auch auf Kompetenzen, die erfolgreiches Absolvieren einer Bildungslaufbahn ermöglichen, und dies sind die literalen Kompetenzen, die in den beobachteten Stunden keine explizite Erwähnung fanden. Daher erwies es sich als sinnvoll, hier den Fokus der Befragung anzuschließen und zu erheben, welche Vorstellungen die Lehrenden zu den Bereichen Lesen und Schreiben im Fach Biologie haben.

Abschließend lässt sich festhalten, dass mit Hilfe der Beobachtung mehrere Ziele erreicht werden konnten. Der Zugang zu den ProbandInnen wurde gestaltet und ausgebaut, das Fach als fremde Kultur erforscht, und die Forscherin konnte in das Feld ‚eintauchen'. Sprachliche Handlungen im Fachunterricht konnten gesammelt und in Bereichen zusammengefasst werden. Diese sollten nun mit Sinn gefüllt werden, um die Intentionen der ProbandInnen zu verstehen und deren Vorstellungen zu erheben. Dazu bot sich das Interview als Methode an.

3.8 Das qualitative Interview

Ein Interview ist in erster Linie „eine Gesprächssituation, die bewusst und gezielt von den Beteiligten hergestellt wird" (Lamnek 2010: 301). Im qualitativen Interview können die Befragten ihre „Alltagsvorstellungen über Zusammenhänge der sozialen Wirklichkeit in der Gründlichkeit, Ausführlichkeit, Tiefe und Breite" (Lamnek 2010: 316) darstellen, erläutern und erklären, so dass sie „für den Forscher eine brauchbare Interpretationsgrundlage bilden können" (ebd.).

Dabei ist die Bandbreite der möglichen Interviewformen groß und unübersichtlich: Evaluative Interviews, Experteninterviews, Diskursive Interviews, Biographische Interviews, Narrative und Problemzentrierte Interviews seien nur ein paar, häufig auftauchende Konzepte, derer sich die Qualitative Forschung bedienen kann. Die genannten Formen können anhand verschiedener Dimension differenziert werden, wobei diese in realen Befragungssituationen kombiniert auftreten können. Lamnek schlägt zur theoretischen Differenzierung folgende vor: Intention des Interviews, Standardisierung, Struktur der zu Befragenden, Form der Kommunikation, Stil der Kommunikation und Interviewerverhalten, Art der Fragen sowie Kommunikationsmedium (vgl. Lamnek 2010: 303). Die Intention der Befragung bezieht sich auf die Gründe, aus denen das Interview geführt wird. Lamnek unterscheidet hier ermittelnde und vermittelnden Interviews: Vermittelnde Interviews zielen nicht auf eine Erfassung sozialer Sachverhalte, sondern dienen der Intervention, weshalb sie im Folgenden außer Acht gelassen werden. Ermittelnde Interviews sind jene Form, die auf die Erhebung von Information abzielen (vgl. Lamnek 2010: 304). Dabei sind das informatorische, das analytische und das diagnostische Interview zu unterscheiden. Letzteres dient der Erfassung eines Merkmalprofils einer Person, um daran anschließend Maßnahmen zu ergreifen. Mit Hilfe des informatorischen Interviews sollen Tatsachen aus den Wissensbeständen der Befragten deskriptiv erfasst werden. Die Beforschten werden hier als ExpertInnen verstanden, deren Fachwissen gefragt ist. Sie sind quasi Informationslieferanten für interessierende Sachverhalte. Das analytische Interview hingegen will nicht bestimmte Wissensbestände als solche erheben, sondern von explizierten Aussagen auf soziale Sachverhalte schließen. Hierfür werden die Äußerungen der Befragten auf der Basis theoretischer Überlegungen und Konzepte analysiert und beschrieben (vgl. Lamnek 2010: 305). In der vorliegenden Studie handelt es sich um eine Mischform der drei ermittelnden Interviewintentionen, mit Schwerpunkt auf die informatorische Zielsetzung. In erster Linie werden die Befragten als ExpertInnen ihres Faches und des Unterrichts gesehen. Daneben soll auf der Basis von theoretischen Überlegungen zur Sprachförderung aber auch auf dessen Verwirklichung geschlossen werden, was als analytisch zu begreifen ist. Der diagnostische Anteil ist der geringste und untergeordnete, spielt aber insofern eine Rolle, als dass die Aussagen Hinweise auf notwenige Interventionen geben sollen, um Aus- und Weiterbildung zu verbessern.

Zur Standardisierung ist bereits in Bezug auf qualitative Forschung im Allgemeinen geschrieben worden, weshalb dieser Punkt hier vernachlässigt wird. Es soll lediglich darauf hingewiesen werden, dass Standardisierungsgrade als Unterscheidung von Interviews ein sinnvolles Differenzierungskriterium darstellen. Besonders das Ausmaß der Asymmetrie zwischen Forscherin und Beforschten ist zu bedenken und sollte möglichst gering gehalten sowie reflektiert werden.

Die Struktur der Befragungsgruppe bezieht sich auf die Unterscheidung von Einzel- oder Gruppenbefragungen. Für die vorliegende Studie wäre auch eine Gruppendiskussion ein denkbare Alternative gewesen, denn so hätte die Aushandlung des Themas zwischen den Lehrenden mit in die Analyse einbezogen werden können. Gruppenbefragungen eignen sich insbesondere bei ExpertInnen, die zu einem Thema befragt werden, zu dem alle etwas beitragen können oder zur Analyse von Gruppenprozessen (vgl. Flick 2011: 260f.). In Hinblick darauf, dass das Unterrichtsgeschäft an deutschen Schulen aber als etwas sehr Privates erlebt und gegen die Öffnung vor anderen geschützt wird (vgl. Helmke 2012: 345), ist die Methode eher ungeeignet. Die Nichteinmischung in die Arbeit von KollegInnen gehört zu den „impliziten Normen der Berufskultur der Lehrerschaft, die nur schwer zu durchbrechen sind" (Terhart 1996: 449). Daraus kann geschlossen werden, dass Lehrende an Schulen ihr Vorgehen im Unterricht nur ungern offenlegen. Vor KollegInnen zu äußern, was man beim Unterrichten für zentral oder für vernachlässigbar hält, wo man Schwierigkeiten erlebt und wie man diese löst, ist mit Einschränkungen behaftet. Unterricht ist etwas Intimes, in das man ungern jemanden hineinschauen lässt. Vor KollegInnen, mit denen man weiterhin an einer Schule arbeitet, Probleme einzugestehen, erscheint unangemessen. Dies spricht für die Einzelbefragung, unter der Prämisse, dass die Hemmnisse und Sorgen der Befragten in der intimeren Situation durch die Interviewerin aufgefangen und abgemildert werden können.

Eng verbunden mit dem letzten Punkt ist der Kommunikationsstil des Interviews, also die Unterscheidung anhand des Verhaltens der Interviewerin. Die Stile sind auf einem Kontinuum zwischen weichem und hartem Kommunikationsverhalten angesiedelt, dienen aber alle der Überwindung von Schwierigkeiten im Interviewprozess (vgl. Lamnek 2010: 313). Ein harter Interviewstil vermittelt die befragende Person als Autorität, die mittels massiven Drucks Widerstände seitens der Befragten zu umgehen oder zu brechen versucht. Aus leicht einsehbaren Gründen ist solch ein Verhalten für ein qualitatives Interview nicht geeignet. Ein weiches Interview hingegen wird durch ein Verhalten der Interviewerin gestaltet, das sympathisierendes Verständnis für die Situation des Befragten zum Ausdruck bringt. Ein Vertrauensverhältnis soll entstehen, indem gegenüber den Befragten Sympathie demonstriert wird und die Interviewerin eine freundliche, aber passive Rolle einnimmt. Zwischen den beiden genannten Formen angesiedelt ist das neutrale Interview, welches unpersönlich und sachlich die soziale Distanz zwischen den beiden Akteuren des Interviews betont. Die quantitative Forschung bevorzugt diesen Interviewtyp, da die Einflussnahme der Forschenden am geringsten ausgeprägt ist. Für qualitative Forschung, die auf dem Einlassen auf die Perspektive der Beforschten basiert, ist auch diese Form ungeeignet, da völlige Passivität unnatürlich wirkt und den Aufbau einer Beziehungsebene verhindert (vgl. Lamnek 2010: 314).

Schließlich lassen sich Interviews noch anhand des Kommunikationsmediums unterscheiden, da Befragungen sowohl persönlich in der Face-to-face-Kommunikation möglich sind, als auch über das Telefon oder über Internetsysteme durchgeführt werden können. Bei der vorliegenden Studie – wie bei qualitativen Befragungen in der Regel immer – ist jedoch der personelle Aspekt für den Zugang zu den Beforschten der ausschlaggebende Grund für Face-to-face-Interaktion. Im persönlichen Gespräch lassen sich Aspekte wie Verständnissicherung, empathisches Einfühlen in das Gegenüber und das Wecken einer vertrauensvollen Atmosphäre besser bewerkstelligen als über ein technisches Medium.

Zusammenfassend handelt es sich bei der gewählten qualitativen Interviewform also um eine mündliche, persönliche Befragung, die lediglich gering teilstandardisiert ist, um die „subjektive Sichtweise von Akteuren über vergangene Ereignisse, Zukunftspläne, Meinungen" (Bortz & Döring 2006: 308) usw. zu erheben. Zentral für qualitative Vorgehensweisen ist, dass die Befragten den Interviewverlauf steuern und gestalten, während die Forscherin als engagierte, wohlwollende und emotional beteiligte Gesprächspartnerin auftritt, die flexibel auf die Befragten eingeht, dabei aber ihre eigenen Reaktionen reflektiert (vgl. Bortz & Döring 2006: 308f.). Das, was die Befragten für wichtig erachten, wie sie ihre Erfahrungs- und Lebenswelt darstellen und welche Perspektive sie einnehmen, muss aufgenommen und dargelegt werden (vgl. Froschauer & Lueger 2003: 16). Offene Fragen sind geschlossenen vorzuziehen und der Interviewstil sollte weich sein. Die Intentionen des Interviews sind ermittelnd und analytisch, in geringem Maße jedoch auch diagnostisch. Obwohl auch Gruppenbefragungen möglich sind, wurde die Einzelbefragung gewählt, da es sich häufig um persönliche, möglicherweise intime Themen handelt und die Beeinflussung durch andere ausgeschlossen werden soll.

Im Zuge der Datengewinnung ist im Bereich der qualitativen Forschung darauf zu achten, dass die Daten bestimmte Geltungsansprüche erfüllen, um somit als verlässlich gelten zu können. Legewie (1987) unterscheidet in diesem Zusammenhang, ob der Inhalt der Äußerungen der ProbandInnen als zutreffend gelten kann, ob sie in Bezug auf die Beziehung zwischen ProbandInnen und Forscherin angemessen sind und schließlich, ob die Aussagen aufrichtig in Hinsicht auf die Selbstdarstellung der ProbandInnen sind (vgl. Legewie 1987: 141). Die Geltung der Aussagen lässt sich prüfen, indem die Interviewsituation und der Interviewverlauf analysiert werden. Hierbei ist besonders darauf zu achten, dass Voraussetzungen für nicht-strategische Kommunikation geschaffen worden sind, dass während der Befragung ein Arbeitsbündnis zwischen Forscherin und Befragten vorhanden war und dass keine Regelverletzungen desselben stattgefunden haben (vgl. Legewie 1987: 146; Flick 1987: 248). Wechselseitig produzieren und modifizieren beide Gesprächspartner Deutungs- und Handlungsmuster, schaffen also die soziale Realität, die der Forschung als Grundlage und Erkenntnisobjekt gleichermaßen dienen soll. Antworten und Aussagen der Befragten können hierbei nicht als unabänderlich feststehende Meinungen begriffen werden, sondern sie sind „prozesshaft generierte Ausschnitte der Konstruktion und Reproduktion sozialer Realität" (Lamnek 2010: 318f.). Forschende stehen hier nicht – wie im Labor – außerhalb des Untersuchungsfeldes, sondern begeben sich als PartnerInnen und Mit-Akteure hinein. Dies muss reflektiert und die Einflussnahme muss möglichst gering gehalten werden, soweit es der Studie aufgrund der Fragestellung, des Feldes und des methodischen Designs möglich ist. Besonders zentral ist es im Kommunikationsprozess keine Suggestionen und verzerrende Vorerwartungen zu äußern oder hervorzurufen, damit die Beforschten das Gespräch lenken und so ihre Sicht der Dinge selbstbestimmt darstellen können. Eingriffe, so Lamnek, sollten ausschließlich der Funktionalität des Gesprächsablaufs dienen und stets dezent sein (Lamnek 2010: 319). Die Frage, die sich für die Forschende stellt, ist, ob sich Beeinflussung durch Forschenden jedoch völlig ausschließen lässt, wie es im qualitativen Forschungsparadigma gefordert ist. Die vorliegende Studie basiert auf der Annahme, dass sich in einer Befragungssituation, die der Forschung zuzurechnen ist, niemals ein gleichberechtigtes Verhältnis zwischen Forscherin und Befragten herstellen lässt, selbst wenn dies das erklärte Ziel darstellt. Die Forscherin muss sich jederzeit um eine Atmosphäre bemühen, die ein Arbeitsbündnis ermöglicht und die Aussagen bereits in der Erhebungssituation freundlich hinterfragen. Dennoch werden sich in den Daten Interviewereffekte, soziale Erwünschtheit und möglicherweise geschönte Selbstdarstellungen finden. Dies bedeutet jedoch nicht, dass die von Legewie und Flick aufgestellten Forderungen unnötig sind. Vielmehr ist bei der Aufbereitung und Auswertung der Daten zu beachten, wann und in welchem Maße die Gütekriterien erfüllt sind und wann nicht. Hinweise auf eine Regelverletzung beispielsweise sind aufzugreifen und in die Interpretation einzubinden. Aus diesem Grund ist es für die qualitative Befragung zentral, die Interviewsituation und die Beziehung zwischen Interviewerin und den Interviewten mit zu berücksichtigen und für RezipientInnen der Forschung transparent zu machen.

3.8.1 Fragekonstruktion und Leitfadenerstellung

Nachdem diese grundlegenden, auf den Gütekriterien der qualitativen Forschung basierenden Entscheidungen zur Methodenwahl getroffen wurden, muss die Interviewform weiter differenziert werden: Bortz und Döring (2006) schlagen im Zuge dessen vor, die Art der subjektiven Erfahrung, die erfasst werden soll, als Entscheidungsgrundlage heranzuziehen. Sie unterscheiden die sechs Dimensionen Realitätsbezug (Phantasie oder Beschreibung), Zeitdimension (Erinnerung oder Zukunftsplan), Reichweite (Tagesablauf oder Lebensgeschichte), Komplexität (einfach oder komplex), Gewissheit (Vermutung oder Wissen) und Strukturierungsgrad (freie Assoziation oder Erklärung) der Erlebnisse (vgl. Bortz & Döring 2006: 309). Die vorliegende Studie kann anhand dieser Kriterien als eine Befragung beschrieben werden, die auf die Schilderung realer oder angenommener Zusammenhänge zielt, wie sie von den ProbandInnen erinnert werden. Zwar beinhaltet das Instrument eine Frage zu einem prototypischen, also quasi imaginierten Schüler oder einer Schülerin (s.u. Interviewleitfaden), diese Frage zielt aber ebenfalls auf die Erfahrungswerte der Lehrpersonen ab. Es soll kein Phantasiegebilde beschrieben werden, sondern eine reale Person als Prototyp. Die Reichweite ist nicht definiert, da auf abstrakte Zusammenhänge und nicht auf die Schilderung konkreter Erlebnisse abgezielt wird. Dafür ist die Komplexität als zu hoch zu bewerten, da die erfragten Sachverhalte und Zusammenhänge eng verwoben sind (vgl. hierzu Kap. 3.4.4

Ergebnisse der Beobachtungsphase). Das Interview richtet sich sowohl auf Gewissheiten als auch auf Vermutungen der Lehrenden, was aber in den Interviews anhand von Explizierungen von Unsicherheit oder Gewissheit gut zu unterscheiden ist. Schließlich sollen, da die Studie auf Vorstellungen und Subjektive Theorien abzielt, Erklärungen erfragt werden, um Rückschlüsse auf Strategien der Lehrenden zu ermöglichen.

Des Weiteren soll bei der Planung eines Interviews festgelegt werden, welcher Art die Erlebnisschilderung der Befragten sein soll. Hier lassen sich fünf „Erfahrungsgestalten" (Bortz & Döring 2006: 309) unterscheiden, die in Interviews zu Tage treten: mentale Modelle stellen die umfassendste Erfahrungsgestalt dar. Sie werden auch mit dem Terminus Naive oder Subjektive Theorie bezeichnet. Episoden beziehen sich auf ein konkretes Erlebnis, das ursprünglich erfahren und dargestellt wird. Im Gegensatz zu diesem sind alle anderen Erfahrungsgestalten abgeleitet bzw. beziehen sich auf eine Metaebene. Verlaufsstrukturen sind generalisierte Episoden, die als eine Art Rezeptwissen zur Verfügung stehen. Geschehenstypen hingegen bezeichnen Erfahrungsgestalten, die sich auf einen verallgemeinerten Situationsaufbau beziehen. Konzeptstrukturen schließlich meinen das Orientierungswissen, das in Form von Klassifizierungen und Taxonomien zur Verfügung steht (vgl. Bortz & Döring 2006: 309f.).

Diese Typisierung von Erfahrungen erscheint sinnvoll, wenn man die Ableitung für die Interviewverfahrenswahl in den Blick nimmt. Episoden und Dramen sind höchst subjektiv. Sie werden frei narrativ erfragt, indem man die ProbandInnen die Episode einfach erzählen lässt und die Forscherin sich selbst möglichst non-direktiv verhält. Zur Erfassung von Konzeptstrukturen und Geschehenstypen sind vergleichende Beschreibungen anzuregen, um die unterschiedlichen, nebeneinander stehenden Konzepte und Situationen differenzieren zu können. Verlaufsstrukturen machen häufig Nachfragen nötig, wenn die ProbandInnen nicht jeden einzelnen Schritt eines Ablaufs schildern, da diese unbewusst sind. Zur Erfassung Subjektiver Theorien und mentaler Modelle schließlich dienen offene Fragen zu Ursache und Wirkung, Motiven und Konsequenzen (vgl. Bortz & Döring 2006: 310).

Aus dem Besprochenen lässt sich ableiten, dass das Interview nicht völlig frei und ungeplant ablaufen kann, da all den eben dargestellten Überlegungen der Vorphase im eigentlichen Interview Rechnung getragen werden muss. Da es sich bei qualitativer Forschung aber um offene Forschung handelt, sollen Forschende im Prozess flexibel bleiben. Diese Flexibilität bezieht sich im Kontext der Methode Interview auf das Fehlen von vorab konstruierten und standardisierten Erhebungsinstrumenten. Ohne ein solches ist die Interviewsituation aber wenig vorhersehbar. Wenn sich die PorbandInnen frei äußern und ihre

Sicht auf die Welt artikulieren sollen, kann nicht abgesehen werden, in welche Richtung sich das Gespräch entwickelt, welche Schwerpunkte gesetzt und wie die Aussagen getätigt werden. Interviewende reagieren insofern flexibel, als dass sie sich dem Verhalten der Befragten anpassen, Interesse und Zustimmung zum Verlauf des Gesprächs signalisieren, nicht jedoch das Ziel des Gesprächs aus den Augen verlieren und stets die Forschungsfrage und das Interesse der Studie im Blick behalten. Es erscheint sinnvoll, der Interviewerin etwas an die Hand zu geben, das offen genug ist, das Interview als Nachbildung einer natürlichen Gesprächssituation nicht zu stören, gleichermaßen aber eine Orientierung bietet, um wichtige Punkte nicht zu vergessen, alle Befragten ungefähr mit denselben Themen zu konfrontieren und somit Vergleichbarkeit über den Einzelfall hinaus zu ermöglichen. Dazu eignet sich die Erstellung eines offenen, qualitativen Standards entsprechenden Leitfadens als Grundlage.

Nachdem die Entscheidung für eine Interviewform getroffen ist, folgt die Klärung der zu stellenden Fragen und wie diese formuliert werden sollen (vgl. Helfferich 2009: 178). Da einerseits subjektive Vorstellungen als auch Konzeptstrukturen und Geschehenstypen erhoben werden sollen, müssen verschiedene Fragetypen bedacht werden, um diese Informationen umfassend zu erheben. Dazu bietet sich die Planung mittels eines Interviewleitfadens an, eines Instruments, in dem Fragen und Erzählaufforderungen festgehalten werden und das sich erfahrungsgemäß gut eignet, um Formen des Alltagswissens zu erheben (vgl. Helfferich 2009: 178f.). Das Leitfadeninterview zeichnet sich dadurch aus, dass die Interviewsituation einerseits durch die Forschenden vorbereitet und strukturiert ist, andererseits aber eine relativ offene Gestaltung vorliegt, in der die Sichtweise, aber auch die Verbalisierungskompetenz und Reflexivität des Subjekts zur Geltung kommen kann (vgl. Flick 2011: 194). Aus diesem Grund scheint es besonders geeignet, die eben beschriebenen Kriterien der qualitativen Forschung zu erfüllen. Dazu muss die Leitfadengestaltung bestimmten Regeln folgen, die von Helfferich (2009) zusammengestellt worden sind: Der Leitfaden muss in seiner Gesamtheit aber auch in seinen Bestandteilen den Kriterien qualitativer Forschung genügen, also die Kommunikationsfähigkeit der Beforschten nutzen und diese sich frei entfalten lassen. Daraus lässt sich ableiten, dass der Leitfaden nicht zu viele Fragen beinhalten darf, denn dies verführt zum einfachen Abhaken der Themen und schränkt die Redezeit und -freiheit der Beforschten ein. Gleichfalls sollte der Leitfaden übersichtlich gestaltet sein. Dies ist darauf zurückzuführen, dass es sich bei der Befragung um ein möglichst natürlich wirkendes Gespräch handeln sollte, in dem sich die Interviewerin auf die Befragten und deren Aussagen konzentrieren kann und nicht durch ein unhandliches Instrument abgelenkt wird. Aus demselben Grund sollte sich das Instrument an den natürlichen Erinnerungsfluss anlehnen und keine Sprünge oder Abbrüche enthalten. Generell gilt, dass zu Beginn erzählungsgenerierende Fragen stehen sollen, im Zuge derer die Beforschten eine längere Darstellung generieren. Nachfragen und Fragen, die keine längeren Aussagen hervorrufen, bilden den Abschluss. Bei der Abarbeitung der Fragen kann die Reihenfolge variabel gehandhabt werden, denn die Interviewerin sollte versuchen, dem Gesprächsfluss und der Gestaltung, wie sie durch die Beforschten erfolgt, zu folgen und nicht auf einer vorher festgelegten Reihenfolge zu beharren. „Priorität hat die spontan produzierte Erzählung" (Helfferich 2009: 180), die die Interviewerin durch eine offene, interessierte Haltung unterstützt. Stures Beharren auf Fragen, wie sie im Leitfaden artikuliert sind, ist nicht sinnvoll (vgl. Lamnek 2010: 319). Zum einen bringt es keinen Erkenntnisfortschritt, bei der Befragung auf etwas zu beharren, zu dem die ProbandInnen nichts sagen können oder wollen, denn auch die Tatsache, dass sie nichts sagen, hat Wert für die Analyse und Interpretation. Zum anderen sollen die Befragten ernst genommen werden, was man nicht durch stures Verhalten erreicht, sondern durch einen respektvollen Umgang, der auch Unbeantwortetes akzeptiert. Andernfalls kann im schlimmsten Fall das Gespräch abgebrochen und die Teilnahme an der Studie zurückgezogen werden (vgl. Lamnek 2010: 319).

Schließlich ist festzuhalten, dass die Fragen im Leitfaden nicht einfach aufeinander folgen, sondern strukturiert werden müssen. Um dies zu erklären, lohnt es sich, tiefer in die Herstellung des für die Studie verwendeten Leitfadens einzusteigen. Helfferich (2009) schlägt vor, die Gestaltung des Leitfadens am sog. SPSS-Prinzip zu orientieren. Damit ist gemeint, dass zuerst alle möglichen interessierenden Fragen gesammelt (S) und die Liste der Fragen anhand der Aspekte Vorwissen und Offenheit geprüft werden (P), um unnötige zu streichen. Anschließend werden die Fragen sortiert (S), um die zeitliche Dimension zu berücksichtigen, und in einem letzten Schritt die Fragen unterhalb von offenen Erzählaufforderungen zu subsumieren (S) (vgl. Helfferich 2009: 182-185).

In der vorliegenden Studie wurde der erste Schritt – die Sammlung von Fragen – durch die Ergebnisse der Beobachtungsphase unterstützt. Die hier aufgefundenen, für Sprachförderung im Fach Biologie bedeutsamen Erkenntnisse wurden als Grundlage herangezogen, um alles zu sammeln, was für die Beantwortung der Forschungsfrage interessant sein könnte. Wie von Helfferich vorgeschlagen, wurden dabei „möglichst viele Fragen zusammengetragen" (Helfferich 2009: 182, kursiv im Original), ungeachtet dessen, ob diese später Verwendung finden konnten oder nicht. Auch Fragen, die im ersten Anlauf geschlossen geplant sind, sollen aufgenommen werden. Diese können in einem späteren Schritt umformuliert, geöffnet oder subsumiert werden.

In der zweiten Phase wurde diese umfassende Frageliste reduziert und gekürzt. Alle Fragen, die auf Faktenwissen abzielen, wurden gelöscht, ebenso wie Fragen, deren Antworten einsilbig gegeben werden können. Die Fragen wurden weiterhin darauf geprüft, ob sie die subjektive Sichtweise erfassen können und umfangreiche Antworten generieren (vgl. Helfferich 2009: 182f.). Ziel einer Erzählaufforderung ist es, „dass die Erzählpersonen genug Text [...] generieren, dass Material für die Auswertungsfrage vorliegt" (Helfferich 2009: 184). Besonderes Augenmerk bei der Zusammenstellung der Fragen lag auf den von Bortz und Döring getroffenen Unterscheidungen zwischen der Erfassung von Konzeptstrukturen und mentalen Modellen (vgl. Bortz & Döring 2006: 310). Sollten subjektive Vorstellungen erfragt werden, wurde mit einer möglichst offenen Gesprächsaufforderung begonnen, die im Anschluss daran mittels Nachfragen zu Schwierigkeiten und zu möglichen Lösungen erweitert wurde, um damit die Vorstellungen zu Diagnose und zu Strategien zu erheben.

Zur Erhebung von Konzepten und Geschehenstypen wurden Vergleichsfragen formuliert, die Unterschiede in benachbarten Konzepten sichtbar machen sollten. So entstand der verwendete Leitfaden, beginnend mit einer möglichst offenen Frage, die die Expertise der Lehrenden einbezieht und sie zum Reden animieren soll, gefolgt von den Themenkomplexen, die je nach Gesprächsverlauf und Themenwahl der Befragten in variabler Reihenfolge ausgewählt und thematisiert wurden. Abgeschlossen wird der Leitfaden von der Schlussfrage, die den Befragten die Gelegenheit geben soll, bisher Vernachlässigtes zu nennen und eigene Themenkomplexe einzubringen, sie aber auch als GesprächspartnerInnen und ExpertInnen zu würdigen. Dabei wurden mögliche Formulierungsalternativen aufgenommen, um die Frage gegebenenfalls modifizieren und verständlicher machen zu können.

3.8.2 Durchführung der Interviews

Wie bereits besprochenen ist für ein Gelingen des Interviews das Vertrauensverhältnis zwischen Forschender und Beforschten zentral, da nur auf dieser Basis die nötige Offenheit der Befragten garantiert werden kann, die das prozesshafte Verstehen ermöglicht. Um dieses Vertrauen zu schaffen, wurden die GesprächspartnerInnen explizit auf die Zielrichtung des Interviews hingewiesen, und es wurde ihnen bereits in der Hospitationsphase offengelegt, dass die Untersuchung versucht, die Sprache des Faches Biologie, also verwendete Texte, Diskurse und sprachliche Handlungen zu erfassen und zu beschreiben. Damit einher ging häufig eine gewisse Unsicherheit der ProbandInnen, da diese sich nicht als SprachexpertInnen begreifen und daher Sorge hatten, ihr Unterricht könnte negativ bewertet werden. Deshalb wurde klar erläutert, dass es bei Beobachtung und Interview nicht um Bewertung gehen soll und kann, sondern um eine Beschreibung dessen, was durch die Forscherin vorgefunden wurde.

Dabei wurde die Rolle als Fach-ExpertIn der betreffenden Lehrenden gestärkt, indem die Forscherin betonte, dass sie fachlich den Biologieunterricht nicht bewerten oder kritisieren kann, da sie selbst keine Expertise als Biologielehrende hat, und dass die Fragen im Interview dem Verständnis des Beobachteten dienen. Es wurde explizit darauf hingewiesen, dass die subjektive Perspektive der Befragten erwünscht ist und diese sich ganz auf ihr eigenes Erleben der besprochenen Themen und Situationen konzentrieren sollen. Außerdem wurde im Vorfeld erläutert, dass Irritationen auftreten können, diese jedoch grundsätzlich nicht als Angriff zu verstehen seien, sondern verschiedene Ursachen haben können, unter anderem die Tatsache, dass die Forscherin das Fach Biologie nicht studiert hat und aus der Sicht einer Deutschlehrerin fragt. Die ProbandInnen wurden freundlich aufgefordert, solche Irritationen auch zu verbalisieren und ihre Sicht der Dinge kundzutun. Ihre Gefühle sollen in der Befragung nicht zurückstehen, sondern ernstgenommen werden. Sie wurden darauf hingewiesen, dass sie Fragen nicht zu beantworten hatten, wenn sie dies nicht wollten, jedoch wurde darum gebeten, dies explizit zu machen, damit es als Teil des Prozesses in die Ergebnisanalyse einbezogen werden könne. Schlee führt aus, dass es durchaus zu inhaltlichen Kontroversen im Gespräch kommen darf (vgl. Schlee 1988: 26), Flick (2011) geht davon aus, dass die Erfassung von Subjektiven Theorien nur gelingen kann, wenn die Forschenden solche Kontroversen suchen und durch gezielte Konfrontationsfragen herbeiführen.

Zusätzlich zum passenden Herantreten an die Beforschten sollen die Gesprächssituation und das Umfeld für das Interview optimal gestaltet sein. Aus diesem Grund wurde es den Befragten überlassen, wo sie sich interviewen lassen möchten und es wurde deutlich gemacht, dass es darum geht, dass sie sich wohl und unbefangen fühlen können. Auf diese Weise kamen verschiedene Interviewworte zustande: Eine Person ließ sich in ihrer Freizeit in einem Café befragen, andere wählten die Lehrerbibliothek während einer Freistunde, einen Material- und Lagerraum sowie einen Unterrichtsraum der Schule, und eine Person ließ sich zu Hause befragen. Einzige Voraussetzung, die von der Forscherin an den Ort des Interviews herangetragen wurde, war, dass eine ungestörte Unterhaltung möglich ist. Dies war in Räumen der Schule nicht immer gegeben, doch es wurde auch hier den Wünschen der zu Befragenden entsprochen: Wenn diese sich lieber im Rahmen einer Freistunde in der Schule befragen lassen wollten, wurde dies bevorzugt, auch wenn die Gefahr bestand, dass jemand das Interview stören könnte.

Um herauszuarbeiten, ob der Anspruch, eine angenehme und vertrauensvolle Gesprächsatmosphäre zu schaffen, erfüllt wurde, schloss sich nach dem Abschalten des Diktiergeräts immer eine Phase des zwanglosen Gesprächs an, in dem auch das Befinden während des Interviews thematisiert wurde. In der Pilotierung zeigte sich, dass alle Befragten nach dem Interview gelassener als vorher waren. Mehrere befragte Personen sagten im Anschluss an das Interview, dass sie es sich schlimmer vorgestellt hätten, da sie von Sprache nicht viel wissen und unsicher gewesen seien, ob sie alle Fragen beantworten könnten. Da die Fragen aber offen gewesen seien, haben sie zu allem etwas sagen können. Eine Lehrperson, die im Rahmen der Pilotierung befragt wurde, sagte, sie sei überrascht gewesen, wie viel sie tatsächlich hatte sagen können und dass ihr dies im Nachhinein nun auch logisch und sinnvoll erschien, obgleich sie von sprachlichen Fragen keine Ahnung habe. Es lässt sich also festhalten, dass die ProbandInnen nach eigener Aussage das Interview als positiv und offen erlebt haben. Dies steigerte sich in der Strukturlegephase noch einmal (vgl. Kapitel 3.7.3 Rekonstruktion der Interviewaussagen). Die Lehrenden waren mit Interesse bei der Sache und verdeutlichten, in dieser Phase ein positives Gefühl mit der Forschung zu verbinden. Mehrere Lehrkräfte kommentierten in der Strukturlegephase, dass sie zum ersten Mal so über den Fachunterricht und dessen Sprache nachgedacht haben, zur Reflexion angeregt wurden und für sich bedeutsame Dinge erschlossen haben. Zwei Befragte baten darum, ihre gelegte Struktur als pdf-Datei zugesendet zu bekommen, um sich ihre Aussagen nochmals ansehen zu können. Dies spricht für den Erfolg des Vorgehens, da die Lehrpersonen eindeutig aufzeigten, dass sie sich ernstgenommen fühlen und sich in die Forschung trotz anfänglicher Zweifel voll einbrachten. Als Beleg dafür mag auch dienen, dass die Beteiligten der Pilotierung die Forscherin an die anderen Lehrenden empfahlen und sich für das Projekt im Kollegium aussprachen.

Dieses Anstoßen von Reflexion, die von allen Befragten explizit genannt und sogar als vorteilhaft dargestellt wurde, ist ein zentraler Aspekt im Erforschen von Subjektiven Theorien, ist es doch Beleg dafür, dass solche Theorien unter Umständen erst durch die Forschung den Betreffenden in vollem Maße bewusst werden.

3.9 Datenfixierung und Aufbereitung mittels Transkription

Um die Interviewdaten für die Analyse zugänglich zu machen, werden sie mit Hilfe eines Diktiergeräts aufgezeichnet, um sie im Anschluss zu verschriftlichen (vgl. Kuckartz 2012: 134). Bei Aufnahmen von Interviews ist zwischen reinen Audioaufnahmen und solchen, die auch ein Bild aufzeichnen, zu unterscheiden. Der Vorteil von audio-visuellen Daten liegt in der Tatsache, dass verbale Sprache in der Regel von non- und paraverbalen Signalen begleitet wird, die eine Kamera zusammen mit dem gesprochenen Wort aufzeichnet. Als nachteilig ist zu nennen, dass die Aufzeichnung mit Bild noch mehr Ablehnung hervorrufen kann als die reine Audioaufzeichnung, da sich ProbandInnen weniger befangen fühlen, wenn nur ihre Stimme aufgenommen wird. Bei der reinen Audioaufzeichnung entfallen Sorgen über das Aussehen und es erscheint anonymer, da kein Bild mit den Worten fixiert wird. Auch diese Aufzeichnungen können Ängste auslösen, doch in deutlich geringerem Maße als Videoaufnahmen (vgl. Kuckartz 2012: 134). Erfordert die Fragestellung der Studie die Aufzeichnung von visuellen Daten, weil es beispielsweise interessant ist, von welchen paraverbalen Signalen die Aussagen begleitet werden, ist darauf zu achten, den Sinn und Zweck der Kameraaufzeichnung mit den ProbandInnen detailliert zu besprechen, Ängste abzubauen, die Kamera so aufzustellen, dass sie nicht permanent präsent ist usw. Für die vorliegende Studie erschien dieser Aufwand unverhältnismäßig. Zum einen verfügen die ProbandInnen über wenig Zeit, weshalb eine lange Gewöhnungsphase schwierig umsetzbar war. Zum anderen ist das Thema, das im Interview behandelt wird, bereits mit Ängsten besetzt, weshalb es nicht sinnvoll war, diese mit der Aufzeichnungsmethode noch zu vergrößern. Der letzte Grund, der für die Audioaufzeichnung spricht, ist, dass visuelle Daten zur Beantwortung der Forschungsfrage keine zusätzlichen Informationen liefern. Es soll darum gehen, die Aussagen so zu nehmen, wie sie getätigt werden, und nicht in Mimik und Gestik nach Hinweisen für Unwahrheit zu forschen. Im Rahmen der Vorstellung von der ProbandIn als erkenntnisfähigem und argumentierenden Subjekt ist diese Ansicht zu rechtfertigen. Die Aufzeichnung geschah offen und wurde im Vorfeld mit den ProbandInnen thematisiert, Sinn und Zweck dargelegt und über die weitere Verarbeitung der Daten gesprochen. Im Zuge dessen wurde auch das Einverständnis, die Daten für wissenschaftliche Zwecke zu nutzen, eingeholt. Die schriftliche Versicherung, dass die Aufzeichnungen nur der Forscherin zur Verfügung stehen und alle Informationen anonymisiert verwendet werden, konnte weiter zur Minderung von Abwehrverhalten und Ängsten beitragen, ehe das Interview begonnen wurde.

Der Übergang von der Datenerhebung und -sammlung zur Datenanalyse ist geprägt von der Frage, wie die Daten für die Analyse aufbereitet werden. Um sie analysieren zu können, müssen sie transkribiert werden. Unter Transkription versteht man die Übertragung aufgezeichneter Verbalsprache in schriftliche Form anhand vorab festgelegter Regeln (vgl. Kuckartz 2012: 133). In der Regel geschieht diese Übertragung durch das Abtippen der Audiodaten. Dieses Vorgehen ist aus mehreren Gründen für die qualitative Studie unabdingbar: mündliche Aussagen, wie sie im Interview getätigt werden, sind flüchtig und die Erinnerung an das zurückliegende Gespräch ist lückenhaft. Liegt das Interview in Form eines Transkripts vor, ist es fixiert, und Aussagen können immer wieder angesehen werden. Dies wäre auch bei einem mittels Audioaufzeichnung fixierten Interview der Fall – man könnte es ja immer wieder anhören. Der Audiomitschnitt kann aber nur von der Forscherin selbst verwendet werden, da es nicht den Maßgaben der Anonymität und Vertraulichkeit entspricht. In der Regel nennen Personen im Interview ihren richtigen Namen und sind möglicherweise an der Stimme zu erkennen. Soll das Interview aber aus Gründen der intersubjektiven Nachvollziehbarkeit Dritten zugänglich gemacht werden, beispielsweise im Rahmen einer Dissertationsstudie, muss Anonymität der ProbandInnen gewährleistet sein (vgl. Kuckartz 2012: 140). In Form eines schriftlichen Transkripts können Namen und andere Hinweise auf die Person ohne großen Aufwand verändert und anonymisiert werden.

Ein weiterer Grund für die Transkription im Rahmen von Forschungsarbeiten ist, dass die Aussagen so einer Reihe von Analysemöglichkeiten zugänglich gemacht werden können, die mit der Audioaufnahme selbst schlechter oder gar nicht möglich wären. Durch das schriftliche Vorliegen können Teile des Gesprächs visuell markiert, herausgetrennt und in neuen Zusammenhängen angeordnet werden.

Welche Form bei der Transkription gewählt wird, hängt von der Fragestellung der Arbeit und der damit einhergehenden Analysetechnik ab (vgl. Kuckartz 2012: 135-138). Interessiert sich die Forschung beispielsweise dafür, wie Bedeutsamkeit hergestellt wird, sind Tonhöhen, Betonungen, Pausen usw. interessant und müssen im Transkript wiedergegeben werden. Untersucht man die Syntax der gesprochenen Sprache, erhalten Pausen noch mehr Bedeutung, da sich diese Einheiten voneinander abgrenzen und so syntaktische Bezüge herstellen. Orientiert sich die Fragestellung eher an soziologischen oder psychologischen Gesichtspunkten, kann die Gestalt der Sprache unter Umständen völlig vernachlässigt werden. Dies gilt besonders in Bezug auf Dialekt und Umgangssprache. Diese können im Transkript, je nach Fragestellung, geglättet und der Norm angepasst werden. Damit erreicht man eine verbesserte Lesbarkeit, die auch die Analyse erleichtert (vgl. Kuckartz 2012: 135, Flick 2011: 380). Es muss also je nach Fragestellung entschieden werden, welche Transkriptionsform sinnvoll ist. Dabei darf nicht vergessen werden, dass jedes Transkript – egal wie detailliert es ist – nur einen Ausschnitt aus der Kommunikation präsentiert. In der Kommunikation spielen zu viele Faktoren eine Rolle, die nicht alle erfasst werden können. Selbst wenn sich das Transkript sehr an der Lautsprache orientiert, werden darin Gestik, Mimik, Ort, Raumsituation, Geruch und Haptik nicht oder nur in Ansätzen erfasst (vgl. Dresing & Pehl 2013: 16).

Im Rahmen der Gesprächsanalyse sind verschiedene Systeme entwickelt worden, um möglichst viele Aspekte der Kommunikation aufzugreifen. Diese Formen der Transkription (HIAT, GAT, GAT2, vgl. überblickshaft Dittmar 2002) werden im Folgenden nicht detailliert vorgestellt, da sie sich nicht für die Behandlung der vorliegenden Forschungsfrage eignen. Da die Vorstellungen der Lehrenden interessant sind, erscheint es nicht sinnvoll, Tonhöhenverläufe, lautliche Besonderheiten und dialektale Färbung zu transkribieren. Eine auf den Inhalt von Sprache ausgerichtete Forschung sollte sogar auf diese Detailtranskription verzichten, um nicht den Blick auf die eigentlich interessanten Teile zu verstellen. In Anlehnung an Kuckartz (2012) sowie Dresing & Pehl (2013) wurde ein Transkriptionssystem verwendet, was die Sprache leicht glättet, für besonders starke Ausprägungen aber offen ist.

3.10 Erste Überlegung zur Bearbeitung der Transkripte

Wie bereits dargelegt wurde, gelten für qualitative Forschungsvorhaben andere Gütekriterien als für quantitative Studien. Die Forderung nach der Orientierung an Gütekriterien gilt für die Sammlung der Daten ebenso wie für die Auswertung und Interpretation, da alle Prozesse im Forschungsverlauf von den Forschenden auf der Basis solcher Gütekriterien geprüft und Entscheidungen offengelegt werden müssen, um dem Vorwurf der Subjektivität zu begegnen. Für die Datenerhebung und Sammlung sind bereits Qualitätsmerkmale in Bezug auf das Interview offengelegt und das Vorgehen begründet worden, doch dies muss für die Datenauswertung erneut passieren. Gerade die Datenauswertung ist ein Prozess, in dem die Forscherin mit den gewonnen Daten zu arbeiten beginnt und versucht, die Sichtweise der ProbandInnen zu verstehen und nachzuvollziehen. Dies darf nicht ungeleitet und unsystematisch geschehen, da sonst die Gefahr besteht, etwas in die Daten zu interpretieren, was nicht dem entspricht, was von den Befragten gemeint wurde. Um dem vorzubeugen, wurden verschiedene Verfahren entwickelt. Besonders bedeutsam im Prozess der Datenauswertung ist das Gütekriterium der Validität, also der Gültigkeit der Annahmen, weshalb diesem im Folgenden ein besonderer Stellenwert zukommt. Das Ausmaß der Validität von qualitativ gewonnenen Daten kann von der Forscherin allein nicht bestimmt werden, sondern muss in Form eines Arbeitsbündnisses mit den Beforschten gesichert werden (vgl. Flick: 1987: 249). Dafür haben sich im Zuge der Erforschung von Subjektiven Theorien zwei Verfahren herausgebildet, die im Folgenden beschrieben, problematisiert und dann in ihrer Anwendung in der vorliegenden Studie erläutert werden.

3.10.1 Kommunikative Validierung

Die Vorstellungen, die im Interview thematisiert werden, fußen auf den jeweiligen Subjektiven Theorien der Befragten, also auf verbalisierbaren Wissensbeständen und -komplexen, die die Grundlage für intentionales Handeln darstellen. Das Interview wird deshalb von Groeben, Wahl, & Scheele als Selbstauskunft der Befragten bezeichnet, die der Forscherin „die internen Bedingungen und Bezugspunkte [des] Handelns beschreibt" (Groeben, Wahl, & Scheele 1988: 25). Da die Innenperspektive der Beforschten häufig von diesen nicht auf Anhieb präzise ausgeführt werden kann, insbesondere, wenn es sich wie in der vorliegenden Studie um wenig bewusstes Wissen handelt, das dem Individuum vielleicht erst im Forschungsprozess präsent wird, ist für die Erforschung der Vorstellungen der Dialog und die gemeinsame Rekonstruktion mit den ProbandInnen notwendig. Dieser findet sich einerseits im eben beschriebenen qualitativen Interview, in dem die Befragten durch strukturierte Gesprächsaufforderungen und Nachfragen zur Verbalisierung ihrer Innenperspektive angeleitet wurden. Dialog bedeutet in der Theorie von Groeben, Wahl, & Scheele andererseits aber auch, dass die Beforschten aktiv in die Strukturierung ihrer Aussagen eingreifen können, und das in einer Form, die über das Interview hinausgeht (vgl. Groeben, Wahl, & Scheele 1988). Gemäß dem Fall, dass einige Sachverhalte, die im Interview geäußert wurden, hier zum ersten Mal gedacht und verbalisiert wurden, oder zumindest in dieser Form und Eindeutigkeit, wäre es aus der Perspektive des qualitativen Ansatzes falsch, diese Daten weiter zu verarbeiten, ohne den Beforschten eine Chance auf weiteres Einbringen zu geben (Flick 1987: 253). Befragte sollen möglichst aktiv und konstruktiv in den Forschungsprozess einbezogen werden, weshalb es notwendig ist, eine zweite Phase anzuschließen, die das gegenseitige Verständnis und die Übereinstimmung sichert. Eine solche Phase wird als kommunikative Validierung bezeichnet. Dabei ist darauf zu achten, dass „die Fähigkeit des Erkenntnis-Objekts [die Befragten, Anmerk. der Verfasserin] zur Reflexivität und Rationalität optimale Realisierungschancen erhält" (Groeben, Wahl, & Scheele 1988: 26). Dazu dienen zum einen im Vorfeld die bereits erwähnten Maßnahmen zur Vertrauensbildung und zur Herstellung einer konstruktiven, partnerschaftlichen Atmosphäre, zum anderen aber auch die Aufklärung über den Untersuchungszweck und -ablauf. Im Anschluss an das Interview hingegen soll die Einbeziehung der Forschungssubjekte durch weitere Maßnahmen gestaltet werden, unter denen die strukturierte Rekonstruktion und Visualisierung der Aussagen mittels Strukturlegeverfahren besonders hervorzuheben ist.

Groeben, Wahl, & Scheele definieren kommunikative Validierung als „Überprüfung der Rekonstruktionsadäquanz der Subjektiven Theorie durch den Dialog-Konsens zwischen Forscher und Erforschtem" (Groeben, Wahl, & Scheele 27). kommunikative Validierung ist demnach eine Methode, die Interpretation von Daten damit abzusichern sucht, dass sie die Interpretation in Übereinstimmung mit den Interviewten herstellt (vgl. Flick 1987: 253). Diese Phase kann unterschiedlich gestaltet sein, und es sind von der Forschung verschiedene Verfahren zur Erfassung der Struktur einer Subjektiven Theorie entwickelt und empirisch überprüft worden. Viele dieser Vorgehensweisen greifen auf die Visualisierung der strukturellen Eigenschaften der Subjektiven Theorie mit Hilfsmitteln zurück, die von den ProbandInnen gelegt werden. Der darauf rekurrierende Begriff Strukturlegeverfahren bezeichnet demnach „graphische Verfahren, mit deren Hilfe Schaubilder der Subjektiven Theorien erstellt werden können" (Dann & Barth 1995: 31). Sie bestehen aus den bereits erwähnten und im Interview genannten Konzepten, die in begrifflicher Form auf Kärtchen geschrieben werden, sowie aus formalen Relationen, die der Verknüpfung der Konzepte dienen. Klassischerweise werden die Relationen ebenfalls auf Kärtchen notiert, damit sie immer wieder neu angeordnet werden können. Die kommunikative Validierung in Form von Kärtchen soll einerseits den Befragten helfen, ihre subjektive Vorstellung zu explizieren, andererseits der Forscherin, diese zu verstehen. Einen Überblick über die Vielzahl an Strukturlegeverfahren bietet Dann (1992).

Vorteilhaft an den Verfahren ist, dass sie Zugang zum „subjektivtheoretischen ‚Funktionswissen' einer Person" (Dann & Barth 1995: 32, Anführungszeichen im Original) bieten. Dieses Wissen kann nach Dann und Barth als „Erklärungspotential" (ebd.) verstanden werden. Die AutorInnen unterscheiden eine zweite Form von Wissen, das sogenannte Herstellungswissen, das vermittelt, wie sich eine Person in bestimmten Situationen verhält. Die aufgezeigten Strukturlegeverfahren sollen aus diesem Grund direkt auf die konkrete Handlung der Akteure folgen und anschließend mittels Handlungsvalidierung abgeglichen werden. Weil die Handlungsvalidierung in vielen Verfahren zur Erfassung Subjektiver Theorien und Vorstellungen eine bedeutende Rolle spielt, wird das Verfahren im Folgenden beispielhaft vorgestellt und anschließend mit Bezug auf die vorliegende Studie problematisiert.

3.10.2 Handlungsvalidierung

Groeben, Wahl, & Scheele merken an, dass mittels der bereits beschriebenen kommunikativen Validierung die Argumentationsstrukturen richtig verstanden und beschrieben werden können, dieses Verfahren jedoch keine Aussage über die empirische Gültigkeit impliziert. Um dem zu begegnen, schlagen die AutorInnen eine weitere Validierung vor: die explanative (vgl. Groeben, Wahl, & Scheele 1988: 28) oder Handlungsvalidierung (vgl. König 1995: 20). Diese Form des Datenabgleichs wurde entwickelt, um herauszufinden, ob das, was die Befragten mittels der Subjektiven Theorien explizieren, auch Einfluss auf ihre Handlungen nimmt. Da Subjektive Theorien als Zusammenführung von Wissen und Handlung gedacht werden, ist diese Frage nicht unerheblich für deren Erforschung. Dieses Verfahren zur „Realgeltung erforschter Subjektiver Theorien" (Flick 1987: 255) wird als notwendig erachtet, wenn die Methoden der Datengewinnung umstritten sind und deshalb die Daten nicht in Bezug auf ihre Güte abgeschätzt werden können. Dann & Barth (1995) illustrieren das Vorgehen einer Kombination von kommunikativer und Handlungsvalidierung im Rahmen der Erforschung Subjektiver Theorien am Beispiel einer Lehrerin, die zur Anleitung von Gruppenarbeit befragt wird:

Zunächst wurden die inhaltlichen Konzepte und einzelnen Relationen der Subjektiven Theorie mittels eines Interviews erfasst. Außerdem hospitieren die ForscherInnen in der realen Handlungssituation, in der die betreffende Lehrerin Gruppenarbeiten anleitet. Im Anschluss an eine solche Situation wird mit der Akteurin „eine handlungstheoretisch strukturierte Befragung über eine konkrete Handlungssequenz durchgeführt. Das Vorgehen besteht darin, die während der Sequenz aufgetretenen aktuellen Kognitionen, Emotionen und Motivationen des Akteurs (z.B. der Lehrkraft) möglichst vollständig zu erfragen und von nachträglichen Gedanken dazu abzugrenzen" (Dann & Barth 1995: 38, Klammern im Original). Daraus wird die Struktur erstellt, indem die Konzepte auf Kärtchen geschrieben und gemeinsam gelegt werden. Daran schließt sich eine erneute Hospitation an, um zu prüfen, inwieweit die gelegte Struktur der Realität entspricht. Diese Beobachtungen werden erneut besprochen und die Struktur wird so lange ergänzt, bis sich eine umfassende, alle Bestandteile der Anleitung von Gruppenarbeit integrierende Struktur ergibt. „Grundsätzlich wird die Abfolge Handlungssituation – Interview – Strukturlegen bei jedem Termin erneut durchlaufen" (Dann & Bart 1995: 40, Unterstreichung im Original). Die ForscherInnen sind in diesem Prozess dazu angehalten, bis zur vollständigen Klärung voranzuschreiten, indem sie insistieren, auf Widersprüche aufmerksam machen und alternative Sichtweisen aufzeigen. „Dies ist nur möglich, wenn eine vertrauensvolle und akzeptierende Gesprächsatmosphäre auf der Beziehungsebene geschaffen werden kann" (Dann & Barth 1995: 40f.). Das Ergebnis ist eine Handlungsstruktur mit integrierten Begründungen, die kleinschrittig alle Entscheidungen während der Anleitung von Gruppenarbeiten aufzeigt. So lässt sich in der Struktur die Wahl von Alternativen nachvollziehen, die getroffen wird, wenn die Anleitung nicht gelingt.

Wie an diesem Beispiel sehr gut gezeigt wird, können kommunikative und Handlungsvalidierung im Idealfall nicht alleinstehen, wenn Subjektive Theorien als Verbindung von Wissen und Handlung gedacht werden, da sich die explizierten Vorstellungen in der konkreten Handlung spiegeln sollen. Die Phasen von Beobachtung, Gespräch, Legen der Struktur und Auswertung folgen aufeinander und wiederholen sich, bis in enger Zusammenarbeit mit der Probandin eine Struktur entstanden ist, die als valide in beide Richtungen gelten kann. Gleichzeitig illustriert das Beispiel aber auch den Umfang an Arbeit, die nicht nur von den Forschenden, sondern auch von den Beforschten erwartet wird, um diese Struktur zu erstellen. Bei der Probandin handelt es sich um eine Lehrerin, die sehr an der Erforschung des Sachverhalts interessiert ist und sich bereiterklärt, diese Arbeit auf sich zu nehmen. Ist die Forschung auf so viel Engagement und Initiative der Beforschten angewiesen, reduziert sich die Menge der ProbandInnen – besonders im Kontext Schule, wo viele Lehrende über Überarbeitung klagen – drastisch. Die Selektion der Stichprobe kann als außerordentlich bezeichnet werden, da die Bereitschaft, diese Menge Zeit und Arbeit zu investieren, nur bei sehr wenigen, ohnehin schon sehr reflektierten und an einer Verbesserung ihrer Fähigkeiten interessierten Lehrenden zu finden ist. Außerdem gilt der Zeitfaktor nicht nur für die Beforschten, sondern auch für die ForscherInnen: Verbringt man intensiv Zeit mit einer einzigen Probandin, kann man sehr in die Tiefe gehen, aber eben nur diese eine Probandin beforschen. Liegt es aber im Erkenntnisinteresse, ein breiteres Bild zu gewinnen, muss anders vorgegangen werden.

Noch bedeutsamer als die eben angeführte Begründung ist jedoch die Implikation, die Handlungsvalidierung für das der Studie zugrundeliegende Menschenbild innehat. Flick (1987) merkt an, dass der Anspruch, die Akteure des Feldes ernst zu nehmen, durch die Nutzung der Handlungsvalidierung nicht konsequent eingehalten wird. Dialog-Konsens-Methoden zielen auf die Rekonstruktion der Subjektiven Theorie und nicht auf die „inhaltliche Angemessenheit der Abbildung des Untersuchungsgegenstands in den vorliegenden Daten" (Flick 1987: 253). In dem von Groeben, Wahl, & Scheele (1988) vorgeschlagenen Vorgehen, zu den Interviewdaten Beobachtungsdaten als Handlungsvalidierung zuzuführen, ist die kommunikative Validierung als der Handlungsvalidierung untergeordnet zu sehen. Flick kritisiert zu Recht, dass diese Darstellung den Anspruch des Forschungsprogramms Subjektive Theorien negiert. Überspitzt formuliert bedeutet das Festhalten an einer Handlungsvalidierung, dass trotz des im Vorfeld propagierten Einbezugs der Forschungssubjekte als aktiv, sinnhaft handelnder Personen doch die eigentliche Handlung von den Forschenden überprüft werden muss, um herauszufinden, ob die ProbandInnen auch die Wahrheit über ihre Handlungen aussagen (vgl. Flick 1987: 256f.). Dies ist aber genau betrachtet nichts anderes als das von außen sichtbare Verhalten zu beobachten und daraus den kommunizierten Theorien übergeordnete Schlüsse zu ziehen, was den Subjektgedanken stark einschränkt. Will man die Aussagen der Beforschten als deren Sicht der Welt ernst nehmen, ist die Prüfung dieser Realitätsadäquatheit nicht sinnvoll.

Schließlich ist gegen eine Handlungsvalidierung anzuführen, dass die vorliegende Studie nicht einzelne Handlungsschritte, wie im Beispiel der Planung und Durchführung einer Gruppenarbeit, sondern Vorstellungen und Wissensbereiche zu umfassenderen, breiteren Themen untersucht. Diese wirken als Grundlage in unterrichtliches Handeln hinein, jedoch nicht so linear und einfach nachzuvollziehen wie ein eng umgrenzter Untersuchungsgegenstand. Deshalb erscheint es nicht sinnvoll, die Handlungsadäquatheit zu prüfen. Ob eine Lehrperson Wissen und Vorstellungen zur Sprachförderung hat, muss nicht automatisch in konkretes Unterrichtshandeln einfließen, da dieses von vielen verschiedenen Faktoren abhängig ist. In der vorliegenden Studie soll es nicht darum gehen, konkretes Unterrichtshandeln zu beobachten, sondern darum, zu sehen, ob überhaupt Vorstellungen zur Sprachförderung dargestellt und welche Möglichkeiten und Begründungen daraus abgeleitet und verbal expliziert werden.

Da es sich bei den in der Studie erfassten Daten um kognitive und argumentative Daten handelt, ist eine Handlungsvalidierung unnötig. In der vorliegenden Studie wird also die kommunikative Validierung in Form eines auf die Arbeit bezogenen Strukturlegeverfahrens verwendet.

3.10.3 Rekonstruktion der Interviewaussagen

Das Strukturlegeverfahren stellt eine Mischform aus Datenerhebung und Datenauswertung dar. Einerseits werden weitere Daten erhoben, indem die im Interview gesammelten Konzepte nochmals besprochen werden und die Struktur der Subjektiven Theorie gemeinsam mit den ProbandInnen rekonstruiert wird. Andererseits sind an der Erstellung der Konzeptkärtchen, die dann zusammen mit den ProbandInnen gelegt werden, bereits Interpretationsprozesse beteiligt, weshalb die Grenzen dieser beiden Forschungsphasen in der Erhebung und Auswertung verschwimmen. Daraus folgt, dass beide Prozesse zu gewissen Anteilen subjektiv sind. Erwartungen, Vorwissen, Erfahrungen und nicht zuletzt die Forschungsfrage leiten die Analyse der Daten, weshalb diese im Rahmen qualitativer Forschung niemals vollkommen objektiv sein kann. Problematisch ist, dass selten explizit gemacht wird, wie die erste Auswertung der Interviewdaten erfolgt, die zur Formulierung der Konzeptkärtchen führt. Als Beispiel sei hier das Themenheft Subjektive Theorien in der Fremdsprachenforschung (vgl. de Florio-Hansen 1998) herausgegriffen: Keiner der Artikel fokussiert diesen Schritt. Die Konzepte werden interpretatorisch erhoben, indem auf der Basis der Fragestellung bestimmte Antworten als besonders zentral angesehen werden. Wie die konkrete Interviewaussage aber in die Kurzform des Konzepts umgewandelt wird, wie dieses benannt wird und warum andere Benennungen oder Auswahlen verworfen werden, ist nicht ersichtlich. Verschiedene AutorInnen nennen zwar diesen Schritt, explizieren jedoch nicht, wie dabei vorgegangen werden soll (vgl. u.a. Scheele 1988; Groeben, Wahl, & Scheele 1988; Dann & Barth 1995, Kallenbach 1996). Dies ist nicht nur auf der Basis der Forderung nach intersubjektiver Nachvollziehbarkeit problematisch, sondern auch in Bezug auf die bereits erwähnte Menschenbildannahme. Wenn Forschende zu einem solch frühen Zeitpunkt im Forschungsprozess – direkt nach dem Interview – beginnen zu interpretieren und Verbindungen zu suchen, lösen sie sich sehr früh von den eigentlichen Aussagen des Individuums und damit von dem, was das Subjekt tatsächlich gesagt und vielleicht auch gemeint hat. Dies erschien nicht sinnvoll, da so sehr früh im Datenauswertungsprozess zentrale Informationen verloren gehen können, deren Relevanz sich vielleicht erst erschließt, wenn intensiv mit den Daten gearbeitet wurde. Überführt man zu früh und methodisch ungeleitet die Daten in Konzepte, arbeitet man quasi mit den eigenen Interpretationen weiter. Werden diese erneut kommunikativ validiert, mag das Vorgehen sinnvoll erscheinen, doch aufgrund der Erfahrungen mit sozialer Erwünschtheit im Verhalten der Befragten erscheint es dennoch problematisch. Diese Schwäche Subjektiver Theorieforschung will die vorliegende Studie umgehen, indem sie ein systematisches, nachvollziehbares Verfahren präsentiert, mit Hilfe dessen die zentralen Konzepte aus den Interviews extrahiert werden können.

Auf der Suche nach Anregungen für ein systematischeres Vorgehen bot die qualitative Inhaltsanalyse nach Phillip Mayring (2002) gute Anregungen. Inhaltsanalyse stellt ein Verfahren zur Untersuchung und Klassifikation der Bedeutung von Texten bezogen auf eine wissenschaftliche Fragestellung dar, das systematisch vorgeht und intersubjektive Nachvollziehbarkeit ermöglicht. Inhaltsanalytische Vorgehen klassifizieren das Textmaterial in Kategorien und fassen diese zusammen, so dass die Bedeutung offengelegt und Aussagen über die ProduzentInnen der Texte getroffen werden können (vgl. Winkelhage et al. 2008: 3 f.). Kategorien sind aber nichts anderes als die zentralen, verdichteten Konzepte, die den Sinn des Gesagten abbilden (vgl. Mayring 2011: 65) – also vergleichbar mit den Konzepten einer Subjektiven Theorie. Aus diesem Grund wurden in der vorliegenden Studie Anleihen aus Mayrings Vorgehen entnommen, um so methodisch kontrolliert Konzeptkärtchen zu erstellen. Systematisch ist die Inhaltsanalyse insofern, als dass an jedes Interview dieselben Analyseschritte angelegt und und diese nacheinander identisch durchgeführt werden. Intersubjektiv ist sie, da dieses Offenlegen die Analyse transparent und damit die Ergebnisse überprüfbar macht. Alle einzelnen Schritte der Analyse sollen im Vorfeld festgelegt werden und anhand der Fragestellung begründet sein. Gleichzeitig geht die Inhaltsanalyse theoriegeleitet vor. Sie versucht, das Material unter einer theoretischen Fragestellung und vor einem theoretischen Hintergrund zu interpretieren. Auch die einzelnen Analyseschritte sind von theoretischen Überlegungen geleitet. Theoriegeleitet bedeutet, dass versucht wird, an den Erfahrungen anderer mit dem zu untersuchenden Gegenstand anzuknüpfen. qualitative Inhaltsanalyse nach Mayring kann in drei Formen Anwendung finden, die jedoch miteinander kombinierbar sind. Er unterscheidet die zusammenfassende, die explizierende und die strukturierende Inhaltsanalyse.

Im Folgenden wird die zusammenfassende Inhaltsanalyse nach Mayring dargestellt, da sie die Anregungen für die Erstellung der Konzeptkärtchen der ersten Strukturlegephase geliefert hat. Die Methode konnte jedoch nicht in dem von Mayring entworfenen Vorgehen bis zum Ende durchgeführt werden, was im Folgenden anhand von Beispielen aufgezeigt wird.

Ziel der zusammenfassenden Analyse ist die Reduzierung des Materials auf die wesentlichen Inhalte, indem durch Abstraktion ein überschaubares Korpus geschaffen wird, welches die Grundmaterialien abbildet (vgl. Mayring 2011: 65). Somit sollen bedeutsame Konzepte im Material herausgearbeitet werden, um diese dann fallübergreifend interpretierbar zu machen.

Mayring bezieht verschiedene Forschungsrichtungen als Grundlage der zusammenfassenden, qualitativen Inhaltsanalyse ein, u.a. die Psychologie der Textverarbeitung. Sie „setzt sich zum Ziel, die psychischen Prozesse beim Verstehen, bei der Verarbeitung von Texten empirisch zu untersuchen" (Mayring 2011: 43) und dies nutzbar zu machen. Im Sinne des Konstruktivismus wird Textverarbeitung dabei als ein aktiver Interaktionsprozess zwischen Leser und Text verstanden. Auf der Basis des Vorwissens und der Interessen selektieren und organisieren RezipientInnen die Sinnentnahme in einer aufsteigenden (Text geleiteten) und eine absteigenden (Schema geleiteten) Verarbeitungsrichtung (vgl. u.a. Göpferich 2008: 293; Schwarz-Friesel 2006: 64). Die Texte werden zunächst visuell erfasst, indem deren Oberfläche als Buchstaben und Wörter erkannt wird. Aus diesen Sinneseindrücken wird ein Netzwerk von Bedeutungseinheiten gestaltet. Um zu einer kohärenten Struktur des Textes zu gelangen, fügt der Leser Vorinformationen hinzu. Mayring erläutert, dass bei einer weiteren Verarbeitung des Textes nun reduzierend vorgegangen wird. „Der Text wird in einer Art Zusammenfassung zu einem kleineren Netzwerk von Bedeutungseinheiten (Makropositionen) reduziert. Dabei sind sechs Zusammenfassungsstrategien (Makrooperatoren) zu unterscheiden" (Mayring 2011: 43f.): Auslassung, Generalisation, Konstruktion, Integration, Selektion und Bündelung:

- Auslassung: Propositionen können ausgelassen werden, wenn sie zum Verständnis anderer nicht notwendig sind.
- Generalisation: Konkrete, zusammengehörige Propositionen können durch begrifflich übergeordnete zusammengefasst werden.
- Konstruktion: Eine Folge von Propositionen, die zu einem umfassenderen Sachverhalt gehören, kann durch eine solche Proposition ausgedrückt werden, die so im Text nicht vorfindbar ist.
- Integration: Eine Folge von Propositionen, die zu einem umfassenderen Sachverhalt gehören, kann durch eine solche Proposition ausgedrückt werden, die wörtlich so im Text vorfindbar ist.
- Selektion: Wörtliche Propositionen werden übernommen, wenn sie zentral bedeutungstragend, aber nicht durch Konstruktion oder Generalisierung ersetzt werden können.
- Bündelung: Propositionen werden zusammengetragen und zusammenfassend als Ganzes wiedergegeben (vgl. Mayring 2011: 45f.).

Die genannten reduktiven Prozesse laufen bei jeder leserseitigen Textverarbeitung ab und dienen zur Erklärung der Prozesse der zusammenfassenden Inhaltsanalyse. Durch Einsatz der Makrooperatoren wird die Abstraktionsebene der Zusammenfassung schrittweise erhöht. Die Analyse wird systematisch auf das gesamte Material angewendet, um es auf das Wesentliche zu reduzieren (vgl. Mayring 2011: 66). Diese Schritte laufen bei allen Datensätzen identisch ab, was die Systematik der Inhaltsanalyse ausmacht und sowohl Nachvollziehbarkeit als auch Vergleichbarkeit ermöglicht.

Die Einheiten, die inhaltsanalytisch untersucht werden sollen, werden im Vorfeld und ebenfalls systematisch festgelegt, theoretisch begründet und die

Auswahl wird so für RezipientInnen nachvollziehbar gemacht (vgl. Mayring 2011: 49). Im ersten Schritt werden Analyseeinheiten festgelegt, um darzulegen, anhand welcher Kriterien die Datensätze verarbeitet und untergliedert werden. Mayring (2010) schlägt eine Unterscheidung in Kodiereinheiten, Kontexteinheiten und Auswertungseinheiten vor, wobei Länge und Reihenfolge die zentralen Kriterien sind. Die Kodiereinheiten legen fest, welches der kleinste Materialbestandteil ist, der ausgewertet werden darf, die Kontexteinheit, welches der größte ist, der unter eine Kategorie gefasst werden kann. Die Auswertungseinheiten schließlich legen fest, welche Textteile nacheinander ausgewertet werden sollen (vgl. Mayring 2011: 59). Dieses Verfahren erschien für die Studie jedoch nicht sinnvoll, da eine Auswahl nach formalen Gesichtspunkten, wie der Länge von Texteinheiten, bei einer thematischen Ausrichtung nicht adäquat ist. Dies ist darauf zurückzuführen, dass Mayring bei diesem Schritt eine eher quantitativ orientierte Inhaltsanalyse im Blick hat, bei der das spätere Auszählen von Einheiten mitgedacht werden muss (vgl. Mayring 2011: 59). Die vorliegende Studie hingegen arbeitet qualitativ und soll den Einzelfall beschreiben bzw. die Aussagen der Befragten interpretierend nachvollziehen. Diese Interpretation muss sich an den von den LehrerInnen aufgegriffenen Themen orientieren, um deren Perspektive auf die interessierenden Themen zu erheben. Deshalb lehnt sich die Studie in der Auswahl von zu analysierenden Textteilen an Winkelhage et al. (2008) an, die eine alternative Unterteilung vorschlagen. Die AutorInnen unterteilen in Auswahleinheiten, Analyseeinheiten und Kontexteinheiten:

- Die Auswahleinheit bezeichnet die Texte, die analysiert werden sollen. In der vorliegenden Studie sind dies die Transkripte der Interviews mit den Lehrpersonen des Faches Biologie, beginnend mit der ersten Leitfrage zu den Besonderheiten des Faches bis zum Ende des jeweiligen Interviews.
- Die Analyseeinheiten, also jene Teile, die als zusammengehörige Aussagen analysiert werden sollen, werden festgelegt, indem das Material für jeden Einzelfall gesichtet wird. Es handelt sich dabei um die für die Fragestellung relevanten Textstellen.
- Als Kontexteinheit werden diejenigen Passagen bezeichnet, die notwendig sind, um die Fundstellen zu verstehen (vgl. Winkelhage et al. 2008: 7).

Nachdem die Analyseeinheiten, die nacheinander bearbeitet werden sollen, bestimmt sind, kann mit Hilfe der bereits benannten Regeln der zusammenfassenden Inhaltsanalyse an das Material herangegangen werden. Mayring empfiehlt die einzelnen Einheiten in knappe, nur auf den Inhalt beschränkte Form umzuschreiben. Nicht-inhaltstragende, ausschmückende Textbestandteile werden ignoriert und die Sprache wird vereinheitlicht (vgl. Mayring 2011: 69). Im folgenden Schritt wird das Abstraktionsniveau der Reduktion bestimmt und alle Paraphrasen, die unterhalb dieses Niveaus liegen, generalisiert bzw. verallgemeinert. Paraphrasen, die über dem bestimmten Abstraktionsniveau liegen, werden belassen. Die so entstehenden inhaltsgleichen sowie nichts sagende Paraphrasen werden gestrichen (vgl. Mayring 2011: 69), wobei im zweiten Fall die theoretischen Vorannahmen zu Hilfe genommen werden. Gibt es eine Paraphrase doppelt oder erbringt sie keinen Beitrag zum Erkenntnisfortschritt, wird sie als nichtssagend bestimmt, was als Makrooperation des Auslassens und der Selektion begriffen werden kann. Schließlich wird das Material in einem weiteren Schritt weiter reduziert, indem mehrere, aufeinander bezugnehmende und oft über das Material verstreut liegende Paraphrasen zusammengefasst werden. Diese Zusammenfassung wird durch eine neue Benennung zusammengeführt, was den Makrooperationen der Bündelung, Konstruktion und Integration entspricht (vgl. Mayring 2011: 69). Die so gewonnenen Kategorien werden am Ausgangsmaterial rücküberprüft, was nach Mayring als repräsentativ gelten kann (Mayring 2011: 83). Die Materialmenge kann so auf die wesentlichen Inhalte reduziert und es können induktiv aus dem Material Kategorien gebildet werden.

Dieser, von Mayring entwickelte und ausgeführte, Ablaufplan der zusammenfassenden Inhaltsanalyse bietet Vorteile, was die Anregungen zur Systematik anbelangt, und kann auch bei Verfahren, die Strukturlegemodelle integrieren, sinnvoll angewandt werden. Im weiteren Verlauf zeichnen sich aber auch Nachteile ab, weshalb in der vorliegenden Studie schließlich von diesem Schema abgewichen wurde. Im Folgenden werden die durchgeführten Schritte anhand konkreter Beispiele aus den Datensätzen dargelegt und vertiefend erläutert, ehe eine Problematisierung erfolgt. Daran schließt die Änderung des Vorgehens an, welche ebenfalls anhand von Beispielen dargestellt und begründet wird.

In Anlehnung an Winkelhage et al. (2008) werden in der vorliegenden Studie Analyseeinheiten nach thematischen Gesichtspunkten ausgewählt, nämlich anhand der Zuordnung zu den Leitfragen des Interviews: *Besonderheiten des Faches Biologie, Besonderheiten der Sprache im Biologieunterricht, Lesen, Schreiben* und *SchülerInnen*. Die Leitfragen des Interviews können als Suchanweisungen begriffen werden. Sie dienen dazu, das Interview grob zu zergliedern und die Analyseeinheiten auszuwählen. Schlussendlich dient die inhaltsanalytische Auswertung des Materials nicht dem Selbstzweck, sondern der Schlussfolgerung. Durch die Analyse sollen Rückschlüsse auf bestimmte Aspekte der Kommunikation, Aussagen über den Sender, Wirkungen beim Empfänger o.Ä. gezogen werden (vgl. Mayring 2011: 12 f.). Dabei ist die Kombination von induktiven und deduktiven Vorgehensweisen möglich (vgl. Winkelhage et al. 2008: 4). In der vorliegenden Arbeit bedeutet dies, dass einerseits deduktiv Oberkategorien – basierend auf den Leitfragen im Interview, die aus der Literaturrecherche und der Unterrichtshospitation entstanden sind – als Grundlage der Analyse angelegt werden. Andererseits werden diese Oberkategorien induktiv aus dem Material heraus gefüllt und ausdifferenziert. Die Inhaltsanalyse ermöglicht es, aufgrund ihres systematischen Vorgehens, Interviews miteinander zu vergleichen und überindividuelle Besonderheiten herauszuarbeiten, auch wenn das Datenmaterial höchst individuell und als Einzelfall verstanden werden sollte (vgl. Winkelhage et al. 2008: 5). Anhand der Leitfragen wurde das Datenmaterial durchsucht und mit Hilfe von MAXQDA[3] kategorisiert. Die Festlegung der Analyseeinheiten erfolgte dabei auf der Basis verschiedener Grundsätze:

Es wurde eine Textstelle einer Analyseeinheit zugeordnet, wenn sie im Rahmen einer Gesprächsaufforderung genannt wurde. Beispielsweise wurde im Interview nach dem Lesen im Biologieunterricht gefragt und alles, was die Lehrperson daraufhin äußerte, wurde vollständig der Kategorie Lesen zugeordnet. Dies fußt auf der Annahme, dass sich Menschen beim Dialog in einem auf Gegenseitigkeit beruhenden Prozess der Verständigung befinden und aufgrund der Interviewsituation davon ausgegangen werden kann, dass sich die Befragten bemühen, auch auf die Frage zu antworten (vgl. Deppermann 2013: 17). Also kann das, was auf eine Frage hin produziert wird, als Antwort gelten und somit als zusammengehörige Analyseeinheit festgelegt werden.

---

3 Hilfreich bei der Analyse ist die Nutzung einer QDA (engl. Qualitative Data Analysis)-Software. Programme dieser Art geben keine bestimmte Methode der Analyse vor, sondern bieten ein Spektrum an Werkzeugen, das für verschiedene Medien, Fragestellungen und Methoden genutzt werden kann. Das Ziel der Nutzung von QDA-Software ist es, Einblicke in das Datenmaterial zu gewinnen, ohne die Interpretation vorweg zu nehmen. Vorteilhaft ist unter anderem die Zeitersparnis gegenüber der Arbeit mit Papier und Stift, da das Kodieren mit verschiedenen Farben digital schneller und sauberer zu bewerkstelligen ist. Textstellen werden markiert und in eine selbstgewählte Kategorie verschoben, in der diese Stellen gemeinsam aufgeführt werden. So sind kategorien- oder fragebezogene Analysen möglich, ohne jedes Mal ein neu ausgedrucktes Dokument erstellen zu müssen. Damit einher geht Übersichtlichkeit, da die Forscherin nicht mit unzähligen Papierbögen unterschiedlicher Versionsnummern hantiert, sondern alles in einem Fenster aufrufen kann. Das Sortieren, Strukturieren und damit auch die Analyse werden erleichtert, da große Textmengen übersichtlich verwaltet werden können. Suchanfragen sind automatisiert möglich, weshalb das Blättern entfällt und eine Fehlerquelle ausgeschaltet wird, nämlich das Übersehen von Schlüsselbegriffen, die bereits markiert sind, dann aber überlesen werden. Demnach ist besonders für umfangreiche Datenmengen die Verwendung von Softwaretools sinnvoll (vgl. Rädiker 2010: 28).

Es ist jedoch so, dass in der Interviewsituation Themen auch an anderen Stellen direkt nach der betreffenden Gesprächsaufforderung wieder aufgegriffen werden. Menschen denken beim Sprechen über etwas nach, manche Gedanken kommen erst später und – das ist für die vorliegende Studie besonders wichtig – gerade durch das Sprechen kommt man erst auf Ideen, die vorher allein unbewusst vorhanden waren. Deshalb kann davon ausgegangen werden, dass auch an anderen Stellen im Interview Aussagen getätigt werden, die für eine Oberkategorie wichtig sind. Deshalb wurde das Interview in einem zweiten Schritt noch einmal durchsucht, um Stellen zu finden, die zwar nicht im Zuge der Gesprächsaufforderung geäußert wurden, aber dennoch mit dem Thema der Oberkategorie zusammenhängen. Auf der Basis von thematischen Zusammenhängen wurden solche Stellen identifiziert und in die entsprechende Kategorie verschoben. Dies bedeutet, dass alle relevanten Textstellen für eine Kategorie kodiert wurden, auch wenn die darin enthaltenen Argumente bereits an anderer Stelle bzw. in einer anderen Kategorie auftauchten. So sollte verhindert werden, dass relevante Textstellen übersehen werden. Damit wurden einige Stellen doppelt kodiert, doch dies diente dazu, dem komplexen, durch Vernetzung geprägten Forschungsfeld Rechnung zu tragen. Wenn nach dem Lesen gefragt wird, wird die Frage selten abstrakt und auf Lesetheorie bezogen beantwortet, sondern für die Lehrenden, die ja PraktikerInnen sind, ist es immer das Lesen der SchülerInnen oder das Lesen von Texten. Aus diesem Grund hängen die Aussagen zum Lesen in der Regel mit Aussagen über SchülerInnen oder über Texte zusammen, weshalb dieselbe Aussage zu mehreren Kategorien passt. So ergab sich eine weitere Bedingung für die Zuordnung, nämlich dass Aussagen verschiedenen Kategorien gleichzeitig zugeordnet werden können. Dies erscheint auch aufgrund der Verschränktheit der interessierenden Themen in einzelnen Aussagen sinnvoll, wenn beispielsweise eine Lehrperson über Lesen spricht, in der Aussage aber ein Einschub auffindbar ist, in dem sie Schreiben thematisiert. In solchen Fällen wurde die Gesamtäußerung in die Kategorie Lesen verschoben, der Absatz über Schreiben zusätzlich in die Kategorie Schreiben.

Aufgrund der Tatsache, dass sowohl die gesamte Äußerung im Rahmen einer Gesprächsaufforderung als Analyseeinheit festgelegt werden kann als auch einzelne Sätze oder Satzteile, ergibt sich ein weiterer Grundsatz, nämlich dass die Länge der Analyseeinheiten variieren kann. Wie von Winkelhage et al. (2008) vorgeschlagen, wurden „formale Regeln, bspw. wie viele Worte in einer Fundstelle enthalten sein durften, [...] nicht aufgestellt" (Winkelhage et al. 2008: 6) und die Markierung folgte prozessorientierten und inhaltlichen Gesichtspunkten. Wenn etwas Zusammenhängendes zum Thema gesagt wird, wird es als zusammenhängend in die Kategorie überführt.

Mit der Gesprächsaufforderung bittet die Interviewerin die Probandin, ihre Vorstellungen bezüglich erfolgreicher SchülerInnen zu verbalisieren. Die Lehrperson beginnt und nennt einige Punkte, die für sie erfolgreiche Lernende ausmachen. In der Analyse des Abschnitts zeigt sich jedoch, dass implizit auch andere Themenbereiche angeschnitten werden: Aus diesem Grund wird zuerst der ganze Abschnitt anhand der Gesprächsaufforderung der Oberkategorie SchülerInnen zugeordnet, doch in einem zweiten Schritt werden Teile auch unter andere Kategorien gefasst. Die Aussage beginnt beispielsweise mit der Äußerung, dass SchülerInnen sich präzise ausdrücken müssen, um erfolgreich zu sein. Dieser Abschnitt kann als ebenso bedeutsam für die Kategorie Sprache des Faches gesehen werden und wurde daher doppelt kodiert. Schließlich findet sich im ersten Drittel des Abschnitts noch ein dritter Kode, da die Aussage über Vorgänge, die strukturiert wiedergegeben werden müssen und zeitlich gereiht werden sollen, auch zur Kategorie Besonderheiten des Faches Bezug nehmen.

Auf diese Weise wurde jedes Interview in drei bis vier Durchgängen mehrfach kodiert, wobei im Zweifelsfall eine doppelte oder dreifache Zuordnung gewählt wurde, um diese evtl. im späteren Verlauf der Analyse wieder zu streichen, wenn sie sich im weiteren Auswertungsprozess nicht als aussagekräftig erwiesen hatte. Zweck dieser Mehrfachkodierung einzelner Textpassagen war es, einen mehrperspektivischen Blick auf die Interviews zu werfen, indem eine Textstelle einmal aus dem Blickwinkel einer Oberkategorie betrachtet werden konnte, aber auch in Bezug auf eine andere Oberkategorie, um herauszuarbeiten, welche Bezüge die Aussage in beide Richtungen aufweist.

Hier könnte eingewendet werden, dass durch die Strukturierung des Interviews anhand der Leitfragen ein Interpretationsschritt vollzogen wurde, der sich vom eigentlichen Datenmaterial entfernt. Hier sollen zwei Argumente dagegen angeführt werden: Zum einen wurde die Unterteilung in Analyseeinheiten methodisch kontrolliert vorgenommen, da sie sich an festgelegten Schritten orientiert. Zum anderen wurde die Einteilung der Transkriptpassagen stets am eigentlichen Interview rücküberprüft, um Zusammenhänge zu erhalten.

Die Analyseeinheiten wurden anschließend mit Hilfe der ersten Schritte der qualitativen zusammenfassenden Inhaltsanalyse reduziert und paraphrasiert. Ziel dieser Phase war es, das Material zu fokussieren, die wesentlichen Inhalte aber zu erhalten und „durch Abstraktion ein überschaubaren [sic!] Corpus zu schaffen, der [sic!] immer noch ein Abbild des Grundmaterials ist" (Mayring 2011: 65). Der letzte Punkt ist besonders zu unterstreichen, da er dem entspricht, was bei qualitativer Forschung für bedeutsam zu halten ist: sich bei der Auswertung so lange wie möglich am Datenmaterial eng anzuschließen und nicht zu früh in eine losgelöste Interpretation einzusteigen. Im Zuge dessen werden die einzelnen Auswertungseinheiten in „knappe, nur auf den Inhalt beschränkte, beschreibende Form umgeschrieben" (Mayring 2011: 69), was als Paraphrasierung bezeichnet wird. Nicht inhaltstragende Textteile, wie Redepausensignale, Wiederholungen und Beispiele, deren Inhalt bereits aufgenommen wurde, werden dabei gestrichen. Durch die Verkürzung kann der Zusammenhang der Äußerung verloren gehen, weshalb die Paraphrasierung in Form von Tabellen geschah, bei der links die Auswertungseinheit stand und rechts die jeweiligen Paraphrasen, um einen stetigen Rückbezug zum Transkript zu ermöglichen.

Diese Paraphrasen wurden auf Kärtchen gedruckt und den ProbandInnen vorgelegt, um die erste Interpretation der zentralen Aussagen des Interviews kommunikativ zu validieren. Zum Zweck der kommunikativen Validierung wurden also nicht die zentralen Konzepte auf Kärtchen geschrieben, sondern Paraphrasen. Für dieses Vorgehen sind mehrere Gründe anzuführen: Um möglichst nah am Wortlaut der Lehrenden zu bleiben und damit sowohl eine unstrukturierte Interpretation zu verhindern als auch den ProbandInnen das Wiedererkennen der eigenen Aussage in der Strukturlegephase zu erleichtern, wurde, wie von Mayring gefordert, eine grammatische Kurzform als Paraphrase gewählt. Bestand Unklarheit, wie die Aussage zu paraphrasieren sei – weil es sich um eine Metapher oder ein konkretes Beispiel handelte – wurde die Aussage direkt zitiert und auf das Kärtchen notiert. Ein Vorteil dieses Vorgehens ist, dass die Interpretation so länger am Originaltext bleibt und diesen länger als Zusammenhang der weiteren Bearbeitung zugänglich macht.

Ein weiterer Grund für die eben beschriebene Durchführung ist im Zeitdruck zu suchen, unter dem Forschungsprojekte zu Subjektiven Theorien häufig stehen: AutorInnen, die Vorschläge für die kommunikative Validierung machen (vgl. u.a. Groeben, Wahl, & Scheele 1988; König 1995), fordern, in dieser Phase den ProbandInnen bereits die ausgestaltete Subjektive Theorie, die sich in den Interviewdaten spiegelt, vorzulegen und gemeinsam zu einer Deutung zu gelangen bzw. die Subjektive Theorie mit den ProbandInnen zusammen zu legen. Dies ist jedoch nur wenig mit der Forderung übereinzubringen, nicht mehr als zwei Wochen zwischen Interview und Strukturlegeverfahren verstreichen zu lassen (vgl. Flick 2011: 205), besonders wenn die Zielgruppe der Forschung wenig Zeit hat, sich aktiv an der Forschung zu beteiligen. Aus diesem Grund wurde ein, von dem in der Literatur dargestellten, abweichendes Verfahren gewählt: Den Befragten wurde innerhalb von zwei Wochen nicht die Subjektive Theorie vorgelegt, sondern die auf zentrale Aussagen reduzierten Äußerungen, so wie sie von der Forscherin verstanden worden waren. Dies geschah in der chronologischen Reihenfolge, wie die Aussagen auf die Leitfragen hin geäußert worden waren. Ziel dieser – reduzierten – kommunikativen Validierung war zu prüfen, ob die Reduktion und Paraphrase durch die Forscherin im Sinne der Beforschten war und ob die Aussagen so verstanden worden waren, wie die ProbandInnen diese gemeint hatten. Dabei konnten Verständnisfragen geklärt werden, die in der Transkription des Interviews aufgekommen waren, und erste Bezüge zwischen den Aussagen hergestellt werden. Die Beforschten bekamen als Hinweis, dass ihnen nun die Aussagen aus dem Interview bezogen auf die jeweilige Frage (Gesprächsaufforderung) chronologisch vorgelegt würden, dass sie jederzeit Einspruch erheben, Kärtchen streichen oder neue hinzufügen könnten. Aussagen, die zwar chronologisch im Interview im Zuge einer der Gesprächsaufforderungen geäußert wurden, jedoch thematisch zu einer anderen Oberkategorie zugehörig sein mochten, wurden im Gespräch erfragt und entsprechend zugeordnet. Den Befragten war zu jedem Zeitpunkt klar, dass sie Aussagen zufügen, Aussagen verwerfen, die Reihenfolge ändern oder auf andere Weise intervenieren könnten. Dennoch fand eine enge Leitung durch die Forscherin statt, da diese die jeweiligen Leitfragen nannte, danach die Kärtchen chronologisch vorlegte und Vorschläge zur Zuordnung von der betreffenden Lehrperson erfragte. In der Literatur wird diskutiert, welches Vorgehen beim Legen der Struktur sich für die kommunikative Validierung eignet. Dabei bewegt sich die Argumentation auf einem Kontinuum von ‚Die Befragten sollen die Struktur ganz allein finden' bis ‚Die Forschenden lassen den Befragten eine fertige Struktur absegnen' (vgl. Dann & Barth 1995: 39f.). Die eher enge Führung in der vorliegenden Arbeit kann befürwortet und kritisiert werden: Dann und Barth gehen davon aus, dass ein solches Vorgehen einerseits den Vorteil hat, dass sich die Forschende gründlich in die Aussagen der Befragten hineindenkt, ohne unter Zeitdruck zu stehen, da sie die Struktur allein vorbereitet. Negativ zu sehen ist hingegen, dass der Grundaufbau der Struktur möglicherweise zu stark durch die Forscherin festgelegt wird (vgl. Dann & Barth 1995: 39). Die Pilotierung der Strukturlegephase, in der verschiedene Varianten ausprobiert wurden, liefert weitere Argumente für das beschriebene Vorgehen. Im ersten Durchgang der Pilotphase wurden der Lehrperson nur die Kärtchen unsortiert vorgelegt, und sie sollte daraus eine Struktur bilden, die ihr sinnvoll erschien. Dies dauerte mehr als zwei Stunden, führte bei der Lehrkraft zu viel Frustration und sorgte dafür, dass ein Drittel der Kärtchen aussortiert wurde, weil die darauf notierten Aussagen für die Lehrperson nicht verständlich waren. Da die Kärtchen nahe am Material paraphrasiert wurden, ergaben sie losgelöst vom Kontext der Gesprächsaufforderung keinen Sinn mehr, waren der Lehrperson nicht verständlich oder klangen zum Teil wie Doppelungen. Die Untersuchungsperson war überfordert und legte die Kärtchen aufs Geratewohl, wie sie ihr spontan sinnvoll erschienen. Das, was in dieser Phase gelegt wurde, hatte nur noch wenig mit dem gemein, was im Interview ausgesagt worden war. Im Gespräch nach der Legephase äußerte die betreffende Lehrperson starkes Unbehagen und Unsicherheit und merkte an, dass sie überfordert gewesen sei.

Im zweiten Pilotierungsdurchgang wurde die Vorgabe verengt, indem die Aussagen auf farbige Kärtchen gedruckt wurden – eine Farbe pro Leitfrage. Das Legen der Struktur wurde beispielhaft an der ersten Frage illustriert und die Lehrperson dann der Aufgabe überlassen. Diese Legesitzung gestaltete sich etwas strukturierter, aber auch hier suchte die Lehrkraft explizit nach Moderation durch die Forscherin und signalisierte die gesamte Zeit Unsicherheit. Als nachteilig erwies sich auch die Farbgebung der Kärtchen. Die Lehrperson legte ohne Unterstützung der Forscherin alle Kärtchen passend zur Leitfarbe. Im Anschluss an die Phase antwortete sie auf die Frage, ob manche Aussagen nicht auch woanders hin passen würden (beispielsweise war eine Aussage zum Thema Schreiben unter der Gesprächsaufforderung zum Thema SchülerInnenkompetenzen gefallen), sie habe gar nicht darüber nachgedacht, die Farben auch zu übergehen. Diese erwiesen sich also als zu starke Strukturgeber. Diesen Umstand hätte man im Anschluss an die Legephase aufgreifen können – wie in der Pilotierung geschehen – indem die Forscherin bei den Kärtchen, die sie einer anderen Oberkategorie, trotz unpassender Farbe, zugeordnet hätte, nochmal nachfragt. Problematisch an diesem Vorgehen erwies sich, dass eine Stimmung von Belehrung aufkam („Sind Sie sicher, dass das dorthin gehört?") und der Lehrperson das Gefühl vermittelt wurde, sie habe etwas falsch gelegt oder sei bewusst in die Irre geführt worden. Dies kann zur Erfassung der Subjektiven Sichtweise der Befragten und zur Schaffung eines gleichberechtigten Arbeitsbündnisses nicht sinnvoll sein, weshalb das Verfahren erneut abgewandelt wurde.

In der dritten Runde der Pilotierung wurde das Vorgehen so durchgeführt, wie es auch in der Hauptdatenerhebung Anwendung fand. Der Lehrperson (LP1) wurde zu Beginn erläutert, wie die Strukturlegephase verlaufen würde und welche Ziele damit verbunden waren: das Übereinkommen zu einer gemeinsamen Deutung der im Interview getätigten Aussagen sowie die Verständnissicherung durch die Forscherin. Es wurde klargestellt, dass die Lehrperson jederzeit eingreifen, Kärtchen herausnehmen oder zufügen kann. Dann wurden der Lehrperson nacheinander erst die Oberkategorie bzw. Gesprächsaufforderung präsentiert (Die erste Frage im Interview zielte darauf, was Biologie als Fach auszeichnet) und anschließend die Kärtchen von der Forscherin im chronologischen Ablauf des Interviews untereinander gelegt („Sie haben gesagt, dass es besonders praktisch ist, dann dass...").

Die Kärtchen wurden so gelegt, wie sie im Zuge des Interviews genannt wurden, nämlich in Bezug auf die zugrundeliegende Gesprächsaufforderung. Die Kärtchen wurden von der Forscherin nur anhand dreier Vorgaben strukturiert, die den Befragten ebenfalls bekannt waren: Zum ersten geschah die Zuordnung zu der betreffenden Gesprächsaufforderung, zum zweiten wurden die Kärtchen chronologisch[4] gelegt, wie sie im Interview thematisiert worden waren, dabei themengleiche Aussagen nebeneinander und themenunterschiedliche untereinander. Zum dritten wurden die Kärtchen, deren Aussagen zu einem anderen Zeitpunkt als nach der betreffenden Gesprächsaufforderung genannt wurden, gelegt, mit der Ausnahme, dass die Aussagen direkt explizit aufeinander Bezug nahmen („Das ist doch wieder wie vorhin. Das hängt wieder mit... zusammen."). Solche, explizit von der Befragungsperson zugeordneten Kärtchen wurden an die Stelle, an die sie anschließen, gelegt.

Wurden innerhalb einer Äußerung Themen explizit verbunden dargestellt, zum Beispiel durch Konjunktionen, folgten diese Kärtchen nebeneinander, bis zum Ende des Gedankens, dann wieder untereinander. Wurde eine Aussage im Interview explizit mit einer anderen Gesprächsaufforderung verbunden, wurde

---

4 Die Chronologie, also die Abfolge, die von der beforschten Person strukturiert wurde, galt als oberstes Ordnungsprinzip. Da sich die Orientierung am Subjekt und die Aufdeckung des intentionalen Handelns sich in allen Schritten des Auswertungsprozesses widerspiegeln muss, versucht die vorliegende Studie, auch hier an der Präsentation der ProbandInnen festzuhalten, um nicht zu früh von den Aussagen und deren Zusammenhang abzuheben. Aus diesem Grund ist die Chronologie des Interviews als oberstes Ordnungsprinzip zu nutzen, um die Aussagen der Befragten nachzuzeichnen, und nicht zu Beginn Bezüge herzustellen, die so nicht expliziert wurden. Qualitative Arbeiten, die einerseits behaupten, man wolle die Sichtweise des Subjekts nachvollziehen, dann aber früh im Forschungsprozess beginnen, Aussagen umzusortieren und neu in Verbindung zu bringen, sind vor dem Hintergrund dieser Sichtweise zu kritisieren, da Begriffe eine unterschiedliche Aussage entfalten, je nachdem mit welchen Begriffen sie zusammen präsentiert werden. Wenn frühzeitig begonnen wird, Aussagen auf der Basis von zugrundeliegenden Konzepten zu sortieren, ändern sich der Zusammenhang und damit möglicherweise die Aussage der Äußerungen. Um dies zu umgehen, bleibt nichts anderes übrig, als die Aussagen möglichst nah an dem zu erhalten, was die Befragten als Struktur präsentieren, auch wenn dies vielleicht spontan geäußert ist, teilweise unzusammenhängend erscheint usw. Sich an der Chronologie der Äußerungen zu orientieren, bedeutet nicht, dass in der abschließenden Interpretation nicht auch Zusammenhänge von der Forscherin hergestellt werden dürfen, die so von den Befragten nicht genannt worden waren, denn immerhin ist dies die Leistung der Forschung: Muster zu erkennen und darauf aufbauend Schlüsse zu ziehen. Aber dies darf erst als letzter Schritt geschehen, nachdem man die Äußerungen so nah wie möglich am Befragten nachvollzogen hat.

in der Legephase gefragt, wohin die Aussage gelegt werden solle – an die chronologisch bestimmte Stelle oder zu dem Thema, das darin angesprochen wurde. Gegebenenfalls wurde das Kärtchen verdoppelt und an beide Stellen gelegt oder diente als Verbindungsstück zwischen zwei Oberkategorien. So wurde die ganze Struktur gelegt und währenddessen immer wieder das Verständnis gesichert. Die Kärtchen wurden auf einem Plakat angeordnet, so dass im Anschluss Zusammenhänge und Verbindungen mittels eines Stifts auf dieses gezeichnet werden konnten. Diese Struktur wurde im Anschluss an die Lege- und Strukturierungsphase abfotografiert und in digitale Form übertragen.

In forschungstheoretischer Hinsicht ist das gewählte Verfahren, mit den Beforschten eine Struktur zu legen, aus mehreren Gründen sinnvoll: Zum einen kann damit ein Arbeitsbündnis hergestellt werden, dass die Befragten in die Lage versetzt, auf die erste Interpretation einzuwirken. Zum anderen dient die Phase aber auch dem Abbau von Ängsten und Vorbehalten. Wie bereits erwähnt, waren die Lehrenden der Studie gegenüber sehr misstrauisch eingestellt. Dies konnte zwar durch die Hospitationen und die Übernahme der Perspektive der Lehrenden abgemildert werden, flammte jedoch wieder auf, wenn es um das Interview ging. Konfrontiert mit dem Thema Sprache in ihrem Fach reagierten nahezu alle Befragten mit mehr oder weniger starker Unsicherheit, die sie auch ganz klar zum Ausdruck brachten („Ich hab davon ja eigentlich gar keine Ahnung" LP1 am 16.04.2012). Der Sinn der Untersuchung besteht darin, die Aussagen der Lehrenden und damit diese als ExpertInnen ihres Faches ernst zu nehmen, zu verstehen und nachzuvollziehen. Zudem ist die Problematik vorhanden, dass die Forscherin keine Expertise im Fach Biologie hat, weshalb sichergestellt werden musste, dass intersubjektive Verständigung und Einigung über die Aussagen erzielt werden kann. Dies soll mittels des Strukturlegeverfahren erreicht werden. Flick erläutert, dass die kommunikative Validierung zur „Absicherung der vorgenommenen Interpretationen" (Flick 1987: 254) dienen kann, was für qualitative Forschung, die die Beforschten als handelnde Subjekte ernst nimmt, unabdingbar scheint. Fragen konnten geklärt und weitere Kärtchen hinzugenommen werden, um den Befragten so die Chance zu geben, über den Moment des Interviews hinaus zu gehen.

Auf diese Weise entstand die Struktur der Legephase, die Gelegenheit bot, Sachverhalte aus dem Interview nochmals zu vertiefen und zu erfragen sowie Übereinstimmung zu sichern. Die betreffende Lehrperson, bei der dieses Verfahren erstmals so angewendet wurde, hatte wie auch die anderen vorher und nachher kommenden zum Zeitpunkt der Kontaktaufnahme und während der Beobachtungsphase Unsicherheit signalisiert – vielleicht noch mehr als die

KollegInnen. Sie erklärte mehrfach, sie habe eben keine Ahnung von Sprache und während der Hospitation unterbrach sie sich mehrfach, um sich zu rechtfertigen. Als mit der Strukturlegephase begonnen wurde, änderte sich das. Sie war hochkonzentriert bei der Sache, und zum ersten Mal wurden seitens der Lehrperson auch weitere Aussagen mit eingebracht. Statt also das Korpus an Kärtchen/Aussagen zu reduzieren, wurde es erweitert. Das Nachvollziehen des Interviews war durch eine Atmosphäre des Einverständnisses und des konstruktiven Austauschs begleitet, was dazu führte, dass nach der Phase alle Unsicherheit verschwunden war. Alle Befragten, die diese abschließende Version des Strukturlegens durchgeführt hatten, sagten im Anschluss aus, sich richtig verstanden zu fühlen und mit dem Ergebnis sehr zufrieden zu sein. Diese Phase wurde auch seitens der Forscherin jedes Mal als große Bereicherung empfunden, denn wenn die Lehrenden auch im Interview eher noch eine Pflicht ausgeführt hatten, so waren sie doch bei der Strukturlegephase alle mit Interesse und Konzentration dabei. Zwei der betreffenden LehrerInnen ließen sich die gelegte und abfotografierte Struktur sogar nach dem Termin per Email zusenden, da sie es „hochspannend" fanden, ihre Aussagen so zusammengefasst zu sehen.

Kritisch anzumerken ist, dass die Forscherin den ProbandInnen die Struktur vorlegt und nicht selbst legen lässt. Dies geht mit der Gefahr einher, den ProbandInnen vorzuschreiben, wie ihre Struktur auszusehen hat und das Machtgefälle zwischen Forscherin und Beforschten auszunutzen. Dagegen kann aber eingewandt werden, dass eben nicht die Subjektive Theorie abschließend gelegt wurde, sondern allein die im Interview getätigten Aussagen, so nah wie möglich am Wortlaut der ProbandInnen formuliert, um das Verständnis zu sichern.

3.11 Vertiefende Analyse

Wie erläutert, dient die kommunikative Validierung im Rahmen der vorliegenden Studie lediglich dem Abgleich der ersten Paraphrase mit den Betroffenen. Die hier entstandene Struktur wurde jedoch nicht als endgültiges Ergebnis gewertet, wofür zwei Gründe anzuführen sind: Einerseits fragt die vorliegende Studie nach Sachverhalten, die die Lehrpersonen nicht im Detail kennen und zu denen sie nach eigener Aussage keine Kenntnisse haben. Solche unbewussten Sachverhalte können nicht mit den Befragten zusammen vollständig validiert werden, da diese dafür Wissen über die zu suchenden Sachverhalte haben müssten. Andererseits kann kommunikative Validierung mit den Befragten nicht das einzige Kriterium zur Legitimation der Strukturen sein, da die Forschung sonst nicht in der Lage wäre, über das, was die Handelnden bereits wissen und kennen, hinauszugehen (vgl. Flick 1987: 255). Im Zuge der Offenlegungen von neuen Erkenntnissen kann kommunikative Validierung somit nur ein Schritt in einer Folge von Qualitätskriterien sein. Zwar erlauben die Legestrukturen eine erste Einschätzung zu wichtigen Themenkomplexen und Verbindungen, doch sie ließen sich lediglich beschreiben, aber noch nicht begründet interpretieren, weshalb weitere Analyseschritte notwendig wurden.

Bisher waren zwar schon Interpretationsprozesse an der Datengewinnung beteiligt, da auch die möglichst nahe am Text orientierte Paraphrase eine Interpretation darstellt. Dennoch liegen diese interpretativen Schritte möglichst nah an den Aussagen der Befragten und werden von diesen wiedererkannt und akzeptiert, was sich in der kommunikativen Validierung bestätigt hat.

Um die Analyse zu vertiefen, sind weitere Schritte notwendig, die im Folgenden dargestellt werden. Dabei wurde zunächst mit den Grundlagen der zusammenfassenden Inhaltsanalyse weitergearbeitet, doch diese stieß im weiteren Verlauf an ihre Grenzen, weshalb andere Wege gefunden werden mussten. Im Folgenden wird dieser Prozess transparent gemacht und im Anschluss daran das Vorgehen, wie es nach der Pilotierung des Auswertungsverfahrens feststand, dargelegt.

3.11.1 Vereinheitlichung der Paraphrasen

Die bisher extrahierten Daten sollen für die weitere Analyse und spätere Interpretation zugänglich gemacht werden. Dazu ist es notwendig, Verbindungen zwischen den Konzepten herstellen zu können, ohne die Daten gleich zu sehr zu verändern. Der nächste Schritt der Mayring'schen zusammenfassenden Inhaltsanalyse erwies sich diesbezüglich als nutzbar. Die Paraphrasen, die sich zum Großteil noch in unverändertem Zustand befanden, wurden nun auf ein einheitliches sprachliches Niveau gebracht. Mayring empfiehlt, alle Paraphrasen zu generalisieren bzw. zu verallgemeinern (vgl. Mayring 2011: 69). Im Unterschied zu den Paraphrasen für die Strukturlegesitzung wurde nun besonderer Wert darauf gelegt, identische Sachverhalte immer wieder identisch zu benennen, diese also sprachlich und bezüglich ihres Abstraktionsniveaus zu vereinheitlichen, um diese für weitere Analyseschritte nutzbar zu machen. So konnten Sachverhalte, die an verschiedenen Stellen im Interview geäußert wurden, als zusammengehörig identifiziert und später im Rahmen der Interpretation ausgewertet werden, da sie nun einheitlich bezeichnet waren. Auch in diesem Schritt wurden eher mehr denn weniger Textstellen aufgenommen und paraphrasiert. Die ProbandInnen äußern sich – vielleicht aufgrund des Themas, zu dem sich viele bisher noch keine Gedanken gemacht haben – häufig schwammig und ungenau, verwendeten Pejorative oder Euphemismen sowie Heckenausdrücke, Abschwächungen usw., wenn sie sich dessen, was sie sagen wollen, nicht sicher sind. Deshalb muss einerseits sichergestellt werden, dass keine auf den ersten Blick nichtssagende Textstelle verloren geht, andererseits soll bei der Paraphrasierung darauf geachtet werden, alle Aspekte und Facetten des Gedankengangs zu erfassen. Daher wurde über das von Mayring vorgeschlagene Vorgehen hinaus nicht nur der sachliche Inhalt paraphrasiert, sondern auch die mitgetragene Bedeutung, die in Abtönungspartikeln, Abschwächungen und der Semantik bestimmter Äußerungen zum Ausdruck kommt, in Memos notiert, um die Bedeutung der einzelnen Aussagen möglichst umfassend zu begreifen. Dabei werden Metaphern aufgelöst, konzeptionell mündliche Sprache mehr an der Schriftlichkeit orientiert, um die Sprache soweit möglich zu neutralisieren bzw. sachlichen Inhalt und andere Inhaltsbestandteile voneinander zu trennen. Dies kann an einem Beispiel illustriert werden. Im Laufe des Interviews äußert eine Probandin folgenden Satz mehrfach in ähnlicher Weise:

> da muss man sich durch was mal durchbeißen auch

Die Prase „durch etwas durchbeißen" muss geklärt werden. Sie wird im Rahmen der Auswertung in zwei Bestanteile getrennt, die in der Floskel enthalten sind, nämlich in den Bestandteil der Weiterarbeit und den der Schwierigkeit:

> SchülerInnen müssen auch bei auftretenden Schwierigkeiten weiterarbeiten

> Auch bei Schwierigkeiten weiterzuarbeiten kostet Energie

Außerdem wird die Bedeutung von mal expliziert:

> Die Notwendigkeit bei Schwierigkeiten weiterzuarbeiten kommt eher selten vor

Solche Unterteilungen wurden vorgenommen, um alle Bestandteile der Aussage aufzugreifen. Gegebenenfalls konnten Paraphrasen aber auch wieder zusammengefasst werden, wenn sich die Trennung in die Bestandteile zu weit von der ursprünglichen Aussage entfernte. Die Paraphrase lautet dann:

> Bei auftretenden Schwierigkeiten müssen SchülerInnen weiterarbeiten, auch wenn dies anstrengend ist.

An diesem Beispiel lässt sich auch erkennen, inwiefern identische Sachverhalte thematisch identisch benannt wurden. Durch die Wiederaufnahme von Schwierigkeiten wurden die drei Paraphrasen als zusammengehörig gekennzeichnet –

unabhängig davon, ob sie in einem weiteren Schritt erneut zusammengefasst wurden. Wenn im Interview erneut das Konzept der Schwierigkeit auftauchte, wurde dies mit demselben Begriff benannt und die Aussagen wurden sprachlich vereinheitlicht, wo dies möglich war. So wurden Bezüge hergestellt und Inhalt sowie deren Verbindung auffindbar gemacht, um die Bedeutung eines zusammenhängenden Gedankens zu erhalten, auch wenn dieser in mehrere Bestandteile zerlegt war.

Außerdem werden andere Quellen hinzugezogen, um unklare Bestandteile zu erklären. Beim Paraphrasieren tritt immer wieder der Fall auf, dass unklar ist, wie eine Aussage zu verstehen ist. Das eben genannte Beispiel beinhaltet die Metapher „sich durchbeißen". Diese hat eine spezifische Bedeutung, die sich nicht ohne Kontext erschließen lässt. Um die Interpretation zu systematisieren und abzusichern, schlägt Mayring in solchen Fällen die explikative Inhaltsanalyse bzw. Kontextanalyse vor, um solche strittigen Stellen zu klären. Deshalb wurde in strittigen Fällen wie folgt vorgegangen, um die Daten weiter zu konkretisieren.

3.11.2 Konkretisierung des Materials

Erweist sich eine Textstelle als interpretationsbedürftig, wird zusätzliches Material herangezogen. Interpretationsbedürftig heißt hier, dass die Textstelle allein nicht verständlich oder nur interpretiert verständlich ist. Würde die Forscherin ohne Rückgriff auf ein strukturiertes Vorgehen eine Paraphrase vorschlagen, wäre die Interpretation des fraglichen Wortes oder Satzes willkürlich und aus dem Vorwissen der Forscherin heraus entstanden. Ein systematisches Vorgehen muss jedoch im Vorfeld festlegen, wie bei missverständlichen, mehrdeutigen oder unverständlichen Textstellen verfahren werden soll - es wird also vor der Analyse bestimmt, was an zusätzlichem Material zur Erklärung herangezogen werden soll und darf (vgl. Mayring 2011: 85).

Nach Mayring ist in erster Linie die lexikalisch-grammatische Definition Voraussetzung für die Explikation (vgl. Mayring 2011: 86). Sprache wird zwar individuell variiert, jedoch auch in Wörterbüchern, Lexika und Grammatiken festgehalten und festgelegt. Diese Festlegung kann als Allgemeingut einer kulturellen Gemeinschaft betrachtet und daher als Bezugsgröße einbezogen werden. Besonders bei LehrerInnen, die alle ein Studium abgeschlossen haben und daher mit dem geschriebenen Wort vertraut sein sollten, kann davon ausgegangen werden, dass sich hier eine vergleichbare Basis in Bildung und Ausdrucksvermögen findet. Außerdem haben alle LehrerInnen, die in der Studie mitgewirkt haben, denselben kulturellen Hintergrund wie die Forscherin, weshalb von ähnlichen Vorerfahrungen ausgegangen werden kann. Dennoch kann es Fälle geben, die eine Hinzunahme von weiteren Informationen notwendig macht. Dies gilt besonders für die Verwendung von Metaphern u.ä. Aus diesen Gründen wurde die explikative Inhaltsanalyse hinzugezogen, wenn bei einem verwendeten Wort im Interview Unklarheit über dessen Bedeutungsumfang auftrat. Das betreffende Wort wurde im Wörterbuch nachgeschlagen, um den normierten Bedeutungsumfang zu ermitteln und diesen dann als Grundlage der Paraphrase zu verwenden.

Neben der normierten Wortbedeutung als Bezugsquelle muss aufgrund der individuellen Ausprägung von Sprache auch auf den Kontext der Äußerung eingegangen werden. Auch bei SprecherInnen desselben Kulturkreises kann es individuelle Abweichungen und Varianten geben, die sich dann nicht mit Hilfe von Wörterbüchern klären lassen. Hier muss der Kontext der Äußerung herangezogen werden, was ebenfalls als Unterform der explikativen Analyse verstanden werden kann. Ziel ist es, aufgrund einer Analyse des Kontextes eine Formulierung zu erarbeiten, die eine Aufschlüsselung der Textstelle leistet. In Bezug auf den Gesamtzusammenhang des Materials lässt sich anschließend überprüfen, ob diese Explikation tragfähig ist (vgl. Mayring 2011: 86). Mayring unterscheidet eine enge und weite Kontextanalyse, wobei in der Regel vom engsten zum weitesten Kontext im Umfeld fortgeschritten wird. In der engen Form können nur Textstellen aus dem Material heraus hinzugezogen werden. Diese können z.B. definierend, ausschmückend, beschreibend, beispielgebend, korrigierend, modifizierend oder antithetisch sein. Wenn die zu erklärende Textstelle im Material so oder in ähnlicher Form nochmal auftaucht, wird auch diese zusammen mit dem dortigen Textkontext hinzugezogen. In der weiten Form der explikativen Kontextanalyse kann Material hinzugezogen werden, das über den eigentlichen Text hinausgeht, z.B. Informationen über die jeweilige ProbandIn, die Entstehungsbedingungen oder das theoretische Vorverständnis der Forscherin. „Die weiteste Form einer Kontextanalyse lässt den gesamten Verstehenshintergrund des oder der Interpreten zur Explikation zu. Dies kann bis hin zu freien Assoziationen des Interpreten mit den in der Textstelle angesprochenen Inhalten gehen" (Mayring 2011: 88). Selbstverständlich muss in jedem Fall die Hinzunahme der Informationen begründet und nachvollziehbar gemacht werden.

Im nächsten Schritt wird aus dem Material eine Formulierung gebildet, die die fragliche Stelle erklärt. Diese sog. explizierende Paraphrase reduziert das gesammelte Material im Sinne der zusammenfassenden Inhaltsanalyse. Widersprüche im Material werden jedoch aufgenommen und durch alternative Paraphrasen abgebildet.

Schließlich wird in einem sechsten Schritt die Paraphrase an den Ort der zu erklärenden Textstelle gesetzt, um im Kontext zu überprüfen, ob die Explikation sinnvoll ist. Es zeigte sich, dass eine enge Kontextanalyse in den meisten Zweifelsfällen als ausreichend erachtet werden konnte, da die Verwendung bestimmter Begriffe häufig auf bereits an anderer Stelle explizierte Zusammenhänge rekurriert. Lediglich Termini, die die ProbandInnen ohne Erklärung äußerten, mussten in externem Material nachgeschlagen werden.

Das Material wurde anhand von Mayrings zusammenfassender Inhaltsanalyse weiterverarbeitet und sprachlich vereinheitlicht. Bei Zweifelsfällen kam die explikative Inhaltsanalyse in Form von Wörterbuchrecherchen oder Kontextanalysen zum Einsatz. Sollten auf die beschriebene Weise inhaltsgleiche Paraphrasen entstehen, wurden Doppelungen gestrichen, was durch Rücküberprüfung am Ausgangsmaterial mit Hilfe der theoretischen Vorannahmen bewerkstelligt wurde (vgl. Mayring 2011: 69).

Bis zur Zusammenfassung, die bei Mayring die Kategorienbildung einleitet, konnte das Material mit der dargestellten Vorgehensweise gut verarbeitet werden. Folgt man jedoch weiter der zusammenfassenden Inhaltsanalyse, ergeben sich allerdings Probleme: Mayring schlägt vor, das Material in einem weiteren Schritt weiter zu reduzieren, indem mehrere, sich aufeinander beziehende und oft über das Material verstreut liegende Paraphrasen zusammengefasst werden. Diese Zusammenfassung würde durch eine neue Benennung aufgegriffen (vgl. Mayring 2011: 69). Die so gewonnenen Kategorien werden schließlich am Ausgangsmaterial rücküberprüft, was als repräsentativ gelten kann (vgl. Mayring 2011: 83). Die Materialmenge ist dann auf die wesentlichen Inhalte reduziert, und es sind induktiv Kategorien aus dem Material gebildet worden.

3.12 Methodendiskussion und Veränderung des Verfahrens

Aufgrund des Untersuchungsgegenstandes hat sich eine ausschließlich zusammenfassend vorgehende Inhaltsanalyse als nicht praktikabel erwiesen. Es stellte sich bei der Erprobung der Kategorien bildenden Methode heraus, dass durch die erneute Reduktion relevante Informationen verschwanden. Dies kann darauf zurückzuführen sein, dass der Untersuchungsgegenstand – die subjektiven Vorstellungen der Lehrenden über Sprache und Sprachförderung – nur sehr schwach im Material repräsentiert sind, das Mayring'sche Vorgehen aber Konzepte aus den Daten extrahiert, die sehr explizit sind. Die Lehrenden können größtenteils nicht klar explizieren, welche Rolle die Sprache ihres Faches spielt, und Fördermaßnahmen sowie deren didaktische Begründung sind ihnen selten bekannt. Deshalb blieben nach der Reduktion nach Mayring fast nur Aussagen bestehen, die sich auf die Kompetenzen von SchülerInnen und die Darstellung des Faches Biologie bezogen. Da dies aber nicht der Beantwortung der Forschungsfrage dient, musste ein anderes Vorgehen gefunden werden, das die schwach ausgeprägten oder impliziten Aussagen weiterführend erhält. Außerdem zeigte sich während der Strukturlegephase, dass die Argumentation und die Beziehungen zwischen den Aussagen eine besondere Bedeutung haben, wenn es um einen verstehenden Nachvollzug der subjektiven Sichtweisen geht. Diese gehen bei der Umwandlung der Paraphrasen in ein Kategoriensystem jedoch verloren, weshalb das Mayring'sche Vorgehen der zusammenfassenden und explikativen Inhaltsanalyse an dieser Stelle abgebrochen und ein anderes Verfahren gewählt wurde.

Da die Forschungsfrage auf die Erhebung von Vorstellungen mit zumindest impliziter Argumentationsstruktur abzielte, stellte es sich als sinnvoll heraus, erneut eine Legestruktur zu erstellen. Diese bot gegenüber der bereits mit den Lehrenden validierten Struktur den Vorteil der sprachlich vereinheitlichten Paraphrasen, was die Ergebnisse transparenter und vergleichbarer macht. Taucht ein Sachverhalt an mehreren Stellen des Interviews auf, kann er durch die einheitliche Benennung schnell identifiziert und aufgefunden werden und es können einzelfallübergreifende Vergleiche angestellt werden.

Zuerst mussten die bisher entstandenen Paraphrasen für die spätere Interpretation vorbereitet werden. Gerade in dem Prozess der Paraphrasierung befindet sich die Forscherin ganz tief in den Daten, formuliert Auswertungseinheiten in eigenen Worten und spürt so der eigentlichen Aussage der Befragten nach, versucht diese so gut es geht nachzuvollziehen, zu systematisieren und für LeserInnen offenzulegen. Deshalb sollten die Gedanken und Interpretationen von Zusammenhängen, die in dieser Phase bereits auftraten, festgehalten werden, um später zur Verfügung zu stehen. Verbindungen, die über mehrere Auswertungseinheiten hinweg auftauchten, wurden mittels farbiger Markierungen kenntlich gemacht, wenn sie einen Argumentationszusammenhang betrafen. Außerdem wurden Memos zur Interpretation angefertigt, um in diesem intensiv an und in den Daten arbeitenden Prozess alle Gedanken dazu gleich zu notieren und nicht später zu vergessen. So entstand ein erstes Gerüst für die spätere Interpretation.

Dennoch erschien es nicht ausreichend, gleich in die Interpretation einzusteigen. Es stellte sich nicht so dar, dass an dieser Stelle die Sichtweise der Lehrenden vollauf nachvollzogen wurde, und außerdem ist die subjektive Vorstellung für die Rezipienten der Studie noch nicht offengelegt. Das Problem, sich zu schnell von den Daten zu entfernen, gilt also immer noch. Außerdem lagen die validierten Strukturlegebilder vor, die in den weiteren Prozess eingebunden werden sollten, um die kommunikative Validierung nicht nur für die erste Phase nutzbar zu machen. Deshalb wurde mit den nun vereinheitlichten, vergleichbaren Paraphrasen erneut ein Strukturbild anhand derselben Regeln wie das erste gelegt und diese dann miteinander verglichen. So entstanden neue Strukturbilder, die besser zu sortieren waren, da die Paraphrasen nun transparenter waren, wobei die Chronologie des Gesagten auch hier aus den bereits genannten Gründen das erste Ordnungsprinzip darstellte. Im Gegensatz zu der Strukturlegephase mit den Lehrenden konnten zugrunde liegende Themen aufgefunden werden, die die Aussagen, die bisher nur anhand der fünf Oberkategorien gegliedert wurden, weiter kategorisiert werden. Außerdem war es möglich, Verbindungen zwischen den einzelnen Teilbereichen zu visualisieren und so dem komplexen Feld des Unterrichtsgeschehens annähernd gerecht zu werden.

Bei der Erstellung dieser zweiten Strukturbilder wurden folgende Prinzipen zugrunde gelegt: Die Chronologie der Aussagen im Interview galt erneut als oberstes Ordnungsprinzip. Zuerst wurden jene Paraphrasen gelegt, die im Zuge der Gesprächsaufforderung geäußert wurden, und zwar in der Reihenfolge und in dem Zusammenhang, in dem die Lehrperson diese geäußert hatte. Konnte die Chronologie nicht eingehalten werden, da die Auswertungseinheit aufgrund thematischer Zusammenhänge zu einer Oberkategorie sortiert, aber an anderer Stelle geäußert worden waren, wurde diese im Anschluss hinzugefügt. Für das Beispiel Lesen bedeutet das, dass zuerst alle Aussagen, so wie sie auf die Frage nach dem Lesen hin genannt wurden, gelegt wurden. Daran anschließend wurden die anderen Aussagen, die über das Interview verteilt thematisch mit Lesen zusammenhängen, gelegt. Dabei wurden Komplexe gebildet, die eng zusammenhängende Äußerungen sichtbar machen. Als Grundsatz galt hier, dass Äußerungen, die in einem Atemzug getätigt wurden, enger zusammengehören als solche, die auf erneutes Nachfragen hin expliziert wurden oder ohne Nachfrage an anderer Stelle entstanden. Themengleiche Aussagen wurden in der Struktur nach rechts expandiert, themenunterschiedliche nach unten. Die Zusammenhänge wurden stets am Transkript rücküberprüft, da die Struktur die Zusammenhänge visualisieren und möglichst nicht interpretieren sollte. Explizite Verbindungen wurden mit Pfeilen gekennzeichnet. Implizite Verbindungen, die im Rahmen der ersten Interpretation aufgestellt wurden, wurden durch gestrichelte Linien visualisiert. Daran anschließend wurden zusammenhängende Themen gemeinsam farbig hinterlegt. Für das Thema Lesen wurden beispielsweise Aussagen zum Lesen allgemein, Aussagen zu Schwierigkeiten beim Schreiben und Aussagen zu Lösungsmöglichkeiten für Schreibschwierigkeiten jeweils farbig zusammengefasst. In dieser Phase wurden Doppelungen weiter erhalten. Beispielsweise sprach eine Lehrkraft immer von Lesen und Schreiben gleichzeitig („Es wird gelesen, um anschließend zu schreiben"). Diese Argumentation tauchte also jeweils in der Legestruktur zu Lesen und Schreiben auf und stellte somit eine Verbindung zwischen den beiden Großkategorien dar. Bei der Integration der einzelnen leitfragenbezogenen Legebilder zu einer Gesamtstruktur stellten diese die Schnittstelle zweier Bereiche dar. Eine dieser identischen Argumentationsketten wurde gelöscht, und die übriggebliebene wurde an die Stelle zwischen den beiden Bereichen gerückt, um die Verbindung zu visualisieren. So entstanden große Abbilder der Interviewaussagen, die weitreichende Interpretationen über die Grenzen einzelner Großkategorien hinaus erlaubten.

3.13 Zusammenfassung und Interpretation der Daten

Um die mit den Beforschten validierten Legestrukturen in den weiteren Prozess einzubinden, wurde das von der Forscherin erstellte Strukturbild mit den Bildern der Befragten verglichen. Hier haben besonders die in der kommunikativen Validierung hinzugekommenen Kärtchen und die von der Lehrperson explizit gemachten Verbindungen und Relationen ihren Stellenwert. Wurden weitere Kärtchen hinzugefügt, um einen Sachverhalt nochmals zu vertiefen oder Fragen zu klären, konnten diese nun zusätzlich in die neue Legestruktur aufgenommen werden. Es wurde geprüft, ob sich Unterschiede zwischen den Legestrukturen zeigten, je nachdem ob sie mit oder ohne den Austausch mit den Lehrenden entstanden waren. Da sich aufgrund des parallelen Vorgehens keine gravierenden Differenzen der beiden Strukturbilder ergeben hatten, insofern, dass sich die Strukturen widersprochen hätten, waren auch in der allein entwickelten Struktur keine weitreichenden Änderungen notwendig. Nach dem Abgleich der beiden Versionen der Legestruktur wurden die zusammenhängenden Argumentationen in einen möglichst beschreibenden Fließtext umformuliert, um so die Zusammenhänge, wie sie von der Lehrperson expliziert wurden, aufzugreifen. Es handelt sich dabei quasi um eine bereinigte und um Beispiele und Doppelungen gekürzte Version des Interviews. Diese Texte sind im Ergebniskapitel aufgenommen, um den RezipientInnen der Studie die Innensicht der Interviewten, soweit dies möglich ist, offen zu legen.

Mit Hilfe des dargestellten Vorgehens konnte das Datenmaterial systematisiert und die Begründungszusammenhänge offengelegt werden, um daraus die Strukturen der Argumentationen zu bilden. Dies eignet sich aber noch nicht für die Interpretation der Daten. Bei der Interpretation entfernt sich die Forscherin weiter von der Textoberfläche, als dies bei der reinen Beschreibung der Fall war. Deshalb wurden hier nun die Memos und Argumentationslinien, die während der Paraphrase erstellt wurden, genutzt, ebenso wie die gestrichelten Linien der Strukturbilder. Dabei galt als Leitidee der Interpretation, welche Begründungen die Lehrenden angeben und wie dies in Zusammenhang mit Sprachförderung steht. Besonders interessant waren hierbei die bereits vorhandenen Ansätze und deren Reichweite. Dort, wo aus sprachdidaktischer Sicht die Arbeit endet, werden Alternativen aufgezeigt und Überlegungen angestellt, warum die Förderung durch die Lehrperson an dieser Stelle aufhört. Diese Ergebnisse werden im folgenden Kapitel präsentiert. Der beschreibende Fließtext der Lehrenden, ergänzt um eine anschließende Interpretation, ist dort zu finden, gefolgt von einer zusammenfassenden Darstellung und einem Fazit. Zuvor wird jedoch begründet, wie die Auswahl der Datensätze getroffen wurde, die nun in die Ergebnisdarstellung eingehen (vgl. Kap. 3.3 Zugang und Auswahl von ProbandInnen).

3.14 Auswahlentscheidungen bei der Ergebnisdarstellung

Im Vorfeld der Ergebnispräsentation wird zunächst auf die Auswahlentscheidungen bezüglich der Fallauswahl eingegangen, um transparent zu machen, warum bestimmte Fälle Eingang in die endgültige Auswertung bzw. Präsentation gefunden haben, andere hingegen nicht. Um in qualitativen Studien den systematischen Zugriff auf Daten zu gewährleisten, müssen zwei Voraussetzungen erfüllt sein. Zum einen muss eine Vorstellung über den interessierenden Fall bestehen, zum anderen sollen nachvollziehbare Techniken bei der Ziehung von Personen, Ereignissen oder Aktivitäten dokumentiert werden.

In der quantitativen Forschung wird die Stichprobe vor der Untersuchung gezogen und diese soll die Grundgesamtheit abbilden. Da qualitativen Studien jedoch häufig explorativen Charakter haben, lässt sich die Grundgesamtheit erst nach der Untersuchung bestimmen, da vorher nichts oder nur wenig über das Feld bekannt ist. Qualitative Untersuchungen streben Generalisierbarkeit der Ergebnisse an, die erreicht werden soll, indem die Stichprobe den Fall inhaltlich repräsentiert (vgl. Merkens 2000: 291). Es kann also nicht darum gehen, die Verteilung von Merkmalen in der Grundgesamtheit zu erheben, sondern die spezifische Typik eines Falles zu bestimmen. Aus diesem Grund ist die Stichprobenziehung der qualitativen Studie kein methodisches Problem wie in der quantitativen Forschung, sondern ein inhaltlich-interpretatorisches. Kriterien für die Stichprobenziehung sind notwendig, denn „es muss gesichert werden, dass der [Gesamt-]Fall facettenreich erfasst wird" (Merkens 2000: 291). Im Rahmen eines selektiven Samplings, bei dem theoretische Überlegungen die Stichprobe vorab bestimmen (vgl. Rosenthal 2008: 86), muss das Gütekriterium der Offenheit jedoch immer noch Beachtung finden und es muss möglich sein, weitere Fälle hinzu zu ziehen, bis weitere Ergebnisse keinen neuen Typus erforderlich machen. Diese Sättigung kann in einer spezifischen Forschung recht schnell eintreten, sie kann sich aber auch als unabschließbar erweisen. Außerdem kann es passieren, dass keine relevanten Einsichten mehr gewonnen werden, da die Forscherin blinde Flecken hat (vgl. Rosenthal 2008: 87). Dies lässt sich in der qualitativen Forschung nie ganz ausschließen, was die Bedeutung von weiterführenden, ähnlich gelagerten Arbeiten und dem Austausch in der scientific community unterstreicht. Festzuhalten ist, dass sich der tatsächliche Umfang, die Größe und Merkmale der Stichprobe erst am Ende des Forschungsprozesses, rückblickend angeben lassen.

Theoretisch strukturierte Stichprobenziehungen können sich an extremen Fällen orientieren, an typischen Fällen oder an kritischen. Es ist wichtig, nicht nur günstige Fälle einzubeziehen, sondern auch ungünstige und kritische, um so maximale Variation zu erreichen und den Fall abzudecken. Diese Überlegungen leiten den Auswahlprozess bei der Endauswertung der Daten. Hier wurden nicht alle erhobenen und kommunikativ validierten Datensätze ausgewertet, sondern nur diejenigen, die zusätzliche Erkenntnisse brachten. So kam es, dass von 8 erhobenen Datensätzen schlussendlich 5 vollständig ausgewertet wurden und in die Ergebnisdarstellung eingehen, wobei jeder Datensatz einen Fall bzw. einen Typus präsentiert. In Bezug auf Typik werden die Fälle hier ganz kurz beschrieben, um zu verdeutlichen, was als kritischer oder untypischer Fall gewertet wurde, ehe das Kapitel der Ergebnisdarstellung folgt.

LP1 und LP2 können als typische Fälle betrachtet werden, wobei LP1 sich durch reflektierten Umgang mit den Anforderungen des Berufs auszeichnet und versucht, mit diesen umzugehen. LP1 entwickelt auf der Basis der reflektierten Anforderungen Strategien und versucht, diese zu begründen. LP2 hingegen reflektiert die Anforderungen nicht und findet schnell Begründungen und Erklärungen, warum es nicht die Aufgabe der Lehrperson ist, (sprachliche) Probleme zu beheben. Anhand dessen, was als typischer Fall einer naturwissenschaftlichen Lehrperson ohne Vorkenntnisse beschrieben wurde, kann LP2 als Paradebeispiel gelten. LP3 stellt einen kritischen Fall dar, insofern als dass diese Lehrperson sich als sprachlich versiert darstellt, diese Versiertheit aber bei der Tiefenanalyse der Aussagen eine vorgetäuschte ist und kaschiert, dass LP3 und LP2 große Gemeinsamkeiten aufweisen. Die Haltung gegenüber den Lernenden ist jedoch unterschiedlich, da LP2 hier die Verantwortung für sich ablehnt, LP3 hingegen dazu neigt, die Lernenden zu entlasten.

LP4 und LP5 sind die untypischen Fälle. LP4 verfügt über sprachdidaktisches Wissen, dass diese Lehrperson sich auf unterschiedlichen Wegen angeeignet und verinnerlicht hat. Aus diesem Grund unterscheidet sich das betreffende Interview stark von den anderen Befragungen. LP5 schließlich ist ein untypischer Fall, da diese Person neben Biologie ein sprachdidaktisches Fach studiert hat und unterrichtet, was einige Aussagen prägt und Strategien bildet, die bei LP1 bis LP3 nicht auffindbar sind. Auf der Basis dessen, dass ein neu hinzugenommener Fall weitere Facetten des Gesamtfalls aufdecken sollte, wurde das validierte Interview mit LP B nicht hinzugezogen, da dies keine anders gelagerten Ergebnisse im Vergleich mit LP1 bis LP3 erbrachte.

4 Ergebnispräsentation

Nachdem die mit Hilfe der Interviews und Strukturlegetechniken gewonnenen Daten ausgewertet sind, müssen diese bezogen auf die Forschungsfragen und das Erkenntnisinteresse interpretiert werden. Im Folgenden werden diese Ergebnisse präsentiert. Im Zuge dessen wird für jede Lehrperson[1] zuerst die Subjektive Theorie, chronologisch angepasst an die Leitfragen des Interviews, möglichst nah am Text beschrieben. Dies dient einerseits der Beantwortung der ersten beiden Forschungsfragen, nämlich welche Vorstellungen die Lehrenden bezüglich des Faches Biologie, dessen Sprache und der Sprachbildung explizieren und welche SchülerInnenkompetenzen sie wahrnehmen. Andererseits wird damit der Zweck verfolgt, auch das Ergebniskapitel am Postulat der intersubjektiven Nachvollziehbarkeit auszurichten. Indem die Vorstellungen möglichst nah am Originaltext unproblematisiert beschrieben werden, wird es den LeserInnen dieser Studie möglich, eigene Schlüsse zu ziehen. Selbstverständlich ist keine Zusammenfassung von Interviews völlig objektiv und interpretationsfrei: Die Interviewaussagen sind aus der Perspektive der Sprachforscherin aufgenommen und verstanden worden und werden aus dieser Sicht wiedergegeben. Doch reine, unverfälschte Objektivität soll und kann nicht das Ziel einer qualitativen Arbeit sein, sondern die Nachvollziehbarkeit der gezogenen Schlüsse. In diesem Sinne sollen die Beschreibungen verstanden werden: Als ein Angebot an die LeserInnen, selbst Schlüsse aus den Dargestellten Vorstellungen zu ziehen und diese mit den folgenden Interpretationen der Forscherin abzugleichen.

Um den genannten Zweck zu erfüllen, wurden die gelegten Strukturen Stück für Stück durchgegangen und in einem Fließtext dokumentiert. Dieser versucht, beschreibend zu bleiben und die Argumentation der jeweiligen Lehrperson nachzuvollziehen. Dies dient dazu, den Zusammenhang der einzelnen Aussagen zu verdeutlichen und die Begründungen offenzulegen. Im Zuge der Paraphrasierung der Aussagen während der Datenauswertung wurden identische Sachverhalte mit identischen Begrifflichkeiten belegt, um so Bezüge zwischen Interviewteilen herstellen zu können, Verbindungen aufzuzeigen und die spätere Interpretation zu ermöglichen. In der folgenden Beschreibung wurden

---

[1] Da für jede Befragte und jeden Befragten das Kürzel LP (Lehrperson) gewählt wurde, wird im Folgenden immer mit dem Femininum auf die jeweilige Lehrkraft referiert, ungeachtet des biologischen Geschlechts.

diese paraphrasierten Begrifflichkeiten beibehalten. Daraus resultiert ein weniger eleganter Sprachstil, der stellenweise Anlehnungen aus der Rechtssprache aufweist, z.B. indem identische Sachverhalte auch in aufeinanderfolgenden Sätzen identisch benannt werden. Da der Zweck der Beschreibung das Aufdecken der Subjektiven Theorie ist, scheint es unabdingbar, dieser Präzision den Vorzug vor einer besser lesbaren, aber mehr abstrahierenden Form zu geben. Ebenfalls der möglichst großen Nähe zum Interview ist die unterschiedliche Reihenfolge der Zwischenüberschriften geschuldet. Da das qualitative Interview offen bleibt für Strukturierungen, die sich aus dem Gesprächsverlauf ergeben, wurde die Reihenfolge der Gesprächsaufforderungen und Nachfragen im Interview variiert, je nachdem, was von der Lehrperson selbst bereits angesprochen wurde. Diese Reihenfolge bleibt im Folgenden möglichst erhalten, um den Argumentationsstrang nachzuzeichnen. Fehlende Begründungen und oberflächliche Äußerungen sind darauf zurückzuführen, dass die Lehrperson zu dem betreffenden Punkt nichts Vertiefendes expliziert hat. Auch wurden keine Korrekturen vorgenommen, um die subjektive Sichtweise der Interviewten nicht zu verfälschen. Wurde also im Interview eine Aussage getroffen, die im theoretischen Kapitel als entgegengesetzt dargestellt wird, wird diese in der Beschreibung nicht problematisiert, sondern so dargelegt, wie sie von der Lehrperson geäußert wurde.

Jede Beschreibung der individuellen Subjektiven Theorie schließt mit einer zusammenfassenden Fallcharakterisierung der betreffenden Lehrperson. Diese entfernt sich weiter von den ausgewerteten Legestrukturen und zielt auf die Beantwortung der dritten und vierten Forschungsfrage: Welche Schwierigkeiten und Probleme nehmen die Lehrpersonen wahr und welche Strategien (zur Sprachbildung) leiten sie aus ihren Vorstellungen ab? Dabei werden Ansätze, die von den Lehrpersonen genannt wurden, als solche aufgezeigt sowie deren Reichweite dargestellt. Die von den Lehrpersonen genannten Sprachfördermaßnahmen und allgemeinen Vorstellungen zur Sprachförderungen werden mittels Ankerbeispielen aus den Datensätzen untermauert und ggf. problematisiert[2]. Im Anschluss an die Beschreibung der jeweiligen Subjektiven Theorien folgt die Diskussion der Ergebnisse in Bezug auf Sprachbildung. Diese geschieht fallübergreifend und mit Bezug zur Forschungsliteratur. Zuletzt folgt ein Fazit für Sprachförderung im Fach Biologie. Dies zielt auf die letzte Forschungsfrage, nämlich den Bedarf von und Ansätze für die Aus- und Weiterbildung aus den

---

2 Im Zuge der Darstellung werden Ausschnitte aus den Transkripten präsentiert. Aus Gründen der Anonymitätssicherung werden die Transkripte jedoch nicht volständig im Anhang abgedruckt.

Ergebnissen abzuleiten. Im Zuge dessen wird ein Ausblick vorgenommen, in dem weiterführende Forschungsfragen und Forschungsfelder benannt werden.

4.1 Beschreibung der Vorstellungen von LP1

4.1.1 Besonderheiten des Biologieunterrichts

Biologieunterricht ist für LP1 gekennzeichnet durch stetige Orientierung des Lernstoffes am Erkenntnisstand der Wissenschaftsdisziplin. Inhalte, die im Lehrplan bereits aufgenommen sind, finden sich z.T. noch nicht im Schulbuch, weshalb nicht nur das Erarbeiten und Verstehen des aktuellen Erkenntnistandes aufwändig ist, sondern auch die Darstellung dessen im Unterricht mit eigenen Materialien geschehen muss. LP1 geht damit um, indem sie Materialien selbst erstellt, eigene Texte schreibt oder Zeitungsartikel kopiert. Auch die SchülerInnen arbeiten mit verschiedenen Büchern und Texten, teils aus dem Unterricht, teils eigenständig besorgten, um ein Thema aus mehreren Perspektiven zu begreifen. Diese, damit verbundene, immer wiederkehrende Einarbeitung macht das Fach für LP1 stetig interessant, da sie die neuen Erkenntnisse der Wissenschaft spannend findet; die Unterrichtsvorbereitung wird aber auch anspruchsvoll. Es folgt, dass die Lehrperson sich immer wieder neu einlesen muss, auch mit Hilfe von z.T. englischsprachiger Fachliteratur. Das Recherchieren in verschiedenen Büchern und Zeitungen und deren Aufbereitung für den Unterricht sieht sie als ihre Aufgabe. Bei Unsicherheiten, die durch divergierende Aussagen in verschiedenen Quellen zustande kommen, sollen sich die SchülerInnen an dem orientieren, was im Unterricht definiert wurde. Gerade diese mangelnde Deckungsgleichheit in Büchern sieht LP1 als Besonderheit des Faches an, auf die sie die SchülerInnen auch hinweisen muss. SchülerInnen muss klargemacht werden, dass man nicht alle Informationen in allen Büchern finden kann und dass die jeweilige Darstellung der Sachverhalte sich unterscheidet. Dies kann für die SchülerInnen zu völlig unterschiedlich erscheinenden Aussagen führen, weshalb LP1 es als ihre Aufgabe ansieht, eine Orientierung zu bieten.

Die Arbeit mit verschiedenen Büchern ermöglicht für LP1 eine größere Vielfalt in der Materialauswahl, auf die sie viel Wert legt. Unterschiedliche Quellen sind in verschiedenen Bereichen unterschiedlich gut einsetzbar. Manche Bücher zeichnen sich durch gut verwendbare Abbildungen aus, andere durch gut verständliche Texte. LP1 variiert hier bewusst, auch was die Verständlichkeit der Texte angeht, damit die SchülerInnen sich auch an schwierigere Texte gewöhnen.

Ziel des Unterrichts ist die Schaffung einer theoretischen Basis, die für die eigenständige Transferleistung[3] der SchülerInnen als Grundlage dienen kann. Die Leistungsanforderungen bestehen aus einem Reproduktionsteil mit den Bereichen benennen und beschreiben sowie einen Transferteil, in dem eigene Gedanken auf der Basis des Gelernten entwickelt werden müssen. In der Oberstufe ist der Transfer von Gelerntem auf zu Erschließendes besonders wichtig. SchülerInnen, die lediglich reproduzieren, können über eine ausreichende Note nicht hinauskommen. Der Unterricht soll SchülerInnen ermöglichen, die Theorie kennenzulernen, die Arbeit mit Materialien einzuüben, strukturiert zu denken und die höheren Anforderungsbereiche zu erfüllen. Diese bestehen aus der Analyse von Materialien, der Verknüpfung von Abbildungen und Texten, Interpretation sowie Hypothesenbildung. Diese Bereiche bilden in der Oberstufe 60 Prozent der Klausurnote. LP1 legt daher viel Wert auf die Verständlichkeit der Materialien in Bezug auf Eindeutigkeit und Qualität der Abbildungen. Kenntnisse in Physik und Chemie sind wichtige Grundlagen, die die SchülerInnen mitbringen müssen, um Sachverhalte zu verstehen und Aufgaben zu bearbeiten.

4.1.2 Sprache im Biologieunterricht

Die Sprache des Faches ist für LP1 gekennzeichnet durch eine Fülle an Fachtermini. Fachsprache definiert sie als strukturierter, mit Fachbegriffen belegter Ausdruck von Sachverhalten. Sie geht davon aus, dass jedes Fach eine Fachsprache verwendet, in Biologie sei dies aber vermehrt der Fall. Diese Fachsprache ist für die SchülerInnen ebenso fremd wie eine Fremdsprache, was darauf zurückzuführen ist, dass SchülerInnen häufig Schwierigkeiten mit den Fachbegriffen haben. LP1 erläutert, dass sie selbst nach längerer Pause beim Einarbeiten in die Neuerungen Schwierigkeiten mit der Fülle der Fachtermini hatte. Bei der Recherche treten jeweils wieder neue Begriffe auf, die dann ihrerseits wieder erschlossen werden müssen, was wiederum neue Fachbegriffe mit sich bringt. Dies war zu Beginn der Lehrerinnenlaufbahn für LP1 mit Gefühlen der Überforderung und des Nicht-Enden-Wollens verbunden. In Bezug auf die Begriffe des Faches hat LP1 eine differenzierte Sichtweise: In Bezug auf SchülerInnen sagt sie, dass es nicht schlimm sei, wenn einmal ein Begriff nicht parat sei. Die gezielte Nutzung der Termini sei Ergebnis von Auswendiglernen. In Bezug

---

[3] In der Biologie werden die Anforderungsbereiche je nach Klassenstufe unterschiedlich gewichtet. Auch in der Unterstufe sind ein Reproduktions- und ein Transferteil gegeben, mit Fokus auf die Reproduktion – in der Oberstufe kehrt sich dies um.

auf sich selbst erläutert sie, dass die gezielte Nutzung der Begriffe auf dem immer wieder Verwenden basiert. Man lernt die Begriffe nur, wenn man sie immer wieder gebraucht. Würde sie selbst sich eine Zeit lang mit einem Thema nicht befassen, würde sie die Termini auch nicht mehr kennen. Daher ist Fachbegriffsunsicherheit der SchülerInnen für sie nicht so gravierend.

Außerdem erläutert LP1, dass Fachtermini sich häufig ableiten lassen, wobei Latein- oder Griechischkenntnisse von Vorteil sind. SchülerInnen können sich aufgrund nicht vorhandener Kenntnisse dieser Sprachen die Begriffe aber nicht ableiten, es sei denn, sie haben als Erstsprache Griechisch, was sich dann im Unterricht nutzen lässt. LP1 hat selbst Latein gelernt und nutzt dies, um die Ableitung von Fachbegriffen in den Unterricht einfließen zu lassen. Schwierig ist für LP1, dass SchülerInnen häufig Begriffe und Fremdwörter nicht kennen, die LP1 als geläufig betrachtet und dem Allgemeinwissen zurechnet.

Insgesamt gilt für die Sprache im Biologieunterricht, dass eine hohe Präzision im Ausdruck nötig ist, was auch als Kennzeichen des Faches gilt. Sachverhalte müssen präzise ausgedrückt werden, besonders da Fachbegriffe sich häufig sehr ähnlich sind und sich nur in einem Buchstaben unterscheiden. LP argumentiert, dass man etwas präzise ausdrücken kann, wenn man den Sachverhalt wirklich verstanden hat. Dann kann man zwischen wichtigen und unwichtigen Gesichtspunkten unterscheiden und dies treffend formulieren. Nötig für die präzise Formulierung und das punktgenaue Darstellen von Inhalten ist also das vollständige Verständnis der Sachverhalte. Die Textarbeit im Unterricht dient dazu, eben dieses Verständnis zu ermöglichen und das Erkennen von Wichtigem und Unwichtigem zu trainieren.

4.1.3 SchülerInnenkompetenzen

Interesse seitens der SchülerInnen stellt den wichtigsten Faktor für Erfolg im Unterricht dar. SchülerInnen, die sich für das Fach interessierten, stellen Fragen und wollen tatsächlich verstehen. Um zu Fragen zu kommen, muss man sich auf den Unterrichtsinhalt einlassen. Erfolgreiche SchülerInnen können die Inhalte in Zusammenhang bringen und auf der Basis dessen eigene Ideen entwickeln. Sie versuchen auch bei Schwierigkeiten etwas zu verstehen und nutzen die Fragen, um dieses Ziel zu erreichen. Erfolgreiche SchülerInnen kennen Arbeitstechniken und verwenden diese auch in den Arbeitsphasen des Unterrichts. Sie unterstreichen in Texten und machen sich Notizen. Bei der Textarbeit arbeiten sie akribisch. Schließlich sind sie in der Lage Sachverhalte zu verstehen und Wichtiges von Unwichtigem zu trennen. Sie können somit auch Sachverhalte präzise formulieren. Sie sind mutig genug, um sich in den Unterricht einzubringen und sind in der Lage bereits gelernte Sachverhalte mit neuen Inhalten zu verknüpfen. Häufig finden sich die wirklich guten SchülerInnen im Grundkurs, da sie bereits eine andere Naturwissenschaft im Leistungskurs belegt haben. Sie müssen damit Biologie nicht belegen, wählen es aber aus Interesse und lassen sich dort auch zusätzlich prüfen.

Nicht erfolgreiche SchülerInnen zeichnen sich durch Desinteresse am Fach aus. LP1 erläutert, dass Biologie im Leistungskurs häufig als das kleinere Übel gewählt wird. Die SchülerInnen müssen eine Naturwissenschaft belegen und Biologie gilt als leichter als Physik oder Chemie. Aus diesem Sachverhalt folgt, dass SchülerInnen, die im Leistungskurs sitzen, zum Teil kein Interesse haben. Sie stellen keine Fragen und sind nicht bereit, sich in Sachverhalte hineinzudenken. Sie sind passiv oder bequem und nehmen den Unterricht nur so hin. Sie lassen ihn über sich ergehen und nicht faszinieren, weshalb sie sich auch nicht in die Inhalte vertiefen. Zum Teil handelt es sich bei der Gruppe der Nicht-Erfolgreichen aber auch um SchülerInnen, die bereits vom Beschreiben eines Sachverhalts überfordert sind. Schwächere SchülerInnen geben bei komplexeren Sachverhalten sofort auf oder äußern Unwillen – besonders wenn Kenntnisse in den Nachbardisziplinen Physik oder Chemie nötig werden. Aber auch komplexe Sätze und Abbildungen können zum Abbruch der Arbeit bei schwächeren SchülerInnen führen. Diese Gruppe von SchülerInnen hat kein Durchhaltevermögen oder gibt sich keine Mühe, wenn Aufgaben schwieriger werden.

Während der Arbeitsphasen wenden diese SchülerInnen keine vertiefenden Arbeitstechniken an, sondern überfliegen den Text, und können danach den Inhalt nicht wiedergeben. Wenn sie sich zu Sachverhalten äußern, drücken sie sich unpräzise aus. Häufig sind sie nicht in der Lage den Reproduktionsteil des Faches zu erfüllen oder können höchstens diesen Teil erfüllen. Des Weiteren beteiligen sie sich nicht an der Wiederholungsphase und können sich die Bedeutung von Fachbegriffen nicht ableiten.

4.1.4 Schreiben im Biologieunterricht

Im Unterschied zu anderen LehrerInnen schreibt LP1 nach eigener Aussage sehr viel an die Tafel. Der Tafelanschrieb[4] findet in jeder Stunde statt. In der Regel

---

[4] In Form von Merksätzen und Zusammenfassungen, entsprechend der von LP1 genannten Definition von Fachsprache: Mit Fachbegriffen belegter präziser Ausdruck eines Sachverhalts (Beobachtungsdatum).

bilden die in der Lesephase erarbeiteten Inhalte die Grundlage für den Tafelanschrieb. In seltenen Fällen geschieht er aus einem spontanen Brainstorming heraus, aber in der Regel ist er von LP1 zu Hause schriftlich vorbereitet und wird genauso an die Tafel gebracht, wie sie ihn im Vorfeld formuliert hat. Diese Arbeitsweise kostet viel Zeit, sowohl zu Hause in der Vorbereitung als auch im eigentlichen Unterricht. LP1 erläutert, dass jene SchülerInnen, die sie als Lehrerin im Leistungskurs wählen, dies bewusst tun, nicht zuletzt weil sie so viel anschreibt. LP1 sieht sowohl positive als auch negative Seiten des Tafelanschriebs. Er hat sich ihrer Meinung nach bewährt, und die SchülerInnen sind dafür sehr dankbar. Die Schule wird auch von einer Reihe schwächerer SchülerInnen besucht[5], für die der Tafelanschrieb eine Stütze ist. Andererseits ist er, da er von LP1 vorbereitet ist und von den SchülerInnen nur abgeschrieben werden muss, nicht vorbereitend für ein Studium, in dem die SchülerInnen dann selbstständig mitschreiben bzw. eigene Texte verfassen müssen. Besonders das von Hand Anschreiben wurde zwischen LP1 und deren SchülerInnen diskutiert. Von LP1 im Vorfeld auf Folien vorbereitete Texte mögen die SchülerInnen nicht so gern wie per Hand angeschriebene, weshalb sie darum bitten, es auf die klassische Art zu erledigen. LP1 nennt dieses Verhalten als Zeichen für die Verwöhntheit der SchülerInnen, schreibt aber dennoch per Hand an, weil es so beliebt ist. LP1 erläutert, ihre SchülerInnen seien vom Tafelanschrieb zum Teil verwöhnt, was sie daran festmacht, dass sie zum einen ungern selbst formulieren und bei einer solchen Aufgabe murren und versuchen LP1 dazu zu bringen, doch anzuschreiben. Die Bequemlichkeit, selbst zu formulieren tritt bei den besseren SchülerInnen auf, während die schwächeren beim eigenständigen Verschriftlichen an ihre Grenzen stoßen. Die Schreibunlust der SchülerInnen bringt LP1 dazu, manchmal an ihrem Vorgehen zu zweifeln.

LP1 erläutert, dass sie zu Beginn ihrer Lehrerlaufbahn weit weniger angeschrieben hat, als sie das heute tut. Der Tafelanschrieb habe sich aber über die Zeit eingebürgert. Sie argumentiert, die SchülerInnen seien dankbar dafür, da der Tafelanschrieb ihnen eine Struktur gibt. SchülerInnen aus anderen Kursen bemängeln LP1 gegenüber, dass deren LehrerInnen zu wenig anschreiben und sie dann unsicher sind, was sie für die Klausur lernen sollen. Dies haben die

---

5 Die Schule ist als reines Oberstufengymnasium auf Zulauf anderer Schulen angewiesen und zieht ihre Schülerschaft zum Großteil von benachbarten Gesamtschulen, unter anderem einer integrierten Gesamtschule nebenan. Deshalb kommen viele SchülerInnen nicht direkt von einem Gymnasialzweig und viele haben einen Migrationshintergrund – anders als an einem Gymnasium mit Eingangsklasse 5.

SchülerInnen von LP1 strukturiert im Heft, jedenfalls soweit es die theoretische Basis betrifft, die der Unterricht vermitteln kann.

LP1 erarbeitet sich einen neuen Sachverhalt, indem sie sich aus Materialien das Wichtigste herausschreibt und in eigenen Worten formuliert. Durch den Tafelanschrieb nimmt LP1 nach eigener Aussage den SchülerInnen diesen Prozess ab. Der Tafelanschrieb entstand jedoch bei LP1 aus dem Wunsch heraus, den SchülerInnen möglichst gutes Material und die bestmöglichen Bedingungen mitzugeben, um in Klausuren bzw. dem Abitur erfolgreich zu sein. Außerdem haben die SchülerInnen den Wunsch, von der Lehrperson etwas an die Hand zu bekommen, an dem sie sich orientieren können. So hat sich der Tafelanschrieb in LP1s Unterricht zu beiderseitigem Einverständnis entwickelt. Einerseits ist LP1 besorgt, dass sie die SchülerInnen durch ihren Unterricht nicht zur Selbstständigkeit erzieht. Andererseits kann der Tafelanschrieb aber auch als Vorbild für eigene Lerntexte der SchülerInnen dienen. Auf der Grundlage der Tafelabschriften erarbeiten sich SchülerInnen vor Klausuren bzw. dem Abitur eigene Lerntexte aus Büchern.

LP1 empfiehlt ihren SchülerInnen, zu Zweit oder Dritt für Klausuren zu lernen, damit Fehler aufgedeckt werden. Manchmal schreiben SchülerInnen Dinge von der Tafel ab, die so nicht dort gestanden haben und lernen sie damit auch falsch. Aus diesem Grund sollte die Lernphase durch gegenseitigen Abgleich gekennzeichnet sein.

Ganz allgemein finden folgende Schreibaufgaben und -phasen im Unterricht statt: Tafelanschrieb abschreiben, Notizen zu einem Text machen, Aufgaben auf einem Arbeitsblatt schriftlich formulieren, Hausaufgaben schriftlich machen sowie Klausuren schreiben. Anforderung an schriftliche Produkte ist es, Sachverhalte präzise auszudrücken. Um etwas präzise auszudrücken, muss man den Sachverhalt voll verstanden haben. Dann kann man auswählen, welche Punkte zentral sind und diese auch formulieren.

4.1.5 Lesen im Biologieunterricht

Lesen ist im Biologieunterricht für LP1 ganz zentral, denn nahezu jede Arbeitsphase beinhaltet lesen. Der Unterrichtsverlauf folgt häufig einem bestimmten Muster: Zuerst wird wiederholt, was bisher behandelt wurde. Dabei müssen die SchülerInnen lesen, indem sie das, was letzte Stunde von der Tafel abgeschrieben wurde, wiedergeben. Anschließend stellt LP1 mit den SchülerInnen Überlegungen zum weiteren Fortgang an, veranstaltet ein Brainstorming und lässt die ersten Ideen formulieren. Dem schließt sich die Textarbeitsphase an. Der Text ist die Umschreibung eines neu zu erarbeitenden Sachverhalts und dient der Strukturierung dessen, was bisher ins Unreine gesprochen war. Er bringt das Unreine mit Fachbegriffen in Verbindung. Textsorten, die gelesen werden, sind Arbeitsblätter, Zeitungsartikel, Fachartikel, Schulbuchtexte, von LP1 selbst verfasste Texte und Abbildungen. LP1 unterscheidet dabei zwischen Textblatt und Arbeitsblatt mit Aufgaben – der Text kann auch als Einstieg verwendet werden, während das Arbeitsblatt nur zur Unterfütterung der Inhalte dient. Schließlich wird ein Arbeitsauftrag vergeben oder ein Arbeitsblatt ausgeteilt. LP1 hebt hervor, dass der Einstieg in Alltagssprache geschieht und der Texte anschließend diese vorläufig erschlossenen Inhalte mit Fachtermini verbindet. Der Text hebt damit die Erarbeitung eines Sachverhalts auf eine professionelle Ebene, indem er Fachtermini einführt.

LP1 erläutert, dass sie gut abschätzen kann, mit welchem Text die SchülerInnen Probleme haben werden. Aus diesem Grund variiert sie die Bücher, denen sie Materialien für den Unterricht entnimmt. Bücher haben unterschiedliche Vorteile – das eine zeigt bessere Abbildungen, bei dem anderen ist die Sprache verständlicher. LP1 verwendet ab und an auch anspruchsvollere Texte mit dem Wissen, dass SchülerInnen diese nicht oder nicht sofort verstehen. In diesem Fall besteht LP1 auf dem Versuch und versucht mit offenen Fragen („Was könnt ihr denn da jetzt rausziehen") den Inhalt erschließbar zu machen. Problematisch bei der Textarbeit ist laut LP1, dass SchülerInnen zum Teil Begriffe nicht kennen, die LP1 völlig geläufig sind.

Vor der Lesephase nennt LP1 den SchülerInnen zentrale Begriffe, auf die sie achten oder die sie im Text suchen sollen. Anschließend werden Fragen zum Text von den SchülerInnen gestellt – Unverständliches wird geklärt. Die Leseaufträge werden von LP1 eingesetzt, weil sie den SchülerInnen die Orientierung im Text erleichtert und ihnen zu erkennen hilft, worauf sie achten sollen. Demselben Zweck dient das Unterrichtsgespräch, bevor die SchülerInnen zu lesen beginnen. Dieses Vorgehen fußt auf der Erfahrung mit Klassen mit hohem MigrantInnenanteil: Texte zu lesen ist für SchülerInnen mit Migrationshintergrund eine große Hürde, und der Leseauftrag soll ihnen die Orientierung erleichtern. Der Leseauftrag richtet sich an leseschwache SchülerInnen, für die er eine Hilfestellung sein soll. Orientierung im Text wird auch durch das Layout gesteuert, indem wichtige Punkte fett markiert sind. Wenn LP1 Texte für die SchülerInnen selbst verfasst, markiert sie diese auf dieselbe Weise.

Nach dem Lesen erhalten die SchülerInnen die Möglichkeit, Verständnisfragen zu stellen. LP1 lässt hier nicht gelten, wenn SchülerInnen sagen, sie haben gar nichts verstanden.

Lesen als Arbeitsauftrag umfasst mehrere Tätigkeiten der SchülerInnen: Sie sollen den Text lesen, sich wichtige Punkte markieren, Notizen zur Fragestellung anfertigen und Unverständliches aufschreiben. Unverständliches kann dabei sowohl den fachlichen Inhalt betreffen als auch alltägliche Begriffe, die unbekannt sind. Laut LP1 müssen Texte intensiv gelesen werden, indem man in der genannten Weise akribisch arbeitet und anschließend Fragen stellt. Den Text einfach nur zu lesen – wie es nicht erfolgreiche SchülerInnen tun – reicht nicht, um anschließend etwas zu wissen und darüber reden zu können. Diese Lesearbeit sollte nach LP1 allein erfolgen und der Austausch der SchülerInnen untereinander auf die Arbeitsphasen bezogen sein. Einen neuen Sachverhalt muss man sich erst allein erschließen, denn gemeinsames Lesen ist nicht möglich bzw. bringt keinen nennenswerten Erfolg.

Die Textarbeit, in der wichtige Dinge markiert, Notizen angefertigt und Fragen gestellt werden, soll die SchülerInnen darin trainieren, Wichtiges von Unwichtigem zu trennen. Der Unterricht vermittelt die fachliche Theoriegrundlage und übt das strukturierte Denken, um immer wieder neue Sachverhalte beschreiben, interpretieren und analysieren zu können. Die durch Aufgaben und Texte vermittelten Informationen müssen mit der theoretischen Basis verknüpft werden und eigene Hypothesen müssen entwickelt werden, was den in der Oberstufe bedeutsamen Transferteil ausmacht.

In der Klausur hat das Lesen einen ebenso großen Stellenwert wie im Unterricht. Auch hier müssen Aufgaben verstanden, Abbildungen gelesen und interpretiert und auf einander bezogen werden. Deshalb legt LP1 großen Wert auf die Qualität der Abbildungen und druckt diese, wenn nötig, auch in Farbe aus.

In der privaten Vorbereitung auf Klausuren lernen die SchülerInnen aus unterschiedlichen Büchern, die, wie bereits erwähnt, nicht deckungsgleich sind. Sollten unterschiedliche Angaben zu einem Sachverhalt auftreten, sollen sie sich an den im Unterricht aufgestellten Aussagen orientieren. Schreiben sie in der Klausur etwas Abweichendes und können dies im Nachhinein belegen, lässt LP1 dieses aber auch gelten, da die Bücher eben nie deckungsgleich sind.

4.2 Fallcharakterisierung LP1

Die kümmernde Lehrperson: *„aber ich versuche halt den schülern möglichst viel zu geben"*

LP1 nimmt die Probleme der Lernenden wahr und entwickelt auf der Basis ihrer langjährigen Unterrichtserfahrung und der Reflexion des eigenen Lernprozesses Unterstützungsstrategien. Sie kann die Schwierigkeiten, die das Fach Biologie auch in fachlicher Hinsicht bietet, sehr klar benennen und übernimmt die Verantwortung dafür, die Lernenden bestmöglich vorzubereiten. Dabei unterstützt sie viel durch eigenes Vorbild und durch eigene Tätigkeit, weniger damit, die Lernenden zur Selbsttätigkeit anzuregen. Des Weiteren definiert sie ihre Rolle als die des Bindeglieds zwischen der aktuellen wissenschaftlichen Entwicklung und der Erfahrungswelt der Lernenden. Nichts wird in den Unterricht eingebracht, dass sie nicht sorgfältig geprüft, durchdacht, durchgearbeitet und aufbereitet hat. Aus diesem Grund schreibt sie Informationstexte für die Lernenden selbst, wenn sich in der Literatur kein geeigneter findet. So erstellt sie in jeder Stunde bildungssprachliche Tafelanschriebe, die die Lernenden abschreiben sollen, damit sie möglichst gute Materialien haben, was sich gerade für schwächere SchülerInnen eignet. Im Idealfall nutzen die Lernenden diese Texte als Vorbilder, um eigene Lerntexte zu erstellen: Dies wird von LP1 als sehr sinnvoll angesehen, aber nicht explizit geübt. Insgesamt zeichnet sich LP1 Arbeit durch starke Kontrolle aus und dadurch, dass sie die Lernenden an die Hand nimmt. Dabei zeigt sie Verständnis für Probleme und Schwierigkeiten, wie sie beispielsweise durch die uneinheitlichen Begrifflichkeiten im Fach Biologie gegeben sind. LP1 versteht Biologie als ein Fach, das immer wieder neue Erkenntnisse der Wissenschaftsdisziplin integriert und sich daher in stetiger Veränderung befindet. Sich selbst sieht sie daher als Expertin des Faches und übernimmt aus diesem Grund viel Verantwortung.

Sie sieht die Notwendigkeit zur immerwährenden Recherche, um dicht am aktuellen Erkenntnisstand der Wissenschaftsdisziplin zu bleiben. Ebenfalls als ihre Aufgabe betrachtet sie, das Material für die SchülerInnen zu suchen, zum Teil auch zu gestalten und bereitzustellen. Deshalb nennt sie das Verfassen von Lern- und Informationstexten, wenn sich in der Literatur kein geeigneter findet . Somit stellt sie das Verbindungsglied einer aus ihrer Sicht nahezu unüberschaubaren Fülle von – zum Teil widersprechenden – Informationen und den Lernenden dar. Außerdem fungiert sie als Korrektiv bei fachliteraturbedingten Unstimmigkeiten bzw. wenn SchülerInnen aufgrund unterschiedlicher Angaben unsicher sind, auf welche Aussage sie sich in der Klausur stützen sollen. Da die verschiedenen Bücher, die sie verwendet und die die SchülerInnen zum Lernen benutzen, nicht deckungsgleich sind, sieht LP1 ihre Aufgabe darin, die widersprüchliche Fülle an Texten, Inhalten und Informationen für die SchülerInnen zu überblicken und auszuwählen, was behandelt werden soll. Obwohl sie angibt, dass im Zweifelsfall das für korrekt erachtet werden soll, was im Unterricht behandelt wurde, gesteht sie den SchülerInnen dieselben Fähigkeiten wie sich selbst zu. SchülerInnen sollen Recherchekompetenz erwerben, um mit der Fülle an Informationen, die in unterschiedlichen Lehrwerken mit unterschiedlichen Schwerpunkten dargestellt werden, zu filtern und zu bearbeiten. LP1 sieht sich selbst in der Rolle des Vorbilds. Auf dieser Sichtweise des Vorbilds basiert auch die Förderung, die LP1 betreibt, um schwachen SchülerInnen zu helfen:

> LP1: also ich kann ich geh einfach von mir aus (.) ja (.) und ich lerne dadurch dass wenn ich einen neuen sachverhalt mir erarbeite dass ich mir das wichtigste rausschreibe und dann es versuche in meinen eigenen worten zu formulieren (1) so lerne ich (2) das is eigentlich dann ein prozess den ich den schülern dann ein stück weit abnehme (.) wenn mans mal genau nimmt (.) ja (.) ähm (2) warum wieso weshalb (.) ja (.) irgendwie hat sich des so eingebürgert >lacht verlegen< es is ähm des war son selbstläufer (.) eigentlich hab ich am anfang gar nich so viel angeschrieben >lächelnd< und irgendwann hab ich gemerkt dass schüler dafür unglaublich dankbar sind (.) weils ihnen ne struktur gegeben hat auch wieder.

LP1 unterrichtet schon seit einigen Jahren und konnte so umfangreiche Erfahrungen mit Lerngruppen, z.T. auch mit großem Anteil von SchülerInnen mit Migrationshintergrund, sammeln. Aus diesen Erfahrungen entstand ein Förderkonzept, das LP1 so gut es geht zu erfüllen versucht. Schwächen von SchülerInnen geht sie durch vermehrte Unterstützung an, indem sie den SchülerInnen viel Vorbildhaftes an die Hand gibt, auch wenn ihr bewusst ist, dass sie damit den SchülerInnen Lerngelegenheiten abnimmt. Dies zeigt sich bei ihren Erläuterungen zum Thema Tafelanschrieb, den sie den Schülerinnen vorbereitet:

> [...] und irgendwann hab ich gemerkt dass schüler dafür unglaublich dankbar sind (.) weils ihnen ne struktur gegeben hat auch wieder (.) ja (.) ähm was oftmals ANDEre schüler aus ANDeren kursen wirklich bemängeln (.) die sagen och mir ham eigentlich überhaupt nichts aufgeschrieben (.) ich weiß jetzt gar net was soll ich denn lernen für die klausur zum beispiel (.) und ich sag denen (.) ihr wisst ja was wir gemacht haben das wissen die anderen natürlich auch was se gemacht haben aber die hams dann schwarz auf weiß (.) ja (.) :u:nd bei dem abschreiben isses so [...] (.) die sind verwöhnt (.) ja und ähm ja ich es is vielleicht blöd des zu sagen aber ich versuche halt den schülern möglichst viel zu geben.

LP1 ist sich darüber im Klaren, dass sie den SchülerInnen den Lernprozess des Zusammenfassens abnimmt, doch sie hofft, dass SchülerInnen sich diese Lerntexte als Vorbild für eigene Lerntexte nehmen. Hier zeigt sich eine Grundidee vom Lernen durch Paralleltexte – die SchülerInnen haben im Heft bildungssprachlich formulierte Lerntexte, die sie durch Abschreiben gewonnen haben und die die Inhalte des Unterrichts nochmal gezielt zusammenfassen. Mittels dieser abgeschriebenen Texte sollen die SchülerInnen lernen, selbst Texte zu verfassen, um sich Inhalte anzueignen.

Außerdem schreibt sie viel an, damit die schwächeren SchülerInnen, die Probleme mit dem eigenen Formulieren haben, einen formulierten Text ins Heft bekommen. Sie erläutert, dass viele der schwächeren SchülerInnen dankbar für diese Form der vorgegeben Struktur sind. Auch beim Lernen für Klausuren kann der Anschrieb hilfreich sein, denn ein vollständiges Heft vermittelt einen guten Überblick über die behandelten Themen. Problematisch am Tafelanschrieb sieht sie, dass Formulieren durch Formulieren gelernt wird und man dies den SchülerInnen nicht durch abschreiben Lassen beibringen kann:

> LP1: ja und ich bin (.) ich muss dazu sagen ich schreib sehr viel an (.) dadurch unterscheide ich mich sicherlich von dem großteil meiner Kollegen (.) das is der grund warum auch (.) also äh (.) die schüler die zu mir kommen (.) die entscheiden sich bewusst dafür das sie viel angeschrieben bekommen >schmunzelt< ja (.) und ich sag immer das is ein ANgebot von mir (.) das kostet mich viel zeit (.) ähm weil ich weil es sich meiner meinung nach bewährt hat (.) ja (.) ähm dadurch isses natürlich nich ganz so vorbereitend auf die uni (.) das is mir schon klar (.) ja (.) und die sind bei mir auch ein stückweit verwöhnt (.) das muss ich auch sagen >lacht< wenn ich dann manchmal sach SO (.) und des macht ihr jetzt mal als hausaufgabe (.) fasst das bitte nochmal zusammen (.) da sind se immer sofort am stöhnen (.) ja (.) och und können se nich noch und sie schreiben das doch immer so >lacht< schön und so ähm (.) also äh insofern ähm (.) das is manchmal schon so was wo ich dann auch (.) am zweifeln bin aber auf der anderen seite ähm (1) die schüler sind da sehr dankbar dafür (.) ja (.) und die ham ja auch zum teil schwächere schüler hier (.) die ähm einfach so ein korsett brauchen und ich bin ÜBERhaupt kein freund des auswendig lernens (.) ja (.) ähm sondern ich sage das is für euch nur die basis (.) ja (.) und gerade im leistungskurs geht es dadrum (2) aufgaben zu verstehen abbildungen zu interpretieren (.) ähm aussagen aus texten herauszuziehen und das zu verknüpfen mit der basis die sie bei mir im prinzip gelernt haben (.) ja (.) und ähm (.) wenn mir dann jemand sagt ich hab doch ALLES auswendig gelernt jetzt hab ich nur FÜNF PUNKte geschrieben (.) da sag ich ja das is normal das is im prinzip der unterschied ob man nur ähm den reproduktionsteil gelöst hat (.) dann bewegt man sich im fünf punkte bereich >schmunzelt< oder ob man etwas darüber hinaus bearbeiten konnte (.) das is eben der unterschied besonders im leistungkurs aber im grundkurs auch

Im Kontext ihrer Erläuterungen zum Tafelanschrieb zeigt sich, dass sie hier mit sich selbst hadert. Der Tafelanschrieb ist fertiger Input, und dieser verleitet zum Auswendiglernen, was aber in der Oberstufe nicht zielführend ist. Deswegen fügt sie mitten in der Erläuterung zur Begründung des Anschriebs ein, dass sie „überhaupt kein Freund des Auswendiglernens" ist. Dies kann als Hinweis darauf gedeutet werden, dass LP1 zwar den SchülerInnen etwas an die Hand gibt, was diese z.T. für die Klausur auswendig lernen, dies aber eben die negative Seite von etwas ist, das als Hilfe aus der Not geboren wurde. Dass sie solchen Wert auf die Aussage legt, Auswendiglernerei nicht zu mögen, dient als Hinweis, dass die Tafelanschriebe lediglich als Basis dienen sollen. Diese Basis, die durch Textarbeit mit unterschiedlichen Texten entsteht, soll die SchülerInnen dazu befähigen, selbstständig eigene Überlegungen zu formulieren. LP1 nennt als grundlegende Anforderung, dass Formulierungen in naturwissenschaftlichen Fächern, im Unterschied zu Geisteswissenschaften wie beispielsweise Geschichte, sehr präzise sein müssen:

> [...] also in natu- in der naturwissenschaft ich weiß nich >schmunzelt< ich bin nich so geschichtsträchtig oder so ich kanns eigentlich ja gar nicht beurteilen aber in einer naturwissenschaft muss man präzise sein (2) und äh (.) in mathe glaub ich sogar noch ein bisschen mehr als in bio aber (.) wo ich dann sag jetzt bringts doch mal auf den punkt (.) und ähm (1) das es fällt ihnen oft sehr schwer
>
> I: warum fällt ihnen das schwer was glauben sie also was benötigt man denn für diese präzision
>
> LP1: man muss den sachverhalt komplett durchdrungen haben
>
> I: mhm (1) also quasi auf der verständnisebene
>
> LP1: ja und (.) sobald da nur ne gewisse unsicherheit is

Präzision und Genauigkeit werden von ihr einerseits als Anforderungen der fachlichen Sprache erkannt, andererseits als Problem für die Lernenden gesehen. Zur Lösung des Problems sieht sie das Verständnis der Sachverhalte als zentrales Konzept. Wer etwas vollständig verstanden hat, kann es präzise wiedergeben:

> ich könnt ihnen viele beispiele sagen wo ich (.) wie gesagt immer wieder nachhake und wo ich merke (.) das unterscheidet auch nen guten von nem schlechten schüler >lacht< ob er in der lage ist einen sachverhalt auf den punkt zu bringen (.) wirklich wenn ich sag sagt mir jetzt beschreibt mir jetzt mal in ZWEI sätzen den und den sachverhalt (.) das können ganz viele nicht und das setzt voraus das man wirklich erkennt was ist das wichtige (.) was ist nicht so wichtig wie (.) wenn mir jetzt eine sagt (.) dieses beispiel was ich gesagt hab mit der translation (.) mit dem zerfällts jetzt zuerst oder net (.) is völlig unwichtig eigentlich ja (.) sieht den wald vor lauter bäumen net >lacht< kann ich da nur sagen ähm (2) einfach nen sachverhalt auf den punkt bringen indem man ihn wirklich verstanden hat und erkannt hat was ist jetzt das wichtige (.) und was ist vielleicht nicht so wichtig (.) und wenn ich das erkannt hab dann kann ich das formulieren (.) wenn ich ihn verstanden hab und ähm wichtiges von weniger wichtigem zu trennen ähm da is die textarbeit auch wieder (.) wichtiges von weniger wichtigem zu trennen

LP1 geht davon aus, dass der Unterricht den SchülerInnen das umfassende Verständnis der Sachverhalte ermöglichen muss. Sie müssen lernen, Wichtiges von Unwichtigem zu trennen, wozu die Textarbeit sie anleiten soll. Lesen, Aufgaben bearbeiten, Tafelanschrieb abschreiben – all das dient dazu, SchülerInnen das Basiswissen beizubringen und sie für das Erstellen von Hypothesen zu trainieren. Deswegen betont LP1 auch die Qualität der Abbildungen in Klausuren – SchülerInnen sollen die möglichst besten Bedingungen haben, einen Sachverhalt zu verstehen. Wenn dies geschehen ist, müssen die Lernenden lediglich die Gedankengänge zum Thema formulieren.

LP1 sieht das umfangreiche Angebot, das sie den SchülerInnen macht, nicht unkritisch, erhofft sich aber davon eine Vorbildfunktion. Im Idealfall nehmen die SchülerInnen sich die von der Tafel abgeschriebenen Texte als Vorbild für eigene Schreibprodukte und üben so selbstständig das eigene Formulieren:

> ja und ähm ja ich es is vielleicht blöd des zu sagen aber ich versuche halt den schülern möglichst viel zu geben (2) manchmal glaub ich zuviel so dass ich sie nich wirklich zur selbsständigkeit erziehe >lacht verlegen< aber interessanterweise wenn ich des jetzt beim vorbereiten zum beispiel sehe fürs abitur in dieser praxiswoche ähm (2) die ham die aufzeichnungen von mir als grundlage genommen (.) ham sich die bücher genommen und ham sich jetzt selbst nochmal was eigenes geschrieben (.) ja (.) also genau des gleiche dann nochmal gemacht (.) ja (.) und insofern einfach daraus is es so ein bisschen gewachsen und entstanden

Da LP1 sehr differenziert die Schwierigkeiten der Lehrenden wahrnimmt, versucht sie diese im Rahmen ihrer Möglichkeiten zu unterstützen. Probleme sieht sie einerseits beim Schreiben von Texten, aber auch beim Lesen im Unterricht. Um die SchülerInnen zu fordern und damit zu fördern konfrontiert sie diese immer wieder auch mit komplexeren Texten, um die Lernenden dazu zu bringen sich diese zu erschließen:

> LP1: :ä:hm (.) ja durchaus (.) also es kommt ich kann ihnen von vornherein sagen mit welchen texten sie schwierigkeiten haben werden (.) ja (.) ähm das is auch son bisschen der grund warum ich so viel variiere also ich arbeite eigentlich ganz kontinuierlich mit fünf verschiedenen oberstufenbüchern (.) ähm und deshalb isses für mich auch unmöglich jetzt mit einem >lacht< naturabuch zu arbeiten (.) erstens mal ist des schon veraltet und zweitens mal find ich des auch langweilig (.) ja (.) und jeder jedes buch hat für mich so ähm bereiche wos besonders gut is (.) entweder in den abbildungen oder in dem bereich genetik oder in dem bereich oder in dem bereich sprache gut verständlich ähm so das ich da einfach beWUSST variiere ja (.) mal nen anspruchsvollen text wo ich von vornherein weiß da sagen die wieder kapern se net (.) stöhnen se ähm (.) wo ich dann sag TROTZdem (.) jetzt überlegt euch doch mal was steht denn was könnt ihr da jetzt rausziehen (.) und die schwierigkeit ist oftmals das sie noch nicht mal also (.) fachbegriffe oder äh FREMDwörter kennen die uns jetzt absolut geläufig sind (.) ja (.) mir fällt jetzt grad keins ein aber dinge wo ich dann manchmal den HÖH? >lacht< des weiß man doch eigentlich (.) und wir gehen da in der regel eigentlich immer so dran dass sie als erstes (.) sie lesen sich des durch (.) die markieren sich des ähm und dann ähm (1) also ich sag ihnen dann meist zentrale fragen unter welchem gesichtspunkt sie sich das ankucken sollen (.) ja (.) nich

immer aber meistens und ähm dann ähm stelln die als erstes fragen (.) und dann kommt auch manchmal einfach der satz da hab ich gar nix kapiert (.) das lass ich nich gelten

An dieser Stelle ist bedeutsam, dass LP1 sich darüber bewusst ist, dass Texte verschiedene Schwierigkeitsgrade haben können. Sie erläutert zwar nicht, woraus die Schwierigkeiten bestehen, doch sie differenziert sehr genau zwischen Artikeln aus Tageszeitungen, Fachzeitschriften und Lehrbüchern. Sie variiert diese im Unterricht sehr bewusst, um die SchülerInnen an komplexere Texte zu gewöhnen. Die Bearbeitung der Texte geschieht über fragende Unterrichtsgespräche, bei denen sie darauf beharrt, dass die SchülerInnen versuchen, etwas aus dem Text herauszuziehen, auch wenn diese glauben, nichts verstehen zu können. Hartnäckigkeit ist für LP1 ein wichtiger Faktor für Erfolg in der Schule und so auch beim Lesen. Wer, auch wenn es komplex wird, an der Sache dran bleibt, der kann Erfolg haben. Dies versucht sie mittels Lesen von schwierigen Texten zu trainieren. Förderung erhalten die SchülerInnen im Bereich Lesen, indem sie von LP1 eine Orientierung vor der Lesephase erhalten. Dies kann als eine Form der Vorentlastung durch Unterrichtsgespräche und Brainstormings oder durch Leitfragen, die die Textrezeption steuern, geschehen. Hier nennt sie ganz explizit, dass diese Vorphasen das Lesen anleiten und steuern sollen und dies als Hilfe für sprachschwache SchülerInnen gedacht ist.

Fachsprache ist für LP1 gekennzeichnet durch eine Fülle an Fachtermini, was im Fach Biologie auch durchaus zutreffend ist. Die Gefühle der Überforderung durch die Überfülle an Termini, die sie stellenweise am eigenen Leib erfahren hat, nimmt sie durchaus wahr und versucht zu reagieren, indem sie von Seiten der SchülerInnen auch Umschreibungen gelten lässt. Da sie sich darüber im Klaren ist, dass Fachtermini nur durch stetige Benutzung im Gedächtnis bleiben, ist sie in dieser Hinsicht mit den SchülerInnen nachsichtig. Das auch im alltagssprachlichen Bereich Schwierigkeiten bestehen, nimmt sie wahr, expliziert aber keine Strategien, um damit umzugehen. LP1 bennet klar die zentrale Diskurse des Faches (benennen, beschreiben, Hypothesen entwickeln) und erläutert, wie der Unterricht den Erwerb dieser diskursiven Fähigkeiten anleiten soll, nämlich durch das Vermitteln der notwenigen Basiskenntnisse. Die sprachliche Seite der Diskurse wird von LP1 jedoch nicht thematisiert.

Abschließend lässt sich sagen, dass LP1 die sprachlichen Probleme der SchülerInnen wahrnimmt und versucht, im Rahmen ihrer Möglichkeiten damit umzugehen. Sie reflektiert ihre Erfahrungen mit sprachschwachen SchülerInnen und versucht, Lösungen dafür zu finden. Diese greifen stellenweise auf Sprachbildungsmaßnahmen zurück, wie beispielsweise die Vorentlastung der Lesephase und die Nutzung verschiedener Textschwierigkeitsstufen, greifen an anderen Stellen aber zu kurz, um sprachbildnerisch zu sein, was sich besonders im Bereich Schreiben zeigt. Hier gibt sie den SchülerInnen vorgefertigte Texte an die Hand, damit diese sich daraus ein Vorbild für eigene Texte machen. Gezielte Schreibübungen nennt sie nicht. Obgleich sie an einigen Stellen auf die Sprachkompetenz zu sprechen kommt, ist diese für LP1 kein Faktor für schulischen Erfolg im Allgemeinen.

4.3 Beschreibung der Vorstellungen von LP2

4.3.1 Besonderheiten des Faches Biologie

Das Fach Biologie zeichnet sich aus der Sicht von LP2 besonders durch seinen Anwendungsbezug aus. Die Inhalte sind auch außerhalb des Unterrichts nutzbar und haben einen Bezug zum Leben – im Unterschied zu grammatischen Sachverhalten in den Sprachfächern. Außerdem orientieren sie sich an den neuesten wissenschaftlichen Erkenntnissen des Faches. Im Unterricht können Tabuthemen behandelt werden und Sachverhalte von allen Seiten beleuchtet werden. Zudem sind eigene Beobachtungen und Experimente, auch mit den SchülerInnen als AkteurInnen, beispielsweise in der Verhaltensforschung, möglich. Aus der Sicht von LP2 sind diese Beobachtungen für die SchülerInnen leichter zu verstehen als im Fach Chemie, und die SchülerInnen sind dem Fach gegenüber weniger mit Ängsten belastet. Deshalb blockieren sie weniger stark, wenn in Biologie Formelsprache zur Anwendung kommt. In Biologie kann mit konkreten Instrumenten gearbeitet werden, um z.B. Dinge anzusehen, die für das menschliche Auge allein nicht sichtbar sind. Dafür müssen an der Schule jedoch die Materialien bereitstehen. Schließlich ist in Biologie die Arbeit mit verschiedenen Medien wie Diagrammen, Texten, Abbildungen, Rechnungen und Grafiken möglich. Außerdem ist für Biologie charakteristisch, dass man sehr präzise sein muss. Aus diesem Grund haben die Fachbegriffe eine besondere Stellung, da sie die nötige Präzision im Ausdruck liefern.

Der Unterricht basiert auf einer Einführung in das jeweilige Thema. In dieser Phase wird vermehrt an die Tafel geschrieben. Später im Verlauf eines Themas werden Übungsaufgaben bearbeitet, um das Thema umfassend und aus mehreren Perspektiven zu erfassen. Zu diesem Zweck, dem umfassenden Lernens von Sachverhalten, haben die SchülerInnen ein Arbeitsbuch, das sie auch zu Hause zum Lernen benutzen. Dieses Arbeitsbuch bietet Beispiellösungen, Strategien, Texte und Material sowie Hinweise auf Zusatzwissen, das gelernt werden muss. Über die Inhalte dieses Arbeitsbuches geht LP2 nicht hinaus, denn alles, was klausurrelevant ist, findet sich dort – außer Fachwissen aus unteren Schulstufen. Dieses Wissen müssen die SchülerInnen selbständig aufholen. Inhalte der Biologie bauen aufeinander auf, weshalb man die Inhalte der unteren Schulstufen präsent haben muss. Dort wurden alle relevanten Sachverhalte vermittelt, die man nun benötigt, um in der Oberstufe darauf aufbauend Hypothesen zu bilden. Beispielsweise baut das Thema Pflanzen und Ökosysteme: Räuber-Beute-Beziehung auf Wissen aus Klasse 5 auf, wo beim Thema Mein Wald verschiedene Tierarten vorgestellt wurden. In Klasse 12 muss daher präsent sein, dass Hirsch und Reh dieselbe Art sind und sich daher in einer Nahrungskonkurrenzsituation befinden, im Gegensatz zu Luchs und Reh. Leider ist es so, dass SchülerInnen häufig nicht das Wissen der unteren Schulstufen präsent haben. Derer Biologieunterricht der Oberstufe kann die Aufarbeitung dieser fehlenden Wissensbestände – sowohl Allgemeinwissen als auch Fachwissen – jedoch nicht leisten. Es fehlt die Zeit, um die Grundlagen aufzuarbeiten und LP2 erwartet von den SchülerInnen, dass sie sich solche Inhalte anlesen.

SchülerInnen, die mit diesem Buch arbeiten können, haben keinen Grund, sich Sorgen vor Klausuren zu machen. Sollte jedoch mit diesem Material nicht gearbeitet werden, kann der Unterricht diese Defizite nicht auffangen. Der Unterricht kann lediglich Hinweise zur Notwendigkeit von selbstständiger Arbeit geben und Aufgaben anbieten, da hier nur die zentralen Inhalte vermittelt werden. Im Unterricht wird aufgezeigt, was die SchülerInnen selbständig lernen müssen, doch dieses Lernen liegt in ihrer Verantwortung. Allgemeinwissen und Inhalte aus früheren Schuljahren – auch anderer Fächer – wird vorausgesetzt. LP2 bemerkt, dass dieses Wissen bei den SchülerInnen häufig nicht gegeben ist. Zur Unterstützung gibt sie in Klausuren Abbildungen dazu, beispielsweise wenn die SchülerInnen eine Aufgabe zur Räuber-Beute-Beziehung bearbeiten sollen. Bei dieser Aufgabe sollen die Lernenden erkennen und darlegen, dass Hirsch und Reh Nahrungskonkurrenten, Hirsch und Luchs aber Beute und Räuber sind. Die Abbildung der jew. Tierarten dienen dabei dem Vergleich. Wenn SchülerInnen Lücken in diesen Wissensbereichen haben, sind sie angehalten, sich dieses selbstständig außerhalb des Unterrichts anzulernen.

In Bezug auf die Beteiligung der SchülerInnen im Unterricht sagt LP2, dass dieser nur auf Defizite eingehen kann, wenn die SchülerInnen selbstständig um Hilfe bitten. Geht beispielsweise der Unterricht zu schnell, können SchülerInnen darauf aufmerksam machen und Inhalte werden wiederholt bzw. die Frage wird ins Plenum zurückgespiegelt, um zu wiederholen. Weitere Möglichkeiten, um Defizite aufzuarbeiten, sind ebenfalls von den SchülerInnen zu initiieren: Sie können Verständnisfragen per Mail oder persönlich an LP2 stellen und das Gespräch mit LP2 in der Pause suchen.

Um die Note aufzubessern, können SchülerInnen Vorträge halten, Unterricht vorbereiten, oder Hausarbeiten anfertigen. Diese müssen sie jedoch vorher mit LP2 durchsprechen, um gerade beim Unterricht durch SchülerInnen zu verhindern, dass dieser auf keiner sinnvollen Basis fußt.

Um die Kompetenzen der SchülerInnen zu erhöhen, bespricht LP2 Klausuren in der Klasse nach. Sie achtet bei Klausuren auf Verbesserungebedarf und notiert Rückmeldungen – entweder als Text oder indem sie unnötige Teile der Klausur durchstreicht. Da in Biologie Präzision gefordert ist, ist Aufgabenbezug sehr wichtig, weshalb sie in Klausuren darauf achtet, ob die Aufgabe zielbezogen beantwortet wurde. Auf Rückfrage gibt LP2 zusätzliche Übungsaufgaben an SchülerInnen. Des Weiteren können Defizite beim Beantworten von Klausurfragen im Unterricht aufgegriffen werden, indem SchülerInnen schriftliche Aufgaben vorlesen, Hausaufgaben im Unterricht besprechen und mündlich Feedback von LP2 bekommen oder diese schriftlich einreichen, um schriftliches Feedback zu erhalten. Zum Besprechen von Hausaufgaben hat LP2 aber nicht immer Lust und Zeit.

Wenn das Verständnis im Unterrichtsgeschehen nicht gesichert erscheint bzw. SchülerInnen darum bitten, erklärt LP2 den Sachverhalt nochmals und bietet umgangssprachliche Definitionen an. Gleichzeitig erläutert LP2, dass sie wenig Zeit hat, um auf unterschiedliche Leistungsniveaus einzugehen. Das kontinuierliche Nachfragen von schwachen SchülerInnen stört den Unterrichtablauf.

Spezifisch für das Fach Biologie in der Oberstufe ist, dass einige SchülerInnen der Leistungskurse kein Interesse für das Fach aufbringen. Sie wählen Biologie, weil sie eine weitere Naturwissenschaft im Leistungskurs benötigen und ihnen Biologie als das kleinere Übel bzw. die Alternative zu Physik und Chemie erscheint. LP2 vermutet, die SchülerInnen haben die Vorstellung, dass sie in Biologie nur auswendig lernen müssen, um eine gute Note zu bekommen – das Fach steht allgemein in dem Ruf leichter zu sein als anderen Naturwissenschaften.

In der Biologie der Oberstufe besteht die Anforderung an die SchülerInnen darin, Zusammenhänge zwischen Sachverhalten zu erkennen. Sie müssen auf der Basis von Beschreibungen Schlussfolgerungen ziehen können und aufbauend auf Textinhalten eigene Hypothesen bilden. In der Klausur darf Wissen nicht nur reproduziert werden und Aufgaben müssen Frage bezogen gelöst werden. Abschweifende Antworten, die mehr als den Inhalt der Frage einbeziehen, sind nicht erwünscht. Außerdem deutet die Beantwortung einer Klausurfrage ohne Aufgabenbezug auf auswendiggelerntes Wissen hin.

4.3.2 Sprache in Biologie

Sprache im Fach Biologie tritt in Form von Texten, Zeichnungen, Diagrammen, Bildern, Grafiken, Formeln und Rechnungen auf. Herausragend sind jedoch die Fachbegriffe. LP2 erläutert, dass die Sprache der Biologie mehr Fachbegriffe aufweist, als die anderer Fächer. Einzig Physik und Chemie sind in ihrer Fachsprache ähnlich begriffslastig.

Die Genauigkeit in der Verwendung der Begriffe ist sehr zentral für das Fach. Eine Umschreibung eines Begriffs reicht nicht aus, um in der Klausur zu punkten, wofür LP2 mehrere Gründe anführt. Zum einen lassen sich Sachverhalte in der Biologie nur mit den korrekten Begriffen adäquat beschreiben. Wird bei der Beschreibung eines Sachverhalts der Begriff verwendet, wissen Lesende sofort, worum es geht. Wenn man hingegen jeden Fachbegriff umschreiben will, benötigt dies sehr viel Zeit und Platz, während Fachbegriffe komprimiert sind. Außerdem ist die ordnungsgemäße Verwendung der Fachsprache ein Anforderungsbereich des Lehrplans für das Fach Biologie in der Oberstufe. Da die Genauigkeit in der Verwendung der Fachbegriffe sehr wichtig ist, muss der Unterricht als Vorbild dienen. Aus diesem Grund muss die LP die Fachbegriffe ordnungsgemäß verwenden. Dies gelingt auch einer LP nicht immer.

Zu Beginn einer Einheit können Fachbegriffe durch anschauliche Begriffe ersetzt werden Sie nennt beispielhaft den Begriff Antennenkomplex, der die Ansammlung von Membranproteinen in den photosynthetischen Membranen von Organismen, die Photosynthese betreiben, bezeichnet. Dieser Zusammenhang kann statt mit dem Fachbegriff auch mit der metaphorischen Bezeichnung Trichter benannt werden. Solche anschaulichen Begriffe können sich SchülerInnen leichter merken und sie benötigen in der mündlichen Kommunikation weniger Zeit, da sie häufig kürzer auszusprechen sind.

Für den Unterricht ist es zentral, neue Begriffe mit den SchülerInnen zu definieren. Hilfreich dafür ist eine Liste mit den für die Einheit relevanten Fachbegriffen. Die jeweiligen Definitionen müssen von den SchülerInnen aktiv gelernt und solche aus früheren Schuljahren ggf. wiederholt werden. Das Vorgehen stellt sich so dar, dass beim ersten Auftreten eines Begriffs im Unterricht dieser definiert wird. Da die Menge an Begriffen die SchülerInnen überfordern, kann man die Definitionen für die bereits genannte Liste von den SchülerInnen zusammentragen lassen. Je ein Schüler definiert einen Begriff für alle anderen. Dieses Vorgehen war für die SchülerInnen eine gute Lösung, wie sich in der Klausur gezeigt hat. Wichtig ist, dass Fachbegriffe sich nicht am Stück lernen lassen, da man sich zu viele Begriffe nicht merken kann. LP2 empfiehlt ein Karteikartensystem wie beim Lernen von Fremdsprachen. Mittels Karteikarten kann man immer wieder zwischendurch lernen. Daran zeigt sich aber auch, dass SchülerInnen aktiv am Lernen beteiligt sein müssen bzw. es wollen müssen. Wer sich angemessen mit Begriffen und Definitionen auseinandersetzt, hat gute Noten. Fachbegriffskenntnis und Schulerfolg hängen in der Biologie eng zusammen und die Begriffe müssen korrekt verwendet werden. Nur mittels der korrekten Verwendung von Begriffen kann man präzise genug sein, wobei in Klausuren in optionale und fakultative Begriffe unterteilt werden kann: die fakultativen müssen da sein, die optionalen können da sein und machen einen guten Eindruck.

4.3.3 SchülerInnenkompetenzen

Bezogen auf Möglichkeiten, die eigene Note zu verbessern, erläutert LP2 verschiedene Varianten, die im Biologieunterricht möglich sind. SchülerInnen können Vorträge halten, Unterricht selbst halten, Rätsel oder Hilfen für das Begriffslernen entwickeln oder schriftliche Aufgaben einreichen. Für Zusatzaufgaben im Unterricht gilt, dass diese vorher mit LP2 besprochen werden müssen, um zu kontrollieren, mit welchen Inhalten und Ideen die SchülerInnen den Unterricht mitgestalten und um Fehlschläge zu verhindern. LP2 ergänzt im Strukturlegeverfahren, dass, sollten trotz Hilfestellung durch Fragen, Übungsaufgaben und Hilfestellungen von LP anhaltende Probleme im Unterricht auftauchen, sie die SchülerInnen fragt, ob sie den Unterricht umstellen soll.

Da der Fachbegriff als Ausdruck der Fachsprache einen besonderen Stellenwert hat, zeigen sich auch die SchülerInnenkompetenzen zentral an diesem Punkt. SchülerInnen, die für Fachbegriffe offen sind und Strategien kennen, um sich diese anzueignen, außerdem Interesse und Allgemeinwissen mitbringen, sind erfolgreich im Fach Biologie. Für Fachbegriffe offen zu sein bedeutet, sich diese auch anzueignen. Dies kann nicht durch lange Lernphasen geschehen, indem am Stück viele Begriffe auswendig gelernt werden, sondern muss durch kontinuierliches Wiederholen geschehen. SchülerInnen, die mit Fachbegriffen umgehen können, können Inhalte wissenschaftlich erklären. SchülerInnen, die die Begriffe nicht gelernt haben, können solche Erklärungen von MitschülerInnen nicht verstehen. Sie schalten bei solchen Erklärungen ab, weshalb sich das Defizit immer weiter erhöht. Deshalb ist es wichtig, dass SchülerInnen auch Begriffe aus jüngeren Klassenstufen beherrschen und verwenden können.

Ein zweiter zentraler Aspekt des SchülerInnenerfolgs im Fach Biologie ist das Allgemeinwissen. Viele Fachbegriffe aus jüngeren Klassen sind nicht in das Allgemeinwissen übergegangen und insgesamt verfügen die Lernenden aktuell über wenig Allgemeinbildung. SchülerInnen, die Biologie in der Oberstufe belegen, sind gezwungen, sich dieses fehlende Allgemeinwissen anzueignen Zu diesem Zweck können und müssen sie mit einem ergänzenden Arbeitsbuch arbeiten, das einen umfassenden Überblick über das Thema bietet. Dieses Buch hält Lösungen bereit, um den Lernerfolg zu kontrollieren und zusätzliche, umfangreiche Informationen zu den im Unterricht behandelten Themen. Fehlende Allgemeinbildung kann auch das Buch nicht auffangen, jedoch bietet es Hinweise über zusätzliche, notwenige Informationen im Bereich Allgemeinwissen, die man sich erarbeiten muss.

SchülerInnen, die mit dem Buch gut arbeiten und umgehen können, können bedenkenlos in Klausuren und die Abiturprüfung gehen. Schwache SchülerInnen arbeiten nicht mit dem Buch und bereiten nur selten den Unterricht eigenständig vor und nach. Zudem verfügen sie über keine Allgemeinbildung und verstehen deshalb Texte nicht gut. Sie sind nicht in der Lage, Komposita [Beispiel: Tot-holz, Laub-baum] zu entschlüsseln und haben lexikalische Lücken, die ihnen das Textverständnis erschweren. Diese lexikalischen Lücken sind einerseits auf das fehlende Allgemeinwissen zurückzuführen, andererseits aber auch auf den Mangel an beherrschten Fachbegriffen. In der Legestrukturphase ergänzt LP2, dass schwache SchülerInnen häufig gar keine Bücher in der Familie haben, also von Hause aus nicht mit dem Umgang mit Literatur vertraut sind.

Da schwache SchülerInnen den Unterricht nicht vor- und nachbereiten, kennen sie die zentralen Begriffe nicht. Im Unterricht zeigen sich diese aus Faulheit resultierenden Schwächen erst als Kleinigkeiten – eine von der Lehrperson gestellte Aufgabe wird nicht oder nicht korrekt erledigt – doch diese Probleme kulminieren, da Biologie ein Fach ist, dessen Inhalte aufeinander aufbauen. Dies ist der Grund, warum sich das Defizit der schwachen SchülerInnen immer weiter erhöht. In Bezug auf Mitarbeit und Interesse zeichnen sich schwache SchülerInnen durch mangelnde Bereitschaft zur eigenverantwortlichen Arbeit und mangelnde Aufmerksamkeit aus. Sie gehen nicht auf Gesprächsangebote der Lehrperson ein, wenn diese ihnen z.B. nach der Klausur den Grund für die Note erklären möchte, stellen keine Fragen und nutzen nicht die Möglichkeit, sich per Mail nach Aufgaben oder Verständnishilfen zu erkundigen. Im Unterrichtsgeschehen denken sie nicht mit – etwa beim Erstellen eines Tafelbildes – sondern lassen sich den Inhalt präsentieren. Sie bereiten nicht vor oder nach und bringen sich auch in Möglichkeiten der Notenaufbesserung nicht ein bzw. – wie LP2 in der Strukturlegephase ergänzt – nur dann, wenn LP2 ausdrücklich dazu auffordert. Schwache SchülerInnen sprechen zusätzliche Leistungen nicht wie gefordert mit der Lehrperson ab, bitten nicht um zusätzliche Übungen, reichen geforderte Materialien für Zusatzleistungen nicht ein und bekommen deswegen auf etwas, was eigentlich die Note aufbessern soll, Punktabzug.

Im Rahmen der Strukturlegephase unterscheidet LP2 zwei Arten von schwachen SchülerInnen: Die einen interessieren sich häufig nicht für das Fach, sondern haben Biologie gewählt, weil sie in anderen naturwissenschaftlichen Fächern noch schwächer sind. Sie gehen davon aus, dass man nur ein wenig auswendig lernen muss, um eine gute Note zu erhalten. Die anderen schwachen SchülerInnen kommen in der Oberstufe an die Grenzen ihrer Leistungsfähigkeit und sind frustriert. In Biologie erfolgreiche SchülerInnen zeichnen sich besonders durch Fragen aus, die sie im Unterrichtsgeschehen stellen. Sie bitten um Wiederholung, wenn etwas nicht verstanden wurde, nutzen die Möglichkeit, per Mail oder in der Pause Inhalte zu besprechen, und fragen differenziert und genau. Im Gegensatz zu erfolgreichen SchülerInnen, die Hintergrundfragen stellen, haben schwache SchülerInnen häufig einfache Verständnisfragen, z.B. wenn sie durch das Abschreiben des Tafelbildes abgelenkt waren und nun nicht sicher sind, was ein Wort heißt. Erfolgreiche SchülerInnen hingegen stellen Fragen, die fachspezifisch sind und über das Behandelte hinausgehen. Sie binden andere Bereiche in den aktuellen Diskurs mit ein und fangen selbstständig fachliche Diskussionen an. Sie können Tafelbilder und angezeichnete Diagramme bereits in deren Entstehen einordnen, da sie im Unterricht stetig mitdenken und über große fachliche Wissensbereiche verfügen. Daher könne sie Diagramme auch beschreiben. Generell interessieren sie sich mehr für den Unterrichtsstoff und bereiten deshalb diesen auch angemessen vor. Gute SchülerInnen erarbeiten sich auch Inhalte, die ihnen schwer fallen oder die sie weniger mögen. Dabei überwinden sie Schwierigkeiten und beweisen Durchhaltevermögen. Bei Zusatzleistungen, die der Verbesserung der Note dienen, sprechen gute SchülerInnen die zusätzlichen Leistungen mit der Lehrperson durch und holen sich Feedback. Sie arbeiten fragenorientiert und bitten um zusätzliche Übungen oder Erklärungen. Außerdem nutzen sie die Gesprächsangebote der Lehrperson, z.B. nach Klausuren. In der Strukturlegephase ergänzt LP2, dass diese SchülerInnen es auch verstehen Lexika zu benutzen, um unbekannte Wörter nachzuschlagen.

In Bezug auf Gruppenarbeiten ist LP2 aufgrund der SchülerInnenleistung negativ eingestellt. Gruppenarbeiten bleiben in der Oberstufe erfolglos, denn in der folgenden Stunde haben die SchülerInnen keine Inhalte aus der Gruppenarbeitsphase präsent. Diese müssen im Plenum gemeinsam gesichert werden, damit die SchülerInnen Sicherheit gewinnen. Wenn sie sich etwas selbst beibringen, sind sie unsicher und häufig ist es eben auch falsch. In der Oberstufe fehlt die Zeit das Arbeiten in Gruppen einzuüben – es wäre nur erfolgreich, wenn man es von der fünften Klasse an schulweit einübt. Außerdem wird in der Oberstufe zunehmend mehr Selbstständigkeit gefordert. Gruppenarbeiten sind für die SchülerInnen sehr anstrengend und wenig beliebt, weshalb LP2 besonders in der Phase der Unterrichtsprüfungen von ReferendarInnen viel Frontalunterricht macht, um die SchülerInnen zu entlasten. In den Unterrichtsbesuchen der Referendare müssen diese nämlich fast ausschließlich Gruppenarbeiten durchführen und sind froh, wenn sie bei LP2 dann lediglich mitschreiben müssen.

4.3.4 Lesen im Biologieunterricht

Wie bereits erwähnt erläutert LP2, dass im Unterricht nur die zentralen Inhalte angesprochen werden können. Die SchülerInnen müssen diese eigenständig vertiefen, indem sie sich Wissen anlesen. Der Unterricht basiert also darauf, dass SchülerInnen alles aufarbeiten, was im Unterricht selbst nicht vertieft wird. Dazu können sie mit dem Arbeitsbuch arbeiten, das LP2 ihnen an die Hand gibt. Vertiefen heißt den Unterricht selbständig vor- und nachzubereiten. Fragen, die in diesem Prozess auftreten, können anschließend mit LP2 geklärt werden. Inhalte durch Lesen aneignen funktioniert laut LP2 nur, wenn die SchülerInnen nicht frustriert sind. Manche SchülerInnen kommen in der Oberstufe an die Grenzen ihrer Leistungsfähigkeit und können sich aus dieser Frustration heraus Inhalte nicht selbst durch Lesen aneignen.

Texte sind neben anderen Formen der Wissensvermittlung und -aneignung wichtiger Bestandteil des Unterrichts, da Beschreibungen in Biologie textlastig sind – dies gilt für schriftliche, aber auch für mündliche Texte. Gleichzeitig sind Texte in Biologie aber fast ausschließlich alltagssprachlich, und die SchülerInnen benötigen hier dieselben Kompetenzen wie beim Lesen von Zeitungen. Das Textverstehen basiert auf dem vorhandenen Allgemeinwissen. SchülerInnen müssen mit den Texten im Biologieunterricht umgehen können, um Inhalte nochmal nachlesen zu können. Das ganzheitliche Verstehen von Inhalten benötigt auch Texte. Wenn SchülerInnen schriftliche Texte verstehen, können sie auch die Worte von LP2 verstehen. Außerdem müssen SchülerInnen Texte verstehen, da sie dies auch im Studium brauchen, wo die Texte deutlich schwieriger sind als in der Schule.

Bei schwierigen Texten – die sich daran zeigen, dass der Unterricht ‚holprig' wird – kann der Unterricht kleinschrittig vorgehen, indem Satz für Satz gemeinsam gelesen und anschließend in eigenen Worten wiedergegeben wird.

Dieses Vorgehen wird aber seitens der Schule bzw. anderer KollegInnen nicht gern gesehen. Neben dem Wiedergeben in eigenen Worten, was den Text verständlicher und einfacher macht, kann man auch andere Strategien zur Erarbeitung einsetzen. Wichtige Sachverhalte zu unterstreichen ist eine solche Strategie, wobei SchülerInnen damit häufig Schwierigkeiten haben und alles unterstreichen. Des Weiteren kann man erst über den Text lesen und anschließend die vorkommenden Fachbegriffe definieren, um den Text anschließend nochmals zu lesen. Solche Textverarbeitungsstrategien werden in der elften und zu Beginn der zwölften Klasse noch geübt, doch ab dem zweiten Halbjahr der Klasse zwölf geht LP2 davon aus, dass SchülerInnen dies beherrschen müssen. Mit Textverständnisproblemen bei SchülerInnen hat laut LP2 aber fast jede Lehrkraft zu kämpfen.

Im Bereich Lesen zeichnen sich schwache SchülerInnen dadurch aus, dass sie Texte nicht vertiefend verarbeiten, sondern sie nur überfliegen. Sie vergessen nach dem Lesen sofort wieder, was sie gelesen haben, und können keine Beziehungen zwischen den Inhalten und/oder Textteilen herstellen. Sie sind nicht in der Lage, auf der Basis des Gelesenen Schlussfolgerungen anzustellen oder Hypothesen aufzustellen. Außerdem können sie Textinhalte nur schwer in eigenen Worten wiedergeben. Schließlich haben insbesondere schwache SchülerInnen Schwierigkeiten die genannten Textverarbeitungsstrategien anzuwenden. Aufgrund ihrer lexikalischen Lücken und der mangelnden Fähigkeit Komposita zu entschlüsseln verstehen sie die Texte häufig nicht.

4.3.5 Schreiben im Biologieunterricht

In Bezug auf Schreiben wird von den SchülerInnen ebenso Selbstständigkeit erwartet. Sie sollen im Unterricht eigenständig mitschreiben, wenn eine Definition genannt wird. Dieses Mitschreiben dient dazu, Inhalte und Definitionen festzuhalten, um sie später lernen zu können. In Klasse elf und zu Beginn der Klasse zwölf bekommen SchülerInnen noch gesagt, dass sie mitschreiben sollen, später hingegen nicht mehr, um sie auf das selbständige Arbeiten an der Universität vorzubereiten.

Schreiben erfüllt sowohl in schulischer wie auch in privater Hinsicht den Zweck, sich Dinge merken zu können. Außerdem ist das Mitschreiben von Inhalten individueller als das Abschreiben von der Tafel. SchülerInnen sollen Inhalte so mitschreiben, wie sie sie verstehen.

Bei der Einführung von neuen Themen wird mehr an die Tafel geschrieben, bei der Vertiefung hingegen, die mittels Übungsaufgaben erfolgt, schreibt LP2 weniger an. In diesem Teil des Unterrichtsverlaufs sind SchülerInnen darauf angewiesen, Inhalte, die besprochen werden, eigenständig zu notieren. LP2 argumentiert, dass Hören und Schreiben zusammen die Gedächtnisleistung verbessern. Außerdem sollen aus dem Geschriebenen heraus Fragen entwickelt werden. Schließlich sollen die SchülerInnen mitschreiben, um die Technik des Schreibens zu trainieren. Häufig sind die SchülerInnen ungeübt beim Schreiben und können die Buchstaben nicht richtig verbinden. LP2 führt das darauf zurück, dass SchülerInnen zu viel tippen z. B. indem sie SMS schreiben.

Weitere Schreibprobleme sind darauf zurückzuführen, dass SchülerInnen im Prozess des Schreibens in Klausuren nicht auf das Geschriebene achten, weil sie auf den Inhalt konzentriert sind. Dann kann es passieren, dass sie zwei- bis dreimal das gleiche Wort hintereinanderschreiben. Dies wertet LP2 nicht als Fehler, da es der Situation geschuldet ist.

In Klausuren haben SchülerInnen häufig Schwierigkeiten, sich kurz zu fassen. Dies gilt besonders für SchülerInnen mit den Fächern Geschichte, Politik und/oder Deutsch im zweiten Leistungskurs. Bezogen auf die Fachspezifik ist es so, dass es in Biologie viel wichtiger ist, sich kurz zu fassen und präzise zu sein.

In Klausuren antworten SchülerInnen häufig nicht nur zu wenig präzise, sondern haben auch Probleme aufgabenbezogen zu antworten. Häufig schreiben sie alles, was sie wissen, was LP2 deutlich ablehnt. Um SchülerInnen zum aufgabenbezogenen Schreiben anzuleiten, streicht LP2 in der Klausur alles durch, was nicht zur Beantwortung gehört und wertet nur den Teil, der auf die Frage Bezug nimmt. Ob bei Antworten ohne Aufgabenbezug jedoch die volle Punktzahl gegeben wird, hängt von der Art der Aufgabenstellung ab. Wird beispielsweise allgemein nach dem Ablauf der Mitose gefragt und Lernende schreiben alles, was ihnen zu Mitose einfällt, wertet LP2 jene Inhalte, die den Ablauf darstellen. Fragt die Aufgabe nach den Phasen der Mitose in veränderter Reihenfolge und die Lernenden notieren den Ablauf in der gelernten Reihenfolge, gibt LP2 keine Punkte, da die Aufgabe verfehlt und lediglich auswendig gelerntes Wissen reproduziert wurde.

Im Unterricht können Schreibschwierigkeiten aufgenommen werden, indem SchülerInnen etwas selbst Verfasstes vorlesen und von LP2 mündlich Formulierungsalternativen genannt bekommen. Bei Klausuren schreibt LP2 Alternativen oder gewünschte Formulierungen an die Klausur und gibt mündlich Feedback, sofern SchülerInnen darauf Wert legen. Außerdem können SchülerInnen schriftliche Zusatzaufgaben einreichen und dazu Feedback erhalten. Häufig werden Schreibprobleme aber nicht in den Unterricht aufgenommen, da Zeit und Lust bei LP2 fehlen.

Schwache SchülerInnen weisen beim Schreiben große Schwächen in der Orthografie auf. Dies führt dazu, dass sie sich in Klausuren zum Teil zu lange mit Formulierungen aufhalten und Teile immer wieder überarbeiten. Aus diesem Grund brauchen sie zu viel Zeit und werden mit der Bearbeitung der Aufgaben nicht fertig. Beim Tafelanschrieb können schwache SchülerInnen nicht gleichzeitig mitschreiben und zuhören und müssen im Anschluss Wörter oder Sachverhalte erneut nachfragen. Außerdem haben diese SchülerInnen Schwierigkeiten Sätze zu formulieren – sie produzieren Sätze, die dann ganz plötzlich abbrechen. Besonders bei Klausuren gelingt es schwachen SchülerInnen nicht, etwas schriftlich kurz und präzise auszudrücken. Sie haben Probleme, einen Aufgabenbezug herzustellen und produzieren auswendig gelerntes Wissen, das nicht anhand der Fragestellung wiedergegeben wird, sondern so, wie es gelernt wurde. In Bezug auf Fachbegriffe und Definitionen zeichnen sich schwache SchülerInnen durch mangelnde Formulierungsfähigkeit aus. Sie versuchen einen fehlenden Fachbegriff zu umschreiben, doch diese Umschreibung bleibt für LP2 unverständlich.

4.4 Fallcharakterisierung LP2

Die Verantwortung abgebende Lehrperson: *„da kann ich nur mit den schultern zucken und kann sagen na gut (.) da hat er pech"*

LP2 erweckt zunächst den Eindruck, sich für die Sprache des Faches Biologie nicht sonderlich zu interessieren und darüber auch nicht viel zu wissen. Sie selbst scheint dies anzunehmen, sagt sie doch explizit auf die Frage nach Schwierigkeiten im Kontext Lesen, dass man da einen Deutschlehrer fragen müsste. Bei genauerem Hinsehen erkennt man jedoch, dass LP2 durchaus die zentralen Kriterien und Probleme der fachlichen Kommunikation im Unterricht kennt: Begriffskenntnis und Genauigkeit im Ausdruck. Genauigkeit wird von ihr ausschließlich am Begriff festgemacht, wobei nicht ganz klar wird, ob sie damit ausschließlich auf Substantive referiert oder auch auf attribuierende Adjektive und Verben.

In Bezug auf das Lesen im Unterricht nimmt LP2 durchaus Probleme zwar war, nennt aber darauf bezogen keine Strategien und Möglichkeiten, um die Lernenden zu unterstützen. Sie kennt zwar Lesestrategien, erklärt diese aber nicht als didaktisch begründete Entscheidungen für bestimmte Probleme. Sie erläutert, dass sie den Lernenden besonders im Rahmen der elften Klasse, verschiedene Strategien nennt, wenn diese die Techniken aber nicht anwenden oder anwenden können, distanziert sich LP2 von den Problemen und weist

Verantwortung von sich. Sie versteht die Aneignung der Fachinhalte als Aufgabe der Lernenden und sieht ihre Rolle darin, Inhalte bereitzustellen. Zur Bereitstellung gehört ein Arbeitsbuch, mit dem die Lernenden eigenständig zu Hause arbeiten sollen. Sie erwartet, dass die Lernenden selbst ihre Lücken erkennen und diese aufarbeiten. Probleme, die sie wahrnimmt, sind nach LP2 im mangelnden Vor- und Allgemeinwissen der Lernenden begründet, da sie die Texte und Aufgaben des Unterrichts als vergleichsweise einfach betrachtet. Die unterschiedlichen Schwierigkeitsgrade von Aufgaben expliziert sie nicht, bzw. geht davon aus, dass das Mitschreiben im Lehrvortrag für die Lernenden das Einfachste ist, das selbst Erarbeiten in der Gruppenarbeit hingegen das Schwierigste. Dass sie genau das von den Lernenden in Bezug auf das Aufarbeiten von fehlenden Wissensbeständen verlangt, nämlich das eigenständige Erarbeiten von Inhalten, scheint ihr nicht bewusst zu sein.

Zentrale Kategorie in Bezug auf die Sprache im Unterricht ist für LP2 der Fachterminus. Dies ist ihrer Ansicht nach das Kennzeichen der Sprache sowie die Grundlage für das Arbeiten im Fachunterricht Biologie bzw. der Naturwissenschaften:

> LP2: achso (2) :ä:hm (2) ganz ähnlich wie in der chemie eigentlich dass is ungefähr gleich dass man sagt ähm wa- ich kenn mich jetzt in den anderen sprachen nich so aus (1) aber vielleicht (1) vielleicht dass es mehr fachbegriffe sind detailliertere fachbegriffe (2) wenn ich jetzt (1) gut für mich is französisch ein einziger ein einziges fachbegrifflexikon aber >lacht< aber sonst was man sonst so vielleicht hat gut in physik hat man noch ein paar fachbegriffe aber (.) man muss wirklich ganz genau drauf achten welchen fachbegriff man für was verwendet (.) und wenn ich den fachbegriff nur umschreibe dann hab ich schon die punkte einfach nicht

Die SchülerInnen müssen Fachbegriffe angemessen verwenden können, um in der Klausur die volle Punktzahl zu bekommen und zu zeigen, dass sie gelernt haben. Bei der korrekten Verwendung von Fachbegriffe argumentiert LP2 widersprüchlich. Einerseits sagt sie, dass SchülerInnen sehr genau auf die korrekte Verwendung der Begriffe achten müssen und dass eine Umschreibung nicht ausreichend ist. Andererseits verwendet sie selbst im Unterricht stellenweise nicht den Terminus, sondern eine Metapher:

> LP2: >fällt ins wort< an mich selbst dass ich ordnungsgemäß mit fachbegriffen umgehe was mir auch nicht immer gelingt ich sage immer ich übe mit euch >lacht< weil in der klausur muss es einfach passen ansonsten geb ich denen aber auch manchmal begriffe vor allen dingen am anfang rein die ähm die sie eher verstehen oder die eher in ihrem kopf bleiben die man auch verwenden kann also es gibt manchmal noch untergliederungen in den fachbegriffen zum beispiel heute hatten wir antennenkomplex wie eben das licht eingefangen wird in der photosynthese und das kann man genauso als trichter be-

zeichnen und mir ist es auch lieber das ganze als trichter zu bezeichnen als antennenkomplex da werd ich nie fertig wenn ich das fünf mal sagen muss (.) und des is auch anschaulicher einfach (1) für die schüler

Beides benennt sie mit der Begründung der Kürze: In schriftlichen Arbeiten ist es kürzer und präziser den Fachbegriff zu nennen, doch im mündlichen Unterrichtsgeschehen geht es schneller einen kurzen metaphorischen Begriff zu wählen, statt den langen, komplexen Fachterminus.

Den Erwerb von Fachbegriffen bringt sie mit dem Lernen einer fremden Sprache in Verbindung da man diese am besten wie Vokabeln, z. B. mittels Karteikarten lernt. Zu diesem Zweck gibt sie den SchülerInnen Definitionslisten oder lässt diese von den SchülerInnen selbst anfertigen.

Bei der schriftlichen Produktion ist die Präzision besonders zentral, die LP2 mit Aufgabenbezug bezeichnet:

LP2: das kommt manchmal drauf an (.) wie ich das vorher sage (.) ähm bei dem würde ich die volle punktzahl geben (.) wenn ich jetzt aber ne frage habe (.) angenommen bei der mitose (.) erklärt mir DAS stadium (.) angenommen interphase und erklärt mir anaphase und die bringen die (1) GANze mitose da (.) vor (.) dann geb ich denen die punkte nicht ich such mir doch da nicht das richtige raus (.) ich will ja nur DAS und DAS wissen ansonsten haben sie keinen aufgabenbezug gefunden (.) oder wenn ich die gemischt habe die phasen das gabs auch schon dann sollten sie trotzdem den ablauf also JEdes bild für sich beschreiben und nur das bild (.) und dann sagen wirklich angenommen das erste bild ist die letzte phase dann muss ich das als erstes beschreiben (.) ich will ja wissen ob die das in unterschiedlichen- also ob die nur teile auch reproduzieren können oder ob sie nur auswendig lernen (.) und wenn die mir dann alles von oben nach unten bringen dann // auch wieder kein aufgabenbezug (.) das WISsen se aber das sag ich denen auch vorher nochmal vor der klausur TROTZdem machen sies

Fachbegriffe sind aus der Perspektive von LP2 für den gesamten Unterricht im Fach Biologie zentral: Wenn SchülerInnen nicht angemessen kurz und präzise formulieren oder auswendig Gelerntes wiedergeben, ohne genau auf die Frage einzugehen, wenn sie im Unterricht nicht mitkommen oder unzureichende Fragen stellen, haben sie aus ihrer Sicht die Fachbegriffe nicht ausreichend gelernt. Begriffe präzisieren die Sachverhalte und ohne sie kann man nicht genau formulieren. Mit Fachbegriffen umgehen zu können, basiert nach LP2 aber nicht auf sprachlichen oder lerntechnischen Fähigkeiten, sondern zum größten Teil auf Motivation. SchülerInnen, die gute Noten erreichen, sind für Fachbegriffe „offen". Sie arbeiten auch bei Schwierigkeiten weiter, sie lernen intensiv und gestalten auf der Basis dessen, den Unterricht aktiv mit. SchülerInnen, die dies nicht tun, wollen dies nicht, weil sie nicht motiviert sind und

LP2 sieht sich nicht in der Verantwortung diese SchülerInnen gegen deren Willen anzutreiben.

LP2 begreift die Rolle der Lehrperson als die Funktion, Themen, die behandelt werden sollen, vorzustellen und daran anschließend Aufgaben anzubieten. Der Zweck der Aufgaben besteht darin, einen umfassenden Blick auf die Sachverhalte zu bekommen. Der Unterricht von LP2 richtet sich eher an SchülerInnen, die selbstständig Themen vor- und nachbereiten, darauf aufbauend weiterführende Fragen entwickeln und diese mit LP2 klären, da sie dies als Voraussetzung für den Unterricht begreift. LP2 versteht den Unterricht als universitär geprägt bzw. diesen vorbereitend. Die SchülerInnen sollen, wie in einer Vorlesung, zuhören und sich die Inhalte dann selbst erarbeiten, indem sie Aufgaben machen, Fachtexte zum Thema lesen, Unbekanntes nachschlagen usw. Sich selbst sieht LP2 als Wissensvermittlerin, die auch Fragen beantwortet und den Stoff strukturiert. Gern führt sie einen intellektuellen Fachdiskurs im Unterricht. So hat sie selbst den Unterricht erlebt und erfolgreich absolviert.

Schreiben dient aus ihrer Sicht dem Festhalten von Informationen im Unterricht. SchülerInnen sollen im Unterricht Inhalte so mitschreiben, wie sie es selbst verstehen. Da sie in der Klausur den passenden Fachbegriff präsentieren sollen, müssen sie das Behandelte nacharbeiten und mit dem Begriff verbinden. An anderer Stelle sagt LP2 sogar explizit, dass erfolgreiche SchülerInnen den Unterricht vorbereiten. Diese sind damit auf das Mitschreiben besser vorbereitet.

Fördermaßnahmen beschreibt LP2 als etwas, was sie im Unterricht nennt und erklärt. Außerdem verwendet sie Abbildungen, um das mangelnde Allgemeinwissen aufzufangen:

> LP2: (5) das is schwierig zu sagen (2) ich sag mal ich kann denen nur das nötigste das wichtigste das allgemeine (.) nicht das allgemeine aber das wichtigste beibringen (.) ich geb denen ja auch immer tipps zwischen drin ja das ähm spreche ich nur KURZ an das müsst ihr euch dann selber (.) anlesen und allgemeinwissen davon geh ich aus dass die das haben (.) aber ich hab wieder mitbekommen wer nicht weiß dass (.) ein (.) hirsch zum reh gehört (3) das also das=das wissen viele schüler nicht (.) da muss ich wirklich noch runterstufen von der allgemeinbildung (.) ich hab die schon hingemalt (.) oder die waren ja hingezeichnet und dass die IMMER noch nicht erkannt haben dass das eine ART ist diese beiden (.) also (.) davon geh ich einfach aus dass die sich SOWAS mal anlernen (.) und wenn die sich das buch nehmen (.) ich hab denen ja auch im buch direkt gegeben da steht ALLES drin kurz angesprochen (.) das wissen sie auch aber mehr als in diesem buch geh ich nicht hinaus (.) außer es geht eben wieder um (.) allgemeinbildung (.) was weiß ich es geht um was wir auch in diesem was ich grad meinte mit (2) konkurrenzbeziehung von hirsch und reh (.) ich kann ja nicht erstmal jeden fragen was kennst du (1) an tieren (.) bei pflanzen da das weiß ich da kennt man fast nichts aber an tieren setz ich eigentlich vor-

raus >schmunzelt< dass man in der fünften klasse beim thema mein wald (.) doch (.) weiß dass hirsch und reh dasselbe ist und dass (.) angenommen (.) luchs und reh nicht dasselbe ist >lacht<

Fehlende Allgemeinbildung ist das erste, was ihr an nicht erfolgreichen SchülerInnen auffällig erscheint und was die Grundlage für erfolgreiches Arbeiten darstellt. Zum Allgemeinwissen zählt sowohl Wissen über Welt und Sprache als auch das Wissen, das in anderen Fächern und im Fach Biologie jüngerer Schulstufen vermittelt wurde. LP2 geht davon aus, dass SchülerInnen die bisherige Schulzeit erfolgreich absolviert und das Lehrstoffwissen vergangener Schulstufen präsent haben oder auffrischen. Sie setzt Lehrstoffwissen und sprachliches Wissen mit Allgemeinwissen gleich und fordert letztgenanntes bei den SchülerInnen ein. Dort, wo dieses nicht vorhanden ist, sieht sie ihre Aufgabe als beendet an, da sie davon ausgeht, dass motivierte Lernende sich fehlendes Wissen aneignen. LP2 ist durchaus bewusst, dass SchülerInnen aus bildungsfernen Elternhäusern häufig Defizite aufweisen. Dies zeigt sich in der Strukturlegephase, als sie anmerkt, dass manche SchülerInnen zu Hause keine Bücher haben. Sie ist sich darüber im Klaren, dass Kinder und Jugendliche, in deren Familien nicht gelesen wird, Schwierigkeiten in der Schule haben. Sie geht jedoch nicht darauf ein, was dies für ihren Unterricht bedeutet oder welche Schlüsse sie daraus für sich als Lehrperson zieht. Eigenverantwortung stellt ein wichtiges Konzept für LP2 dar, auf dem sie auch ihre Unterstützung aufbaut.

Obwohl LP2 den SchülerInnen die Hauptverantwortung zuspricht, traut sie ihnen keine eigenständige Lernleistung zu. Deswegen präferiert sie den lehrerzentrierten Unterricht. Auf die Frage nach dem Zweck von Gruppenarbeiten antwortet LP2:

> LP2: ich bin jetzt mal wieder fies und gemein ich finde die bringen gar nichts (1) weil ich in der bio und in der chemie zum beispiel bringen sie überhaupt nichts (.) wenn ich das nächste mal abfrage die wissen nichts (.) die können einem wieder sagen dass sie mit dem und dem in einer gruppe gesessen haben (.) es ging grob um das thema (.) aber (.) sich selbst das äh richtig in so einem (.) einer VORgegebenen situation das beizubringen ist schwierig für schüler wenn die zu hause das machen ist es vielleicht was anderes (.) dann haben sie sich selber die zeit genommen (.) aber hier haben sie ja noch zeitVORgaben die müssen flott arbeiten die haben keine zeit da (.) irgendwie groß noch zu denken das muss bei referendaren in der und der stunde muss das geschafft sein alles (.) und ähm (.) ich weiß dass ich jedes mal muss ich darauf nochmal eingehen (1) also ich war noch nie ein freund davon (.) deswegen war meine e g auch von mir nicht begeistert >lacht< aber gruppenPUZZLE (1) was es da noch alles gibt (.) ich habs verdrängt das meiste bringt nix (.) was we- ich finde was was bringt is wenn ich die zum beispiel in zweiergruppen oder in dreiergruppen zusammensetze und sage okay bearbeitet das thema aber im nachhinein

besprechen wir das vorne gemeinsam (.) der schüler hat auch immer die ANGST (.) das was er sich selber beigebracht hat stimmt am ende nicht (.) es ist ja auch oft so dass es am ende ungenügend ist (.) die fachbegriffe sind nicht richtig (.) es sind vielleicht ne handvoll die damit gut arbeiten die auch richtig gut SIND

Es zeigt sich, dass LP2 es für anforderungsreich bzw. überfordernd hält, wenn SchülerInnen sich Inhalte selbst erarbeiten sollen. Sie geht davon aus, dass diese dies nicht können und macht daher im Unterricht keine Gruppenarbeiten, sondern trägt die Inhalte selbst vor. Am leichtesten erscheint es ihr, wenn sie frontal „berieselt" und die SchülerInnen dies lediglich mitschreiben müssen. Gleichzeit fordert sie aber von den SchülerInnen, dass sie Defizite aufholen, indem sie sich Inhalte anlesen – also eigenständig erschließen. Dies soll außerhalb des Unterrichtsgeschehens durch Vor- und Nachbereitung stattfinden und anschließend im Unterricht durch Fragen aufgegriffen werden. Damit verlangt sie von den SchülerInnen genau das, was sie zum Ende des Interviews als zu schwer erläutert, nämlich dass sich selbstständig Aneignen von Inhalten.

Gute SchülerInnen zeichnen sich in ihrer Sicht durch Schnelligkeit aus. Sie begreifen schnell und sind so gut vorbereitet, dass sie den Unterrichtsfluss nicht aufhalten, sondern eher beschleunigen, indem sie weiterführende Fragen stellen und sich Hilfen einholen. Außerdem können sie ihre Gedanken adäquat, das heißt fachsprachlich, ausdrücken und dies ebenfalls in hoher Geschwindigkeit:

> [...] bei einigen ist vielleicht auch das problem dass sie sich zu viel nen kopf machen um rechtschreibung (.) die kucken erst auf die rechtschreibung und dann auf den inhalt (.) und damit schreiben die sätze manchmal das klingt toll aber die kommen nicht vorwärts weil die hundertmal das umändern müssen (3) schlechtere schüler dass er eben keine fragen großartig stellt sondern nur so fragen was heißt denn das da an der tafel (.) ich hab das gerade erklärt der schüler ist eben noch nicht fertig gewesen beim mitschreiben der kann eben auch nicht zwei dinge MITschreiben UND mir zuhörn (.) das geht nicht (.) ich kann ja nicht jedesmal zehn minuten warten bis der fertig is (.) und dass der dann das sozusagen nochmal und NOCHmal fragt (.) wenn ein schüler das ein bischen wissenschaftlich erklärt könnte das nicht da und da reingehören ist das nicht so und so und dann kommen zwei fachbegriffe das der da schon abschaltet weil der hat einfach die fachbegriffe nicht gelernt und die braucht man ja immer wieder und somit erhöht sich sozusagen das=das defizit was er hat (.) der kann das überhaupt nicht aufholen

Schlechtere SchülerInnen zeichnen sich dadurch aus, dass sie den Unterrichtsfluss verlangsamen. Im Gegensatz zu den starken SchülerInnen stellen sie keine Fragen, die den Inhalt vertiefen und weiterbringen – oder in den Worten von LP2 „über den Tellerrand hinaus gucken" – sondern ihre Fragen sind Verständnisfragen. Sie sind langsamer im Schreiben, und kommen daher nicht so gut mit, wenn geschrieben und dabei erklärt wird. LP2 erscheint in Bezug auf schwächere SchülerInnen sehr schnell resigniert zu sein und nennt von sich aus keine Strategien, diese beim Lernen zu unterstützen. Danach gefragt, wie man schwache SchülerInnen unterstützen kann, nennt sie die Möglichkeiten, Vorträge zu halten, Stunden zu gestalten oder Rätsel für die Klasse zu entwickeln. Diese Maßnahmen basieren auf ihrer Vorstellung, dass Motivation die einzige Begründung für erfolgreiches Arbeiten im Fachunterricht ist, und dass SchülerInnen sich zu Hause allein Inhalte aneignen können. Die SchülerInnen sollen den Vortrag allein vorbereiten und die Erstversion an sie schicken, um sie kontrollieren zu lassen. Eine so erstellte und erfolgreiche Präsentation kann die Note aufbessern und eine schwache Klausur ausgleichen. LP2 erläutert, dass sich auch hier nur die lernstarken SchülerInnen solcher Aufbesserungsmöglichkeiten bedienen. LP2 erkennt sehr klar, welche Schwierigkeiten SchülerInnen haben und nennt hier Formulierungsdefizite, lexikalische und Wortbildungsschwierigkeiten, mangelnde Textkompetenz und fehlendes Strategiewissen. Sie benennt auch, dass viele LehrerInnen diese Probleme kennen und damit zu kämpfen haben. LP2 sieht aber nicht den Biologieunterricht in der Verantwortung, diese Defizite aufzuarbeiten. Sprachliche Schwierigkeiten anzugehen, ist für LP2 ebenso wenig ihre Aufgabe, da sie sich damit nicht auskennt. Bei der Frage nach Schwierigkeiten im Kontext Lesen antwortet sie, dass man da einen Deutschlehrer fragen müsste. Auch an anderen Stellen äußert sie sprachbezogene Unsicherheit:

> LP2: ich weiß ich weiß ich glaube weil die meisten beschreibungen sind doch textlastig (.) ich kann ja nicht (1) mit händen und füßen was erklären >lacht< und dann sieht man auch ob der mich verstehen würde wenn die nen text verstehen (.) also es sind ja jetzt nich es is ja nicht so wie in deutsch vielleicht wie son=son gedicht oder sowas wo man rauskriegen muss welcher stil oder was (.) es ist ja einfach fast nur alltagssprache texte zumindest die ich nehme und selbst wenn die ne zeitung lesen müssen die den text verstehen es ist (.) wieder allgemeinwissen denk ich (.) und das=das beste find ich nem schüler was (.) dass der schüler das GANZheitlich versteht is AUCH mit texten zu arbeiten (.) nochmal nachzulesen zu verstehen (.) natürlich auch grafiken aber ich selber gebe ja text von mir (.) deshalb denke ich ist das wichtig dass die das (.) begreifen auch dann aufs studium hinaus dann gesehen denn da werden sie fast nur lesen müssen und nicht so tolle einfache sachen wie es jetzt noch hier is

Klar herausgestellt ist in diesem Absatz die Vorstellung, Unterrichtssprache Biologie und Sachtextbiologie seien identisch und beide identisch mit der Alltagssprache oder der journalistischen Sprache in der Tageszeitung. LP2 benennt keine Unterschiede zwischen den Registern– allein die universitäre Sprache ist mit Hürden belegt, denn dort werden die Texte schwierig. Texte in der Schule sind aus ihrer Sicht einfach. Dennoch haben Lernende Probleme mit dem Lesen, so nennt LP2 als Kennzeichen für schwache SchülerInnen mangelndes Textverständnis.

> LP2: was ich oft machen wenn wir schwierige texte haben (.) oder (.) texte mit vielen fachbegriffen dass ich dann (1) kleinschrittig vorgehe was nicht so gern gehört wird oder gesehen wird dass ich dann wirklich schritt für schritt DURCHlesen lasse von den schülern (.) also den ersten satz und dann soll mir das jemand wiedergeben was steht da drin in eigenen worten das fällt denen schon schwer (.) manchmal lesen wir den gleichen satz wieder und das in der oberstufe (.) so wie davor sogar im leistungskurs zwölf (.) ja (.) dann (.) eben bei mutation hatten wir das sehr oft bei (.) embryonalentwicklung da hatten wir recht schwierige texte (.) ökologie sind ja die texte relativ einfach (1) dann (.) wenn das wirklich zu holprig wird dann fange ich erstmal an denen zu erklären wie würde ich den text in eigner sprache formulieren dass mans versteht (.) einfacher machen (.) oder dass man wichtige punkte einfach unterstreicht (.) bei vielen ist dann alles unterstrichen >lacht< oder dass man erstmal anfängt aha fachbegri- überlesen (.) dann alle fachbegriffe raussuchen (.) die erstmal definieren das ganze NOCHmal lesen und gucken was hat man jetzt verstanden (.) also das übe ich hauptsächlich in der elf und in der zwölf und hoffe dass in der dreizehn (.) hast gefruchtet aber (.) naja aber ich glaube fast jeder lehrer hat damit zu kämpfen

Dass Texte doch – im Gegensatz zu ihrer vorherigen Aussage – schwierig sein können, wird von ihr daran erkannt, dass der Unterricht „holprig" wird. Sollte dies der Fall sein, geht sie kleinschrittig vor und lässt jeden Satz in eigenen Worten wiedergeben. Sie erkennt den Unterschied zwischen dem fachlichen Text und selbstformulierten Umschreibungen, denn LP2 sagt an dieser Stelle, dass der Inhalt einfacher zu verstehen ist, wenn man ihn in eigenen Worten wiedergibt. Diese Vorstellung zeigt sich auch an anderer Stelle:

> [...] es gibt stunden in denen ich auch effektiv auch mehr an der tafel schreibe wie heute vor allen dingen wenns neue themen sind (.) aber wenn ich dann anfange zu arbeiten mit übungsaufgaben mit dem vorhandenen wissen dann schreib ich selten was an die tafel weil mein tafelbild ist auch nicht SO schön >schmunzelt< und ähm die schüler sollen es so mitschreiben wie sie es am besten selbst verstehen

Die SchülerInnen sollen Definitionen so mitschreiben, wie sie diese verstehen; sie sollen also das, was sie hören oder lesen, in eigenen Worten wiedergeben und so für sich erschließen. Dies kann eine Strategie sein, um mit schwierigen Texten umzugehen, doch LP2 erwartet auch hier wieder, dass die SchülerInnen dies können und bringt es im Unterricht nicht bei. Sie selbst nutzt ebenfalls Umschreibungen oder metaphorische Begriffe, da diese sich leichter merken lassen, doch in der Klausur soll es dann fachsprachlich, präzise und kurz sein. Da ihr die Unterschiede zwischen mündlicher und schriftlicher Sprache sowie Alltagssprache und Fachsprache nicht bewusst sind, steht sie hilflos vor den wahrgenommenen Problemen und kann diese nur auf Motivation oder mangelnde intellektuelle Fähigkeit der SchülerInnen zurückführen. Ansätze, in ihrem Unterricht auf diese Probleme einzugehen basieren auf dem Verständnis der fachlichen Inhalte. Wenn Lernende diese verstehen, können sie die fachsprachlichen Anforderungen bewältigen. Da Motivation aus ihrer Sicht der zentrale Faktor ist, um erfolgreich am Unterricht teilzunehmen, fordert sie den Großteil der Arbeit als selbstständig durch die SchülerInnen zu leisten ein. LP2 hat selbst auf diese Weise erfolgreich gelernt und sich Strategien angeeignet, um sich Inhalte zu erschließen. Diese nennt sie den SchülerInnen zur Unterstützung, wählt Arbeitsmaterial aus, das eindeutig und präzise ist und ermahnt zu vorteilhaften Arbeitsweisen. Der Unterricht fokussiert auf Fachinhalte und die Bearbeitung von Aufgaben, um Inhalte kennenzulernen und zu verstehen.

4.5 Beschreibung der Vorstellungen von LP3

4.5.1 Besonderheiten des Biologieunterrichts

Das Fach Biologie an Schulen zeichnet sich für LP3 besonders durch die Tatsache aus, dass SchülerInnen sich generell für die Inhalte des Faches interessieren. Das Fach weißt aktuelle Bezüge zum Leben der SchülerInnen auf und schließt daher an diese an. Im Fachunterricht lassen sich naturwissenschaftliche Phänomene beobachten und es sind Experimente und Versuche möglich. Dies sorgt dafür, dass Biologie trotz des Status als Nebenfach für die SchülerInnen spannend ist. Im Unterricht ist praktische Arbeit möglich. Außerschulische Lernorte und ExpertInnen (Museen, Förster) können einbezogen werden. Gerade diese Besonderheiten des Faches wirken für SchülerInnen motivierend. Der Unterricht muss sich an die veränderten Bedingungen anpassen, die die aktuelle SchülerInnengeneration mitbringt. Viele Begriffe sind nicht mehr als bekannt voraussetzbar und nicht immer kann die Lehrperson auftretende lexikalische Mängel antizipieren. Aufgrund der Tatsache, dass eine große Zahl der SchülerInnen bisher geläufige Wörter und Sachverhalte nicht mehr kennt, muss der Fachunterricht prüfen, wo er im Fachlichen Abstriche machen oder noch mehr an die Erfahrungswelt der SchülerInnen anschließen muss, um diese dort abzuholen, wo sie stehen. Deshalb soll sich das Fach in Richtung des sprachsensiblen Unterrichts orientieren.

In Biologie müssen Sachverhalte unterteilt und klassifiziert werden. Die Begriffe dienen hierbei dazu, Klassen zu unterscheiden, denen individuelle Ausprägungen zugeordnet werden können, zum Beispiel die Klasse Infektionskrankheiten für alle Erkrankungen, die durch Infekte entstehen. Diese

Zuordnungen fallen den SchülerInnen schwer, auch wenn sie das Fachwort kennen. Sie können dem Wort keinen begrifflichen Inhalt zuordnen. Deshalb muss der Unterricht Begriffe aktiv wiederholen und üben.

Aufgrund der Rechtschreib- und Schulreformen musste für das Fach ein neues Buch angeschafft werden, was die Schule vor nicht unerhebliche Probleme stellt. Qualitätsmerkmale für ein Biologielehrbuch sind, dass alle durch Lehrpläne vorgegebenen Themen der Sekundarstufe behandelt werden, Inhalte sich an den Normen von Kultusministerium und Kultusministerkonferenz ausrichten sowie an die kompetenzorientierten Curricula anpassen. Außerdem sollen die Texte einfach bzw. schülergerecht sein, also nur notwendige Fachbegriffe aufweisen, und Inhalte sollen über Abbildungen dargestellt oder durch diese ergänzt werden. Trotzdem soll das Buch den jeweiligen Inhalt vollständig und genau wiedergeben. Der Inhalt des Buches, der Sachverhalte vollständig wiedergibt, wird von den LehrerInnen didaktisch reduziert und angepasst. Sie bestimmen, welche der Informationen zum Grundwissen gehören und auf jeden Fall gelernt werden müssen und welche zur Erweiterung zählen. Häufig entwerfen die Lehrpersonen Unterrichtseinheiten selbst, gestalten Arbeitsblätter und Aufgaben ohne Rückgriff auf das Sachbuch. Dieses kann als Lernmedium im Unterricht oft weggelassen werden, weshalb häufig nicht für alle SchülerInnen ein Buch bestellt wird. Die Bücher lagern als Klassensatz im Biologie-Raum und werden ausgeteilt, oder es werden Materialien für alle kopiert und verteilt. Auch ältere Bücher, die als Klassensatz im Raum lagern, werden so eingesetzt, wenn sie eine gute Abbildung oder einen guten Text bereitstellen können. Gründe für das Lagern eines Klassensatzes, der bei Bedarf ausgeteilt wird, sind zum einen der Aufwand, den das Kollegium durch die Auswahl eines neuen Buches hat, aber auch die Tatsache, dass gute, weil vollständige Bücher häufig sehr schwer sind. Sie umfassen in der Regel den Inhalt des Faches von Klassenstufe fünf bis zehn und sind sehr groß und unhandlich für den Rucksack eines Kindes. Deswegen bekommen die SchülerInnen häufig keine Bücher mehr mit nach Hause. Das Fach Biologie profitiert von Vorwissen, das SchülerInnen mit in den Unterricht bringen, zum Beispiel, indem sie Sendungen zum Thema schauen oder Tiere halten, und dann im Unterricht von diesen Erfahrungen berichten können.

In Biologie kann mit offenen Unterrichtsformen wie Lerntheke oder Stationenarbeit sowie mit Mitteln der Binnendifferenzierung gearbeitet werden. Binnendifferenzierung erfolgt, indem Sachverhalte in Grundwissen und erweitertes Wissen unterteilt werden und schwache SchülerInnen nur die Grundlagen bearbeiten. Mit schwachen SchülerInnen kann man umgehen, indem man sich als Lehrperson mit befriedigender Leistung zufriedengibt und die schwachen SchülerInnen nur leichtere Aufgaben bzw. praktische Aufgaben erledigen lässt. Bei diesen wird der Erwerb der Grundlagen als ausreichend erachtet.

In Biologie werden viele Inhalte über konkrete Anschauung vermittelt. Dies kann sowohl über das Objekt selbst als auch durch Filme, Fotos oder Modelle geschehen. Dennoch wird in jeder Stunde gelesen, und sei es nur ein Arbeitsauftrag oder eine kleine Information. Der Unterricht kann aber auch andere Lernwege anbieten, indem zum Beispiel Dinge ausgeschnitten, gepuzzelt, aufgeklebt oder zugeordnet werden. Gerade schwache SchülerInnen kommen mit solchen Aufgaben besser zurecht, da sie praktisch sind. Aufgrund der Schulform arbeiten schwache SchülerInnen mit starken in Partner- oder Gruppensozialform zusammen und helfen sich gegenseitig. Abgesehen von den Kurzreferaten in den höheren Klassen besteht der Unterricht häufig aus Lehrer-Schüler-Gesprächen oder Schüler-Schüler-Gesprächen, die von der Lehrperson moderiert werden.

Grundlage für Lernkontrollen sind die Ordner der SchülerInnen, die diese das Schuljahr hindurch führen. Dort werden Zeichnungen, Tabellen, Übersichten, Diagramme und Mitschriften gesammelt. Die Mitschriften stellen sich aufgrund der Begriffslastigkeit des Faches in der Regel Fachbegriffserklärungen dar, oderBeschreibungen grundlegender Abläufe und Kreisläufe. Dieser Ordner ist die Grundlage für die Mitarbeit und zum Wiederholen für Leistungskontrollen. Ab den Klassen neun und zehn müssen von den SchülerInnen Transferleistungen erbracht werden, besonders von jenen SchülerInnen, die eine Realschul- oder Gymnasialempfehlung bekommen.

Das Klientel der Schule ist sehr divers, und einige Kinder kommen aus schwierigen sozialen Verhältnissen. Um solche SchülerInnen zu unterstützen, kann die Lehrperson den Ordner der SchülerInnen einsammeln und dort differenziert Rückmeldung über den Leistungsstand des Kindes für die Eltern notieren. Manche Eltern unterschreiben diese Rückmeldung, manche nicht. Außerdem kann die Biologie-Lehrkraft eine/n KollegIn darum bitten, eine Stunde zu tauschen, um zusätzliche Zeit zu gewinnen, um etwas durchzugehen. Des Weiteren kann die Fachlehrperson die Klassenlehrkraft darum bitten, mit den Eltern einen Gesprächstermin zu vereinbaren. Auf der Basis eines Entwurfs des Kultusministeriums kann die Lehrperson eine Umfrage zum Klassenklima durchführen, um etwaige Probleme aufzudecken, die den Unterricht behindern.

4.5.2 Sprache im Biologieunterricht

Zentral für LP3 in Bezug auf die Sprache des Faches Biologie ist, dass die SchülerInnen nicht mehr den erforderlichen Sprachschatz mitbringen, wenn sie in Klasse fünf an die Schule wechseln. SchülerInnen benötigen im Fach einen Grundwortschatz, den diese immer weniger aufweisen. Zudem kommen im Fachunterricht Fachbegriffe vor, die sie lernen müssen. Die fachlichen Termini in Biologie bestehen zum Teil aus in der Umgangssprache vorhandenen Wörtern in fachspezifischer Bedeutung, zum Beispiel Baumkrone, zum Teil aus Wörtern, die nur im Fachunterricht vorkommen, zum Beispiel Akkommodation. Dies stellt den Unterricht vor ein zweiseitiges Problem: Fachbedeutungen im Unterricht werden mit Begriffen benannt, die vor kurzem noch allen SchülerInnen geläufig waren, heute aber ein Problem darstellen. Es gelingt den SchülerInnen nicht, den Begriff dem entsprechenden Sachverhalt zuzuordnen also die Baumkrone als höchster Teil des Baumes. Da gerade der umgangssprachliche Wortschatz der SchülerInnen nicht mehr dem entspricht, für den der Unterricht ausgelegt ist, muss der Fachunterricht überprüfen, wo er sich mehr am Sprachstand der SchülerInnen und deren Erfahrungswelt ansetzen muss. Hierfür ist der sprachsensible Fachunterricht zentral. Er steht dafür, dass LehrerInnen auf Fachbegriffe mehr eingehen, da diese bei den SchülerInnen nicht vorhanden sind.

In Bezug auf die fachspezifischen und nur im Fachunterricht auftretenden Wörter erklärt LP3, dass diese die Unterrichtssprache fremd machen. Sie vergleicht dies mit einer Fremdsprache, schwächt aber ab, da es sich nur um die Begriffe handelt, die fremd sind und gelernt werden müssen, nicht die gesamte Sprache. In der Strukturlegephase erklärt LP3, dass SchülerInnen diese Vokabeln lernen müssen, indem sie sowohl den Inhalt, als auch den Zusammenhang, in dem das Wort steht, verstehen. Nicht alle SchülerInnen werden am Ende alle Begriffe können, sondern manche werden sie nur gehört haben, ohne sie anwenden zu können.

Die Fachbegriffsdichte des Faches nimmt besonders Einfluss auf die Auswahl eines geeigneten Biologiebuches, da viele Bücher sich in dieser Hinsicht als schwierig erweisen. Sie weisen pro Absatz fünf Termini oder mehr auf, was LP3 nicht-schülergerecht nennt. Dies stellt an die LehrerInnen des Faches die Anforderung, die Inhalte didaktisch zu reduzieren und die Arbeitsblätter so umzuwandeln, dass die SchülerInnen sie verstehen können. Dennoch müssen Begriffe gelernt werden, da sie für das Fach sehr wichtig sind. SchülerInnen müssen mit Begriffen umgehen und sie anwenden können. Zu diesem Zweck muss der Unterricht diese mehr üben. Es eignen sich hier stetige Wiederholung,

Begriffserklärungen in der Klasse sowie Begriffssammlungen an der Tafel. Besonders zentral ist, auf die Fragen der SchülerInnen einzugehen und unklare Wörter immer wieder zu besprechen. Doch auch von LehrerInnenseite müssen Termini immer wieder erfragt werden, um diese einzuüben, da sie in der Klausur benötigt werden. In der Strukturlegephase erklärt LP3, dass Begriffe immer wieder in den Zusammenhang gestellt werden und durch konkrete Anschauung gefestigt werden müssen.

Sprachliche Kompetenzmängel sind ein Hinderungsgrund für gute Leistungen im Fachunterricht. In Bezug auf die Auswahl des Buches tritt, aufbauend auf dem eben genannten, ein Problem auf: Die Bücher sollen schülergerecht sein, also nicht zu viele Begriffe aufweisen. Andererseits sorgen Fachbegriffe für Genauigkeit. Die Einzelheiten eines Sachverhalts müssen im Buch genau benannt werden, was die Menge an Begriffen erhöht. LP3 verdeutlicht dies an dem Themengebiet Skelett des Menschen. Bücher, die eher an den Sprachschatz der SchülerInnen anschließen, sind hier ungenau, weil sie nicht alle Teile des Skeletts benennen, sondern nur grobe Angaben machen. LP3 wünscht hier mehr Genauigkeit, damit das Buch vollständige Informationen bietet. Diese müssen dann von der jeweiligen LehrerIn im Unterricht in Grundwissen und erweitertes Wissen unterteilt werden.

Da die Sprache der Biologie sich durch viele Fachbegriffe auszeichnet, notieren die SchülerInnen viele Begriffserklärungen in ihrem Ordner. Begriffserklärungen definieren Klassen von Gegenständen, die individuelle Ausprägungen haben können zum Beispiel Lebewesen, die sich u.a. in Fische, Lurche und Kriechtiere teilen lassen. Die Problematik der sprachlichen Kluft zwischen SchülerInnen und fachlichen Anforderungen wurde durch die PISA-Studie ins Bewusstsein gerückt. Die Schule, an der LP3 unterrichtet, wurde bei PISA ebenfalls getestet. Diese Ergebnisse wurden im Kollegium diskutiert und LPx, die als Fachberatung für Deutsch am Schulamt tätig gewesen ist, wurde hinzugezogen. Daraus entstand ein Bewusstsein dafür, dass an und mit Sprache gearbeitet werden muss. Sprache wird systematisch in Deutsch gefördert, indem Training in den Bereichen Lesen, Schreiben und Sprechen angeboten wird. Die LehrerInnen sollen versuchen, mit Sprache besser umzugehen, damit SchülerInnen mehr aus dem Unterricht mitnehmen. Dafür musste bei den LehrerInnen erst ein Bewusstsein dafür geschaffen werden, dass die SchülerInnen die Begriffe nicht verstehen, da diese dies nicht von sich aus anzeigen, sondern „Unterricht spielen". Strategien, um den Unterricht lernwirksamer zu machen, sind: Fragen an den Text stellen, Abschnitt für Abschnitt lesen, aus gelesenen Abschnitten eine Zeichnung verlangen. Diese Ansätze dienen dazu, dass SchülerInnen sich bewusster mit Texten auseinander setzen. Besonders gelungen erscheint LP3 die Zusammenarbeit von LP4 und LPx: Sie nutzen Karteikarten zum Lernen von Begriffen oder Spickzettel, die die SchülerInnen selbst anfertigen. Außerdem arbeiten beide Lehrkräfte gemeinsam, indem LP4 [Fachlehrkraft Chemie/Biologie] den naturwissenschaftlichen Teil des Unterrichts durchführt und Experimente macht, LPx die sprachlichen Teile übernimmt. SchülerInnen, die nach der zehnten Klasse auf die Oberstufe wechseln konnten, gaben die Rückmeldung, dass ihnen das genaue Arbeiten im Unterricht von LP4 und LPx geholfen hat, sich über Inhalte bewusst zu werden.

4.5.3 SchülerInnenkompetenzen

Positiv in Bezug auf die SchülerInnen ist, dass das Fach Biologie generell für sie interessant ist und durch außerschulische Lernorte motivierend wirkt. Negativ wirkt sich der mangelnde Sprachschatz der SchülerInnen aus, da ihr Vokabular bei Eintritt in die Sekundarstufe nicht den Erwartungen gemäß ausgebildet ist. Diese Mängel wurden einerseits durch die PISA-Studie belegt, andererseits zeigt sich dies auch in der alltäglichen Erfahrungswelt der Lehrenden. Diese Problematik trifft laut LP3 auf alle oder nahezu alle SchülerInnen zu. Aufgrund der Wichtigkeit von Fachbegriffen im Fachunterricht wirkt sich der mangelnde Wortschatz der SchülerInnen besonders negativ aus (s.o. Sprache des Faches).

Begriffslernen im Fachunterricht ist zwar nicht so schwierig, wie im fremdsprachlichen Unterricht, aber dennoch wird nicht jedes Kind am Ende der Einheit alle Begriffe anwenden können. Es besteht laut LP3 aber auch kein Anspruch darauf, dass alle SchülerInnen die Begriffe nach dem Unterricht anwenden können, da die Schule verschiedene Abschlüsse parallel möglich macht. SchülerInnen haben sehr große Probleme, Fachbegriffen den richtigen Inhalt zuzuordnen. LP3 nennt das Beispiel der Klassifikation von Wirbeltieren. Diese in die Klassen Säuger und Vögel zuzuordnen gelingt den Kindern noch recht gut, Lurche und Kriechtiere nicht so gut, obgleich sie die Begriffe kennen. SchülerInnen haben also Schwierigkeiten in Fachbegriffen gefassten Sachverhalten bzw. Klassen individuelle Ausprägungen zuzuordnen. Solche Begrifflichkeiten müssen mit den SchülerInnen geübt und wiederholt werden.

Zentral für den Erfolg von SchülerInnen im Fach Biologie ist, ob sie sich dafür interessieren. LP3 erläutert, dass SchülerInnen, die sich für ein biologisches Thema interessieren, auch Sendungen mit ähnlichem Inhalt schauen, in jüngeren Klassen die Sendung mit der Maus, später Galileo. Dies führt dazu, dass die SchülerInnen schon Teilwissen mit in den Unterricht bringen. Wenn sie sich für etwas interessieren, wollen die SchülerInnen einerseits im Unterricht mehr darüber erfahren, können andererseits ihr mitgebrachtes Wissen einbringen und erhalten dafür eine positive Rückmeldung von der Lehrerin. Die Mitarbeit der SchülerInnen wird einerseits mit guten Noten belohnt, andererseits motiviert diese die SchülerInnen weiter, die sich ohnehin bereits interessieren. Motivation ist der Grundstein für erfolgreiche Teilnahme in Unterricht, da dieser an die Motivation zum Lernen anknüpfen kann. Schwache SchülerInnen, die Interesse für den Unterrichtsstoff aufbringen, können die Grundlagen vermittelt bekommen und einen Zugewinn im Unterricht haben. Demnach ist Interesse das zentrale Element für erfolgreiche Teilnahme, da dieses einerseits die Aufmerksamkeit steuert und die Motivationsspirale in Gang setzt.

Starke SchülerInnen zeichnen sich dadurch aus, dass sie geforderte Aufgaben sicher und selbstständig erledigen. Sie können auch in offenen Arbeitsformen wie Lerntheke oder Stationenunterricht ihre Aufgaben erfüllen und haben generell ein gutes Leistungsvermögen. Dies bezieht sich auch auf das Lesen und Schreiben, da erfolgreiche SchülerInnen gut formulieren können. Schwache SchülerInnen, die sich für das Fach interessieren, brauchen mehr Zeit, um Arbeitsaufträge zu lesen und um Fragen zu beantworten. Sie können unter Umständen nicht gut schreiben und benötigen die Hilfe der Lehrperson oder von starken MitschülerInnen, da sie durch die Aufgaben mehr angestrengt werden. Sie haben Mühe, Vollständigkeit beim Bearbeiten von Aufgaben zu erreichen, weil die Arbeit für sie mühsam und anstrengend ist. Generell haben schwache SchülerInnen ihren Ordner häufig nicht im Unterricht vorliegen, weshalb sie Inhalte nicht nachschlagen und so nicht mitarbeiten können. Sie erledigen ihre Hausaufgaben oft nicht und schreiben im Unterricht nicht oder nicht vollständig mit, weshalb der Ordner Lücken aufweist. Da dieser die Grundlage für das eigenständige Wiederholen ist, gelingt schwachen SchülerInnen dies nicht. Auch bei Kurzreferaten, wie sie in höheren Klassenstufen von den MitschülerInnen gehalten werden, schreiben schwache SchülerInnen im Gegensatz zu starken nicht vollständig mit.

Eine weitere Barriere für den schulischen Erfolg kann die sprachliche Kompetenz sein, wobei sowohl herkunftsdeutsche als auch SchülerInnen mit Migrationshintergrund Probleme mit der deutschen Sprache haben. SchülerInnen mit Lese-Rechtschreibschwäche könnten bessere Ergebnisse erzielen, schreiben aber oft nicht sauber bzw. geben sich beim Schreiben keine Mühe. In der Strukturlegephase führt LP3 dies auf mangelnde Übung der Schreibmotorik zurück. SchülerInnen, die schlecht schreiben, brauchen mehr Zeit als starke SchülerInnen. Schreibschwache SchülerInnen kommen besser mit praktischen Aufgaben zurecht, aber auch sie müssen gezwungen werden, im Unterricht zu schreiben, um dieses zu üben. Kindern mit Deutsch als Zweitsprache fällt das Schreiben oft noch schwerer als herkunftsdeutschen SchülerInnen. Somit kann ein DaZ-Hintergrund als Barriere für den schulischen Erfolg gesehen werden. In der Strukturlegephase erklärt LP3, dass Kinder mit DaZ häufig mehr Probleme haben als herkunftsdeutsche SchülerInnen. In vielen Fällen haben sie keinen Kindergarten besucht und Deutsch erst in der Schule begonnen zu lernen. Außerdem haben sie oft Deutsch fehlerhaft gelernt, was sich verfestigt. Daraus ergibt sich das Problem, dass die SchülerInnen Schwierigkeiten haben Antworten sprachlich richtig zu geben, was wiederum zu geringer mündlicher Beteiligung im Unterricht führt.

Außer der sprachlichen Barriere kann auch das soziale Umfeld der SchülerInnen eine Rolle bei der Unterrichtsbeteiligung und dem schulischen Erfolg spielen. Manche SchülerInnen sind vielleicht interessiert am Fachinhalt, aber dennoch in ihrem Leistungsvermögen eingeschränkt, weil sie zu Hause keine Unterstützung bekommen, weil sie auf jüngere Geschwister achten müssen, keinen Arbeitsplatz zu Hause haben oder die Eltern sich nicht für das schulische Fortkommen interessieren. Diese unter Umständen sehr schwierigen familiären Verhältnisse können die Leistung negativ beeinflussen, weshalb die Lehrperson toleranter und geduldiger agieren sollte. Trotz strenger Kontrolle, beispielsweise ob die Hausaufgaben erledigt wurden, sollte hier nicht sofort eine negative Benotung erfolgen, sondern es sollte versucht werden, diesen SchülerInnen Erfolgserlebnisse zu ermöglichen. SchülerInnen aus schwierigen sozialen Verhältnissen sind nicht leicht zu unterrichten, doch gerade bei ihnen ist es wichtig, ihnen Erfolge zu ermöglichen und diese zu würdigen.

Generell ist von Bedeutung, dass die Sprache der LehrerInnen sich von der Sprachkompetenz der SchülerInnen unterscheidet und diese bei Nichtverstehen ‚Unterricht spielen'. In einem mehr auf Sprache bezogenen Unterricht sollen diese sich bewusst mit Texten auseinandersetzen. Durch sprachförderlichen Unterricht, wie ihn die KollegInnen LP4 und LPx durchführen, werden die SchülerInnen unterstützt. Doch aufgrund der Schwächen, die mittlerweile viele SchülerInnen aufweisen, benötigen sie systematisches Training in den Bereichen Lesen, Schreiben und Sprechen.

4.5.4 Schreiben im Biologieunterricht

Schwache SchülerInnen benötigen beim schriftlichen Bearbeiten mehr Zeit und stoßen aufgrund ihrer mangelnden Schreibfertigkeiten an ihre Grenzen. Sie bekommen im Unterricht einfachere Aufträge, können damit aber auch keine Vollständigkeit erreichen. Schreibleistungen können teilweise bei schreibschwachen SchülerInnen durch andere Aufgaben, wie zum Beispiel Puzzle oder Zeichnung, ersetzt werden. Sie nehmen mehr am Unterricht teil, wenn sie eine praktische Aufgabe erfüllen können, da sie nicht gern schreiben. Dennoch muss der Unterricht auch die Schreibschwachen zum Schreiben zwingen, um das Beantworten und das Formulieren zu üben. Grundanforderung ist, dass SchülerInnen sich Mühe beim Schreiben geben – auch mit Lese-Rechtschreibschwäche und dementsprechend vielen Fehlern können SchülerInnen mit mehr Mühe schön und leserlich schreiben.

Ein Aufgabentyp zum Schreiben ist, sich Notizen zu einem Film zu machen, der im Unterricht angesehen wird. Jüngere SchülerInnen bekommen hierfür Fragen an die Hand, die sich auf einzelne Sequenzen beziehen und in Stichworten beantwortet werden müssen. Ältere SchülerInnen fertigen eigene Notizen zu Filmen an. Der Zweck der Aufgabe besteht darin, dass Gesehenes und Gehörtes eigenständig verschriftlicht wird. Das Aufgeschriebene wird anschließend gemeinsam besprochen. Schreiben an sich ist eine Grundkompetenz, wobei es in Biologie leichter fällt, sich mittels Schrift auszudrücken als in Deutsch. Im Fach Deutsch müssen Aufsätze geschrieben werden, in Biologie nicht. In der Strukturlegephase präzisiert LP3 diese Aussage, indem sie erklärt, dass im Schreiben Fachunterricht Biologie einfacher ist, weil die Antwort kurz sein kann und die Rechtschreibung wenig Einfluss nimmt. In Biologie sollen lediglich Zusammenhänge vereinfacht schriftlich dargestellt werden, wobei die Verschriftlichung die Anschauung im Unterricht ergänzt.

Bei Schreibaufgaben werden den SchülerInnen manchmal Vorgaben in Form von Satzmengen gegeben zum Beispiel Schreibe fünf bis zehn Sätze. LP3 erklärt in der Strukturlegephasen, die SchülerInnen sollen damit zeigen, dass sie Transfer leisten können. Wenn Zusammenhänge schriftlich wiedergegeben werden, zählt dies zum Bereich Transfer. Transferaufgaben sind in jüngeren Klassen weniger stark ausgeprägt, von älteren SchülerInnen, besonders mit Realschul- oder Gymnasialempfehlung, wird deren Bearbeitung aber erwartet. Ausgedehnte Schreibphasen gibt es im Biologieunterricht nicht. Das, was geschrieben wird, wird von den SchülerInnen in ihrem Ordner abgeheftet und dient einerseits zum Wiederholen für Lernkontrollen, andererseits zur Mitarbeit im Unterricht. Dieser schriftliche Inhalt stellt das Grundwissen des Faches dar, also die notwendigen Grundlagen für befriedigende Leistungen. In der Mehrzahl handelt es sich um Begriffserklärungen oder Beschreibungen von Abläufen.

SchülerInnen neigen dazu, nicht vollständig mitzuschreiben [Mitschreiben hier verstanden als in der Sicherungsphase von der Tafel abschreiben, auf Arbeitsblätter schreiben, Diktiertes mitschreiben], wenn sie nicht kontrolliert werden, weshalb der Inhalt der Ordners gerade bei leistungsschwachen oft unvollständig ist. SchülerInnen beherrschen die Fähigkeit, Inhalte mitzuschreiben, wenn sie an die Schule kommen. Was sie erst noch lernen müssen ist, vom Hören mitzuschreiben, etwa bei Kurzvorträgen und Referaten, wie sie ab Klasse sieben und acht in den Unterricht integriert werden. Bei diesen Aufgaben erledigen die SchülerInnen häufig nicht das Nötigste, wie beispielsweise den Namen und die Klassifizierung einer Krankheit beim Thema Infektionskrankheiten mitzuschreiben. LP3 erläutert, dass diese Aufgabe für die SchülerInnen aber auch nicht einfach ist. Von der Tafel abschreiben oder auf dem Arbeitsblatt Antworten eintragen ist für sie bequemer. An das Mitschreiben vom Hören sind die SchülerInnen nicht gewöhnt, da sie beim Lehrervortrag nicht mitschreiben müssen. In solchen Phasen dominiert die gesprochene Sprache, in Form von Lehrer-Schüler-Gesprächen oder lehrermoderierten Schüler-Schüler-Gesprächen.

Das Schreiben muss systematisch trainiert werden, denn Schreiben und Lesen sind Grundlagen für schulischen Erfolg. In Klasse fünf haben die SchülerInnen aus diesem Grund eine Stunde in der Woche Schreibtraining. Zu Beginn der Sekundarstufe wird die Schreibleistung mittels Fehlerdiktat erhoben. Diese Diktate werden von den LehrerInnen mit Hilfe einer Fehlerdiagnose untersucht, um die gemachten Fehler in Kategorien einzuteilen. Ein hoher Fehlerquotient zeigt eine mögliche Lese-Rechtschreibschwäche auf. Anhand der Diagnose wird der Förderbedarf festgelegt und die SchülerInnen erhalten Orthografieförderung. Im Anschluss an die Fördereinheit wird erneut ein Fehlerdiktat geschrieben und analysiert. Problematisch ist, dass die SchülerInnen im Schreiben ungeübt aus der Grundschule kommen. Deswegen muss Schreiben in der Klasse 5 trainiert werden.

Die Schriftstücke im Bioordner erfüllen, neben der Funktion den SchülerInnen als Lernhilfe zu dienen, die Funktion, der Lehrperson Auskunft über den Leistungsstand der SchülerInnen geben zu können. Wenn die Lehrperson den Ordner einsammelt, kann sie sich über Stärken und Schwächen der SchülerInnen informieren und den Eltern diesbezüglich eine Rückmeldung geben.

4.5.5 Lesen im Biologieunterricht

Wie bereits erläutert, zeichnet sich die Sprache des Faches Biologie durch die zentrale Rolle von Fachbegriffen aus. Demnach sind auch Texte, wie sie im Biologielehrbuch stehen, sehr fachbegriffslastig. Dies führt beim Lesen im Unterricht dazu, dass in jedem Absatz fünf Begriffe auftauchen, die mit den SchülerInnen geklärt werden müssen. Zusammen mit der lexikalischen Schwäche vieler SchülerInnen ergibt sich die Notwendigkeit, viele Texte und Arbeitsblätter zu reduzieren, damit SchülerInnen diese verstehen können.

Schwache SchülerInnen zeichnen sich im Lesen durch Langsamkeit aus. Um mit schwierigen Texten umzugehen, kann man diese laut gemeinsam lesen, wobei es besser ist, die SchülerInnen still lesen zu lassen. In der Strukturlegephase erläutert LP3, dass beim Laut-Lesen manche SchülerInnen abschalten, die durch Still-Lesen zur Aktivität gezwungen würden, weshalb das Still-Lesen vorzuziehen sei. Beim Laut-Gemeinsam-Lesen wird jeder Absatz gemeinsam gelesen. Anschließend stellt man Fragen an den Text. Damit ist gemeint, dass die SchülerInnen nicht verstandene Wörter und Begriffe erfragen, die dann von starken SchülerInnen oder der Lehrperson selbst erläutert werden, bis alle geklärt sind. Dann wird weitergelesen. Hat die Lehrperson den Eindruck, dass noch Unklarheiten bestehen, erfragt sie Bedeutungen, um zu sehen, ob diese verstanden wurden. Eine andere Möglichkeit der Leseförderung ist, die SchülerInnen nach dem Lesen eines Absatzes zeichnen zu lassen, was sie verstanden haben. In der Strukturlegephase erklärt LP3, dass solche Phasen des Gemeinsam-Lesens sich gut eignen, um Fragen der SchülerInnen aufzugreifen.

Lesekompetenz ist sehr wichtig und stellt eine der Grundkompetenzen dar. Sie ist einerseits Teil der allgemeinen Sprachkompetenz und andererseits unerlässlich, um Sachverhalte zu verstehen. Alles, was nicht über Anschauung, Modelle, Filme und Fotos gelernt werden kann, muss durch Lesen erschlossen werden. Gelesen wird in jeder Stunde. Das zu Lesende kann verschiedene Umfänge haben und reicht von dem Lesen von Arbeitsaufträgen bis zu selbst oder von Mitschülern geschriebenen Texten. Außerdem dient es der Selbstkontrolle der SchülerInnen. In jeder Stunde werden je nach Klassenstufe eine kleinere oder größere schriftliche Information, Zeitungsartikel oder Arbeitsaufträge gelesen. Die Lesemenge hängt dabei vom Thema ab. Konkrete Sachverhalte können mit Hilfe von Fotos, Abbildungen oder Gegenständen gelernt werden, abstrakte Sachverhalte benötigen Texte.

Texte, die die SchülerInnen gut lesen können, weisen nicht so viele Fachbegriffe auf oder stellen Sachverhalte über Abbildungen dar. Bücher, die Eingang in den Unterricht finden, werden als Klassensatz angeschafft und im Biologieraum gelagert, was den Vorteil hat, das für den Unterricht jederzeit eine Variation an Texten, Textqualitäten und Abbildungsqualitäten vorhanden ist. Lesetraining, das die SchülerInnen zunehmend benötigen, findet im Deutschunterricht statt. Es trainiert insbesondere das flüssige Lesen, weshalb es nicht auf den Inhalt Bezug nimmt, sondern allein darauf, die Dekodierfähigkeit von

Schrift zu verbessern. Hierfür werden Leseübungen und der Lesezirkus verwendet. Außerdem gibt es die Initiative, dass ältere Kinder mit jüngeren gemeinsam Lesen, da es sich als effektiv erwiesen hat.

Die Mängel von Sachbüchern in Bezug auf das Lesen der SchülerInnen aufzufangen, ist mühselig, da die LehrerInnen eigene, vereinfachte Arbeitsblätter erstellen müssen. Hier ist eine bessere Zusammenarbeit des Kollegiums notwendig, die leider erst in Ansätzen funktioniert. In der Strukturlegephase ergänzt LP3, dass die Schule weiterhin versuchen muss, die Kompetenzorientierung zu verstärken und die SchülerInnen zu befähigen, ihre Selbsteinschätzung zu verbessern.

4.6 Fallcharakterisierung LP3

Die entlastende Lehrperson: *„die sind mehr dabei wenn sie was PRAKtisches machen"*

LP3 zeigt sich sehr an dem Thema sprachlicher Defizite interessiert und empfindet es als wichtig, sich dem in allen Unterrichtsstunden anzunehmen. Sie kennt die Probleme der Lernenden und versucht, in ihrem Unterricht damit umzugehen, indem sie die sprachlichen Anforderungen in den Blick nimmt. Sie nennt wenige Förderstrategien, die dem Kompetenzaufbau dienen, sondern verlegt sich mehr darauf, den fachlichen Inhalt mit den Lernenden zu klären. Außerdem argumentiert sie, dass nicht alle Lernenden alle Inhalte lernen werden, da nicht alle die gleichen Voraussetzungen haben, weshalb man bei schwachen Lernenden eben auch zufrieden sein muss, wenn diese etwas zum Unterrichtsinhalt basteln oder malen. Damit neigt sie eher zur Entlastung der Lernenden, als zu gezieltem Kompetenzaufbau. Letzterer wird bei ihr rein aus fachlicher Sicht betrachtet, woraus sie die Begründungen für die Reduzierung der sprachlichen Anforderungen zieht.

Sprache des Fachs Biologie ist bei LP3 durch Fachbegriffe gekennzeichnet, wobei sie diese aus der Perspektive der SchülerInnen angeht. Diese haben nicht mehr den Sprachschatz bzw. das Vokabular, das von ihnen erwartet wird, wenn sie an die Schule kommen:

> zu dem grundwortschatz der ihnen fehlt kommen jetzt in biologie natürlich FACHbegriffe (.) oder (.) begriffe aus der natur einige sind einfach umgangssprachlich (.) einige sind den kindern gebräuchlich aber (.) ein beispiel ist in der fünften klasse hat mich ein schüler gefragt äh was ist eine baumkrone? erst hab ich gedacht er will mich veräppeln aber des sind wirklich ernste fragen (.) einfache dinge die vor paar jahren vielleicht noch jedes kind kannte sind nicht mehr da (.) jetzt könnte man sagen dann muss die biologie überprüfen

machen wir zu viele fachliche dinge (.) müssen wir noch mehr dichter ran an die kinder und an die natur und also ganz langsam das aufbauen (.) da sind wir noch in so nem Prozess des hat ich mal erzählt der SPRACHsensible FACHunterricht (.) wo wir da ganz besonders mit umgehen müssen

Eine Strategie, die LP3 aus dieser Erkenntnis ableitet ist, mehr an der Erfahrungswelt der Lernenden anzuschließen. Für den Unterricht bedeutet dies, Sprache zu reduzieren und weniger Begriffe zu nehmen. Wie im theoretischen Teil dieser Arbeit dargelegt wurde, sind Begriffe in der Biologie Ausdruck der fachlichen Perspektive auf die Welt: In biologische Sachverhalte werden in Begriffsordnungen ausgedrückt. Diese Perspektive auf die Funktion der fachlichen Sprache wird von LP3 auf die Probleme der Lernenden übertragen, was sich bei dem von ihr genannten Beispiel zeigt: SchülerInnen wissen nicht, was eine Baumkrone ist – sprachdidaktisch betrachtet könnte man vermuten, dass die Kinder das Wort Baum ebenso kennen wie das Wort Krone, aber eben nicht in der Lage sind, Komposita zu analysieren und Bedeutung aus den Einzelbestandteilen abzuleiten bzw. die Metapher Krone = Spitze zu entschlüsseln. LP3 erklärt das Problem, das sich mit dem Fachbegriff verbindet, jedoch anders:

> LP3: was ich vorhin gesagt hab ja (.) dass ein schüler äh nicht zuordnen kann was welcher welchen teil eine baumkrone beim baum ausmacht (.) oder wenn man äh so ne klassifizierung äh der wirbeltiere vornimmt also (.) äh fische lurche kriechtiere ja vögel und säugetiere (.) und die unterscheidung zwischen kriechtieren und l:u:rchen den begriff haben alle schon mal gehört und trotzdem gelingt es den kindern nicht so ohne weiteres ähm tiere dieser tierklasse zuzuordnen (.) ähm (.) das find ich noch son einfacheren bereich (.) wenn wir dann anderes beispiel nehmen das thema AUge (.) äh wenn es dann darum geht äh (.) ja begrifflichkeiten wie anpassung adaption oder akkommodation ans AUge vorzunehmen (.) das sind begriffe die ähm (.) kennen die kinder erst mal gar nicht und die müssen sie dann (.) lernen weil man einfach äh damit umgehen muss wie sich das auge anpasst an verschiedene helligkeiten und an verschiedene entfernungen zum beispiel

Hier verdeutlicht sie, dass sie davon ausgeht, die SchülerInnen können nicht zuordnen, welcher Teil des Baumes die Krone ist. Dies wird noch durch ein anderes Beispiel unterstrichen: Die Klassifizierung der Wirbeltiere. Die SchülerInnen haben die Begriffe Lurche und Kriechtiere schon mal gehört, können diesen aber keine Individuen zuordnen. LP3 setzt beide Beispiele gleich, woraus sich schließen lässt, dass sie denselben Sachverhalt als zugrundeliegend vermutet. Biologie fußt darauf, dass individuelle Sachverhalte (verschiedene Bäume, Tiere) in Klassen unterteilt werden. Diese Klassen können Arten sein (Kriechtiere, Lurche, Vögel) oder Bestanteile (Baumstamm, -krone, -wurzel). Begriffe sind abstrakte Zusammenhänge, die Klassen darstellen, unter die Individuen geordnet werden können. Dies ist notwendig, um die für die Biologie zentralen Klassifizierungen (zum Beispiel bei Arten) und Abläufe zu beschreiben. LP3 sieht hier das Problem nicht auf einer sprachlichen Ebene (SchülerInnen haben Schwierigkeiten das Kompositum zu dekonstruieren und die Einzelteile zu verstehen), sondern sie sieht die Schwierigkeit darin, den Sachverhalt dem Begriff zuzuordnen. Aus diesem Grund ist es ihr sehr wichtig, Begriffe durch Anschauung zu klären und immer wieder konkrete Beispiele zu geben. Konkrete Beispiele können über Modelle, Filme, Fotos und Abbildungen oder eben den Gegenstand an sich an die SchülerInnen herangetragen werden. Um Zusammenhänge zu verstehen, ist aber das Lesen unerlässlich:

> LP3: das ist so ein geflügelter spruch (.) ähm (.) das ist so eine GRUNDkompetenz (.) so würd ich das schon (.) beantworten (.) als SPRACHkompetenz ist es unerlässlich (.) um (.) äh (.) ja (.) physiologisch oder biologische zusammenhänge einfach zu erk- äh erkennen (.) also das ist irgendwie eine GRUNDlage (.) klar läuft viel auch über anschauung oder (.) über modelle über (.) ja film über fotos (.) haben wir ja in biologie je nach thema

Der Text steht hier als Gegenstück zur konkreten Anschauung durch Bild- oder Filmmaterial. Abstrakte Sachverhalte, wie Abläufe und Zusammenhänge müssen durch Text erschlossen werden, da hier die Reichweite von Konkreta endet. Dies ist für die weitere Schullaufbahn der SchülerInnen bedeutsam, da die Gegenstände des Faches mit zunehmender Klassenstufe immer abstrakter und weniger durch Anschauung verständlich werden. Photosynthese lässt sich zwar in Grafiken abbilden, aber diese sind in sich sehr viel weniger dinggebunden als beispielsweise die Abbildung eines Säugetiergebisses.

LP3 ist sich sehr bewusst über die Schwierigkeiten, die Lernende im Fachunterricht haben. Sie hat die Position der Schulleitung an einer integrierten Gesamtschule inne, die viele SchülerInnen mit Migrationshintergrund und sprachlichen Schwächen beschult. Besonders durch die PISA-Studie und die alltägliche Erfahrung ist die Tatsache ins Bewusstsein gerückt, dass die Klientel der Schule mit der Sprache der Schule Schwierigkeiten hat.

> LP3: ähm (1) da müsst ich vielleicht so ganz allgemein ansetzen weil die schüler die zu uns kommen nach der grundschule haben nicht das vokabuLAR ähm was wir gerne hätten (.) oder den sprachschatz (.) warum auch immer (.) das ist einerseits bei pisa festgestellt worden und das stellen wir auch fest (.) und zu dem grundwortschatz der ihnen fehlt kommen jetzt in biologie natürlich FACHbegriffe (.) oder (.) begriffe aus der natur einige sind einfach umgangssprachlich (.) einige sind den kindern gebräuchlich aber (.) ein beispiel ist in der fünften klasse hat mich ein schüler gefragt äh was ist eine baumkrone? erst hab ich gedacht er will mich veräppeln aber des sind wirklich ernste fragen (.) einfache dinge die vor paar jahren vielleicht noch jedes kind kannte sind nicht mehr da (.) jetzt könnte man sagen dann muss die biologie überprüfen machen wir zu viele fachliche dinge (.) müssen wir noch mehr dichter ran an die kinder und an die natur und also ganz

langsam das aufbauen (.) da sind wir noch in so nem Prozess des hat ich mal erzählt der SPRACHsensible FACHunterricht (.) wo wir da ganz besonders mit umgehen müssen (.) ähm (.) also (1) es ist schon so in jedem text auch im biobuch äh gibt es in jedem absatz mindestens fünf fachbegriffe die eigentlich mit den kindern geklärt besprochen werden müssen die ihnen nicht so geläufig sind (.) und äh es is jetzt nicht ne weitere fremdsprache aber es ist sind doch begriffe die nicht jedes kind in sein (.) wortschatz aufnehmen wird (.) einige werden das verinnerlichen und andere werden das einfach nur mal gehört haben (.) aber das ist auch in ordnung so weil man ja zum schluss hier an der schule die drei verschiedenen abschlüsse erreichen kann (.) ähm wir haben aber probLEME in den letzten jahren auch äh mit der auswahl des richtigen bioBUCHES (.) gehabt (.) weil viele biobücher einfach äh von dieser FACHsprache oder von dieser begrifflichkeit nicht runter kommen und viele unserer arbeitsblätter die wandeln wir einfach nochmal um oder reduzieren sie halt didaktisch damit die kinder den wesentlichen inhalt verstehen können

Um mit den Problemen umzugehen wählt LP3 die Strategie der Vereinfachung. Hierbei wird der Text an die Lesenden angepasst, sprich vereinfacht, oder in LP3s Worten didaktisch reduziert. LP3 sieht es als zentral, den SchülerInnen die sprachliche Schwierigkeiten haben die wesentlichen Inhalte zu vermitteln. Dies tritt erst später im Interview deutlicher zu Tage, wenn sie über den Anforderungsbereich des Fachs spricht:

LP3: ähm (2) auch da wieder (.) schreiben ist genau so eine GRUNDkompetenz (.) äh für jedes schulfach und auch für biologie (.) ähm sicherlich ist es vielleicht einfacher in biologie sich mit der schrift auszudrücken als in deutsch weil man doch keine aufsätze verlangt äh (.) zusammenhänge müssen in vereinfachter form das würd ich so einschätzen von klasse fünf bis sieben dargestellt werden (.) äh manchmal sind das dann vorgaben (.) bei einer hausaufgabe oder äh in einer beschreibung (.) schreibe fünf bis zehn sätze dann haben sie ein spektrum vorgegeben (.) äh zusammenhänge oder auch äh ja (.) wie sagt man transferleistung (.) in der neun und zehn da sind dann die ansprüche schon etwas höher (.) und äh das gilt dann vorwiegend auch für schüler die mitm realschul oder mit äh der versetzung in die gymnasiale oberstufe die schule verlassen (.) die von denen erwarte ich das dann schon

Von guten SchülerInnen wird erwartet, dass sie die Transferleistungen erbringen, wenn sie mit Realschulzeugnis oder Gymnasialeignung von der Schule abgehen sollen. Der Unterricht vermittelt das Grundwissen und dies an alle SchülerInnen, doch die Besten bauen darauf eigenständig Hypothesen und Transfers auf. Schwache Lernende verbleiben auf der Stufe der Reproduktion:

LP3: die auch diese äh mh (.) schwierigen umgang mit sprache haben (.) oder wenn=wenn sie schreiben dann (.) naja hab ich einer schülerin auch schon gesagt oh jessica das schreibst du bitte nochmal ab (.) das ist ja ganz (.) schlecht hingeschmiert (.) dann fängt das mädchen an zu weinen und sagt ich hab doch lrs (.) ich sag ok das find ich nicht so schlimm wenn du fehler machst aber ich möchte es wenigstens lesen können (.) auch du kannst schön schreiben (.) ja (.) ja das ist also auch ähm (.) nochmal ein handicap (.) für

> ein kind (.) also dass es mehr zeit braucht (.) die sind mehr dabei wenn sie was PRAKtisches machen (.) ne aufgabe PRAKTISCH erledigen oder was PUZZELN und mir dann was AUFkleben als dass sie selber schreiben müssen (.) aber andererseits MÜSSEN wir sie dazu zwingen denn nur durch die übung auch in BIO was selber zu beantworten selber zu formulieren ÜBT das ja (.) aber ein anderes kind (.) ein kind mit türkischem äh hinter- oder migrationshintergrund ähm (.) der auch noch bei uns in daz gehen muss (.) deutsch als zweitsprache (.) also dem fällt es NOCH schwerer (.) ja diese antworten richtig zu geben (.) also (.) insofern seh ich da schon grenzen (.) in der leistung

SchülerInnen mit sprachlichen Schwächen sind aus der Sicht von LP3 mehr am Unterricht beteiligt, wenn sie mit den Händen arbeiten können, wie puzzeln oder basteln. Sie erklärt, dass SchülerInnen, die schlecht schreiben, dazu gezwungen werden müssen, es zu tun, doch es erfolgt keine Erklärung, wie der Unterricht damit umgehen sollte. Danach gefragt, wie der Unterricht mit schwachen SchülerInnen umgehen kann, fokussiert LP3 Vorgehensweisen zum Lesen von Texten:

> wenn wir (.) im buch was lesen oder texte (.) manchmal dann doch LAUT lesen obwohl eigentlich ich lieber es habe wenn jedes kind leise liest dass wir dann aber beim lauten lesen absatz für absatz fragen an den text stellen (.) dass ähm (.) ein kind ne frage stellt und dann jemand dran nimmt äh wer nie das dann beantworten kann (.) da geht es zum beispiel was ist eine baumkrone (.) ich greif das einfach nochmal wieder auf (.) oder sie fragen was ist die eine regenbogenhaut beim auge (.) ja und dann beantworten die äh anderen dass sie das wissen (.) und wenn keine frage mehr zum absatz gestellt wird gehen wir zum nächsten absatz (.) oder mit texten umzugehen mit sprache umzugehen wir äh (.) lesen etwas und dann sag ich so ZEICHNET doch mal das was ihr so verstanden habt (.) über ne andere (.) über ein anderes mittel (.) natürlich äh gucken wir auch ab und zu mal ein film (.) es gibt ganz schöne äh (.) BIOfilme äh wo man dann schon kleine fragen beantwortet (.) bei den älteren gibts natürlich nur so allgemeine filmnotizen aber die kleineren (.) für jede filmsequenz gibts dann ne frage die sie beantworten können in stichworten zum beispiel um das auch mal zu lernen zu gucken aha ja und jetzt schreib ichs auf (.) und dann bespricht man das nochmal (.) also das sind so möglichkeiten

Fragen an den Text zu stellen kann in der Tat sinnvoll sein, um SchülerInnen den Zugang zum Text zu ermöglichen und sie insgesamt darin zu unterstützen, sich Texte zu erschließen. Hierbei sollen die SchülerInnen den Inhalt eines Abschnitts nochmals als Frage zusammenfassen, was sie dazu bringen soll, den wichtigsten Teil des Abschnitts zu lokalisieren und in eine eigene sprachliche Form – hier einen Fragesatz – zu bringen. LP3 erklärt aber die Maßnahme zur sprachlichen Förderung folgendermaßen: Man liest den Text gemeinsam laut und im Anschluss fragen die SchülerInnen nach Begriffen, die sie nicht verstanden haben. Sollten hier keine Fragen kommen, fragt LP3 selbst nach Begriffen, bis alle schwierigen Wörter im Absatz geklärt sind. LP3 erläutert an einer späteren Stelle, dass eine Maßnahme für verbessertes Textverständnis ist, eine Zeichnung aus einem Abschnitt anfertigen zu lassen. Im vorliegenden Interviewabschnitt jedoch formuliert sie diese Maßnahme anders („dann sag ich so ZEICHNET doch mal das was ihr so verstanden habt"). Der Anspruch an die Zeichnung ist bei LP3 eher gering ausgeprägt – die SchülerInnen sollen zeichnen, was sie verstanden haben. Im ursprünglichen Sinn der Maßnahme sollen SchülerInnen aber den Text intensiv verarbeiten, da sie aus dessen Informationen eine Zeichnung anfertigen sollen. Diese auch als Darstellungswechsel bezeichnete Maßnahme eignet sich besonders bei Versuchen, die schriftlich präsentiert werden. Die SchülerInnen zeichnen jeden Schritt des Versuchs auf, was eine vertiefte Auseinandersetzung, ein verbessertes Textverständnis und ein erfolgreicheres Experiment im Anschluss zur Folge hat. LP3 scheint hier nur eine motivierende Zusatzaufgabe zu sehen, die keinen inhaltsbezogenen Zweck erfüllt, was durch die Abtönungspartikel unterstrichen wird. Im Kontext einer anderen Interviewstelle wird dies noch deutlicher:

> [...] aber ich kann natürlich auch sagen er kann GUT oder befriedigende leistung erreichen auf seine art und weise oder mit seinen mitteln die er hat (.) oder anstatt einen sogenannten SCHWIERIGEN oder äh ja ein schwierigen auftrag (.) oder schwierige fragen zu beantworten kann ich auch ne stufe runter gehen und sagen wenn du die grundlagen machst oder eine zeichnung anfertigst dann ist das äh in deinem sinne oder im sinne des schülers auch ne gute leistung (.) da muss ich einfach differenziert drauf schauen (.) also die barriere der sprache ist einfach schon ein hinderungsgrund um einfach sehr gute leistungen bei einigen schülern (.) ja (.) zu (.) erreichen

Eine Zeichnung anzufertigen ist in dieser Interviewstelle für LP3 eine Aufgabe für die Leistungsschwächsten, die die Grundlagen lernen, erfüllt aber keinen sprachbildnerischen Zweck. An diesen Interviewstellen zeigt sich, wie stabil die Vorstellungen sind, die Lehrende im Laufe ihrer Professionalisierung erwerben. LP3 befasst sich intensiv mit den steigenden Problemen der SchülerInnen und nimmt die Verantwortung der Schule als solche ernst. Sie erläutert Maßnahmen, die sie im Kontext der Sprachförderung kennengelernt hat, doch diese scheinen vom traditionellen fachbezogenen Unterricht überlagert zu sein. Gerade das Fragen an den Text stellen verbleibt auf der Ebene des Klärens von konkreten Verständnisschwierigkeiten und erreicht nicht die Ebene der Strategievermittlung.

LP3 ist sich sehr wohl darüber bewusst, dass gerade Sprachschwache mehr Zeit benötigen – mehr Zeit, um Texte zu lesen und zu verstehen, und mehr Zeit, um Antworten zu formulieren. Sie ist sich auch darüber im Klaren, dass diese SchülerInnen häufig ungeübt im Schreiben sind. Gleichzeitig tendiert sie aber dazu, schreibarme Aufgaben zu verteilen. Maßnahmen, um das Schreiben im

Fachunterricht zu verbessern, nennt LP3 nicht, sondern verweist auf den Deutschunterricht und das schulische Lese-Schreibtraining. Hierbei stehen für LP3 die Verbesserung von Rechtschreibung und Grammatik im Vordergrund.

Die zentrale Rolle, die LP3 der Sprachbildung zuschreibt, wird deutlich, wenn sie über Neuerungen im Schulalltag spricht. Zwei KollegInnen, werden von LP3 im Interview mehrfach positiv hervorgehoben. Eine Deutschlehrkraft (LPx) und eine Lehrperson der naturwissenschaftlichen Fächer (LP4) arbeiten zusammen und befassen sich mit dem sprachsensiblen Unterricht im Fach Chemie, um SchülerInnen zu mehr Sprachkompetenz im Fachunterricht zu verhelfen:

> LP3: ähm (.) ja (.) wir haben ähm (2) VERSUCHT (.) DIESE (.) PROBLEMATIKen aufzugreifen und ähm einfach (.) oder VERSUCHEN und unser ansatz ist der mit SPRACHE besser umzugehen (.) dass schüler einfach MEHR vom unterricht MITbekommen also dass unterricht einfach lernwirksamer sein kann (.) wenn wir auch (.) auf die SPRACHE besser achten (.) das ist uns einfach nicht so BEWUSST geworden dass wir mit BEGRIFFEN und SPRACHE um uns schlagen und die schüler VERSTEHEN es nichts und spielen unterricht (.) das ist so die kritik (.) und ähm diese sache dass wir FRAGEN an den TEXT stellen (.) ABSCHNITT für ABSCHNITT lesen oder aus nem gelesenen abschnitt eine ZEICHNUNG verlangen (.) das sind einfach MÖGlichkeiten damit schüler sich BEWUSST mit TEXTEN auseinander setzen (.) und ähm in cheMIE da ist es noch weiter gegangen da haben die ähm (.) kollegen alle begriffe auf karteikärtchen praktisch geschrieben und jedes kind hat eine LERNvokabeldatei oder chemiekartei äh wo solche begrifflichkeiten drauf schreibt (.) sogar da steht EXPERIMENTIEREN (.) das wort ist erklärt (.) ähm (.)ich bin jetzt keine chemielehrerin aber alles was so thematisch dran ist wird IMMER ähm nochmal bearbeitet (.) schüler führen ihre KARTEIkärtchen die werden wiederholt ähm der eine kollege arbeitet sogar mit SPICKzetteln (.) äh das dann auch in einer kleinen abfrage mal der spickzettel BENUTZT wird (.) trotzdem muss man da ja dann mit UMgehen können (.) ähm (.) und die haben sich dann sogar abgewechselt (.) eine deutschlehrer hat äh in chemie so die ähm den DEUTSCHunterricht (.) oder chemie als deutschunterricht unterrichtet und der chemiekollege hat dann parallel dazu die äh versuche gemacht (.) einfach dass das mal so abgesichert war und (.) mh dieser jahrgang ist jetzt drüben an der b-schule also die (.) sehr guten schüler und äh die haben gesagt dass ihnen dieses GENAUE arbeiten oder dieses (.) BEWUSSTSEIN oder BEWUSST werden was bedeutet das eigentlich was wir da in chemie so gemacht haben dass sie so GENAU gearbeitet haben das HILFT ihnen drüben (.) also das war eine rückmeldung (.) der eine kollege arbeitet ja auch dort (.) das war ganz schön

LP3 erläutert, dass die KollegInnen im Fach Chemie noch weiter gegangen sind als sie selbst das im Unterricht tut. Die häufige Verwendung des Wortes sogar deutet an, wie außergewöhnlich LP3 die Ideen der beiden KollegInnen findet. Erneut zeigt sich, dass für LP3 die thematische Orientierung im Mittelpunkt des Biologieunterrichts steht: Daher findet sie die Auswahl an Begriffen, die Eingang in die Vokabelliste finden, bemerkenswert – das Verb experimentieren sei hier als Beispiel dafür genommen, dass LP3 Lernschwierigkeiten eher mit den Inhalt tragenden Substantiven verbindet. Als Rückmeldung von der Oberstufe hat sie für sich zur Kenntnis genommen, dass die SchülerInnen sich bewusster darüber sind, was in Chemie behandelt wurde, was auch wieder den Fokus auf den Inhalt zeigt. Setzt man diese Interviewstelle in einen Kontext mit anderen Stellen, die oben bereits dargelegt worden sind, lässt sich erkennen, dass LP3 zwar Sprache (verstanden als Begriffe) für wichtig hält und sich darüber im Klaren ist, dass zwischen der sprachlichen Kompetenz der SchülerInnen und der geforderten im Fachunterricht Diskrepanzen bestehen, doch ist für sie Sprache in erster Linie das begriffliche Gefäß von Inhalt. Sie versucht im Unterricht damit umzugehen, indem sie die lexikalischen Schwächen der SchülerInnen akzeptiert und ihr Hauptaugenmerk auf die Klärung von Begriffen und die sprachliche Vereinfachung legt. In der Beobachtung hat sich gezeigt, das LP3 in der mündlichen Unterrichtskommunikation gerade nicht vereinfacht, sondern hier ein bildungssprachliches Register produziert und dieses unterstützt. Sie fungiert hiermit als sprachliches Vorbild für die SchülerInnen, die dieses Register verstehen und selbst produzieren müssen[6].

4.7 Beschreibung der Vorstellungen von LP4

4.7.1 Besonderheiten des Biologieunterrichts

Biologie ähnelt als Schulfach den Fächern Chemie und Physik. Kennzeichnend für diese naturwissenschaftlichen Fächer ist, dass SchülerInnen Experimente machen und im Freien arbeiten – zum Beispiel Dinge einsammeln – können. Aufgrund dessen gewährt dieser Unterricht den SchülerInnen mehr Freiheiten als in anderen Fächern, da es immer wieder die Gelegenheit gibt, umher zu gehen oder sich anderweitig zu bewegen. Biologie als Fach ist besonders durch den Wechsel von theoretischen und praktischen Anteilen gekennzeichnet. Theoretische Themen müssen dabei von den SchülerInnen lesend angeeignet werden, was sie für die SchülerInnen weniger ansprechend macht als die praktischen Unterrichtsanteile.

---

6 Diese Sprachverwendung mag dem Habitus von LP3 zuzuschreiben sein und nicht einer gezielten Verwendung aufgrund eines sprachförderlichen Anspruchs, denn sonst hätte LP3 im Rahmen des Interviews sicherlich darauf hingewiesen. Es ist aber aufgrund des lediglich durch Beobachtung belegten Verhaltens zu mutmaßen, dass sprachliches Vorbild gegeben wird, auch ohne dass LP3 sich dessen bewusst ist.

In Biologie können Filme und Geräte zum Einsatz kommen. SchülerInnen wollen häufig die Geräte einfach ausprobieren und damit experimentieren, statt dem Unterrichtsziel zu folgen. Deshalb muss der Unterricht sie hier gezielt anleiten, damit der Umgang mit den Geräten gelingt. Ein weiteres Kennzeichen von Biologieunterricht ist die Notwendigkeit, Diagramme zu interpretieren. Diese müssen von den SchülerInnen gezielt in Texte umgewandelt werden, da so ein anderer Zugang zu den Inhalten geschaffen wird. Wird im Unterricht experimentiert, erhalten die SchülerInnen eine Versuchsanleitung in Textform, nach der sie vorgehen sollen. SchülerInnen müssen die Versuchsanleitung lesen und verstehen, um das Experiment durchzuführen. Häufig zeigt sich im Unterricht jedoch, dass die Versuchsanleitung nicht gelesen bzw. verstanden wurde, da ein völlig neues Experiment entsteht, das keine Gemeinsamkeiten mit jenem hat, das eigentlich durchgeführt werden sollte. Daher ist dieses Vorgehen nicht zu empfehlen. Eine weitere für das Fach charakteristische Textsorte ist das Protokoll, ein strukturierter Text, die ähnlich schwierig ist.

Aufgrund von Fortbildungen und der Zusammenarbeit mit LPx wurde die Arbeit am Text – z.B. mit Versuchsanleitungen – neu durchdacht. SchülerInnen sollen durch Arbeitsblätter dazu angeregt werden, die Anleitungstexte in Bilder umzuwandeln. Dies hilft, sich intensiv mit dem Text auseinander zu setzen und die Inhalte zu verstehen. Als Folge dieses veränderten Vorgehens treten weniger Fehler beim Experimentieren auf.

Problematisch in Bezug auf das Fach Biologie, aber auch für andere Fächer, ist, dass jede Lehrperson für sich arbeitet. Die Schule hat keine einheitliche Vorgehensweise und Lernziele, die als Fächerübergreifende Kompetenzziele begriffen werden könnten. Solche fächerübergreifenden Kompetenzen müssten jedoch immer wieder in allen Fächern geübt werden. Für das Fach Biologie wurde zwar über Sprachförderung diskutiert, dies führte aber nicht zu einer Veränderung des Unterrichts. Es gibt keine Rückmeldungen zur Sprachförderung von den einzelnen KollegInnen und daher auch keine Absprachen. Es ist vielmehr so, dass eine Art Scheu besteht, den Kolleginnen mitzuteilen, was der oder die einzelne im Unterricht macht. Für die SchülerInnen wäre es hilfreich, wenn die LehrerInnen mehr zusammenarbeiten würden, so zeigt die Zusammenarbeit zwischen LP4 und LPx, wie fruchtbar ein gemeinsames Vorgehen sein kann. Solche Zusammenarbeiten fußen aber auf persönlichem Interesse und freundschaftlicher Verbundenheit. Diese muss gegeben sein, damit man sich gegenseitig berichtet und hilft.

In der Strukturlegephase erläuterte LP4, dass die oben genannten Punkte zu Leitzielen für die Schule werden müssten, an denen sich fächerübergreifend orientiert wird. Problematisch ist allerdings, dass die Schulleitung nicht so weit hinter der Umsetzung steht, dass sie diese durchsetzt. Ohne den Rückhalt durch die Schulleitung sind jedoch nur kurzfristige Lösungen möglich. Neuerungen durchzusetzten stellt immer eine Belastung für den Schulalltag dar, weshalb SchulleiterInnen sehr sensibel agieren müssen. Um Neuerungen durchzuführen, müssen viele der Lehrenden dafür aber auch Interesse aufbringen.

4.7.2 Sprache im Biologieunterricht

KollegInnen der naturwissenschaftlichen Fächer äußerten in der Vergangenheit deutlich, dass Lesen und Schreiben nicht die Aufgabe des naturwissenschaftlichen Unterrichts ist, sondern die der Deutsch Lehrenden. Fortbildungen zum Thema gehen aber davon aus, dass Lesen und Schreiben in jedem Fach trainiert werden muss, damit SchülerInnen mit der jeweiligen Sprache des Faches umgehen lernen. Dies kann nicht von den DeutschlehrerInnen geleistet werden, da naturwissenschaftliche Texte anders aufgebaut sind. Die Textarbeit, die SchülerInnen in Deutsch lernen, ist nicht auf andere Fächer übertragbar. Sprache in naturwissenschaftlichen Texten ist häufig stark komprimiert, weshalb die Methode der Zusammenfassung nicht funktioniert. Komprimierte Texte müssen expandiert, also aufgeweitet oder vereinfacht werden.

Problematisch ist, dass es lange Zeit keine solchen Fortbildungen gab, wie LP4 in der Strukturlegephase ergänzt. Auch in der Ausbildungsphase wurde die Sprache des Faches sowie die Themen Lesen und Schreiben nicht aufgegriffen. Dies mag als Begründung gelten, warum viele Lehrende – wie der von LP4 erwähnte Kollege – davon ausgehen, diese Themen hätten nichts mit ihnen zu tun. Dies ist quasi die für den naturwissenschaftlichen Fachunterricht übliche Vorstellung, die bei LP4 aufgrund von Weiterbildungen und der Zusammenarbeit mit dem Kollegen LPx verändert wurde.

4.7.3 Lesen im Biologieunterricht

Wie bereits angedeutet, müssen SchülerInnen sich theoretische Unterrichtsanteile lesend erschließen. LP4 hat sich nach eigener Aussage lange nicht mit dem Thema lesen befasst, bis zur Teilnahme an einer Klippert-Schulung. Im Rahmen dieser Fortbildung wurde aufgezeigt, dass Texte mit verschiedenen Methoden gelesen werden können. Zwar äußerten KollegInnen der naturwissenschaftlichen Fächer, dass Lesen und Schreiben in die Aufgaben des Deutschunterrichts falle, doch durch weitere Fortbildungen wurde deutlich, dass Lesen und Schreiben in allen Fächern eine Rolle spielt und in allen Fächern trainiert werden muss. Neben den Fortbildungen war es besonders die Zusammenarbeit mit Kollege LPx, die LP4 für das Thema Lesen sensibilisiert hat. Aufgrund dieser Sensibilisierung wurden neue Methoden ausprobiert, aber auch gezielt weitere Fortbildungen besucht.

Lesen an sich hat im Biologieunterricht einen recht hohen Stellenwert, denn auch in den praktischen Phasen muss gelesen werden, so zum Beispiel die Versuchsanleitungen. Viele Lehrende machen sich allerdings diese Leseintensität des Unterrichts nicht bewusst. Für SchülerInnen ist Lesen häufig ein zusätzliches Problem, das der Unterricht gezielt angehen muss. Wenn beim Experimentaufbau ein völlig anderes Experiment entsteht, zeigt sich, dass der Anleitungstext nicht gelesen oder nicht verstanden wurde. Die SchülerInnen haben den Text nicht so intensiv verarbeitet, wie sie sollten, sondern sich vielleicht an den anderen orientiert. Einer fängt an, die anderen machen nach und so entstehen Versuchsaufbauten, die nicht das messen, was sie sollen. Dies liegt einerseits an der bereits erwähnten Experimentierfreude der SchülerInnen, die einfach anfangen, ohne genau zu lesen oder aufzupassen. Andererseits zeigte eine Fortbildung, die LP4 durchgeführt hat, dass Lehrende sich ebenso verhalten wie SchülerInnen und die Anleitungen nicht richtig lesen.

Durch Fortbildungen und Zusammenarbeit mit LPx wurde die Textarbeit, u.a. die Anleitungen zu Experimenten, neu durchdacht. Es wurden neue Arbeitsblätter entwickelt, die die SchülerInnen anregen, den Text in Bilder umzuwandeln. Zu jedem Textabschnitt soll ein Bild gemalt werden, damit sie sich intensiv mit dem Text und den einzelnen Schritten des Ablaufs befassen. Durch dieses Vorgehen treten beim Experimentieren weniger Fehler auf. Wie auch schon beim Thema Diagramme erwähnt, nutzt ein Darstellungswechsel zum vertieften Verarbeiten der Inhalte.

4.7.4 Schreiben im Biologieunterricht

Schreiben muss ähnlich wie Lesen in jedem Fach trainiert werden. DeutschlehrerInnen können dieses fachspezifische Schreibtraining aus bereits erwähnten Gründen nicht leisten. Traditionell erhalten SchülerInnen als Schreibaufgabe den Auftrag, einen Text zusammenzufassen. Da naturwissenschaftliche Texte aber sehr komprimiert sind, kann man sie nicht zusammenfassen. Sie müssen expandiert oder umgeschrieben werden. Besonders das Umschreiben in eine vereinfachte Form, beispielsweise mit der Zielgruppe jüngerer Geschwister, ist geeignet. Wie Diagramme kann man auch Texte in eine andere Darstellungsform übertragen. Bei Diagrammen zeigt sich, dass die Schwierigkeit, die diese für die SchülerInnen darstellen, lange nicht erkannt wurde bzw. den Lehrenden nicht bewusst war. Der Wechsel der Darstellungsform hilft den SchülerInnen, einen neuen Zugang zum Inhalt zu gewinnen.

Eine weitere Möglichkeit, mit Texten schreibend umzugehen, ist Fragen an den Text zu stellen. Dies kann als einfache Schreibaufgabe gesehen werden und bedeutet, dass die SchülerInnen zu einem Text Fragen aus dem Inhalt heraus formulieren, diesen also in Frageform umschreiben. Dies kann eigentlich recht einfach bewältigt werden, indem man einen Satz aus dem Text entnimmt, ihn etwas umstrukturiert und ein Fragewort an den Anfang stellt. Diese einfache Form von Frageformulierung stellt für die SchülerInnen aber bereits ein Problem dar. Das Geschriebene weist Rechtschreibfehler auf, Wörter fehlen oder sind verstümmelt. Diese Probleme potenzieren sich bei längeren Texten, wie Expansionen und Zusammenfassungen. Dies ist darauf zurückzuführen, dass das eigenständige Formulieren den SchülerInnen sehr schwer fällt. Schreibschwache SchülerInnen nutzen die Strategie wahllos Sätze aus Texten abzuschreiben, wenn sie diese zusammenfassen sollen. Dabei gehen aber große Teile des Textinhalts verloren.

Wie bereits erwähnt, kennt auch das Fach Biologie die Textsorte Protokoll. Das Protokoll ist eine Möglichkeit, strukturiert etwas aufzuschreiben, wobei die Struktur von der Lehrperson vorgegeben wird. Viele SchülerInnen orientieren sich an dieser Struktur, was das Schreiben für sie einfacher macht, da sie so eine klare Gliederung haben. Manche SchülerInnen nehmen die Botschaft der Strukturvorgabe aber nicht auf und verfassen dann einen Fließtext.

Besonders in Klassenarbeiten müssen SchülerInnen selbstständig formulieren. Dabei zeigte sich, dass manche SchülerInnen vordergründig gute Bearbeitungen abliefern, dass diese jedoch lediglich auswendiggelernte Merksätze waren. Ob deren Inhalt auch verstanden wurde, bleibt unklar. Andere SchülerInnen hingegen formulieren die Antworten selbst. Diese Bearbeitungen erscheinen zunächst schwächer, da sie sprachlich schwach sind. Es kann aber sein, dass ein selbst formulierter Text ein Hinweis auf ein tieferes Verständnis des Sachverhalts ist. Für die Lehrenden ist es schwierig zu erkennen, welche Leistung die bessere ist. Fortbildungen können hier helfen, Texte der SchülerInnen anders zu bewerten und hinter die sprachliche Oberfläche zu schauen.

Zwar machen die SchülerInnen beim Schreiben eine Menge Fehler, diese können im Fachunterricht Biologie jedoch nur zur Kenntnis genommen werden. Um Schreibschwierigkeiten zu beheben, müsste das Schreiben gezielter trainiert werden, da solche Fähigkeiten durch Übung besser werden. Deshalb sollten SchülerInnen mehr gezwungen sein, Sachverhalte zu formulieren, um darin besser zu werden. Da die SchülerInnen nur wenige Stunden in der Woche Fachunterricht besuchen und dieser nicht immer mit Texten arbeitet, können hier die Schreibprobleme lediglich zur Kenntnis genommen werden.

Die Frage nach der Bewertung von selbst formulierten Texten der SchülerInnen bleibt jedoch als Problem bestehen. LehrerInnen sollten gezielt hinter die Textoberfläche schauen, um herauszufinden, was SchülerInnen mit dem Text tatsächlich meinen. SchülerInnentexte müssen gründlich betrachtet werden, ehe Punkte gegeben werden, wobei hier weniger die korrekte Formulierung zählt als der verstandene Inhalt.

4.7.5 SchülerInnenkompetenzen

Wie bereits erwähnt ist für SchülerInnen am Fach Biologie besonders interessant, dass sie experimentieren und Geräte nutzen können. Besonderes Interesse bei SchülerInnen wecken Themen, die etwas mit ihnen zu tun haben und praktische Anteile aufweisen. Weniger interessant sind theoretische Themen, in die sich SchülerInnen einlesen müssen, da sie zum Einlesen wenig Lust haben. Die praktischen Anteile sind für SchülerInnen besonders interessant, da sie sich dort ausprobieren können. Beim Experimentieren und Nutzen von Geräten sind sie wenig aufmerksam, sondern wollen sofort beginnen, ohne auf das Unterrichtsziel oder das korrekte Vorgehen zu achten. Hier müssen SchülerInnen gut angeleitet werden. Diese Anleitung erfolgt gemeinhin über Versuchsanleitungen, die schriftlich ausgeteilt werden. In Bezug auf diese schriftlichen Anleitungen hat sich in Lehrerfortbildungen gezeigt, dass Lehrpersonen und SchülerInnen sich nicht wesentlich in ihrem Vorgehen unterscheiden.

Lehrende, die an der Fortbildung teilnahmen und keinen naturwissenschaftlichen Hintergrund haben, zeigten zum Teil große Scheu vor der Aufgabe und sagten aus, sie können diese nicht erfüllen. Dies ist darauf zurückzuführen, dass jemand, der davon ausgeht, dass er etwas nicht kann, den Text zur Aufgabe nicht gründlich liest. Jemand, der vom eigenen Misserfolg ausgeht, hat keine Lust auf die Aufgabe und zwingt sich zur Erfüllung. Schließlich gibt es auch Personen, die keine Lust haben und deswegen komplett abblocken. In der Fortbildung zeigte sich, dass die LehrerInnen, die keine Lust bzw. eine Misserfolgserwartung haben, sich entweder dazu zwangen oder einfach die Zeit mit Unterhaltungen verbrachten. Dies ist von den LehrerInnen in der Fortbildung auf die SchülerInnen übertragbar.

Für die SchülerInnen ist das Schreiben eine große Hürde, da sie Probleme haben, auch einfache Sätze am Vorbild zu formulieren und formal korrekt zu schreiben. Je länger der zu verfassende Text und je größer der Eigenanteil, desto größer die Hürde. Stellenweise kaschieren die SchülerInnen ihre mangelnden Schreibkompetenzen, indem sie Merksätze auswendig lernen und diese in der Klausur abrufen. Eigene Formulierungen erscheinen sprachlich schwächer und werden oft auch schlechter bewertet, obgleich sie inhaltlich vielleicht wertvoller sind.

Erfolgreiche SchülerInnen sind dadurch gekennzeichnet, dass sie zeitnah ihre Hausaufgaben machen und insgesamt ein gutes Arbeitsverhalten aufweisen. SchülerInnen mit gutem Arbeitsverhalten sind in allen schulischen Belangen im Vorteil, nicht nur in Biologie. Erfolgreiche SchülerInnen sind in der Lage, Gehörtes aufzunehmen, sind konzentriert, machen sich Notizen und können Kernbotschaften, u.a. aus Filmen, aufnehmen. Sie gehen strukturiert mit Aufgaben, u.a. Textlesen, um und können neue Informationen besser in vorhandenes Wissen integrieren. Das Eingliedern von neuem Wissen basiert auf Konzentration und verläuft erfolgreicher, wenn bereits Wissen vorhanden ist. Erfolgreiche SchülerInnen sind disziplinierter. Manche SchülerInnen haben Schwierigkeiten mit der Unterrichtssprache und können deswegen Kernbotschaften nicht so gut aufnehmen, auch wenn sie sonst gut sind. Doch diese SchülerInnen sind immer noch im Vorteil denjenigen gegenüber, die nicht das richtige Arbeitsverhalten aufweisen. Nicht erfolgreiche SchülerInnen machen ihre Hausaufgaben nicht und werden von den Eltern auch nicht dazu angeleitet. Sie haben wenig Interesse am Fach und an Inhalten allgemein. Nicht erfolgreiche SchülerInnen haben zum Teil mit anderen Problemen zu kämpfen, die sie beschäftigt halten, wie zum Beispiel familiäre Schwierigkeiten. SchülerInnen, die familiäre Probleme bewältigen müssen, haben keine Kapazitäten frei, um sich auf schulische Inhalte einzulassen. Häufig leiden sie unter inneren Belastungen, die die schulische Leistung beeinflussen.

Gruppenarbeit eignet sich gut für den Unterricht im Fach Biologie und um Leistungsunterschiede auszugleichen. Bei bestimmten Gruppenaufgaben sind stärkere SchülerInnen gezwungen, schwächeren etwas zu erklären. Solche Aufgaben müssen so gestaltet sein, dass sie auf ein Gruppenergebnis abzielen, dessen Note für alle Gruppenmitglieder gilt, bei dem sich deshalb alle SchülerInnen einbringen müssen. Diese Aufgaben implizieren, dass die SchülerInnen das Lernen vertiefen, da SchülerInnen besser lernen, wenn sie sich gegenseitig Sachverhalte erklären. Um aber aus der Gruppenphase etwas mitzunehmen, müssen die SchülerInnen sich darauf – unter anderem auf die Erklärungen der MitschülerInnen – einlassen. Gruppenarbeit stellt also ein wichtiges Element des Unterrichts dar. Vor der Gruppenphase ist es allerdings wichtig, dass alle SchülerInnen sich erst mal allein mit dem Problem oder dem Text auseinandersetzen. In dieser Vorphase muss Ruhe herrschen, und auch Fragen werden erst im Nachhinein beantwortet. Auf der Basis dieser Stillarbeitsphase können sich die SchülerInnen in der Gruppenphase beteiligen.

Die Vorstellung der Ergebnisse erfolgt über das Zufallsprinzip, damit sich alle SchülerInnen in der Gruppenarbeit einbringen, um sich nicht später evtl. zu blamieren. Es gibt aber auch SchülerInnen, die eine solche Blamage nicht scheuen und sich daher nicht an der Gruppenarbeit beteiligen. Arbeitsteilige Gruppenarbeit wie eben beschrieben ist die Idealform, funktioniert aber auch in der Praxis recht gut. Die Gruppenzusammensetzung erfolgt durch die Lehrperson entweder aufgrund der Schwierigkeit der Aufgabe oder nach dem Zufallsprinzip. Bei schwierigen Themen werden starke SchülerInnen auf die Gruppen verteilt, um zu helfen, bei weniger anspruchsvollen Aufgaben sind auch Zufallsgruppen möglich.

4.8 Fallcharakterisierung LP4

Die sprachsensible Lehrperson: *„und da bin ich eben dann auch in fortbildung bin ich drauf gekommen"*

LP4 zeichnet sich durch ein hohes Maß an Selbstreflexion aus. Sie stellt bei Misserfolgen im Unterricht die Frage, ob dies am Unterricht, am Material oder an anderen schulischen Bedingungen liegen könnte, ehe sie bei den Lernenden nach Gründen sucht. Außerdem nimmt sie die Schule als Ganzes in den Blick und kritisiert das Einzelkämpfertum. Sprachliche Bildung ist für LP4 nicht nur die Aufgabe einzelner, sondern bezieht die ganze Schule mit ein.

Bei der Frage nach dem, was die Sprache des Faches auszeichnet, gibt LP4 eigentlich zunächst keine konkrete Antwort, sondern beginnt mit einer Rechtfertigung in Form einer Beschreibung, wie das Thema Sprache bisher behandelt wurde:

> I: mh (.) gut ähm (.) ich würd das jetz noch eingrenzen wir hatten ja schon einiges besprochen auch im bezug auf die sprache im biounterricht (.) ähm (.) was würden sie sagen is (.) ihrer ansicht nach für die sprache im fach biologie kennzeichnend
>
> LP4: also als ich >räuspert sich< hierher gekommen bin da in diesen vielen äh jahren hab ich eigentlich ähm überhaupt keine auseinandersetzung damit gehabt gut die lesen halt texte irgendwie halt (.) ähm dann hab ich ähm mit dem ähm (.) klippertprogramm bin ich ja konfrontiert worden und da (.) gehts ja bei texten dann auch darum (.) texte nach ner

bestimmten methode zu lesen und sich damit auseinandersetzen (.) und ähm (.) dann bin ich hier eigentlich durch=durch und=und des war immer noch die (1) vom chemielehrer hier zum beispiel auch ganz klar ausgesprochen ähm die schreibfehler und=und das lesen überhaupt ähm das is was für deutschlehrer das is nich unser ding das is überhaupt nich unsre aufgabe (.) und ich hab dann eigentlich hier (.) im rahmen von fortbildungen ähm kennengelernt des is quatsch des muss in jedem fach muss des trainiert werden

Als zentrale Konzepte, die auf die Sprache bezogen sind, nennt LP4 Lesen und Schreiben bzw. Schreibfehler. Wichtig ist für LP4 aber in diesem Abschnitt insbesondere zu verdeutlichen, wie die traditionelle Vorgehensweise in Bezug auf Lesen und Schreiben ist: Lesen und Schreiben ist Aufgabe der Deutschlehrenden. LP4 illustriert damit den starken Gegendruck, dem sie immer wieder ausgesetzt ist, wenn sie sprachförderlich arbeitet. Aufgrund von Fortbildungen und der Zusammenarbeit mit LPx weiß LP4 in vielen Bereichen, was zu tun ist, doch bei der Frage nach der Sprache im Unterricht ist es für sie zuerst einmal zentral, das Milieu zu zeigen, in dem sie sich bewegt und wie seltsam vielen KollegInnen das eigene Vorgehen vorkommen muss. Aufgrund der Nachfrage der Interviewerin geht LP4 bezüglich der Fachsprache Biologie bzw. Naturwissenschaft mehr ins Detail:

> I: mh äh warum können die deutschlehrer das nich allein leisten? können sie das erklären?
> LP4: (.) ja weil das sind ja naturwissenschaftliche texte die sind da einfach anders gestrickt und ähm die kann man den schülern nich einfach so vorwerfen die können nicht das was sie in deutsch gelernt haben in textarbeit in diese übertragen auf ähm auf die bücher das geht gar nich also zum beispiel (.) ähm (.) is ja eine methode einen text zusammenzufassen und der text is schon aber in den büchern sehr komprimiert in naturwissenschaftlichen büchern liegt ja schon sehr komprimiert vor wie solln mer denn da noch was zusammenfassen also da gibts dann irgendwie ne möglichkeit den text sag mer so zu expandiern also aus nem kurzen text nen größeren zu machen in dem ich so tue als wenn ich des (.) ein unbedarften jetz vielleicht dem kleinen bruder oder so erkläre

LP4 zeigt hier, dass sie einerseits Wissen über die Eigenheiten von naturwissenschaftlichen Sachtexten im Vergleich zu narrativen Texten hat, dass sie andererseits auch Methoden kennt, um mit diesen Besonderheiten umzugehen. Dabei argumentiert LP4 differenziert, nämlich einmal von SchülerInnenseite her, dass diese zwar Methoden kennen, mit Texten zu arbeiten, sich diese aber nicht von Deutsch auf andere Fächer übertragen lassen. Ein anderes Mal kann LP4 Besonderheiten von Texten benennen und die Schwierigkeit eines unreflektierten Umgangs damit aufzeigen. Diese Kenntnisse hat sich LP4 sowohl in Fortbildungen angeeignet, als auch in der praktischen Arbeit mit LPx. Dabei zeigt sich, dass die Entwicklung eines Bewusstseins für die Schwierigkeiten der Bildungssprache in Bezug auf schwächere SchülerInnen ein langer Prozess war, der auch immer noch nicht abgeschlossen ist:

> LP4: es gibt halt viele fortbildungen die hier angeboten werden ich nutze sie auch (.) wie gesagt mit dem klippert hat des angefangen dass wir in an der letzten schule klippertschule werden und es war die frage wer interessiert sich dafür ich interessier mich immer für sowas (.) und dann bin ich halt so mitgefahren und dann hab ich äh (.) bin ich dabei dann damit konfrontiert worden und hab dann (.) danach auch dann ähm paar jahre also eigentlich bis jetz äh als klipperttrainer auch gearbeitet also (.) eigentlich alles sehr spannend da ist eben ein teil is die textarbeit und ähm hier hat sich das ergeben durch gespräch mit ko- deutschkollegen mit dem herrn b dass ich mi- dass ich das einfach ähm dafür mehr sensibilität gezeigt hab und ähm mit ihm ausprobiert hab und dann eben auch fortbildung ganz äh gezielt äh besucht hab (.) und auch dann dieses lesen macht schlau da reingekommen bin

LP4 scheint eine Person zu sein, die sich von Beginn der LehrerInnenlaufbahn für Weiterbildung, neue Sichtweisen und Verbesserung ihres Unterrichts interessiert hat. Dieses Grundinteresse nach neuen Anregungen führte zu umfassenden Fortbildungsbesuchen, deren Einzelteile miteinander in Beziehung gesetzt wurden. LP4 expliziert an anderer Stelle, dass die Klippert-Weiterbildung sie mit dem Gedanken konfrontierte, dass man Texte verschieden angehen kann. Dieses Vorwissen bildete die Basis für die Zusammenarbeit mit der Deutschlehrkraft LPx, die bereits Lesekonzepte für das Schulamt entwickelt hat. Im Rahmen dieser Zusammenarbeit erweiterte LP4 ihr Wissen, probierte Methoden und Techniken aus und reflektierte die Ergebnisse:

> [...] ein teil naturwissenschaftliche lehrer die ham jetz den text bekommen sollten das lesen und dann is die aufgabe dass sie das wiedergeben den text (.) dazu sollen sie den text erstmal übertragen in bilder sollen sich zu jedem textabschnitt ein bild malen (.) und mit hilfe dieses bildes sollen sie dann eben diesen textabschnitt erklären und ähm (.) das hab ich dann in der schule auch so verwendet und hab festgestellt dass das ähm wirklich ein (.) wesentliche hilfe is ähm (.) für die schüler wenn sie sich vorher wenn sie vorher gezwungen wurden sich mit dem text gut auseinanderzusetzen dann werden nachher beim experimentieren auch (.) weniger fehler gemacht oder keine

Aufgrund dieser Arbeiten hat LP4 dann weitere Fortbildungen besucht und wieder neue Ideen allein oder im Unterricht mit LPx ausprobiert. Hier zeigt sich, dass die Entwicklung von Sprachsensibilität und der Aufbau eines Methodenrepertoires durch Phasen der theoretischen Aneignung, aber auch der praktischen Erprobung und Reflexion gekennzeichnet sind und im vorliegenden Fall durch die Unterstützung und den Austausch mit dem Deutschlehrer LPx ausgebaut wurde. In Verbindung mit den Aussagen zum Milieu an Schulen, das eher weniger Interesse an sprachlicher Bildung im Fachunterricht zeigt, und die auch an anderer Stelle im Interview auftreten, kann angenommen werden, dass die Ausbildung von sprachbewusstem Handeln bei Lehrenden der naturwissenschaftlichen Fächer einen schweren Stand hat.

Als problematisch nennt LP4 die Tatsache, dass gewinnbringende Zusammenarbeit, wie am Beispiel von LP4 und LPx dargestellt, auf persönlichen Beziehungen und Freundschaften basiert:

> LP4: also ein großes manko find ich jetzt ähm hier an der schule aber auch ähm sicher an schulen ganz allgemein dass jeder lehrer so vor sich hin doktort also wir haben leider ähm wirklich keine einheitliche vorgehensweise welche methoden sollen schüler kennenlernen und auch weiter ÜBEN nicht nur einmal kennenlernen das is ja völlig idiotisch immer wieder üben (.) ähm und grade im bezug auf die sprache ähm gibts hier eigentlich wirklich noch keine (.) durchgehende besprechung ähm es wurde mal in=in biologie wurde des mal auf der konferenz wurde des mal diskutiert aber trotzdem macht halt jeder so sein ding und es gibt keine rückmeldung (.) was macht mein kollege eigentlich EHER so (.) will ich das überhaupt alles erzählen was ich mache (.) das find ich sehr schwierig wenn ich fänds für die schüler ne große hilfe wenn die lehrer da mehr zusammenarbeiten würden
>
> I: mhm (.) ja so sie habens ja vorher auch so ausgedrückt dass die grad die zusammenarbeit zwischen ihnen und dem ähm herrn b jetz zum beispiel sehr sehr fruchtbar war für die ganze sache also er
>
> LP4: auf jeden fall

Zwar werden Themen, die schulpolitisch bedeutsam sind, in Konferenzen und Fachbereichsbesprechungen thematisiert, es existiert aber keine Systematik, die Neuerungen im Unterricht implementiert. LP4 äußert, dass sie aufgrund ihres Interesses mit dem Thema Sprachförderung agiert und sich weitergebildet hat. Es gibt aber keine übergreifende Vorgehensweise, die auch weniger motivierte Lehrende einbezieht. In der obigen Interviewpassage zeigt sich sehr deutlich die Sichtweise des Einzelkämpfertums an Schulen, in der jede Lehrkraft für sich arbeitet und weder eigene Techniken zur Sprache bringt noch andere Lehrenden zu deren Vorgehen befragt. Bezieht man ein, dass die Zusammenarbeit zwischen LP4 und LPx auf freundschaftlicher Beziehung basiert, kann im Umkehrschluss spekuliert werden, dass die Grenze mit nicht freundschaftlich verbundenen Lehrenden zusammenzuarbeiten sehr hoch ist. Damit kann angenommen werden, dass aus Sicht von LP4 die Umsetzung von Innovationen im Schulalltag nicht professionalisiert und wenig Feedbackkultur etabliert ist.

In Bezug auf SchülerInnen, die im Fachunterricht Biologie erfolgreich oder nicht erfolgreich sind, unterscheidet sich die Theorie von LP4 von den bisher dargestellten. Zu Beginn nennt LP4, dass der Fachunterricht an manchen Stellen einen interessanten Abschnitt oder Film präsentieren kann und dieser die

SchülerInnen „packt". Im Gegensatz zu den bisher dargestellten Vorstellungen attribuiert LP4's subjektive Theorie dies aber nicht der Eigenschaft von Lernenden, sondern von Inhalten. Interessante Teile des Unterrichts schließen an die Erfahrungswelt von SchülerInnen an. Während die anderen Befragten davon ausgehen, dass Interesse, als Eigenschaft der SchülerInnen, der grundlegende Faktor für erfolgreiche Teilnahme ist, weil darauf Aufmerksamkeit und Arbeitswille basieren, gibt LP4 bei der Frage nach erfolgreichen SchülerInnen eine andere Begründung an:

> I: mh mh ja (.) da wir jetz grad bei=bei den schülern und schülerinnen ähm hängen (.) würd ich da jetz gerne nochmal fragen ähm (2) wie soll ich sagen welche faktoren (.) sind dafür verantwortlich dass ein schüler besonders erfolgreich in bio is also vielleicht nimmt man sich mal einen vor augen wo man sagt ja bei dem oder bei der das wird eigentlich immer ganz gut (.) vielleicht können sie da (.) kurz zusammenfassen was es is was bei denen
> LP4: >fällt ins wort< das hat aber glaub ich mit textarbeit jetz nix zu tun (.) das is ja allgemein der schüler (.) der insgesamt so aufgestellt is dass er (.) nach hause kommt und um vierzehn uhr seine hausaufgaben beginnt und um fünfzehn uhr fertig is (.) der is natürlich immer im vorteil (.) der is bei ALlem im vorteil (.) ob des ähm (.) ob des darum geht was gehörtes irgendwie aufzunehmen ich bin einfach konzentriert ich mach mir notizen (.) ob es darum geht nen film äh der gezeigt wird äh die botschaft (.) die kernbotschaften aufzunehmen (.) ob es darum geht einen text :ä:h durchzulesen der wird ganz anders strukturiert (.) damit umgehen ähm (.) beobachtung einfach aufzunehmen die kann ich ganz anders eingliedern schon weil ich konzentrierter bin (.) weil ich auch mehr gliederpunkte hab wo ich des einnehmen kann der schüler is immer im vorteil der disilierter diszipl- disziplinierte (.) der hat damit immer viel weniger probleme is eigentlich

In der Subjektiven Theorie LP4s basieren erfolgreiche Unterrichtsteilnahme und gute Noten in allen Fächern auf einem guten Arbeitsverhalten, das auch durch die Eltern angeleitet und gefördert werden muss. Erfolgreiche SchülerInnen sind in der Vorstellung von LP4 zum einen disziplinierter, zum anderen aber auch eher in der Lage, wichtige Aussagen zu kontextualisieren. Diese Kontextualisierung wird nach LP4 durch Konzentration, aber auch durch Vorwissen gesteuert. SchülerInnen, die also mehr wissen, können neues Wissen – sei es in Text- oder Filmform – anders aufnehmen. Dabei macht die Beherrschung der Schulsprache nur bedingt einen Unterschied:

> LP4: ja mein bei uns sind dann schüler natürlich die (.) vielleicht ähm eigentlich ganz fit sind (.) die aber die sprache nich so gut können und die ham dann natürlich auch wieder probleme botschaften aufzunehmen (.) botschaften auch wiederzugeben (.) aber trotzdem sind die immer noch vorteil denen gegenüber (.) die ähm ihre aufgaben nicht machen auch von den eltern nich angeleitet werden und die ham immer nen nachteil

SchülerInnen mit anderer Erstsprache als Deutsch haben in der Vorstellung von LP4 zwar mehr Schwierigkeiten im Lesen und Schreiben, können dies jedoch bedingt ausgleichen durch gutes, engagiertes Arbeitsverhalten bzw. sind damit immer noch erfolgreicher als SchülerInnen ohne gutes Arbeitsverhalten. Erfolgreiche SchülerInnen haben Methodenkenntnisse im Bereich Lesen und gehen daher strukturierter mit Texten um, was wieder eine Begründung dafür liefert, warum LP4 die fächerübergreifende Vermittlung von Techniken und Methoden für wichtig erachtet. Die Wichtigkeit der Methodenkenntnisse äußert sich auch an einer bereits gezeigten Stelle der Subjektiven Theorie:

> LP4: (.) ja weil das sind ja naturwissenschaftliche texte die sind da einfach anders gestrickt und ähm die kann man den schülern nich einfach so vorwerfen die können nicht das was sie in deutsch gelernt haben in textarbeit in diese übertragen auf ähm auf die bücher das geht gar nich:

LP4 geht davon aus, dass SchülerInnen ein bestimmtes Methodenrepertoire haben, dass dieses aber nicht übertragbar ist. Beispielhaft wird im Interview die Zusammenfassung als Umgang mit Texten genannt, die aber bei komprimierten Texten nicht tragfähig ist. SchülerInnen versuchen also in der Vorstellung LP4s durchaus Probleme mit den ihnen zur Verfügung stehenden Mitteln zu lösen, doch muss der Unterricht ihnen dort Lösungen präsentieren, wo sie selbst noch keine kennen. Dazu muss die Lehrperson sich aber über die Probleme – im vorliegenden Beispiel die Eigenheiten des Sachtexten im Fach Biologie – klar sein und daran angepasste Techniken anbieten, wie beispielsweise die Textexpansion oder die Umformulierung in eine andere sprachliche Form, etwa die Vereinfachung.

Als problematisch empfindet LP4 den Bereich Schreiben. Die SchülerInnen machen viele Fehler und sind kaum in der Lage eigene Texte zu formulieren. Die Subjektive Theorie kreist hierbei aber um die Frage der Bewertung, auch wieder initiiert durch Fortbildungen:

> [...] schwierig is auch für (.) für den lehrer zu ergründen (.) ähm in der arbeit zum beispiel is ja auch so ein punkt die schreiben ne arbeit da müssen se auch formulieren (.) und da bin ich eben dann auch in fortbildung bin ich drauf gekommen (.) ich les mir so einen text durch den der schüler geschrieben hat (.) und ich sag SUper der hat des super verstanden (.) was hat der gemacht? der hat meinen eigenen satz den ich irgendwann mal diktiert hab auswendig gelernt (.) und der schüler daneben (.) der hats nicht auswendig gelernt der hat formulierts mit seinen eigenen worten ich sag (.) ja der hat des so äh der hat zwar irgendwie so sinngemäß vielleicht richtig aber nee des geht so nich und ich äh sag fachlich äh is es schlechter als der andere (.) dabei hat der eigentlich ne bessere leistung vollbracht (.) aber er is halt nich so geschickt mit seiner formulierung und (.) dazu kommen noch die ganzen fehler

Für LP4 ist es bedeutsam, hinter die Formulierung zu blicken und herauszufinden, welches Verständnis die Lernenden für den Sachverhalt entwickelt haben. Sie argumentiert hier fachlich, dass es nämlich bei der Bewertung darum geht, den Fachinhalt durchdrungen und wiedergegeben zu haben. Dies ist für die Lehrperson schwierig nachzuvollziehen, wenn der Text voller Fehler und nicht besonders geschickt formuliert ist. Dennoch ist solch eine Leistung unter Umständen höherwertiger als auswendig gelernte Merksätze. Auf die Frage, wie man mit diesen Formulierungsdefiziten umgehen kann, antwortet LP4 verhalten:

> I: [...] wie können sie damit UMgehen im unterricht oder müssen sie damit umgehen im unterricht
> LP4: ja ich mein ich nehms nur zur kenntnis also da wär es jetz wirklich dann ähm gut gezielter (.) äh das einfach zu trainieren (.) wir kennen des ja bei=bei (.) allen anderen sachen auch durch üben ähm (.) können wir und bestimmt techniken aneignen und des is so ganz klar wenn die schüler mehrmals (.) gezwungen sind sowas zu formulieren auch über jahre (.) werden se natürlich besser (.) des is (.) aber des können müssten mer intensiver machen (.) und so nehm ichs einfach nur (.) im wesentlich in kenn- äh zur kenntnis >räuspert sich< status quo ähm (.) ich seh die ja nich so oft in=in der ähm in der woche und (.) wir arbeiten ja nich laufend mit texten

Diese Aussage referiert wieder auf die bereits erläuterte Vorstellung von LP4, dass Techniken – auch die Übung im Formulieren – fach- und jahrgangsübergreifend geübt werden müssten. Sie allein sieht sich dem Problem nicht gewachsen und verbleibt dabei, Probleme lediglich wahrzunehmen. LP4 versucht damit umzugehen, indem sie Formulierungsdefizite nicht zur Begründung für schlechte Noten macht, wenn der fachliche Inhalt in der Antwort vorhanden ist. Die Unsicherheit, die in eben dargestellter Aussage durchscheint, verweist auf eine allgemeine Unsicherheit in Bezug auf Schreibförderung. LP4 gibt keine genau definierten Problemursachen an – beispielsweise bestimmte sprachliche Phänomene, die oft falsch verwendet werden – ebenso wenig wie differenzierte Schreibstrategien. Daraus resultiert eine wohlwollende Haltung den SchülerInnen gegenüber, die trotz massiver Schreibprobleme derselben versucht, fachlich gerechtfertigte Noten zu verteilen. Im Bereich Schreiben expliziert LP4 aber keine Förderung, die der Behebung der Defizite dienen kann. Begründet wird dies nachträglich mit der Aussage, dass der Fachunterricht die SchülerInnen eben auch nicht oft in der Woche betreut und dort nicht immer lesend und schreibend gearbeitet wird, sondern auch mit Experimenten und Beobachtungen.

Tendenziell stellt sich LP4 in ihrer subjektiven Theorie als Lehrperson dar, die sprachliche Schwächen differenziert diagnostiziert, sprachliche Hürden der

Unterrichtskommunikation reflektiert und nachsichtig mit den Schwächen der SchülerInnen umgeht. Sie versucht, den eigenen Anteil am Gelingen des Unterrichts zu sehen. Durch Interesse und daraus resultierende Fortbildungen hat LP4 sich Strategien angeeignet, mit sprachlichen Schwierigkeiten umzugehen.

4.9 Beschreibung der Vorstellungen von LP5

4.9.1 Besonderheiten des Biologieunterrichts

Zentral für das Fach Biologie ist, dass die Inhalte die SchülerInnen ganz unmittelbar betreffen und dass diese unmittelbare Bezugnahme auf ihr Leben das Fach besonders interessant macht. Des Weiteren zeichnet sich das Fach durch viele Möglichkeiten zur praktischen Arbeit aus.

In der Unterstufe befasst sich das Fach mit Themen, die für Kinder besonders interessant sind – beispielsweise Tiere – weshalb Biologie in der Unter- und Mittelstufe ein Fach ist, dass SchülerInnen eher mögen. In der Oberstufe hingegen hängt die Beliebtheit des Faches von der Interessenslage der jeweiligen SchülerInnen ab. Die Themen der Unterstufe sind weniger abstrakt und daher fassbarer für die SchülerInnen. In der Oberstufe hingegen werden die Themen abstrakter, da sie Sachverhalte und Vorgänge auf nicht sichtbaren Ebenen vertiefen. Diese zunehmend abstrakten Inhalte der höheren Klassenstufen gefallen nicht allen SchülerInnen, da sie Interesse und Engagement erfordern, insofern dass sie häufig mühsam in der Aneignung sind und sich nicht so leicht erschließen.

Da Biologie ein Fach ist, das Themen aufgreift, die mit dem Leben der SchülerInnen zu tun haben, muss der Unterricht hier gezielt anschließen. Für die Unterrichtsvorbereitung bedeutet das, dass gezielt gesucht wird, welche Themen eines Sachfelds anschlussfähig oder besonders interessant für die SchülerInnen sind.

Im Vergleich mit Englisch spielt das Lehrbuch im Unterricht eine geringere Rolle: In sprachlichen Fächern wird eine Einheit stark durch das Lehrbuch strukturiert, indem ein klares Gerüst vorgegeben ist, dem der Unterricht folgt. Dieses wird nur durch Kleinigkeiten seitens der Lehrperson ergänzt. In Biologie sind zwar auch Themen vorgegeben, die behandelt werden sollen, deren Füllung ist aber – besonders in der Unterstufe – offener. Diese erhöhte Offenheit ermöglicht es, den Unterricht besser an die Interessen der SchülerInnen anzuschließen.

Ein weiterer Grund für die weniger starke Bestimmung des Biologieunterrichts durch das Lehrbuch ist dessen Funktion als Materialfundus. Es finden sich im Buch zum Teil interessante Aufgaben oder Texte, die bei Bedarf eingebunden werden, doch die Einheit wird nicht so verfolgt wie im Lehrbuch vorgeschlagen. Die ist einerseits damit begründet, dass es kein dafür brauchbares Buch auf dem Markt gibt, andererseits kann allein mit dem Buch nicht der praktische, schüler- und handlungsorientierte Teil des Faches ausgefüllt werden. Deshalb ergänzt das Buch diese zentralen Teile neben den Materialien der Schulsammlung und anderen Medien. Außerdem ist das Buch der Mittel- und Unterstufe sehr groß und schwer und wird aus diesem Grund in der Schule gelagert. Die SchülerInnen nehmen das Buch nur mit nach Hause, wenn sie es für die Erledigung einer Hausaufgabe benötigen.

Die Inhalte des Faches sind häufig sehr detailliert, was mit steigender Klassenstufe zunimmt. Diese detailreichen Sachverhalte können nicht durch einfache Teilnahme am Unterricht aufgenommen werden, sondern erfordern seitens der SchülerInnen intensive Vor- und Nachbereitung. Vorbereitung meint sich die Frage zu stellen, was das letzte Mal im Unterricht behandelt wurde. Nachbereitung bedeutet die Materialien nochmals zu sichten, die Hausaufgaben zu machen und Inhalte nochmals durchzugehen. Aus diesem Grund erfordert das Fach seitens der SchülerInnen Fleiß sowie die Bereitschaft zur Vor- und Nachbereitung.

Bezüglich des Lernens der Fachinhalte gibt es Unterschiede zwischen der Unter- bzw. Mittelstufe und der Oberstufe: In der Oberstufe reicht auswendiggelerntes Wissen nicht, um eine gute Klausur zu schreiben. Der reproduktive Teil der Klausur, der Aufgaben wie das Beschriften von Abbildungen umfasst, macht weniger als 5 Punkte der Gesamtnote aus. Das bedeutet, dass, selbst wenn der reproduktive Teil voll erfüllt wurde, die Note nicht ausreichend ist. In den Klausuren der Oberstufe muss Wissen angewendet und einen neuen Kontext gebracht werden, wobei die Aufgaben die Stufen Reproduktion, Anwendung und Transfer durchlaufen. Auch für eine mittlere Leistung ist es also notwendig, dass die SchülerInnen die Inhalte und Vorgänge voll verstanden haben. Aufgaben des Faches im Bereich Transfer beinhalten häufig eine Störung des gelernten Vorgangs, für die eine Lösung gefunden werden soll. Transfer ist somit zu verstehen als eine Reorganisation des gelernten Wissens. Oberflächliches Lernen reicht dafür nicht aus.

In der Unter- und Mittelstufe ist das Lernen besonders auf Fleiß bezogen. In diesen Klassenstufen muss seitens der SchülerInnen abfragbares Wissen generiert werden, was gelernt wird, indem die SchülerInnen die Inhalte und Vorgänge zu Hause auswendig lernen. Damit ist gemeint, dass die SchülerInnen die Themen des Unterrichts durchgehen, Bezeichnungen und die damit verbundene Funktion im Sachverhalt lernen. In der Klausur müssen die Teile des Sachverhalts und deren Funktion reproduktiv wiedergegeben werden. Erst ab Klasse neun werden die Bereiche Reorganisation und Transfer in Klausuren bedeutsamer, doch immer noch stehen Fleiß und abfragbares Wissen im Vordergrund. Jene Transferaufgaben, die in der Unter- und Mittelstufe auftauchen, sind nicht im selben Maße notenrelevant wie in der Oberstufe.

Zentral für das Fach ist, dass besonders in der Oberstufe gesellschaftsrelevante Themen behandelt werden, die mit den SchülerInnen diskutiert werden können. Biologieunterricht kann SchülerInnen darauf vorbereiten, später wichtige Entscheidungen zu treffen, weshalb der Unterricht diese Themen aufgreifen sollte.

4.9.2 Sprache im Biologieunterricht

Sprache im Fach Biologie betrifft besonders die Aufgabenstellungen. Bei diesen ist es sehr wichtig, sie sehr genau zu lesen und Wort für Wort zu bearbeiten, um vor dem Beantworten klarzustellen, was genau getan werden soll. Das muss von der fünften Klasse an geübt werden. Ein Hilfsmittel, um mit Aufgabenstellungen umzugehen, ist die Operatoren anzustreichen und diese nach Erledigung abzuhaken. Problematisch ist, dass publizierte Aufgabenformulierungen häufig nicht präzise sind bzw. mehrere Varianten derselben Aussage anbieten und damit unklar werden. Publizierte Aufgabenstellungen sollten jedoch im Idealfall kurze Arbeitsanweisungen präsentieren, die wortwörtlich zu verstehen sind. Durch die mangelnde Präzision stimmen in publiziertem Arbeitsmaterial die Arbeitsanweisungen und der Erwartungshorizont häufig nicht überein, da aus den Anweisungen nicht herausgelesen werden kann, was genau zu tun ist.

Die große Bedeutung des genauen Lesens der Aufgabenstellung ist in allen Fächern gleich, weshalb auch Operatoren in allen Fächern bedeutsam sind. Diese lassen sich als Struktur zum Arbeiten verwenden, indem die Aufgabe anhand der Operatoren nach und nach erledigt und dabei an der Aufgabe abgehakt werden. Beispielsweise kann man folgende Aufgabe unterteilen und in getrennten Schritten bearbeiten: Fassen Sie den Text zusammen, nenne Sie die zehn Kernaussagen und kommentieren Sie diese mittels einer eigenen Stellungnahme. Hier wäre zuerst eine Zusammenfassung zu schreiben, anschließend zehn Kernaussagen zu nennen, wobei zu prüfen wäre, ob man auch zehn gefunden hat usw.

Bedeutsam in Hinsicht auf die Sprache in Biologie ist auch, dass SchülerInnen häufig unsicher sind, welche Menge sie schreiben sollen, wobei für das Fach die Faustregel gilt: so viel wie nötig, so wenig wie möglich. Dies ist darauf zurückzuführen, dass die Sprache des Faches auf das Zentrale kondensiert ist. Diese Kondensation wird auch von den SchülerInnen im Schriftlichen erwartet, weshalb die Aufgabenbearbeitungen der SchülerInnen präzise sein müssen (s.u. Schreiben). Die eben dargestellte notwendige Präzision fällt den SchülerInnen erfahrungsgemäß schwer. Dabei ist besonders im Unterricht der Oberstufe die Fähigkeit zum präzisen Ausdruck sehr hilfreich. Die SchülerInnen haben aber generell eher Schwierigkeiten, Gedanken auf den Punkt zu bringen, weshalb in deren Bearbeitungen für die Lehrperson häufig nur zu erahnen ist, ob der zu beschreibende Vorgang tatsächlich verstanden wurde. Die SchülerInnen haben zwar eine Vorstellung vom Gegenstand, können diesen aber nicht strukturiert wiedergeben.

Sprache im Fach Biologie ist außerdem in Gruppenarbeitsphasen bedeutsam, da SchülerInnen dort miteinander ins Gespräch kommen sollen. Gruppenarbeiten erfordern zum einen viel Sozialkompetenz seitens der SchülerInnen, da hier schwächere mit stärkeren oder ehrgeizige mit weniger ambitionierten SchülerInnen zusammenarbeiten sollen. Zum anderen erfordert das gegenseitige genaue Erklären sprachlich aufeinander zuzugehen. In der Oberstufe verlaufen solche Gruppenphasen reibungsloser.

4.9.3 SchülerInnenkompetenzen

In Bezug auf die SchülerInnen ist stets zwischen Unter- sowie Mittelstufe und Oberstufe zu unterscheiden. Wie bereits erwähnt, interessieren sich die SchülerInnen der Unter- und Mittelstufe generell für das Fach aufgrund der Themen, die ihnen recht nah und sehr konkret fassbar sind. Die Lebenswelt der SchülerInnen stellt den zentralen Anknüpfungspunkt des Faches dar, weshalb es einfacher ist, SchülerInnen zu interessieren. SchülerInnen der Oberstufe mögen das Fach, wenn es ihren Interessen entgegen kommt, da es zunehmend abstrakter wird. Diese Abstraktion ist für SchülerInnen häufig mühsam, ebenso wie der zunehmende Detailreichtum der Inhalte des Faches.

In Bezug auf die Sprache des Faches wurde bereits erwähnt, wie zentral das genaue Lesen der Aufgabenstellung und die Beachtung von Operatoren ist. Dies scheint in der Wahrnehmung der SchülerInnen aber in einem naturwissenschaftlichen Fach nicht so wichtig zu sein. Gerade in der Oberstufe gehört es aber zu den Anforderungen an die SchülerInnen, die Aufgaben sehr genau zu lesen.

Erfolgreiche SchülerInnen der Oberstufe zeichnen sich durch die Fähigkeit aus, sich präzise auszudrücken und Inhalte strukturiert darzustellen. Außerdem weisen sie die Bereitschaft zu intensiver Vor- und Nachbereitung auf. Da die Inhalte so detailliert sind, können sie nicht durch einfache Teilnahme am Unterricht aufgenommen werden. Deshalb muss vor der Stunde gesichtet werden, was zuletzt behandelt wurde, aktiv am Unterricht teilgenommen werden und anschließen nochmals aufgearbeitet werden, zum Beispiel durch Hausaufgaben, Wiederholen usw. Erfolgreiche SchülerInnen zeichnen sich durch Fleiß aus, der die Bedingung für die Vor- und Nachbereitung ist.

Erfolgreiche SchülerInnen der Oberstufe hinterfragen Sachverhalte, die vielleicht noch nicht verstanden wurden, und sie haben Freude daran, sich Dinge zu erarbeiten. Die Freude am Erarbeiten ist deshalb wichtig, weil sich einige Inhalte nicht leicht erschließen und man beharrlich an ihnen arbeiten muss. Deshalb ist ein weiterer Faktor für erfolgreiche Teilnahme am Fach Biologie in der Oberstufe Beharrlichkeit.

Weniger erfolgreiche SchülerInnen der Oberstufe unterschätzen häufig die Anforderungen der Klausur. Sie geben sich schnell mit Ergebnissen zufrieden und glauben, auswendig gelerntes Wissen würde ausreichen, um diese zu bestehen. Da die SchülerInnen, um zumindest mittlere Werte in Klausuren zu erreichen, die Vorgänge wirklich verstanden haben müssen, um diese in einen neuen Kontext zu bringen, erreichen SchülerInnen mit auswendiggelernten Inhalten keine guten oder befriedigenden Noten. Die weniger erfolgreichen SchülerInnen unterschätzen die Anforderungen in den Bereichen Reorganisation und Transfer und lernen deshalb oberflächlich.

In der Unterstufe zeichnen sich erfolgreiche SchülerInnen durch Fleiß aus und sind in der Lage, abfragbares Wissen zu generieren. Erfolgreiche SchülerInnen passen im Unterricht auf und üben zu Hause. Bereits in der Unter- und Mittelstufe muss darauf geachtet werden den SchülerInnen eine strukturierte Arbeitsweise beizubringen. Dazu gehört das bereits erwähnte genaue Lesen der Aufgabenstellung. Zusammengefasst heißt strukturierte Arbeitsweise Aufgaben aufmerksam zu lesen, Operatoren anzustreichen und abzuhaken, eine Stichpunktlösung zu schreiben, die Stichpunkte zu ordnen und dann den Text zu schreiben. Dies ist in allen Fächern identisch.

In Bezug auf Klausuren ist problematisch, dass bei weniger guten Noten die SchülerInnen häufig ein schlechtes Gefühl haben, ohne dies einordnen zu können. Lehrpersonen können zwar Noten verteilen, daraus ist für viele SchülerInnen aber nicht ableitbar, wie sie gewinnbringend mit dem Ergebnis arbeiten können. Sie empfinden schlechte Zensuren häufig als Schicksal oder als Bestrafung und es ist sehr schwierig SchülerInnen bei schlechten Noten zu helfen.

Im Unterricht und besonders bei Gruppenarbeiten können SchülerInnen bessere Arbeitsergebnisse erzielen als in der Klausur. Während der Klausur befinden sie sich in einer anderen Situation, die durch Zeitdruck und die Notwendigkeit, alle Informationen zur Verfügung haben zu müssen, gekennzeichnet ist. Im Unterricht hingegen können SchülerInnen Fragen stellen, Inhalte nochmals nachschauen und sich gegenseitig unterstützen. Auch zu Hause können SchülerInnen bessere Ergebnisse erzielen als während der Klausur, da sie dort Ruhe und das Material zur Verfügung haben. Kommen SchülerInnen jedoch zu Hause mittels entspannter Arbeitsatmosphäre und Materialien nicht zu guten Ergebnissen, liegt es an der Arbeitsweise der SchülerInnen (s. u. Schreiben)

4.9.4 Schreiben im Biologieunterricht

Schreibaufgaben im Fach Biologie – z.B. das Zusammenfassen eines Textes – unterscheiden sich nicht im Vergleich zu anderen Fächern. Operatoren der Aufgaben müssen gefunden und zum Lösen der Aufgabe herangezogen werden. Aufgabenstellungen können den Operator beinhalten, einen Begriffsinhalt mit einem Satz zusammenzufassen, obwohl man zu dem Begriff auch einen ganzen Aufsatz schreiben könnte. Deswegen müssen Aufgabenstellungen präzise sein und SchülerInnen dazu angeleitet werden, die Aufgabenstellung auch präzise zu beantworten. SchülerInnen sind in Biologie häufig unsicher, welche Menge sie schreiben sollen, wobei gilt, wie bereits erwähnt, so viel wie nötig so wenig wie möglich. Deshalb müssen SchülerInnen beim Schreiben das Zentrale erfassen und wiedergeben können. Um dies zu schulen, kann es hilfreich sein, SchülerInnen Aufgaben selbst formulieren zu lassen, da ihnen dies eine Vorstellung von Präzision vermittelt. Dies ist darauf zurückzuführen, dass Aufgaben selbst zu formulieren, den Kern von Kommunikation allgemein betrifft: jemand anderem vermitteln, was man von ihm erwartet. Weiterhin kann das präzise Formulieren durch einen Erwartungshorizont geschult werden, den man den SchülerInnen an die Hand gibt. Mittels dieses Erwartungshorizonts, der beispielsweise als Stichpunktlösung zur Aufgabe vorliegen kann, können die SchülerInnen selbstständig und lehrerunabhängig ihre Antworten vergleichen. Solche Stichpunktlösungen vermitteln den SchülerInnen, wie viel sie hätten schreiben sollen, da gerade die geforderte Menge zu Unsicherheit führt. Diese Probleme – Unsicherheit der SchülerInnen bezüglich Menge und Genauigkeit von schriftlichen Antworten – kennen viele Lehrende und sie gehören zu den zentralen Klagen nach Klausuren: Ich wusste nicht, wie viel ich schreiben soll und wie genau es sein soll. Sinnvolles Arbeiten in Klausuren muss mit den SchülerInnen immer wieder geübt werden. Seit der Unterstufe bekommen SchülerInnen gesagt, dass sie Operatoren wie erkläre, nenne, beschreibe markieren und nach Bearbeitung abhaken sollen. Nachdem dies geschehen ist, sollen die SchülerInnen eine Stichpunktlösung verfassen, indem zuerst notiert wird, was ihnen alles zur Frage einfällt, dies geordnet wird und dann als Grundlage für den eigentlichen Text genommen wird. Dieses Vorgehen ist sowohl in den sprachlichen als auch in den naturwissenschaftlichen Fächern sinnvoll. Außerdem ist eine sinnvolle Zeiteinteilung von Bedeutung.

Um die schriftlichen Arbeiten der SchülerInnen zu verbessern, kann man nach Klausuren eine Korrekturphase anschließen: Wenn die Klausur zurückgegeben wird, wird die Klasse in Gruppen geteilt, die jeweils einen Teil der Klausur gemeinsam als Stichpunktlösung erarbeiten. Dieses Vorgehen wird nicht jedes Mal nach Klausuren durchgeführt, gehört aber zum Standardrepertoire. Alternativ könnte die Lehrperson auch eine fertige Musterlösung ausdrucken und verteilen, doch das Vorgehen, die SchülerInnen diese selbst erarbeiten zu lassen, ist vorzuziehen. Die Gruppen erarbeiten mittels Material und gemeinsamem Austausch einen Teil der Stichpunktlösung der Gesamtklausur und präsentieren diese dann am Overheadprojektor. Für SchülerInnen, die die Klausur nicht gut gelöst haben, dient dies als Rückmeldung, was gewünscht gewesen wäre (s. o. Menge und Präzision der Antworten). Da die SchülerInnen in der Klausur unter Zeitdruck stehen und nur auf das zurückgreifen können, was sie gelernt haben, ist die Klausursituation stark unterschiedlich zur Unterrichtssituation. Beim Erarbeiten der Stichpunktlösung haben die SchülerInnen ihr Material zur Verfügung und können sich untereinander austauschen, weshalb sie so zu einer hochwertigeren Lösung gelangen können als in der Klausur.

Um SchülerInnen im schriftlichen Bearbeiten von Aufgaben zu schulen, kann die Lehrperson im Leistungskurs schriftliche Arbeiten mit nach Hause nehmen, um sich so über den Leistungsstand zu informieren. Entweder bitten die SchülerInnen selbst darum, dass bestimmte Aufgaben mitgenommen werden, oder die Lehrperson sammelt sie von jenen ein, von denen sie durch Unterricht und Klausur keinen ausreichenden keinen Eindruck gewonnen hat. Die Durchsicht der schriftlichen Bearbeitungen kann dazu dienen herauszufinden, wo man die SchülerInnen unterstützen kann. Anhand der schriftlichen Bearbeitungen kann die Arbeitsweise der SchülerInnen überprüft werden: Wenn sie zu Hause in Ruhe am Material arbeiten, können sie zu guten Ergebnissen kommen. Gelingt dies nicht, muss es an der Arbeitsweise liegen. Solche Schreibprodukte im Unterricht zu korrigieren, ist aus Zeitgründen nicht möglich. Rückmeldung zu Texten hängen auch von den Ressourcen der aktuellen Schuljahresphase ab – in Phasen, in denen nicht viele andere Aufgaben warten, können Texte durch die Lehrperson mit nach Hause genommen und gezielt kommentiert werden.

Rückmeldungen, die sich an die SchülerInnen richten, sollen diesen helfen sich zu verbessern, und nicht benotet werden. Inhaltsbezogene Rückmeldungen sollen den SchülerInnen aufzeigen, was noch fehlt oder wie das Vorgehen anders hätte aussehen können. Im Leistungskurs sind solche Maßnahmen besser möglich, da mehr Biologiestunden zur Verfügung stehen und die SchülerInnenanzahl in der Klasse geringer sind.

Der Stellenwert des Schreibens unterscheidet sich sehr, je nachdem ob man die Unter- und Mittelstufe oder die Oberstufe betrachtet. In der Unter- und Mittelstufe ist der Stellenwert der schriftlichen Produktion durch die SchülerInnen eher gering. Es werden Texte bspw. von der Tafel abgeschrieben, diktierte Texte ins Heft geschrieben und Lückentexte bearbeitet. Zusammengefasst kann man also sagen, dass in der Unter- und Mittelstufe Texte von den SchülerInnen genutzt werden, die jemand anderes für sie verfasst hat. Die Verwendung der Texte zielt darauf, mittels Schreiben zu üben. Die Schreibarbeit hin zum Verfassen eigener Texte wird anspruchsvoller und wichtiger. Die Klasse elf kann als Übergangsphase in die Oberstufe begriffen werden, ehe in der zwölften Klasse das Verfassen eigener Texte sehr wichtig wird.

Beim Verfassen eigener Texte baut man auf Fähigkeiten auf, die in anderen Fächern, z. B. im Deutschunterricht, erworben wurden. Dazu zählen der Aufbau von eigenen Texten und Strategien zur Bearbeitung, wie bspw. zuerst eine Stichpunktlösung zu schreiben. Stichpunkte müssen zuerst geordnet werden, und es sollte ein Einleitungssatz geschrieben werden, statt sofort ins Thema hineinzuspringen. Diese Strategien können in allen Fächern angewandt werden.

In Biologie verwenden die SchülerInnen häufig das Gießkannenprinzip, indem sie alles zu einem Thema schreiben, das ihnen dazu einfällt. Die Lehrperson soll sich dann aus der Antwort das Relevante heraussuchen. Dieses Vorgehen ist nicht sinnvoll. Die genannten Kompetenzen übt man auch in Fächern, in denen man es vielleicht weniger erwartet, bspw. in Mathematik oder Chemie. Sie sind in den sprachlichen Fächern gelernt worden und müssen nun auf Biologie übertragen werden.

In der Klausur besteht der Zweck des Schreibens darin zu dokumentieren, was man sich zu einem Thema überlegt hat, seine Gedankengänge darzulegen und sein Wissen wiederzugeben. Die Lehrperson kann anhand der schriftlichen Klausur prüfen, ob das Thema verstanden und dafür gelernt wurde. Im Unterricht und zu Hause besteht der Zweck des Schreibens darin, sich Vorgänge durch Verschriftlichung klarzumachen. Außerdem können zu einem Thema mehrere Texte gelesen und dann schriftlich zu einem zusammengefasst werden. Zu Hause und im Unterricht können Aufgaben, wie sie auch in der Klausur auftauchen können, bearbeitet werden. Dies übt, die Gedanken zu ordnen und auf den Punkt zu bringen. Beim Bearbeiten von klausurähnlichen Aufgaben können SchülerInnen prüfen, ob ihre Antwort zur Aufgabenstellung und dem bisher im Unterricht behandelten passt.

Allgemein dient Schreiben dazu, Wissen zu festigen oder Inhalte selbst darzustellen. Letzteres kann in verschiedenen Formen stattfinden, z.B. durch Text, Mindmaps oder eigene Merksätze.

In Biologie muss auch in der Oberstufe noch sehr viel auswendig gelernt werden. Verständnis und Auswendiglernen von Sachverhalten und Vorgängen gehen Hand in Hand, weshalb das Fach so aufwändig ist. Merksätze und Eselsbrücken können helfen sich Inhalte leichter zu merken. Der Aufwand des Auswendiglernens kann auch reduziert werden, indem SchülerInnen sich Inhalte aufschreiben oder selbst visualisieren, wobei beides oft miteinander einhergeht.

Schreiben und Lesen sind aufgrund von Aufgabenstellungen oft verbunden: Um etwas schriftlich zusammenfassen zu können, muss man vorher lesen. Lesetechniken beziehen Schreiben häufig mit ein, so zum Beispiel die Spickzettelmethode[7]. Man kann also sagen, Schreiben basiert häufig auf Lesen und ist immer als eng damit verbunden zu denken. Eine weitere Lesemethode, die Schreiben integriert, ist, einen Text in Abschnitte einzuteilen und zentrale Aussagen an den Rand zu schreiben. Dies dient u.a. dazu, sich beim Lernen für Klausuren schneller im Text zurecht zu finden, aber nur die wenigsten SchülerInnen können Texte so aufbereiten.

Schriftliches Zusammenfassen fällt den SchülerInnen eher schwer. Da sie Schwierigkeiten haben die Kernaussagen in einem Text zu identifizieren, können sie diesen auch nicht schriftlich zusammenfassen.

4.9.5 Lesen im Biologieunterricht

Das Lesen im Fach Biologie dient in erster Linie der Informationsentnahme und ist damit gezieltes Lesen. Außerdem ist mit Lesen fast immer eine Aufgabenstellung verbunden, die lesend und schreibend bewältigt werden soll. Lesetechni-

---

[7] Bei der Spickzettelmethode fertigen Schüler zu einem Text einen Spickzettel an, der fast ausschließlich aus selbstgewählten Symbolen besteht, Schriftsprache ist nur begrenzt erlaubt (max. 515 Worte, Fremdwörter, u.ä.). Den Inhalt des Textes muss jeder Schüler selbst erarbeiten und eventuell der Klasse als Kurzvortrag vorstellen. Ziel ist die intensive Auseinandersetzung mit den Textinhalten durch Umsetzung in eine persönliche Kurzform, was die Gedächtnisleistung unterstützen soll (vgl. Klippert 2000: 209).

ken bzw. Lesemethoden, die SchülerInnen kennen sollten, sind z. B. die Fünf-Schritt-Lesemethode[8], die eigentlich dem Deutschunterricht entstammt, in Biologie aber ebenso trainiert wird. Solche in Deutsch erworbenen Kompetenzen sollten mit Aufgaben in Biologie ineinandergreifen. Des Weiteren kann die Spickzettelmethode zu den Lese- und Schreibtechniken gezählt werden.

In der Oberstufe werden häufig Zeitungen gelesen, da das Fach gesellschaftsrelevante Themen behandelt. Somit können im Unterricht Schlagzeilen Verwendung finden oder man lässt die SchülerInnen ganze Artikel lesen und Stellung beziehen. Weitere Texte in der Oberstufe entstammen Lehr- und Fachbüchern. Lehrbücher sind fachdidaktisch aufbereitet und enthalten Vereinfachungen, weshalb sie generell gut zugänglich für SchülerInnen sind. Es kommen im Unterricht verschiedene Bücher parallel zum Einsatz, da unterschiedliche Lehrwerke unterschiedliche SchülerInnen ansprechen. Dies ist besonders vom Leistungsniveau der SchülerInnen abhängig: Ein Lehrbuch, das das Grundprinzip eines Sachverhalts erläutert, vernachlässigt viele Details und ist für schwächere SchülerInnen eher zugänglich. Dasselbe Lehrbuch eignet sich aber weniger für starke SchülerInnen, da diesen das Fehlen von Informationen auffällt und das Lernen behindert, weil Fragen unbeantwortet bleiben. Sie benötigen ein Lehrbuch, das sehr ins Detail geht und sich aus diesem Grund für schwächere nicht mehr erschließt, für stärkere aber die offenen Fragen beantwortet, da es weitergehende Informationen präsentiert. Letztendlich stellen aber alle Lehrbücher Vereinfachungen dar. Die Variation von einfacheren und schwierigeren Büchern dient außerdem dazu, die SchülerInnen im Leistungskurs auf das Studium des Faches vorzubereiten, weshalb auch Bücher Verwendung finden, die für das Grundstudium Biologie geeignet wären.

Der Zweck des Lesens im Fach Biologie ist einerseits die Informationsentnahme aus Texten, andererseits das Üben des Umgangs mit Fachtexten, wie sie auch im Studium auftreten können. SchülerInnen sind es nicht gewohnt, Fachtexte sehr konzentriert zu lesen, und sollen im Unterricht die Erfahrung machen, dass sich ein Fachtext nicht durch einmaliges Lesen erschließt und dass mehrfaches Lesen sowie das Hinzuziehen weiterer Informationen für das Verstehen hilfreich sind. Andere Textsorten, wie Zeitungsartikel dienen im Fach Biologie dazu, den SchülerInnen die gesellschaftliche Relevanz der Themen zu vermitteln und ihnen nahezubringen, dass sie sich nicht nur aus akademischen

---

8 Die Fünf-Schritt-Lesemethode nach Klippert (u.a. 2000) basiert darauf einen Text in fünf aufeinanderfolgenden Schritten zu lesen und so die Informationen herauszuarbeiten. Dabei wird der Text zuerst überflogen, in Abschnitte eingeteilt, Fragen an den Abschnitt gestellt, zusammengefasst und wiederholt.

Gründen mit dem Fach befassen sollten, sondern auch um im Alltag begründete Entscheidungen treffen zu können.

Die Schwierigkeit des Lesens im Fach Biologie ist, dass die Texte nicht durch Überfliegen erschlossen werden können bzw. so das Zentrale nicht herausgearbeitet werden kann. Die Texte im Fach Biologie sind sehr dicht und müssen daher mit großer Aufmerksamkeit gelesen werden. Zeitungsartikel hingegen sind in der Regel unproblematisch zu lesen und müssen auch nicht vereinfacht werden.

Im Fach Biologie der Oberstufe können auch englischsprachige Texte verwendet werden, da es im Studium vorausgesetzt wird, englische Fachliteratur zu rezipieren. Da das Abitur den Hochschulzugang vorbereitet, gehört das Lesen englischsprachiger Texte dazu. Das englischsprachige Übungsmaterial ist häufig didaktisch weitaus besser als das deutsche und die SchülerInnen arbeiten gern damit. Sie gehen unterschiedlich mit dem englischen Material um, da manche sich die Fachbegriffe erst übersetzen, andere mit den englischen arbeiten. Für beide Gruppen ist englischsprachiges Material im Unterricht kein Problem.

SchülerInnen neigen beim Lesen von Texten im Unterricht dazu, sehr viel zu unterstreichen und nur wenigen gelingt es, das Gelesene so aufzubereiten, dass sie im Anschluss damit arbeiten können. Das Unterstreichen beim Lesen kann während des Lesens helfen. Dabei wird aber häufig viel Unwichtiges unterstrichen, weshalb die Markierungen später nicht zur Orientierung dienen können. Wenn beim Lesen Schwierigkeiten, wie beispielsweise komplett unterstrichene Texte, auftreten, können die Probleme im Plenum aufgegriffen werden. Das Lesen wird unterbrochen, und es wird nach wesentlichen Inhalten gefragt. Die Kernaussagen des Textes werden gemeinsam gesammelt und für alle sichtbar notiert. Diese gemeinsame Sammlung kann auch von einem Schüler oder einer Schülerin am Overheadprojektor oder der Tafel erledigt werden und muss somit nicht frontal geschehen. Alternativ kann die Sammlung der Kernaussagen auch in Kleingruppen durchgeführt werden. Solche gemeinsamen Sammlungen sind für Lehrpersonen wichtiger, wenn diese auch Sprachfächer unterrichten.

Gemeinsame Sammlungen können auch mittels Schreibgespräch geschehen: SchülerInnen notieren in Kleingruppen in verschiedenen Ecken eines Plakats fünf individuelle Kernthesen des Textes. Diese werden in der Plakat-Gruppe besprochen, und man einigt sich auf fünf gemeinsame Kernthesen. Anschließend sammelt man im Plenum das Wichtigste an der Tafel. Solche Methoden eignen sich, wenn beim Lesen Schwierigkeiten auftreten.

4.10 Fallcharakterisierung LP5

Die kombinierende Lehrperson: „*denk ich immer so is vielleicht auch wenn man dann englischlehrer is noch*"

LP5 zeichnet sich dadurch aus, dass sie immer wieder die Brücke zu dem von ihr ebenfalls unterrichteten Sprachfach zieht. Sie stellt Vergleiche an und versucht, von einem Gegenstand auf den anderen Strategien zu übertragen. Sie hat den Anspruch an sich und ihren Unterricht die Lernenden zu fördern und versucht, die SchülerInnen auch sprachlich zu unterstützen. Dort, wo sie Schwierigkeiten wahrnimmt, entwickelt sie eigene Lösungen, die sie dann frühzeitig in den Unterricht einspeist, um den SchülerInnen die unterrichtliche Arbeit zu erleichtern. Diese Förderungsansätze sind eingebettet in ausgefeilte Argumentationsstrukturen, die LP5 aufgrund ihrer Lehrtätigkeit in den Fächern Biologie und Englisch entwickelt hat. Besonders bedeutsam sind für sie die Operatoren in Aufgabenstellungen:

> [...]es spielt oft ne rolle da wo wir an aufgabenstellungen gehen (.) und da find ichs ganz besonders wichtig und ist auch was worauf ich viel wert lege in der oberstufe zum beispiel dass wir wirklich die aufgabenstellung durchgehen auch wort für wort // was wird von mir gefordert und des ist was ähm was scheinbar ich weiß nicht ob das jetz auch daran liegt dass die schüler sich halt in ihrer wahrnehmung jetzt in so nem naturwissenschaftlichen unterricht befinden und das da irgendwie vielleicht auch in IHRER wahrnehmung nicht so ne rolle spielt (.) aber in wahrheit ist des unheimlich wichtig also gerade wenn man dann in der oberstufe ist auf die aufs abitur zugeht und (.) dass man geNAU weiß was von einem da verlangt wird und nicht versucht das also schon dann auch echt von klein auf also schon selbst in der fünften sechsten klasse sag ich mir die sollen sich so (.) operatoren da irgendwie anstreichen und dann häkchen ran machen wenn sie das gemacht haben was sie getan ham und so also ich finds schon wichtig

LP5 führt hier die Funktion der Sprache auf konkrete sprachliche Mittel zurück, die in Aufgabenstellungen zu finden sind. Die Präzision der Antwort kann nur gesichert werden, wenn die Aufgabe wirklich verstanden wurde. Dazu muss sie gründlich gelesen werden, Signalwörter zur Bearbeitung müssen herausgearbeitet und diese dann strukturiert bearbeitet werden. Aufgrund der Tatsache, dass LP5 dieses Vorgehen als so wichtig empfindet, sieht sie es besonders kritisch, dass publizierte Aufgabenstellungen häufig zu unpräzise sind. SchülerInnen sollen lernen, genau mit Aufgaben umzugehen, doch wenn diese nicht präzise formuliert sind, können SchülerInnen dies gar nicht leisten. Diese Präzision wird von den SchülerInnen ihrerseits ebenso erwartet:

[...] der schüler muss auf seiner seite lernen dass (.) dass ähm da präzision au- auch in seiner antwort natürlich gefragt ist also auch des is was (.) das nächste große feld ja immer diese frage so wie viel soll ich dazu schreiben dann sag ich so viel wie möglich aber so wenig (.) äh so (.) so wenig wie möglich aber so viel wie nötig also so auch des ist für schüler ganz schwierig auf der anderen seite aber so dieses (2) dieses kondensieren von sprache irgendwie auf das notwendige so das find (.) ich find ich wichtig ja

LP5 ist sich darüber bewusst, dass die Sprache der Biologie kondensiert ist und von den Lernenden eben das auch erwartet wird. Sie hat eine Erklärung dafür entwickelt, wie SchülerInnen sinnvoll arbeiten können, um Aufgaben gut zu erfüllen. Aufgaben gründlich lesen, Operatoren herausarbeiten, um herauszufinden, was genau von einem verlangt wird, und dann strukturiert damit weiterarbeiten ist für LP5 die Definition von einer sinnvollen und erfolgreichen Arbeitsweise. Diese den SchülerInnen möglichst frühzeitig beizubringen sieht sie als Teil ihrer Aufgabe an:

LP5: mh genau also tatsächlich find ich dieses ähm (.) ich finde vieles ähm sone art (2) also mit (.) strukturierter arbeitsweise so zu tun also dass man den schülern so klar macht ähm (1) ich les mir also wie geh ich vor in ner klausur so und dass=dass man das immer wieder übt also so dass man erst mal aufgaben anguckt und dann dass man dann genau liest also zum beispiel ich versuche das mit diesen operatoren einfach zu machen das geht ja auch schon in der unteren mittelstufe (.) dass man entweder (.) anmarkert oder ich sag mal sie sollen das EINkringeln dann können sie immer noch mitm marker irgendwas anderes markieren also sie kringeln dann so was weiß ich erkläre (.) nenne (.) beschreibe (.) so und das wird dann eingekringelt (.) und dann wirklich auch äh sie könns ja auch wegstreichen oder sonstwas wenn sie ihrer auffassung nach das dann auch geleistet haben erst mal ne stichpunktlösung zu schreiben (.) also so was äh fällt denen da von mir aus auch als erstes ein die stichpunkte vielleicht kurz zu ordnen und daraus dann nen text zu schreiben also son gewisses vorgehen aber das äh also englisch wie bio ja das ist eigentlich nichts anderes es is so ein gewisses klausurentraining find ich was man da machen kann (.) in bio auch noch sehr wichtig zeiteinteilung

Hier zeigt sich, dass LP5 eine Vorstellung vom Ablauf der Phasen des Schreibprozesses hat. Die Beachtung der Operatoren soll den SchülerInnen helfen, das Schreiben auf ein Ziel hin zu planen und zu kontrollieren. Die Planungsphase geht über in eine Formulierungsphase, in der Stichpunkte zusammengetragen und formuliert werden sollen. Hier deutet LP5 kurz an, dass es verschiedene Zugänge zum Schreiben gibt: SchülerInnen sollen möglicherweise zuerst einmal schreiben, was ihnen als erstes einfällt, was eine beliebte Strategie darstellt, um mit Schreibhemmungen umzugehen. Darauf folgt die Phase der Überarbeitung, in der die Sammlung in eine sinnvolle Reihenfolge gebracht werden soll, um diese in der eigentlichen Schreibphase, die sich anschließt, als Grundlage zu verwenden. Dieses Vorgehen, das den Prozess des Schreibens einerseits beleuchtet, diesen aber auch für die SchülerInnen als Hilfestellung nutzbar machen will, wird von LP5 explizit mit dem Fach Englisch verglichen, woraus geschlossen werden kann, dass hier das sprachliche Fach einen Einfluss nimmt. Schreiben und Schreibprodukte spielen in einer Fremdsprache eine größere Rolle und müssen daher auch angeleitet werden. LP5 überträgt diese Anleitung auf das Fach Biologie in Form eines allgemeingültigen Klausurentrainings.

Eine weitere Methode um die SchülerInnen in der Verbesserung des schriftlichen Ausdrucks zu unterstützen ist, sie eigene Aufgaben formulieren zu lassen:

> LP5: ja selber auch aufgabenstellungen formulieren lassen find ich auch interessant also ähm das äh find ich kann man ja oft so nutzen wenn man auch sich vorbereitet auf ne klausur (.) auch andern mal ne aufgabe zu stellen und selber zu merken so wie (.) wie genau muss ich sein damit der andere auch des macht was ich tue ich mein des is ja ne generelle frage von kommunikation ja wie kann ich das so rüberbringen dass der andere auch das versteht was ich gemeint hab (.) wie kann man da möglichst präzise sein ja also kann man schon ja in der form

Auch hier zeigt sich, dass LP5 eine differenzierte Vorstellung von Sprache allgemein hat und diese versucht didaktisch in den Unterricht zu integrieren. Mittels Sprache richtet sich jemand in der Regel an ein Gegenüber und hat eine bestimmte Intention. Diese Zielangemessenheit von Sprache ist beim Schreiben ebenso wichtig wie beim Sprechen und soll durch das vorgeschlagene Vorgehen den SchülerInnen verdeutlicht werden. LP5 erhofft sich davon einerseits eine Verbesserung im Schriftlichen, andererseits aber auch, dass die SchülerInnen Aufgaben selbst beim Lesen anders wahrnehmen. Durch das eigene Formulieren der Aufgabe und die Bewusstmachung der Ziele dieser Textsorte soll eine höhere Sensibilität geschaffen werden, die wieder in einer verbesserten Arbeitsweise mündet.

Dass diese Subjektive Theorie an ihre Grenzen stößt, zeigt sich, wenn es um die Sprache des Faches, verstanden als eine spezifische Auswahl aus den Mitteln der Allgemeinsprache, geht. Der Kommunikationsaspekt steht für LP5 deutlich im Vordergrund, kann aber andere Probleme nicht erklären. Präzision ist für das Fach wichtig, und auf der Seite des Lesens und der Arbeitsweise wird diese unterstützt, indem Operatoren angestrichen und Aufgaben selbst formuliert werden. Außerdem schlägt LP5 vor, SchülerInnen eigenständig ihre Ergebnisse vergleichen zu lassen:

> [...] ja man kann den schülern schon noch beispiele geben find ich also aufgaben mit nem erwartungshorizont so dass sie selber vergleichen können (.) also sie können sich die rückmeldung sozusagen auch selbst holen muss nich immer ich sein die dann sagt dann

aber du solltest das machen oder das machen sondern man kann sie was arbeiten lassen und gibt dann halt einfach ne stichpunktlösung dann können sie vergleichen ob jetz was gefehlt hat also ob sie einfach nich gewusst weil des ist was is was was oft die schüler zu mir sagen ich WUSST nicht dass ich das schreiben soll (.) so also zumindest SAGEN die schüler das auch ob das dann auch so is weiß ich nicht rückmeldung nicht nur bei mir sondern das hör ich auch von anderen kollegen und so dass es immer dieses so ich wusst nicht dass es so genau sein soll ich wusst nich äh dass das hier gefragt ist sozusagen und so ja is schon ne schwierigkeit oder ne hürde ne vorhanden

Seitens der SchülerInnen nimmt sie eine Unsicherheit bezüglich der Menge und Genauigkeit war, was vielleicht nicht verwunderlich ist, da die Bücher und Lehrtexte im Fach Biologie in dieser Hinsicht nicht einheitlich sind. Die Inhalte treten unterschiedlich detailliert auf, und es kann problematisch sein herauszufinden, was das aktuell Zentrale ist und was bei einer bestimmten Aufgabe vernachlässigt werden kann. Einerseits sollen die SchülerInnen dazu eben die Aufgabe genau lesen, andererseits sollen sie sich Beispiele für Bearbeitungen ansehen. Was dabei vernachlässigt wird, ist, dass Präzision auch eine konkret sprachliche Seite hat. Hier ist die Subjektive Theorie von LP5 weniger differenziert:

> LP5: (1) ähm (3) was ich schon so kurz angesprochen hatte dass es ähm dass man nicht mit einmal überfliegen (1) das wichtigste entnehmen kann das is leider einfach so (.) das sind sehr dicht:e: texte die man schon mit großer aufmerksamkeit lesen muss (.) ja (.) das sind manchmal schwierigkeiten (.) die zeitungsartikel gehen gut normalerweise je nach dem was man so auswählt is ja auch klar also so einigermaßen also man muss das eigentlich nich dann noch irgendwie groß vereinfachen oder sondern da kommen die dann schon klar (.) übrigens les ich ja auch gern mal englischsprachige texte >lacht<

Die Dichte der Texte, welche von LP5 nicht genau spezifiziert wird, ist für sie besonders bedeutsam, wenn es um das Lesen geht. Zwar nimmt sie wahr, dass Zeitungstexte einfacher sind als jene im Schulbuch, leitet daraus aber keine Handlungsempfehlung für schwierigere Texte ab. Hier zeigt sich ein weiteres wichtiges Konzept von LP5: Die Aufmerksamkeit der SchülerInnen. Treten Schwierigkeiten auf, wie beispielsweise beim Lesen, dann müssen die SchülerInnen einfach mit mehr Engagement an die Aufgabe herangehen. Dies zeigt sich auch an anderen Stellen im Interview:

> [...]da versuchen mer mit allen son bisschen parallel zu arbeiten also zwecke (.) klar informationsentnahme aber auch des üben des umganges mit solchen texten auch mit hinblick aufn mögliches studium vielleicht des faches dass man einfach gewöhnt is da mit konzentration vielleicht son dass man son text nich (.) die erfahrung dass man nich nen text aus dem fachbuch ja nur einmal durchliest und dann sagt alles klar jetzt weiß >lacht< ich bescheid sondern vielleicht weiß man muss sowas auch zwei oder drei mal lesen und

> vielleicht noch mal nen referenzartikel auf ner anderen seite aufschlagen der mir des detail nochmal erläutert und vielleicht des nochmal erläutert und vielleicht googel ich auch noch mal was (.) so (.) internet übrigens find ich auch noch ne wichtige informationsquelle ham noch gar nich drüber gesprochen auch zum lesen ja

Da das Abitur eine Studiumsvorbereitung ist, wird von den SchülerInnen erwartet, sich selbstständig mit Themen auseinanderzusetzen. SchülerInnen müssen besonders die schwierigen Texte mit hoher Aufmerksamkeit und mehrfach hintereinander lesen, um sich den Inhalt erschließen können. Zu diesem Zweck nennt LP5 zwei Lese-Unterstützungstechniken – die 5-Schritt-Lesemethode und die Spickzettelmethode. An vielen Stellen akzeptiert sie die mangelnde Kompetenz der SchülerInnen:

> [...]man versucht natürlich auch so lesemethoden dass man dann sagt so (.) die gliederung vielleicht also eine gliederung nachvollziehen den text in absätze einteilen sich an den rand einen satz dazu schreiben was des bedeutet damit ich (.) vielleicht auch später wieder (.) mich nochmal damit zurecht finde wenn ich mich auf die klausur vorbereite oder so dass ich nich wieder alles von vorne lesen muss (.) ich mein (.) die schüler sind schon immer wild zugange mit nem textmarker >lacht< das is auch alles sehr schön bunt hinterher (.) aber die wenigsten sind doch wirklich kompetent darin auch das (.) s:o: (.) aufzubereiten dass sie hinterher noch was mit anfangen können für den moment is es okay vielleicht hilft ihnen das auch während des lesens aber (.) das da hinterher noch was hängen bleibt is schwierig (.) glaub ich

Einerseits erläutert sie, dass sie den SchülerInnen diese Techniken mitgibt, doch andererseits erklärt LP5 gleichzeitig, dass nur die wenigsten SchülerInnen damit tatsächlich umgehen können. Dies zu ändern scheint aber nicht Aufgabe des Biologieunterrichts zu sein. LP5 kennt Methoden, um mit einem Text sinnvoll umzugehen, und nennt diese den SchülerInnen. Treten Probleme auf, nimmt sie diese zur Kenntnis.

Interessant an bereits erwähnter Interviewstelle ist auch die Erwähnung der englischsprachigen Texte. LP5 verwendet englische Lehr- und Arbeitsmaterialien und charakterisiert den Umgang damit durch die SchülerInnen als problemlos:

> LP5: ja definitiv also im leistungskurs auf jeden fall da hab auch manche übungsmaterial in englischer sprache (.) ähm das finden die eigentlich oft gut weil das ähm didaktisch super is also das kriegt man auch nich in der qualität auf deutsch und da gibts einfach sachen die ich da mitgebracht hab dann ähm (.) die äh wirklich also wo die schüler sich dann auch freuen und ähm klar gehen die da unterschiedlich mit um manche übersetzen sich dann die fachbegriffe und bearbeitens dann und manche kommen auch auf englisch damit klar aber des is eigentlich auch kein problem muss ich sagen (.) und ähm englisch-

sprachige (.) fachartikel weniger das ist dann schon auf so auf=auf schulbuchniveau sag ich mal so is ein bisschen aufgearbeitet ja

In Zusammenhang mit der bisher dargestellten Argumentation, dass SchülerInnen Texte nicht mit der nötigen Aufmerksamkeit lesen und daher die Inhalte nicht erschließen können, lässt sich spekulieren, ob englische Texte dem nicht entgegenkommen. In der Erforschung des bilingualen Sachfachunterrichts wurde herausgearbeitet, dass Texte in einer Fremdsprache automatisch zu langsamerem Lesen und intensiverer Auseinandersetzung führen. SchülerInnen können diese Texte nicht einfach überfliegen, und es kann gemutmaßt werden, dass sie diesen fremdsprachlichen Texten automatisch jene Aufmerksamkeit zu Teil werden lassen, die LP5 für alle Texte einfordert. Dies könnte in Grund dafür sein, dass die Arbeit mit fremdsprachlichen Texten aus Sicht von LP5 problemlos ist bzw. die SchülerInnen sogar erfreut auf das englische Material reagieren. Dass dies aber mit der veränderten Verarbeitung durch die Fremdsprache zu tun haben könnte, wird von LP5 nicht in Betracht gezogen. Sie argumentiert mit der besseren didaktischen Aufbereitung des Materials. Unter dem Gesichtspunkt, dass Zweitsprachenlernende häufig in den Fremdsprachenfächern besser abschneiden als in den die Bildungssprache verwendenden Sachfächern, kann die Nutzung fremdsprachlichen Materials, wenn schon nicht als Sprachbildungsmaßnahme, dann doch als sprachliche Gleichbehandlung der SchülerInnen gesehen werden.

Brüche in der Argumentation von LP5 zeigen sich an verschiedenen Stellen, besonders jedoch bei der Unterscheidung von Unter- und Oberstufe. Für die Oberstufe ist es zentral, die Inhalte voll durchdrungen und verstanden zu haben, denn sonst kann man das Wissen nicht in einen neuen Zusammenhang bringen und Transferaufgaben lösen. Bei der Frage danach, welche Faktoren bei schwächeren Leistungen eine Rolle spielen, nennt LP5 folgende:

[...] ähmm (6) kurz überlegen >genuschelt< (8) in so ner form von (4) nee // selbstüberschätzung is es nich aber so dass man das sich schnell so damit zufrieden gibt und denkt so ah ja ja das hab ich das passt schon so (.) und das dann so ein bisschen falsch einschätzt was dann auch einen zukommt jetz bei ner klausur zum beispiel also mm (1) und auch dieses was sich so beharrlich hält wenn ich alles auswendig gelernt hab was ich aus dem unterricht weiß (.) dann reicht das für die nächste klausur und das ist ja leider halt nich so sondern wenn man das ausrechnet sind des bei mir nicht mal fünf prozent der rein reproduktive anteil also wirklich so beschriften sie die abbildung also damit kommt man halt wenn man diese aufgaben alle zu hundert prozent richtig löst was ja dann auch oft noch nicht mal- dann käme man auch vier punkt vier notenpunkte also nicht mal AUSreichend

Und an anderer Stelle:

> [...]die vorstellung dass mans nicht braucht oder auch zu denken dass es dann mit som sehr oberflächlich gelernten auswendigen wissen schon zu erreichen wär das is häufig das

Hier zeigt sich erneut das Konzept der Eigenverantwortung und der guten Arbeitsweise. SchülerInnen, die keine guten Leistungen erbringen, lernen nur oberflächlich auswendig. In Bezug auf sprachschwache SchülerInnen gilt hier, dass diese unter Umständen das Auswendiglernen als sinnvolle Strategie kennengelernt haben, die ihren sprachlichen Fähigkeiten mehr entspricht. Zum einen ist das eigene Formulieren von Hypothesen ungleich anforderungsreicher als die Produktion von Merksätzen, zum zweiten ist die Anstrengung bei selbst formulierten Texten präzise zu sein, um einiges höher, und zum dritten wurde den SchülerInnen die Strategie des Auswendiglernens lange und intensiv beigebracht. Denn für die Unter- und Mittelstufe gilt:

> [...]es gehört einfach dazu dass es bestimmte sachen gibt die=die wo der schüler halt lernen kann dann zuhause wo er sich hinsetzt und lernen was auswendig oder schaut sich an wie das auge aufgebaut is von mir aus und weiß welche teile wie heißen und wofür die da sind und wie das ganze dann funktioniert (.) und muss er das halt wiedergeben also insofern is des auch viel ne fleißaufgabe und ähm das geht dann so ab neunte klasse würd ich sagen los dass man diesen bereich auch dieser reorganisation und des transfers halt betont

Doch nicht nur in der Unter- und Mittelstufe gehört das Auswendiglernen zum festen Repertoire des Faches. Zwar werden in der Oberstufe jene Aufgaben, in denen die SchülerInnen Transferleistungen erbringen, am stärksten benotet, doch die Grundlage dafür ist immer noch reproduzierbares Wissen. Dies zeigt sich insbesondere an einer Erläuterung zu der Frage, welche Zwecke mit Schreiben in der Oberstufe verfolgt werden:

> [...]ich versuch die schüler schon anzuregen dann vielleicht auch mal das inner mindmap festzuhalten so ihre (.) oder ähm (1) sich merksätze auszudenken und die aufzuschreiben is ja auch ganz vi- is viel auswendig zu lernen auch dann auch selbst in der oberstufe noch wo das verständnis mit dem auswendiglernen leider zusammen geht und das fach so aufwendig macht oft in der vor und nachbereitung (.) und dass man dann da sich angewöhnt irgendwelche blöden (.) sprüchlein sich selber auszudenken mit denen man sich dann so (.) sachen merken kann oder so

> I: also das wäre dann so der bereich tipps nach dem motto was (.) was kann man machen wenn schwierigkeiten auftreten

> LP5: ja und auch wie kann man äh also lerntipps einfach generell wie kann mans sich leichter machen vielleicht auch also ohne das es jetz ein problem is ich könnte vielleicht auch mit mehr aufwand das auch so auswendig lernen aber wie kann ichs halt mir leich-

ter machen (.) ja und da kann das schreiben helfen aber kann auch visualisieren kann ja auch helfen das ist dann mit schreiben dann oft verbunden irgendwie (.) ja

Es stellt sich die Frage, wie der Übergang vom auswendig zu lernenden Wissen der Unter- und Mittelstufe zum eigenen Erstellen von Hypothesen in der Oberstufe schulisch angeleitet wird. Die steigende sprachliche Anforderung findet bei LP5 Erwähnung, wenn sie darüber nachdenkt, welche Anforderungen an das Schreiben in den unteren Klassenstufen gestellt werden:

> LP5: unter und mittelstufe weniger wichtig (3) mm (.) finde das geht auch son bisschen vom also steigerung geht auch von ähm (.) texte zum beispiel einfach abschreiben also mal nen tafeltext übernehmen oder ich diktier manchmal was in der fünften und sechsten klasse ins heft (.) ähm oder nen lückentext vervollständigen also so rein ähm also texte die jemand anders für mich schon verfasst hat ähm verwenden zum beispiel um damit zu üben (.) ja (.) ähm (.) hin zu dem verfassen eigener texte und das wird natürlich zunehmend anspruchsvoller würd ich sagen und deswegen auch äh zunehmend wichtiger (.) elfte klasse is ne übergangsphase find ich und dann spätestens in der zwölf baut man da sicher auf auf fähigkeiten die hoffentlich in andern fächern auch (2) also ja eingeübt wurden gelernt wurden

LP5 erläutert hier differenziert, dass die unteren Klassen Texte vorbereitet bekommen, um damit zu lernen und zu üben. Auch die steigenden Anforderungen, die damit einhergehen, dass man später eigene Texte verfassen muss, was sich als zunehmend anspruchsvoller erweist, werden von LP5 reflektiert. LP5 versucht, Probleme aufzugreifen, indem sie auf ihr Wissen aus dem Sprachfach zurückgreift, da sie SchülerInnen dazu anregt, Texte in Phasen zu schreiben und Lesemethoden aus dem Deutschunterricht anzuwenden. Zwar sieht LP5 die Notwendigkeit zu üben und das Formulieren von eigenen Antworten zu trainieren, doch sie verlegt dies in die Hausaufgaben:

> [...]oder auch inner häuslichen vorbereitung natürlich auch sich selber auch nochmal ähm also das verschriftlichen kann ja helfen auch vorgänge sich nochmal selber klar zu machen (.) also vielleicht mehrere texte zu lesen und dann selber einen zu schreiben (.) ganz häufig sinds ja auch so aufgaben so ähnlich wie in der klausur die man vielleicht zuhause bearbeitet also dann auch so zu üben seine gedanken zu ordnen und ähm auch auf den punkt zu bringen auch (.) immer wieder zu überprüfen passt meine antwort zur aufgabenstellung (1) zum thema (.) ähm korrespondiert des so mit dem was wir im unterricht dazu vielleicht schon mal geredet oder gemacht haben also so ja gedanken ordnen würde ich sagen gehört dazu (.) wissen festigen auch also schreiben kann ja auch sein dass ich mir (.) ähm (.) man kann es ja auch anders darstellen also ich finde man also ich versuch die schüler schon anzuregen dann vielleicht auch mal das inner mindmap festzuhalten so ihre (.) oder ähm (1) sich merksätze auszudenken und die aufzuschreiben

LP5 hat klare Vorstellungen davon, wie Schreiben das Lernen unterstützen kann und welche Textsorten sich dafür eignen. Solche auf die eigentliche Formulierung bezogenen Übungen können im Unterricht selbst aus Zeitgründen nicht durchgeführt werden. In der Oberstufe können SchülerInnen – sofern es die Ressourcen der Lehrperson gestatten – Hausübungen wie die eben beschriebenen einreichen, um dazu ein Feedback zu erhalten. Das Feedback zielt dann wieder auf die Arbeitsweise, wobei LP5 versucht, den SchülerInnen Hinweise zu geben, wo sie genauer hätten arbeiten können oder wo noch Inhalte vermisst werden. Dies wird von LP5 aber als schwierig und aufwändig befunden und kann, wie bereits erwähnt, nur stattfinden, wenn gerade eine ruhige Schuljahresphase ist. Außerdem ist dieses Vorgehen nur für die Oberstufe und dort auch eher für den Leistungskurs vorgesehen. Bei Leseschwierigkeiten – die diagnostiziert werden, weil große Teile der Klasse alles im Text unterstreichen und nicht in der Lage sind die Kernaussagen herauszufiltern – geht LP5 folgendermaßen vor:

> I: ähm (.) wie können sie damit UMgehen oder was machen sie dann (.) also wir hatten auch vorhin schon ein paar sachen angesprochen aber vielleicht jetzt noch mal direkt ein beispiel zum beispiel ganzer text gelb oder das hat ja jetzt nicht funktioniert mit=mit den kernaussagen rausschreiben oder (.) sitzen vorm schüler und denken sich (.) mm was=was kann man dann machen

> LP5: ja also ähm ich find da kann man ja schlichtweg auch wieder gemeinsam nach ner lösung schauen also wenn son text gelesen wurde dann noch mal (.) also (.) is ja auch situationsabhängig wenn ich jetz rumlauf und seh zum beispiel (.) die hälfte aller texte is komplett gelb dann ähm würd ich sagen das is so wirklich so der punkt wo man sagt momoment mal ich hab sos gefühl euch is gar nich klar was ist denn das wesentliche jetz (.) äh dass man da auch nochmal gemeinsam vielleicht sammelt was jetz die kernaussagen sind vielleicht auch (.) also finde auch noch viel tafelarbeiten nich schlecht in der oberstufe auch selber mögli- oder is jetz egal tafel oder overhead also irgendwas was alle mitlesen können dass man (.) was sammelt äh ich find auch (.) je nach lerngruppe geht des auch gut dass ein schüler vorne steht und sammelt das also des muss man ja nich äh also als lehrer irgendwie frontal das können auch die schüler irgendwie machen oder dann inner gruppe nochmal sich zusammensetzen nochmal austauschet und so (.) gibts ja so verschiedene methoden auch ja aber (.) >lacht< so drüber rede denk ich immer so is vielleicht auch wenn man dann englischlehrer is noch ja also dass man halt gemeinsam (.) dann (.) es gibt ja diese methoden mit so ner verschiedene namen glaub ich wo jeder ne ecke aufm papier hat und schreibt sich selbst für sich sozusagen irgendwas die (.) acht wichtigsten punkte aus dem text sind und dann dreht man das jeder liest bei jedem und dann schreibt man gemeinsam die wichtigsten fünf in die mitte oder so was und dann sammelt die ganze klasse die wichtigsten fünf an der tafel also so da gibts ja methoden und die würd ich dann schon auch einsetzen wenn ich jetz merke die kommen damit nich klar

Bei Schwierigkeiten im Leseprozess wird das Lesen abgebrochen und die Kernaussagen gemeinsam gesammelt. Die vorliegende Textstelle illustriert, dass LP5 Methoden kennt, um mit schwierigen Texten umzugehen – nämlich das Schreibgespräch auf Plakaten, in dem sich SchülerInnen gemeinsam über Kernaussagen verständigen. Für ein solches Vorgehen müssen Leseschwierigkeiten aber im Vorhinein antizipiert und Materialien für die Methode vorbereitet werden.

Textschwierigkeiten sind für LP5 nicht auf der Basis sprachlicher Phänomene begründet, wie sie in Bezug auf verschiedene Lehrtexte, die parallel für den Unterricht benutzt werden, erläutert:

> LP5: ja okay (.) ähm (1) :a:ls:o: (.) ähm (1) okay (.) buch würde ich sagen hat immer den vorteil das is ja fachdidaktisch dann aufgearbeitet is vielleicht auch also vielleicht auch vereinfachungen enthält (.) ähm und somit meistens ganz gut zugänglich is für den schüler inner oberstufe arbeite ich auch gerne mit mehreren büchern parallel weil ich die erfahrung gemacht hab dass der eine total auf das eine abfährt während der andere das andere mag hat auch ein bisschen mit den niveau der schüler zu tun also ich find des ganz gut wenn man ein buch hat was (.) ähm (.) was sozusagen das also erst mal das grundprinzip überhaupt irgendwie verständlich macht und dabei vieles vernachlässigt was aber eigentlich schon auch relevant is und womit wo=wo ich immer sag so wenn ihr nur das verstanden habt werdet ihr nicht auf fünfzehn punkte kommen aber ihr habt zumindest schonmal was verstanden ja (.) wenn wir dann ein anderes buch vielleicht noch haben wos sehr ins detail geht und wo der eine oder andere schüler schon sofort kapituliert und sagt so pff ja des mach ich des mach ich erst gar nich des is mir zu viel des is mir zu genau (.) und wo dann vielleicht auch dann der schüler der schon auch dann im (.) guten bis sehr guten arbeitet dann noch einfach sagt so nee des also des >genuschelt< // jetz nochmal genauer des wird mir hier nich klar und das wird ja auch tatsächlich nich klar ja des is so faszinierend wie die schüler das dann auch manchmal merken und sagen so häh? aber an der stelle das is doch irgendwie komisch naj:a: genau deswegen isses aber hier und da wird dann auch das noch klar ja also des und das is jetzt selbst noch ne vereinfachung

LP5 argumentiert nicht, dass die Texte unterschiedlich komplex oder schwierig sind, sondern dass es vom Niveau der SchülerInnen abhängt, welchen diese besser finden. SchülerInnen, die sich schnell zufrieden geben – oder um die bisher gezeigte Argumentation mit einzubinden, die keine gute Arbeitsweise haben und oberflächlich auswendig lernen – mögen eher Bücher, die nicht so detailliert sind und den Gegenstand nur oberflächlich beleuchten. Gute SchülerInnen hingegen wollen mehr wissen und decken Widersprüche auf und benötigen deswegen Bücher, die mehr ins Detail gehen.

Zusammenfassend lässt sich sagen, dass LP5 in Bezug auf Aufgabenstellungen eine besondere Rolle der fachlichen Sprache sieht. Speziell bei der Präzision und Dichte von Texten, und schließlich beim Sprechen der SchülerInnen miteinander, wenn diese in Gruppen arbeiten. Bei letzterem erläutert sie, dass es schwierig ist, SchülerInnen mit unterschiedlichen Leistungsniveaus miteinander ins Gespräch zu bringen, und dass sich solche Phasen als sehr schwierig gestalten. Sprachbildungsmaßnahmen leiten sich besonders aus dem Vorgehen im Fach Englisch ab. Eine besondere Rolle spielen Lese- und Lerntipps, die sie den SchülerInnen an die Hand gibt. Dort, wo die Möglichkeiten dieser Förderung enden, fordert sie Engagement und Fleiß der SchülerInnen ein, sowohl in der Unter- und Mittelstufe, als auch in der Oberstufe.

5 Diskussion der Ergebnisse

Auf der Basis der dargestellten Ergebnisse lassen sich diese in Bezug auf die Forschungsfragen nochmal zusammenfassen und fallübergreifend präzisieren. Die vorliegende Studie wollte Antworten auf die Frage finden, welche Maßnahmen Lehrpersonen des Faches Biologie in Bezug auf Sprachbildung ergreifen, obwohl sie nicht dazu ausgebildet sind, dies zu tun. Dazu wurde zuerst erhoben, welche Vorstellungen die Lehrkräfte von ihrem Fach und dessen Sprache haben, um daran herauszustellen, welche Sachverhalte ihnen wichtig sind und wie sie sich dazu positionieren.

Bezüglich des Faches Biologie sehen die Lehrenden große Vorteile, da es anschaulich ist und nah an den Interessen der Lernenden anschließt, viele unterschiedliche Vermittlungswege bietet und stets aktuell ist, da es sich an Wissenschaft und gesellschaftlichem Diskurs orientiert. Sie nennen aber auch Bereiche, welche die Vermittlung erschweren, z.B. die Fülle und Uneinheitlichkeit von Begriffen, die stetige Orientierung an neuen Erkenntnissen und der Problematik der unterschiedlichen Detailisierungsgrade. Es konnte gezeigt werden, dass die Lehrenden des Faches Biologie – gleichwohl sie nicht dazu ausgebildet sind – differenziert auf die sprachliche Seite des Faches und die damit verbundenen Anforderungen blicken. Sie leiten aus den fachlichen Besonderheiten sprachliche Anforderungen ab, auch wenn sie dies nicht exakt benennen. Wichtig ist für sie, dass sich die Lernenden sprachlich in Richtung einer nicht näher definierten Schriftlichkeit hin entwickeln. Mit diesem Ziele vor Augen ergreift jede Lehrperson andere Maßnahmen, die sich aus dem persönlichen Erfahrungshintergrund speisen.

5.1 Zuordnung zu Typen

Im Anschluss an die Datenauswertung lassen sich die Befragten anhand ihrer Interviewaussagen zum Umgang mit Sprache im Fachunterricht Biologie den von Riebling (2013) dargestellten Typen zuordnen. Bedeutsamer als die Zuordnung der Befragten ist jedoch die Erforschung der Gründe für sprachsensibles Handeln oder Nicht-Handeln. Die Lehrenden, die im Rahmen dieser Studie befragt wurden, lassen sich den genannten Typen zwar zurechnen, doch weisen sie alle Punkte auf, die über die Kategorie hinausreichen.

LP4 und LP5 sind dem sprachorientierten Typus zuzuordnen, insofern, dass ihr Unterricht sich durch sprachliche Unterstützung anstelle von Entlastung auszeichnet. Dabei werden sowohl grafische und produktionsorientierte Mittel als auch fremdsprachliche Materialien eingesetzt. Beide nehmen zwar die Schwierigkeiten der fachlichen Sprache wahr und versuchen die Lernenden in dieser Hinsicht zu befördern, doch nähern sie sich dieser Einstellung auf völlig unterschiedliche Weise. LP5 greift Vorgehensweisen des Sprachfaches Englisch auf und bindet diese in den Fachunterricht Biologie ein. Was funktioniert, wird beibehalten, was nicht zum Ziel führt, weggelassen. Gründe für funktionierende Konzepte nennt sie selten, nur in Bezug auf die schriftliche Überarbeitungen von Texten argumentiert sie ausführlicher. LP4 hingegen ist rein naturwissenschaftlich ausgebildet verfügt aber, durch die Zusammenarbeit mit der Deutschlehrkraft LPx und sprachbezogene Weiterbildungen, über explizites sprachbezogenes Wissen (Dichte und mangelnde Redundanz der Texte, spezifischer Textaufbau im naturwissenschaftlichen Fachunterricht). Diese Unterschiede prägen ihren Umgang mit den sprachlichen Gegebenheiten und die Reichweite ihrer Argumentationen. LP4 kann dezidiert auf bestimmte fachspezifische Hürden verweisen und diese mit anderen Fächern vergleichen. So kommt LP4 zu einer didaktisch-methodisch begründeten Vorgehensweise, die sich von dem learning-by-doing-Konzept bei LP5 unterscheidet. Besonders die Aktivierung der Lernenden und deren Anleitung zur aktiven Verarbeitung von Sprache sieht LP4 als zielführend. Sensibilisierung für Sprache und die Reflexion über Handlungsalternativen erweist sich demnach als der erste Schritt zur sprachsensiblen Arbeit im Fachunterricht, doch gezielte Weiterbildung und Kenntnisse über die Sprache im Fach weißt weit darüber hinaus.

LP1 kann eher zum entlastenden sprachorientierten Typus gezählt werden. Sie nimmt sprachliche Schwierigkeiten wahr, tendiert aber zur Vereinfachung des Unterrichts und zur Entlastung der Lernenden. Sprachliche Anregungen finden sich bei ihr im Bereich des Lesens, da sie nicht auf schwierige Texte verzichtet, sondern die Lernenden dazu anhält sich diese zu erschließen. Die Entlastungsorientierung von LP1 zeigt sich auch in Bezug auf die Begriffsarbeit. Sie übernimmt die Verantwortung für eine möglichst stimmige Präsentation und Einheitlichkeit, da nur sie über das umfassende Wissen über die Gegenstände des Faches verfügt. Dieses ist notwendig, um, da darauf die Bezüge aufbauen, die für die Fokussierung bestimmte Teile eines Sachverhalts verantwortlich sind. LP1 schließt aus dieser Spezifik des Faches, dass nur sie als Lehrerin einen Überblick über alle Details, Unterschiede und zentralen Punkte behalten kann. Daher ist sie mit den Lernenden nachsichtig, wenn diese nicht alle Begriffe kennen bzw. mit den unterschiedlichen Definitionen überfordert sind. Außerdem sieht sie es als ihre Aufgabe, zu bestimmen, welche Begriffe aus welcher Perspektive auf das Fach zentral sind und welche für die Klausur gelernt werden sollen. Im Bereich Schreiben versucht sie bildungssprachliche Vorbilder zu liefern, die die Lernenden abschreiben und sich so diese Sprachform erschließen.

Einen größtenteils entlastenden Unterricht betreibt LP3. Sie versucht Verstehen zu ermöglichen, indem sie sprachlich komplexe Anforderungen für die schwächeren Lernenden größtenteils aus dem Unterricht verbannt. Wenn sie die Lernenden herausfordert, geschieht dies eher ungern. Dies kann darauf zurückgeführt werden, dass LP3 ausschließlich inhaltlich-fachbezogen argumentiert. LP2 und LP3 nennen die fachbegriffliche Komposita als Faktor der fachlichen Sprache, wobei LP2 darauf hinweist, dass die Zusammensetzung ein Problem sein könnte. LP3 hingegen führt dies ausschließlich auf fachliche Mängel zurück: Die Lernenden kennen die Bestanteile nicht und können sie daher auch nicht verbinden bzw. sie können einen Sachverhalt nicht in seine Bestandteile trennen. LP3 bezieht die Probleme im Unterricht immer auf das Fachliche, auch wenn sie es sprachliche Probleme nennt. Vorwissen und Begriffskenntnis sind für sie der Schlüssel zum schulischen Erfolg im Fach Biologie. Deshalb versucht sie zu vereinfachen und zu reduzieren, damit die schwächeren Lernenden von der fachlichen Fülle nicht überfordert sind.

Es ist davon auszugehen, dass LP2 dem wenig sprachorientierten Typus angehört, da sie erklärt, dass Bildungssprache im Unterricht nebenbei, ohne explizite Anleitung erworben werden soll bzw. diese sich nicht von der Alltagssprache unterscheidet. LP2 referiert am stärksten auf die Rolle der Begriffe und die zwingenden Notwendigkeit diese zu lernen und für diese „offen" zu sein (LP2 142-150), was sich mit einer Fokussierung auf die rein inhaltliche Seite des Unterrichts erklären lässt. LP2 sieht keinen Grund für Nachsicht, sondern den verstärkten Zwang, die Begriffe akkurat zu lernen und Unterschiede zwischen Metaphern und fachspezifischen Benennungen, oder Ober- und Unterbegriffen zu verstehen. Aus ihrer Sicht ist dies eine Frage des Fleißes und der Leistungsbereitschaft. Sie schreibt den Lernenden eine hohe Eigenverantwortung zu und arbeitet am liebsten lehrerzentriert und frontal. Dies klingt im ersten Moment so, als sähe LP2 in sprachlicher Hinsicht keinen Bezug zwischen der Kompetenz der Lernenden und ihrem Unterricht, doch bei genauerem Hinsehen zeigt sich, dass dem nicht so ist. Sie versucht durchaus auch in sprachlicher Hinsicht zu fördern, indem sie zu weit führende Textteile durchstreicht, Texte vorlesen lässt und mündlich Korrekturen anbietet und weitere Schritte unternimmt, um den Lernenden das beizubringen, was sie für zentral im Biologieunterricht erachtet: Präzision und Kürze im Ausdruck. Es kann davon ausgegangen werden, dass aufgrund der mangelnden Kenntnis von Sprachfördermaßnahmen und Wissen über Sprachliche Hürden viele Unternehmungen nicht weit führen und LP2 damit scheitert. In solchen Situationen weist sie die Verantwortung von sich und argumentiert mit dem Fleiß der Schülerinnen. Außerdem sieht sie jegliche Form der sprachbezogenen Arbeit als zusätzliche Dienstleistung, die sie nur anbietet, wenn sie Zeit und Lust dazu hat.

5.2 Fachbegriffe und Präzision

Es zeigt sich in Bezug auf die sprachliche Seite des Unterrichts ein vielschichtiges Bild. Besonders von den Befragten hervorgehoben wird die Notwendigkeit zur Präzision im Fach Biologie. Die Befragten äußern dies besonders in Bezug auf die Fachbegriffe, die eine zentrale Rolle bei der fachlichen Präzision spielen. Dabei zeigen die Ergebnisse unterschiedliche Grade der Beschäftigung mit dem Thema Fachbegriff. Dass Termini des Faches einmal alltags-, einmal fachsprachlich sind und dass häufig ein für die Lernenden geläufiger Begriff in der Bedeutung erweitert wird, ist für die Befragten ersichtlich. Die Sprache des Faches wird jedoch insgesamt auf die Begriffe reduziert. Fachliche Sprache wird als fremd für die Lernenden empfunden, da diese Fremdheit aber großteilig an den Begriffen festgemacht wird, werden zur Lösung vor allem Vokabelstrategien vorgeschlagen. In Bezug auf Texte werden unterschiedliche Schwierigkeitsgrade durch die Lehrenden wahrgenommen, diese beziehen sich aber hauptsächlich auf den Unterschied zwischen Texten, die im Rahmen des eigenen Studiums gelesen wurden, und jenen, die den SuS im Unterricht begegnen, wobei letztere als einfacher eingestuft werden. Zu bedenken ist diesbezüglich, dass Schriftlichkeit immer nur in Bezug zu den jeweiligen Rezipierenden in ihrer Schwierigkeit beleuchtet werden kann. Für Lernende der fünften Klasse sind Texte, die sprachliche Mittel der konzeptionellen Schriftlichkeit (wenn auch in einer niedrigeren Frequenz) enthalten, schwierig. Dieselben Texte stellen für Lernende der elften Klasse kein Problem dar.

Sprachliche Mittel, die einen Text als konzeptionell schriftlich ausweisen, werden von den Lehrenden nicht genannt. Sie beschränken sich bei der expliziten Nennung von Textschwierigkeiten auf die Begriffe. Möglicherweise findet hier das statt, was Sieber und Nussbaumer (1994) in Bezug auf Rechtschreibung und Grammatik konstatieren: Lehrende mit geringem sprachlichen Grundwissen nehmen Probleme in Lernertexten wahr, können diese aber nicht benennen und verlegen sich daher auf sprachliche Oberflächenphänomene, die sie als inkorrekt erkennen (vgl. Sieber & Nussbaumer 1994: 307). In Bezug auf die Befragten könnte es sein, dass diese alle wahrgenommenen Schwierigkeiten am

Begriff festmachen, da dieser im Fach Biologie solch eine prominente Stellung innehat. Die trifft umso mehr zu, je weniger sich die Lehrenden mit Sprache im Fach befassen. Dies kann darauf zurückgeführt werden, dass Begriffe sowohl sprachlich gefasst sind, als auch Inhalt kondensieren. Sie stellen für das Fach Biologie zentrale Einheiten dar, da sie die Ordnungssysteme des Faches sind. Wie im Theorieteil dieser Arbeit erläutert wurde, spiegelt sich die Herangehensweise des Faches in der Uneinheitlichkeit der Begriffe: Je nachdem, welches der kritischen Attribute (vgl. Kap. 2.2.1 Lexikalische Phänomene) eines Sachverhalts im Vordergrund steht, ändert sich der Begriff. Dies spielt auch im Unterricht eine Rolle: Sachverhalte verändern sich im Fachunterricht Biologie mit der Klassenstufe und der Perspektive, aus der sie betrachtet werden. Die Relevanz der Attribute für den aktuellen Lernprozess bzw. das Feld, in dem der Begriff gerade verortet wird, bestimmen, in welchem Umfang dieser den Lernenden entgegen tritt. Dies soll an einem Gegenstand, der über verschiedene Schulstufen hinweg eine Rolle spielt, beispielhaft verdeutlicht werden: In den Eingangsklassen Biologie der Sekundarstufe wird das Thema Lebewesen behandelt und dabei verschiedene Tiere und Pflanzen vorgestellt, z.B. die Tierart *Hirsch*. Dabei geht es um Gestalt und Merkmale sowie die Verbindung von Struktur und Funktion bspw. der Organe (vgl. HKM 2010: 9f.) Aus Sicht der Fachwissenschaft werden Hirsche als Art meist in vier Unterfamilien unterteilt, die sich anhand äußerer Merkmale (Anordnung der Zehen, Geweih, Schädelbau) unterscheiden. Jede Unterfamilie weißt ihrerseits Gattungen auf, die verschieden viele Vertreter haben können. Vertreter dieser Unterarten der Hirsche können sehr unterschiedlich aussehen – so ist der Elch beispielsweise größer als ein Pferd, der südliche Pudu hingegen nur so groß wie ein Hase. Es lässt sich an dieser verkürzten Darstellung bereits ersehen, dass eine genaue Betrachtung des Sachverhalts Hirsch eine Unmenge an Detailinformationen, bezüglich der äußerlich wahrnehmbaren Unterschiede, aufweist. Die benötigte Menge an Angaben, um die verschiedenen Vertreter der Familie Hirsch unterscheiden zu können, sind für die Lernenden der fünften und sechsten Klasse eine Überforderung. Außerdem spielen sie für das Thema Säugetier keine Rolle.

Von den Lehrenden wird daher eine didaktische Reduktion vorgenommen, um nur den typischsten Vertreter einer Art zu fokussieren und diesen von anderen, völlig unterschiedlichen Tierarten abzugrenzen. Im vorliegenden Beispiel könnte das der Dammhirsch sein, der der Einfachheit halber als Hirsch bezeichnet wird. Er steht stellvertretend für Tiere, die ihre Jungen säugen, Pflanzen fressen und wild leben. Der Begriff Hirsch wird bei den Lernenden der jüngeren Klassen aus der Alltagserfahrung heraus als geläufig vorausgesetzt, es kann also an deren Erfahrungswelt angeschlossen werden. Aufgrund von Märchen, Waldspaziergängen oder Sendungen für Kinder können Waldbewohner wie Hirsche evtl. mit Konzepten verbunden sein, die die Kinder bereits haben. Alle Lebewesen, die Ähnlichkeiten mit dem Hirsch aufweisen, werden als Hirsch bezeichnet, also auch Rehe, Elche usw.

Bedenkt man aber die Systematik der Art, wird ersichtlich, warum diese Verkürzung zu Problemen führt. In der Oberstufe treten dieselben Arten wieder auf, diesmal aber in einem anderen Zusammenhang und daher mit anderen Facetten. Für die Darstellung des Ökosystems Wald in der Oberstufe ist von Bedeutung, dass Reh und (Damm-)Hirsch dieselbe Art sind, Reh und Luchs hingegen nicht. Diese Perspektive fokussiert darauf, dass Vertreter von verschiedenen Unterfamilien einer Art einander in Bezug um Futter Konkurrenz machen können, während andere Tiere möglicherweise Fressfeinde sind. Problematisch ist, dass sich diese Bezüge aber nicht automatisch aus dem Wissen der früheren Klassenstufen ergeben, da hier die Tiere reduziert, vereinfacht und weniger voneinander abgegrenzt dargestellt worden sind. Der Hirsch galt in Klasse 5 als typischer Vertreter der Art bzw. als Oberbegriff, die anderen Unterarten wurden aber nicht behandelt. Für Lernende ergibt sich aus diesem Vorwissen keine Kenntnis über die Tatsache, dass der Begriff Hirsch den Kopf der Taxonomie darstellt und Rehe, Dammhirsche, Elche usw. Unterfamilien darstellen. Später in der Schullaufbahn werden diese Informationen jedoch bedeutsam.

Artenklassifikationen im Unterricht haben also je nach Kontext eine unterschiedliche Reichweite und einen unterschiedlichen Umfang. Dabei ist der Begriff Art selbst nicht eindeutig, da es bislang keine allgemein akzeptierte Definition gibt, die die Anforderungen aller biologischen Teildisziplinen erfüllt (vgl. Horvath 1997: 225–232). Hieraus resultieren unterschiedliche Artkonzepte, die zu unterschiedlichen Klassifikationen führen: Beispielsweise werden Arten nicht mehr ausschließlich anhand sichtbarer Merkmale klassifiziert (Hirsche = Säugetiere mit Paarhufen, Geweih usw.) sondern zunehmend anhand des genetischen Codes, was ebenfalls beides im Unterricht zur Geltung kommt. In jüngeren Stufen greifen Informationen über genetische Verwandtschaft von Arten zu weit und verwirren die Lernenden eher, da zuerst die Grundlagen der Genetik erlernt werden müssen, ehe man diese als Basis für Artenunterteilungen hinzuziehen kann. In der Oberstufe hingegen werden diese Inforationen aktuell. Nun stehen unterschiedliche Artkonzepte und Begriffsumfänge nebeneinander. Dies muss durch den Unterricht kontextualisiert werden.

Aus dem bisher Dargestellten ergibt sich, dass Einordnungssysteme der Biologie – und die Begriffe stellen ein solches System sprachlich dar – zum einen nur aus bestimmten (teildisziplinären) Perspektiven sinnvoll und zudem veränderbar (anhand des wissenschaftlichen Erkenntnisstandes) sind. Für die Lernenden bedeutet dies, dass ein Begriff und der damit verbundene Gegenstand, ihnen in der fünften Klasse auf eine bestimmte Art entgegentreten, diese aber in der zwölften Klasse einen ganz anderen Umfang und eine andere Beziehung zu weiteren Begriffen haben können. Erkenntnissysteme der Biologie laufen dabei häufig parallel – ein Sachverhalt ist also sowohl auf die eine, als auch auf die andere Weise richtig. Lernende müssen in der Lage sein, sich diese Unterschiede bewusst zu machen, doch dazu muss der Unterricht sie anleiten. Aus Sicht der Befragten scheint dies jedoch eine Leistung zu sein, die die Lernenden allein erbringen müssen.

Insgesamt ist Fleiß aus der Sicht der Befragten ein wichtiger Faktor für das Lernen im Fach Biologie, unter anderem weil sich die begriffliche Fülle anders nicht bewältigen lässt. Bereits in den niedrigen Schulstufen müssen Begriffe auswendig gelernt werden, um darauf später aufzubauen und die betreffenden Sachverhalte in immer neue Zusammenhänge einzuordnen. Während in der Unterstufe noch die reine Benennung ausreicht, müssen diese Begriffe später als Faktoren komplexer Zusammenhänge begriffen werden, um aus ihren Funktionsweisen Schlüsse für das Gesamtkonzept abzuleiten. Hier ergeben sich eine Reihe von Problemen, die so in den Interviews lediglich angeklungen sind, für die Sprachdidaktik des Faches aber zentral sein können: Zum einen wird das Wissen für das Fach in jahrgangsübergreifenden Schulbüchern zur Verfügung gestellt. Hier wäre ein zentraler Ansatzpunkt, für sprachsensible Arbeit gegeben. Die Bücher müssten daraufhin geprüft werden, wie viele Begriffe sie präsentieren und welche davon für die fachliche Kompetenz tatsächlich unabdingbar sind. Härtig (2014) konnte zeigen, dass viele Termini, die im Unterricht Verwendung finden, zu weniger relevanten Wissensbereichen gehören. Hier wären die zentralen Konzepte und deren begrifflicher Umfang zu identifizieren. Diese müssen jahrgangsübergreifend vereinheitlicht werden, damit Bezüge eindeutig sind und durch die Lernenden selbst hergestellt werden können. Wenn also im Rahmen des Themas Lebewesen in Klasse fünf über Tiere gesprochen wird, wäre es sinnvoll, dieselben Tiere in Klasse elf erneut zu nutzen, um auf die Räuber-Beute-Beziehung im Ökosystem einzugehen. Umgekehrt müsste die Weiterführung in Klasse elf bedacht werden, wenn bestimmte Tiere in früheren Stufen eingeführt werden, damit hier bereits grundlegende Informationen bereitgestellt werden. Dem oben genannten Beispiel folgend, wäre es nicht sinnvoll in der fünften Klasse Hirsche als Lebewesen vorzustellen, da dies der Oberbegriff für zahlreiche Unterarten ist. In höheren Klassen müssen die Lernenden zwischen Damhirschen, Rothirschen und Rehen unterscheiden, um herauszuarbeiten, dass diese sich gegenseitig Konkurrenz machen. Auf der begrifflichen

Seite kann hier Verwechslungspotential vermieden werden, wenn stufenübergreifend ein Konzept für diese Tiere aufgebaut wird. Diese Forderung geht ihrerseits Hand in Hand mit der Funktion und Bedeutung von mentalen Modellen. Wie gezeigt werden konnte, spielen diese für das Fach Biologie eine zentrale Rolle im Lernprozess (vgl. Kap. 2.2.3 Texte und Textsorten). Lernende müssen elaborierte mentale Modelle eines Gegenstandes und seiner bedingenden Faktoren aufbauen, um dessen Zusammenwirken verstehen und Abläufe vorhersagen zu können. Begriffe, verstanden als sprachliche Gebilde, die bestimmte semantische Reichweiten haben, spielen hier eine zentrale Rolle und sollten als solche über die Schullaufbahn hinweg systematisch eingeführt werden.

In Bezug auf diesen Vorschlag zur Verbesserung der Lehrbücher ergibt sich aus den Interviewdaten jedoch ein weiteres Problem: Alle Lehrpersonen geben an, dass kein Buch geeignet ist, in allen Stufen damit zu arbeiten, dass Bücher nicht jahrgangsübergreifend oder überhaupt nicht genutzt werden, dass Zusatzmaterialien aus anderen Büchern kopiert oder selbst erstellt werden usw. Daraus ergibt sich, bezogen auf die Fachspezifik der Biologie, ein unüberschaubares Wirrwarr an Begrifflichkeiten und Fokussierungen, die für viele Lernende eine große Hürde darstellen.

Ein drittes Problem in Bezug auf die Begriffe und deren Reichweite ist der Vorsprung im Vorwissen, den Lehrpersonen gegenüber den Lernenden haben. Vorwissen tritt im Lese- und Wahrnehmungsprozess hinzu, hilft Leerstellen zu ergänzen und neue Informationen zu strukturieren. Lehrpersonen des Faches Biologie haben die notwenigen Kenntnisse über Lebewesen und Prozesse, um einzelnen Sachverhalte einzuordnen und zu klassifizieren. Lücken, die sich für die Lernenden ergeben, fallen ihnen weniger auf. Besonders ein lehrzentrierter, Lehrerfragen beantwortender Unterricht eignet sich für die Lernenden wenig, Fragen zu Leerstellen und Lücken zu stellen. Diese behindern das Fortgehen, bringen die schnelleren Lernenden aus dem Konzept und vermitteln an die Lehrenden das Bild, die Lernenden wüssten nicht viel – Ausnahmen sind SchülerInnenfragen, die auf elaborierte Details zielen. Diese können jedoch nur entstehen, wenn die Lernenden bereits ein elaboriertes mentales Modell aufgebaut haben und dann auf Lücken und Ungereimtheiten stoßen, die sich aus der bereits ausgeführten Uneinheitlichkeit ergeben.

Aus sprachdidaktischer Sicht interessant ist, dass alle Befragen die Begriffe für wichtig halten, keine Lehrperson aber Begriffsbildung aktiv in den Unterricht einbezieht. Lediglich die Vokabelarbeit von LP2 zielt auf diesen zentralen Aspekt der fachlichen Sprache und des fachlichen Inhalts. Die Arbeit mit Prototypen und Wortfeldern wird nicht genannt und das Vokabeltraining scheint etwas zu sein, dass die Lernenden eigenverantwortlich zu erledigen haben. Begriffsarbeit hat wenig Platz im Fachunterricht Biologie.

In Bezug auf den Faktor Präzision ist abschließen festzustellen, dass die Befragten hier ausschließlich die Begriffe verantwortlich machen, obwohl diese, wiegezeigt werden konnte, häufig nicht im alltäglichen Sinne präzise sind. Aus der Perspektive des Faches ist es aber gerade diese Uneinheitlichkeit, die als präzise gilt, indem sie alle Zweifelsfälle einbezieht und die Begrifflichkeiten je nach Perspektive ergänzt. LP1 benennt dies als zentrales Lernmoment des Faches: Die Lernenden sollen lernen, das Wichtige vom Unwichtigen zu trennen, indem sie verstehen, aus welcher Perspektive sie gerade blicken, und welche Details eines Sachverhalts aktuell im Fokus stehen. Dies muss dann präzise wiedergegeben werden. Problematisch ist, dass außer den Begriffen keine weiteren sprachlichen Mittel genannt werden, die Präzision sprachlich realisieren. Auch der Zusammenhang zwischen Präzision und sprachlicher Dichte wird nicht explizitert. Gerade die Sprache der Naturwissenschaften zeichnet sich durch spezifische Satzstrukturen aus, die Präzision herstellen (z.B. mit komplexe Nominalphrasen, Relativsätze) und gleichzeitig die Texte stark verdichten. Diese Dichte wird von den Lehrenden wahrgenommen – einerseits als Grundbedingung des Faches, andererseits als Anforderung an die Lernenden – doch es fehlen Konzepte zur Eingrenzung und Benennung. Lediglich LP4 nennt dies als bearbeitungswürdig, jedoch ohne Rückgriff auf die verantwortlichen grammatischen Kategorien. So kann einerseits die Schwierigkeit der verwendeten Texte nicht adäquat eingeschätzt werden, aber andererseits auch wenig Unterstützung für die Verbesserung der Schreibkompetenz gegeben werden. Die Befragten beklagen die mangelnde Kompetenz zum klaren und pointierten Ausdruck bei den Lernenden, können hier aber nicht genau herausgreifen, was an den Texten unpräzise bleibt.

5.2.1 Sprachbildung

Um zu erheben, ob und wenn ja wie stark Sprachbildung eine Rolle für die Lehrenden spielt, wurde danach gefragt, welche Strategien sie ableiten, um wahrgenommene Probleme zu beheben. Dies wurde besonders auf die Bereiche Lesen und Schreiben bezogen spezifiziert. Anhand der Ergebnisse konnte gezeigt werden, dass die Lehrenden die Fähigkeiten der SchülerInnen zum Teil recht differenziert betrachten. Sie werden in ihrem Berufsalltag mit Lese- und Schreibschwierigkeiten konfrontiert und versuchen diese zu begründen. Als problematisch beschrieben werden das Lesen von Texten und der Wortschatz der Lernenden. Die SchülerInnen kennen wenige Lesestrategien und können mit Fachtexten nicht gut umgehen. Es werden Probleme beim Unterstreichen gesehen, was darauf zurückgeführt wird, dass die Lernenden nicht in der Lage sind, zentrale Punkte im Text zu identifizieren. Auch beim Schreiben treten Probleme auf, da SchülerInnen häufig Formulierungsschwierigkeiten haben. Sie sind nicht in der Lage, präzise zu schreiben und Gedanken selbstständig zu formulieren. Die Auseinandersetzung mit diesen Problemen unterscheidet sich von Lehrperson zu Lehrperson, doch alle beschreiben, dass es sich um ein fachübergreifendes Problem handelt und dass viele Schwierigkeiten mit dem Bildungshintergrund der Familie zu tun haben. Zwischen wahrgenommenen Schwierigkeiten wie mangelndem Leseverständnis und wenig Schreibkompetenz und dem, was nach ihrer Sicht eine/n erfolgreiche/n SchülerIn ausmacht, besteht nicht immer ein Bezug. Zentral für den Erfolg im Fachunterricht ist aus Sicht der Lehrenden die Motivation und das Interesse am Fach und dem Unterricht allgemein, da dies das Arbeitsverhalten, den Umgang mit Schwierigkeiten und die Leistungsbereitschaft zentral bestimmt. Probleme und Schwierigkeiten werden zwar wahrgenommen und begründet, doch nicht für alle Bereiche benennen sie sich selbst als zuständig. Gerade, wenn sie an die Grenzen ihrer eigenen Kenntnisse zu stoßen scheinen, treten Hinweise auf die Eigenverantwortlichkeit der Lernenden auf.

Die von den befragten Lehrpersonen genannten Strategien, um schwache Lernende zu unterstützen, sind teils implizit, teils explizit. Explizite Fördermaßnahmen beziehen sich meistens auf das Lern- und Arbeitsverhalten: Die SchülerInnen bekommen den Hinweis, dass sie Texte gründlich und genau lesen oder das Lesen bei Verständnisproblemen wiederholen sollen. Sie erhalten Anweisungen, dass sie Mitschreiben oder Vokabellisten führen sollen sowie Anregungen zur begrifflichen Arbeit. Implizit sind die Unterstützungsmaßnahmen weniger häufig präsent, zum Beispiel wenn Gruppen leistungsbezogen zusammengesetzt werden oder Lernende am Vorbild von Tafelanschrieb eigene Texte produzieren sollen.

Die von den Befragten genannten Strategien zielen häufig auf das fachliche Verständnis einzelner Sachverhalte und sind lehrerzentriert. Die Lehrpersonen investieren viel Zeit in die Auswahl, Strukturierung und stellenweise Optimierung des Lehrmaterials, fügen farbige Abbildungen hinzu, wählen Texte aus und bieten Aufgaben an, um das Verständnis zu unterstützen. Dabei werden die biospezifischen Besonderheiten des Materials wenig genannt. Auch richten sich die genannten Lesestrategien nicht an diesen Besonderheiten aus, indem zum Beispiel explizit die Integration von Bildern in den Leseprozess geübt würde.

Überarbeitung als Unterstützungsstrategie spielt im Biologieunterricht keine große Rolle. Wenn SchülerInnen problematische Texte produzieren, geben die Befragten an, dass sie ihnen dazu Rückmeldungen geben, indem sie Überflüssiges durchstreichen, zentrale Punkte und nicht-beachtete Operatoren der Aufgabenstellung markieren oder auf unzureichend verwendete Fachbegriffe hinweisen. Einschränkend nennen die Lehrenden, dass diese Maßnahmen sich häufig auf Klassenarbeiten beziehen, da im regulären Unterricht die Zeit fehlt, um Rückmeldungen dieser Art zu geben. Dennoch haben Lernende die Möglichkeit, schriftliche Arbeiten abzugeben, um darauf Rückmeldungen zu erhalten. Dies wird – wie die Lehrenden zur Kenntnis nehmen – jedoch in der Regel nur von bereits erfolgreichen SchülerInnen in Anspruch genommen.

Nimmt man die Aussagen der Lehrpersonen zusammen, ist auffällig, dass sich die sprachlichen Anforderungen des Faches von der Unter- und Mittelstufe bis zur Oberstufe stark unterscheiden. Die Lehrpersonen erläutern, dass in der Unterstufe das Reproduzieren den zentralen Anteil des Unterrichts ausmacht. SchülerInnen lernen, indem sie fleißig Inhalte wiederholen und auswendig lernen, welche Begriffe für bestimmte Teile eines Sachverhalts, eines Vorgangs und Klassen von Gegenständen verwendet werden. Es ist für die Lehrpersonen eindeutig, dass sich dieses Verhältnis in der Oberstufe ändert und hier eigene Formulierungen zum Zwecke der Transferleistung bedeutsam werden. Die Studie konnte zeigen, dass für alle Klassenstufen der Zwang zum Auswendiglernen von Begriffen und Inhalten gilt, wobei das Auswendiglernen selbst negativ behaftet ist. Die Lehrpersonen äußern sich dazu kritisch, teilweise wird nachdrücklich betont, dass Auswendiglernen nicht das Ziel des Unterrichts oder eben nur oberflächlich gelernt sei. Dennoch wird erläutert, dass das Fach in der Unterstufe durch eine Fülle an Details gekennzeichnet ist, die von den SchülerInnen zielgerichtet reproduziert werden müssen – dies gilt im Übrigen auch für die Unterstufe. In der Oberstufe besteht das zentrale Kennzeichen in der stetigen Veränderung und Anpassung der Inhalte, was auf der Orientierung an aktuellen wissenschaftlichen Erkenntnissen und gesellschaftsrelevanten Themen basiert. In allen Klassenstufen sind die Themen sehr umfangreich und detailliert, wobei die Abstraktion der Inhalte in höheren Klassenstufen sehr zunimmt, was auf der Vertiefung in den nichtsichtbaren Bereich begründet ist. Deshalb müssen auch in der Oberstufe viele Inhalte (auswendig-)gelernt werden, wobei hier die Anforderung des Verstehens hinzutritt. Die Lehrenden reflektieren diese Problematik und stellen Lösungen bezüglich des Lernens bereit, indem sie zum Anfertigen von Karteikarten und Vokabellisten raten und die Lernenden zum gegenseitigen Abfragen motivieren.

Die Befragten betrachten beide Schulstufen recht unabhängig voneinander. In der Oberstufe werden Probleme in den Bereichen Selbst-Formulieren und Transfer wahrgenommen, doch die Handlungsmöglichkeiten, die die Lehrpersonen sehen, sind begrenzt. Dies mag darauf zurückzuführen sein, dass die Lehrenden nahezu ausschließlich aus der fachlichen Sicht argumentieren, womit eine Fokussierung auf die Inhalte gemeint ist. Sprachbezogene Hürden, besonders wenn es um das Sprachsystem geht, fallen aus dieser Perspektive wenig ins Gewicht.

6 Fazit und Ausblick

Ziel der vorliegenden Studie war es, herauszuarbeiten, welche Vorstellungen Lehrende des Faches Biologie an Schulen zu ihrem Fach und dessen Sprache sowie zur Sprachbildung im Fachunterricht haben. Dies verfolgte den Zweck zu erheben, was bereits an Schulen geleistet wird, ohne dass eine gezielte Ausbildung erfolgte. Dabei stellte sich heraus, dass die Lehrenden bereits über Wissen verfügen, dass sich aus ihren alltäglichen Erfahrungen, aber auch aus der Kenntnis des Faches speist. Es konnte gezeigt werden, dass Lehrende eine spezifische Sicht auf das Fach und den Unterricht haben, die in Aus- und Weiterbildungen anerkannt und aufgegriffen werden muss. Lehrpersonen nehmen Probleme wahr, versuchen in der Regel Hilfen anzubieten und geraten mitunter an die Grenzen ihrer Leistungsfähigkeit und -bereitschaft. Auf der Basis des Verständnisses der Sichtweise des Faches, den spezifischen sprachlichen Anforderungen des Fachunterrichts Biologie und den benötigten Hilfsmitteln können Fortbildungen gewinnbringend konzipiert werden, da sie die Lehrenden da abholen, wo sie stehen. Im Folgenden werden zunächst Themen präsentiert, die sich aufgrund der Ergebnisse dieser Studie für Aus- und Weiterbildung anbieten und dort thematisiert werden sollten. Daran schließt ein Forschungsausblick an, der weiterführende Fragestellungen darstellt.

6.1 Weiterbildungsdesiderate

Aus den Daten lässt sich ableiten, dass sich der Bereich der Leseförderung den Lehrenden scheinbar leichter erschließt, als der der Schreibunterstützung. Probleme im Lesen und die Behebung derselben lassen sich aus der Alltagserfahrung des Unterrichts heraus ableiten, da die LehrerInnen mit Leseproblemen unmittelbar konfrontiert werden. Texte werden als schwierig wahrgenommen, weil sie zu viele Begriffe aufweisen, uneindeutige Benennungen präsentieren, zu komplex oder nicht gut strukturiert sind. Für solche Hürden entwickeln die Lehrenden Strategien unterschiedlicher Tragweite: Zum Teil dienen diese dazu das konkrete Verständnis zu sichern und damit die fachlichen Inhalte zu vermitteln (unklare Begriffe klären, Begriffe im Text suchen lassen usw.), zum Teil reichen die Maßnahmen darüber hinaus, da Strategien trainiert werden. Eine systematische Weiterbildung, die noch zu entwickeln wäre, müsste hier Unterschiede bewusst machen, welche Leseübungen und Leseaufgaben der Strategieentwicklung dienen und welche dem fachlichen Verständnis. Außerdem müsste das Bewusstsein dafür gestärkt werden, dass Lesen im Fachunterricht zwar dem Erarbeiten von Sachverhalten dient, aber auch dem Lesetraining. Letzteres muss die Lernenden zur Selbsttätigkeit anleiten, den Lesefluss verbessern und Hilfen zur eigenständigen Erarbeitung geben.

Nicht aus der Alltagserfahrung erschließbar ist die Schreibförderung. Hier ist die Zusammenarbeit mit SprachexpertInnen angezeigt, die Hilfestellung beim Planen von Schreibprozessphasen geben. Doch nicht nur die Prozesshaftigkeit von Schreiben muss bedacht und in Weiterbildungen vermittelt werden, sondern auch die konkreten sprachlichen Anforderungen der fachlichen Sprache. Wie im theoretischen Teil dieser Arbeit gezeigt werden konnte, sind spezifische sprachliche Phänomene daran beteiligt, die fachlichen Diskurse zu transportieren. LehrerInnen des Faches haben ein fachbezogenes Studium erfolgreich absolviert und verwenden die fachbezogene Sprache, ohne dass ihnen diese bewusst wird. Grammatische Kategorien, die in der Bildungssprache des Faches hochfrequent auftreten, sind ihnen als solche aber nicht bekannt. Aus diesem Grund nehmen sie Probleme beim schriftlichen Formulieren undifferenziert war und erklären diese aufgrund ihres Vorwissens und Kenntnisstandes: Lernende können nicht genau sein, formulieren unpräzise, erkennen nicht die zentralen Punkte usw. Hier muss eine Weiterbildung ansetzen: Da Lehrende sehr wohl die Präzision als grundlegend wahrnehmen, kann dies zum Ausgangspunkt für die Vermittlung und Kontextualisierung fachsprachlicher Phänomene genommen werden. An dieser Stelle müssen die Anforderungen, die Sprachhandlungen der Unter- und Mittelstufe sowie der Oberstufe seitens der Forschung spezifiziert werden um zu klären, wie die Bereiche benennen, beschreiben, ausfüllen (Unter-/Mittelstufe) sowie Hypothesen bilden, transferieren und in eigenen Worten darstellen (Oberstufe) sprachlich und diskursiv ausgestaltet sind. Dies sind Informationen, die Lehrende des Faches benötigen, um das, was sie wahrnehmen – nämlich die unzureichende Schriftproduktion, – genauer zu fassen und den Übergang von den Sprachhandlungen der Unter- und Mittelstufe zu denen der Oberstufe zu unterstützen. Durch die Vermittlung dessen, was sprachlich für Präzision sorgt, kann diese genauer gefasst werden. Phänomene, die SchülerInnen beherrschen müssen, um gute Texte zu schreiben, treten so in den Vordergrund und können didaktisiert werden. Dies stellt die Grundlage für sprachbildnerische Maßnahmen dar. Lehrende werden so in die Lage versetzt, implizit und explizit an der sprachlichen Seite des Fachunterrichts zu arbeiten. Implizit, da sie fach-sprachliche Situationen schaffen können, in denen Lernende an der Abarbeitung von Sachverhalten Sprache erwerben. Dazu ist die Kenntnis sprachlicher Phänomene notwendig, um diese den

Lernenden in Form von Scaffoldingmaßnahmen anzubieten. Explizit wird die Sprachbildung, wenn im Kontext fachlicher Aufgaben sprachliche Phänomene besprochen und geklärt werden. Im Bereich Leseförderung konnte die Arbeit zeigen, dass Lehrpersonen diesen Bereich einfacher für sich erschließen können. Hier ist Unterstützung in Form von Strategiewissen angezeigt ist. Lehrpersonen müssen sich darüber klar werden, welche Reichweite ihre Unterstützung hat und dies didaktisch begründet auswählen. Es ist durchaus sinnvoll, bei fachlicher Unklarheit auf Worterklärungen zurückzugreifen, beispielsweise im Rahmen einer Vorentlastung. Es sollten sich jedoch auch Maßnahmen im Repertoire der Lehrenden befinden, die über das Lesen des aktuellen Textes hinausgehen und Strategien beinhalten, die allgemein angewendet werden können. Diese Kompetenzorientierung hat bereits Eingang in den Unterricht gefunden – so kennen einige Lehrpersonen Methoden wie die – Schritt-Lesemethode – doch muss dies vertieft und spezifisch auf Biologie ausgeweitet und spezifiziert werden. Auch hier ist der Fokus auf die Begriffe zentral, da sich biologische Sachtexte durch eine Fülle an Termini auszeichnen. Daher müssen Lehrende in die Lage versetzt werden, konstruktiv mit dieser Begriffsfülle zu arbeiten, neue und für das Verständnis des Themas zentrale Termini zu erkennen und sinnvoll in Leseaufgaben und Übungen zu integrieren. Hier ist die Forschung in der Pflicht, Techniken zu entwickeln, wie mit solch extrem begriffsbezogenen Texten umgegangen werden kann.

Im Bereich Schreiben zeigt sich, dass Lehrende auf Unterstützung im Bereich Diagnose angewiesen sind und hier angeraten ist zentrale Elemente der Fachsprache zu vermitteln. Damit sind konkrete sprachliche Phänomene gemeint, die das hervorbringen, was von den Lehrpersonen als Inbegriff der fachlichen Kommunikation genannt wird: Kürze und Prägnanz im Ausdruck. Dies wird von sprachlichen Mitteln wie den erweiterten Nominalphrasen, komplexen Komposita, Aufzählungen und Relativsätzen erreicht. Hier müssen Weiterbildungen ansetzen und einerseits die Kenntnis über diese zentralen Phänomene vermitteln, ermöglichen diese in Texten zu erkennen und gleichzeitig Hilfen in Form von vorgefertigten Übungsaufgaben anbieten. Außerdem ist es Aufgabe der Forschung herauszuarbeiten, welche der genannten Bildungssprachenphänomene des Faches in welcher Klassenstufe vorherrschen und diese in Bezug auf ihre jeweilige Funktion zu präzisieren. Möglich wäre auch die Entwicklung eines Kriterienrasters zur Bewertung von SchülerInnentexten auf der morphologischen und syntaktischen Ebene.

6.2 Forschungsdesiderate

Aus dem genannten lassen sich Schlüsse für weitere Arbeiten ziehen. Es scheint auf der Basis der Ergebnisse dringend angeraten, die sprachlichen Anforderungen des Faches genauer zu fassen und auf die Bereiche Reproduktion und Transfer hin zu untersuchen. Außerdem ist notwendig, zu klären, welche sprachlichen Anforderungen das Fach Biologie bei der Begriffsarbeit stellt. Da Begriffe, als Kondensat von Sachverhalten und Vorgängen, eine zentrale Rolle spielen, ist es erforderlich, dass Forschungsarbeiten dies in den Blick nehmen. Dabei ist auf die unterschiedliche Bedeutung und Reichweite der Begriffe einzugehen, da es sich teils um aus der Alltagssprache übernommene, fachlich belegte Ausdrücke handelt, teils um reine aus der Fachsprache entnommene Begriffe. Diese können einen eng umgrenzten Bereich benennen, stehen aber auch immer als Bezeichnung einer Klasse. Hier kann die Anlehnung an die Prototypentheorie hilfreiche Anregungen geben.

In Bezug auf die Schulbücher und Lehr-Lern-Materialien ist zu prüfen, welche Begriffe diese nutzen und wie diese in aufeinanderfolgenden Themen aufeinander aufbauen. In Anlehnung an die Untersuchung von Härtig (2014) wäre es zielführend, den Umfang des begrifflichen Materials zu prüfen und herauszuarbeiten, welche Konzepte im Hinblick auf die weitere Schullaufbahn zentral und welche eher randständig sind. Bei der Betrachtung und Konzeption von Lehrmaterial ist dringend angeraten vermehrt Lern- und Rezeptionsprozesse als Grundlage hinzuzuziehen, als die fachliche Angemessenheit, da die vorliegende Arbeit zeigen konnte, dass diese die Lernenden überfordert.

Zu klären ist, welche sprachlichen Anforderungen für die Reproduktion wichtig sind und welche beim Formulieren von Hypothesen. Hier ist es angezeigt zu prüfen, welche Auswahl aus dem sprachlichen Material notwendig ist, um diskursive Funktionen in beiden Bereichen zu übernehmen und wie man Lernende in Bezug darauf trainieren kann. Außerdem muss der Übergang vom einen Anforderungsbereich zum nächsten in Klasse 9-11 untersucht werden, wofür Forschungen zu den betreffenden Sprachhandlungen, Textsorten und Aufgaben notwendig sind.

Für die Forschung ergeben sich aus den vorliegenden Ergebnissen ebenfalls weiterführende Fragestellungen. Die befragten Lehrenden sehen einerseits die sprach- und strategiebezogenen Probleme der Lernenden, doch danach gefragt, was erfolgreiche bzw. nicht erfolgreiche SchülerInnen auszeichnet, sind sie sich darüber einig, dass der zentrale Faktor das Interesse ist. Dies hat für Biologie einen besonderen Stellenwert, da das Fach in der Mittelstufe für die Lernenden eher spannend zu sein scheint, in der Oberstufe dann aber plötzlich als das kleinere Übel neben Chemie und Physik gilt. Daher ist es sinnvoll, sich diesem Thema zuzuwenden und bei Lernenden zu erheben, was sie im Biologieunterricht interessiert, motiviert und anspricht und welche Bereiche dies nicht tun. In der vorliegenden Studie erklären sich die Lehrenden das sinkende Interesse mit dem steigenden Abstraktionsgrad. Aus sprachdidaktischer Perspektive ist es daher höchst interessant dies bei den Lernenden zu erfragen. Ist es die fachliche Abstraktion, oder die damit einhergehende sprachliche Hürde, die das Fach plötzlich uninteressant macht? Oder fühlen sich vom Biologieunterricht generell eher Lernende mit geringer Selbstwirksamkeitserwartung angezogen und wenn ja, warum? Aus sprachlichen oder anderen Gründen?

Besonders bedeutsam ist eine genauere Erforschung der Begriffe im Fach Biologie und deren Zugänglichkeit für die Lernenden. Hier wäre genauer zu prüfen, wo Probleme der Lernenden in Bezug auf die Fachbegriffe liegen. Entweder sind es fachliche Mängel oder Lücken im Vorwissen. Es kann aber auch der Fall gegeben sein, dass Lernende einen Bestandteil des Kompositums in einer anderen Zusammensetzung kennen und von dieser einmal gelernten Bedeutung nicht abstrahieren können. Gerade metaphorische Begriffe stellen hier für sprachschwache Lernende Probleme dar. Daher wäre eine Studie angezeigt, die erhebt, welche Probleme bei Lernenden auftreten, wenn diese sich Fachbegriffe – sowohl Fremdworte als auch alltagssprachliche – erschließen.

Sinnvoll ist im Kontext der Ergebnisse dieser Studie auch eine Beschäftigung mit Studierenden des Lehramtes Biologie. Welche Vorstellungen haben sie zu Beginn und zum Ende des Studiums, zu Beginn und Ende des Referendariats? Wie gezeigt werden konnte, basiert die Wahrnehmung von Schwierigkeiten beim Lesen auf der Alltagserfahrung, dass Lernende an ihre Grenzen stoßen. Wird dies von Studierenden bereits antizipiert oder gehen diese aufgrund der eigenen Lesekompetenz davon aus, dass Schulbuchtexte keine Probleme bereiten? Außerdem ist es interessant, zu erfragen, welche Vorstellungen von Fach und Sprache die Studierenden haben. Wie gezeigt werden konnte, erweisen sich diese als sehr stabil. Daher wäre es sinnvoll zu erheben, ob diese sich im Studium ausbilden, oder vorher, aufgrund der eigenen schulischen Erfahrung bereits bestehen. Dies kann Hinweise darauf geben, zu welchem Zeitpunkt eine Intervention sinnvoll ist, um ein Bewusstsein für die sprachlichen Hürden der schulischen Kommunikation zu wecken und auszubauen.

In Bezug auf andere Fächer wäre eine Wiederholung der Studie angezeigt, um zu erheben, ob sich beispielsweise in Geschichte oder Gesellschaftslehre die Sichtweise der Lehrenden auf ihr Fach und ihre Sprache von den NaturwissenschaftlerInnen unterscheidet. Dies ist zum einen sinnvoll in Bezug auf Einflussfaktoren, beispielsweise ob die Auseinandersetzung mit allen Sprachstufen sich auf die Sprachbewusstheit auswirkt, zum anderen aber auch, da in der vorliegenden Arbeit gezeigt werden konnte, dass Befragungen von Fachlehrenden sich eignen, um die Besonderheiten des Faches zu erheben und für die sprachdidaktische Planung zu nutzen. LehrerInnen sind FachexpertInnen und ihre Expertise sollte stärker in die universitäre Ausbildung einbezogen und genutzt werden, beispielsweise wenn es um fachspezifische Textsorten, Aufgabenstellungen, Operatoren und Ziele geht. Dies ist auch für das Fach Biologie noch nicht umfassend erhoben und muss von der Forschung noch geleistet werden. Dazu eignen sich weitere Befragungen von Lehrenden des Faches an Schulen, aber auch an Studienseminaren und Universitäten. In Form von ExpertInnen-Interviews muss Lehrmaterial untersucht und bezogen auf fachliche und sprachliche Ziele klassifiziert werden. Besondere Aufmerksamkeit verdienen hier die für das Fach Biologie kennzeichnenden Kombinationen aus Text und Bild. Wie hängen diese zusammen und welche Lernangebote machen sie in fachlicher, aber auch sprachlicher Hinsicht? Außerdem sind Unterrichtshospitationen angezeigt, um die mündliche Kommunikation im Fach Biologie noch besser zu erforschen. Die Bearbeitung solcher Forschungsfragen kann dazu dienen, das Fach in sprachlicher Hinsicht zu durchdringen und diese Erkenntnisse zur Grundlage von Aus- und Weiterbildungen zu machen.

Abschließend lässt sich festhalten, dass große Unterschiede bestehen in Bezug der Betrachtung von Fach und Sprache zwischen Fachlehrenden und SprachdidaktikerInnen. Im theoretischen Teil dieser Studie wurde dies in Bezug auf die Studie von Harren (2011) schon angesprochen: Fachliche Arbeit – im vorliegenden Fall die Führung eines Unterrichtsgesprächs – kann sprachdidaktisch interpretiert werden, auch wenn sie so möglicherweise von der Lehrperson nicht geplant war, sondern zum fachinhaltlichen Repertoire gehört. Im Rahmen der Datenanalyse der vorliegenden Studie kam es zum umgekehrten Fall: Zu Beginn der vorliegenden Studie wurde dargestellt, was die Sprache des Faches Biologie ausmacht und welche Spezifika sie aufweist. Dabei wurde darauf Bezug genommen, dass Fachbegriffe zwar einen großen Anteil am Biologieunterricht haben, dieser Anteil aber eher inhaltsbezogen ist. Neue Sachverhalte, die in Begriffsform auftreten, müssen von allen Lernenden neu verstanden und gelernt werden und diese Schwierigkeit betrifft nicht nur die sprachschwachen SchülerInnen. Deshalb ist die Fokussierung auf Begriffe nicht automatisch sprachbildnerisch, denn hier steht der Inhalt im Vordergrund, nicht die Sprache. Mit diesem Wissen im Hintergrund wurden die Interviews analysiert und wie gezeigt werden konnte, spielen die Begriffe eine zentrale Rolle im Denken der Lehrenden – eben weil sie sich auf fachliche Inhalte beziehen bzw. den fachlichen Inhalt überhaupt darstellen. Daraus wurde im Rahmen der ersten

Auswertung darauf geschlossen, dass die Lehrenden keine Vorstellung von der Sprache des Faches haben, denn Phänomene, die für die Bildungssprache kennzeichnend sind und die für sprachschwache Lernende Hürden darstellen, wurden von diesen nicht benannt Es ergab sich also das Bild, dass Lehrende des Faches Biologie nichts über die sprachlichen Besonderheiten ihres Faches wissen. Dies deckt sich mit Studien, die Kenntnisse und Fördermaßnahmen von naturwissenschaftlichen Lehrpersonen fokussieren. Und diesen aufgrund ihrer Ausbildung und Sozialisation Defizite im Bereich Sprache bescheinigen. Im Rahmen der vorliegenden Arbeit konnte gezeigt werden, dass die Lehrpersonen dies auch über sich selbst denken und die defizitäre Sicht für sich annehmen. Diese Perspektive prägt die erste Durchsicht der Datensätze und schien durch diese bestätigt. Die Interviewaussagen drehten sich immer um die Fachbegriffe, andere sprachliche Phänomene werden nicht genannt. Erst bei der intensiven Auseinandersetzung mit den Aussagen der Lehrenden wurde auffällig, dass diese zwar immer wieder auf die Begriffe zurückkommen, aber damit mehr meinen, als aus linguistischer Sicht zuerst verstanden wurde. Sie nutzen den Terminus Begriff auch wenn sie auf die sprachliche Dichte und Komplexität referieren, Schwierigkeiten von Texten fokussieren oder die Präzision in den Vordergrund stellen. Darum kann gemutmaßt werden, dass sie möglicherweise weitaus genauere Vorstellungen davon haben, was die Sprache des Faches auszeichnet, als sich auf den ersten Blick erkennen lässt, dafür aber keine Benennungen haben, da sie nicht linguistisch ausgebildet sind. Ihr Wissen entsteht nicht durch eine sprachbezogene Auseinandersetzung mit dem Fach, sondern aus der fachlichen Perspektive heraus. Sie kennen die Anforderungen der Wissenschaftsdisziplin und des Schulfaches und – wie im Kap. 2.1.3 gezeigt werden konnte – hängen diese mit den Diskursen und deren sprachlicher Ausgestaltung untrennbar zusammen. Betrachtet man die Interviews lediglich oberflächlich und mit einem defizitorientierten Blick, tritt dieses Wissen nicht zutage und wird von der undifferenzierten Benennung der Befragten verwischt. Geht man allerdings von einem positiven Blick auf die Lehrenden aus und sucht gezielt nach dem, was diese bereits wissen und können, fällt auf, dass trotz der alleinigen Nennung des Fachbegriffs viele verschiedene Facetten der Fachsprache genannt werden. Daraus kann geschlossen werden, dass noch Arbeit zu leisten ist, um zwischen den Fachlehrenden der Schule und den SprachdidaktikerInnen und LinguistInnen zu vermitteln. Ein zentraler Schritt wäre, in weiteren Forschungsarbeiten zu erheben, was Lehrende der naturwissenschaftlichen Fächer genau unter dem Wort Fachbegriff verstehen, welche Reichweite dieses für sie hat und welche dieser Vorstellungen auf andere sprachliche Phänomene verweisen. Die vorliegende Studie versteht sich als ein erster Schritt auf diesem

Weg, der beinhaltet, den Fachlehrenden auf Augenhöhe zu begegnen, deren fachliche Expertise ernst zu nehmen und diese zum Ausgangspunkt von gegenseitigem Verständnis und Zusammenarbeit zu machen.

Literaturverzeichnis

Abraham, Ulf & Kepser, Matthis (2009): Literaturdidaktik Deutsch. Eine Einführung. Berlin: Schmidt.
Ahrenholz, Bernt (2010): Bildungssprache im Sachunterricht der Grundschule. In: Ahrenholz, Bernt (Hg.): Fachunterricht und Deutsch als Zweitsprache. Tübingen: Narr: 15–35.
Ahrenholz, Bernt (2013): Sprache im Fachunterricht untersuchen. In: Röhner, Charlotte & Hövelbrinks, Britta (Hg.): Fachbezogene Sprachförderung in Deutsch als Zweitsprache. Weinheim: Juventa: 87–98.
Ahrenholz, Bernt & Maak, Diana (2013): Zur Situation von SchülerInnen nicht-deutscher Herkunftssprache in Thüringen unter besonderer Berücksichtigung von Seiteneinsteigern. Abschlussbericht zum Projekt „Mehrsprachigkeit an Thüringer Schulen (MaTS)" durchgeführt im Auftrage des TMBWK: http://www.daz-portal.de/images/Berichte/bm_band_01_mats_bericht_20130618_final.pdf (10.05.2014).
Albert, Ruth & Marx Nicole (2010) Empirisches Arbeiten in Linguistik und Sprachlehrforschung. Tübingen: Narr.
Alfs, Neele & Hößle, Corinna (2009): Eine Untersuchung zum professionellen Wissen (PCK) von Biologielehrkräften zum Kompetenzbereich Bewerten. In: Harms, Ute; Bogner, Franz Xaver; Graf, Dietmar; Gropengießer, Hans Krüger Dirk; Mayer, Jürgen; Neuhaus, Birgit; Prechtl, Helmut; Sandmann, Angela & Upmeier zu Belzen, Annette (Hg.): Heterogenität erfassen - individuell fördern im Biologieunterricht: 180–181.
Altrichter, Herbert & Posch, Peter (2007): Lehrerinnen und Lehrer erforschen ihren Unterricht. Unterrichtsentwicklung und Unterrichtsevaluation durch Aktionsforschung. Bad Heilbrunn: Klinkhardt.
Attestlander, Peter (2008): Methoden der empirischen Sozialforschung. Berlin: Schmidt.
Austin, John Langshaw (1972): Zur Theorie der Sprechakte. Stuttgart: Reclam.
Ballstaedt, Steffen-Peter (2005): Text-Bild-Kompositionen im Unterrichtsmaterial. Der Deutschunterricht. Beiträge zu seiner Praxis und wissenschaftlicher Grundlegung, 4/2005: 61-70.
Banse, Michael (2010): Von der Fibel bis zur Formelsammlung Metallberufe. In: Fuchs, Eckhardt (Hg.): Schulbuch konkret. Bad Heilbrunn: Klinkhardt: 59–67.
Basten, Melanie; Birnhölzer, Christian & Wilde, Matthias (2011): Wie bewertungskompetent sind zukünftige (Biologie-)Lehrkräfte. In: Holzheu, Stefan & Bogner, Franz X. (Hg.): Didaktik der Biologie - Standortbestimmung und Perspektiven. Internationale Tagung der Fachsektion Didaktik der Biologie (FDdB) im Vbio, Universität Bayreuth, 12. bis 16. September 2011: 31–32.
Bauer, Ernst W.; Engelhardt, Ottmar; Gotthard, Werner; Hampl, Udo; Herzinger, Hans; Huchzermeyer, Bernhard & Kleesattel, Walter (2004): Biologie Schülerbuch. Grundausgabe Hessen 5./6. Schuljahr. Berlin: Cornelsen.
Baumann, Klaus-Dieter (1998): Textuelle Eigenschaften von Fachsprache. In: Hoffmann, Lothar; Klavenkämper, Hartwig & Wiegand, Herbert (Hg.): Fachsprachen. Berlin: De Gryter: 408–416.
Baumert, Jürgen; Klieme, Eckhard; Neubrand, Michael; Prenzel, Manfred; Schiefele, Ulrich; Schneider, Wolfgang; Stanat, Petra; Tillmann, Klaus-Jürgen & Weiß, Manfred (2001): PISA 2000. Basiskompetenzen von Schülerinnen und Schülern im internationalen Vergleich. Paderborn: Leske & Budrich.

Becker-Mrotzek, Michael & Vogt, Rüdiger (2009): Unterrichtskommunikation. Linguistische Analysemethoden und Forschungsergebnisse. Tübingen: Niemeyer.

Beese, Melanie & Benholz, Claudia (2013): Sprachförderung im Fachunterricht. Voraussetzungen, Konzepte und empirische Befunde. In: Röhner, Charlotte & Hövelbrinks, Britta (Hg.): Fachbezogene Sprachförderung in Deutsch als Zweitsprache. Weinheim: Juventa: 37–56.

Benholz, Claudia (2010): Förderunterricht für Kinder und Jugendliche ausländischer Herkunft an der Universität Duisbur-Essen. In: Stiftung Mercator (Hg.): Der Mercator Förderunterricht. Münster, New York: Waxmann: 23–33.

Benholz, Claudia & Lipkowski, Eva (2000): Förderung der deutschen Sprache als Aufgabe des Unterrichts in allen Fächern. Deutsch lernen 1: 1–10.

Berck, Karl-Heinz & Graf, Dittmar (2010): Biologiedidaktik. Grundlagen und Methoden. Wiebelsheim: Quelle & Meyer.

Berendes, Karin; Dragon, Nina; Weinert, Sabine; Hebbt, Birgit & Stanat, Petra (2013): Hürde Bildungssprache? Eine Annäherung an das Konzept "Bildungssprache" unter Einbezug aktueller empirischer Forschungsergebnisse. In: Redder, Angelika & Weinert, Sabine (Hg.): Sprachförderung und Sprachdiagnostik. Münster, New York: Waxmann: 17–41.

Bernstein, Basil B. (2003): Class, codes and control. London, New York: Routledge.

Bischof, Ulrike & Heidtmann, Horst (2002): Leseverhalten in der Erlebnisgesellschaft. Eine Untersuchung zu den Leseinteressen und Lektürengrafikationen von Jungen. In: Ewers, Hans-Heino & Weinmann, Andrea (Hg.): Lesen zwischen Neuen Medien und Pop-Kultur. Weinheim, Basel: Juventa: 241–267.

Bloom, Benjamin S. (1976): Taxonomie von Lernzielen im kognitiven Bereich. Weinheim, Basel: Beltz.

Bortz, Jürgen & Döring, Nicola (2006): Forschungsmethoden und Evaluation. Für Human- und Sozialwissenschaftler. Berlin, Heidelberg: Springer.

Bourdieu, Pierre (2005): Was heisst sprechen? Zur Ökonomie des sprachlichen Tausches. Wien: Braumüller.

Brütsch, Edgar R. & Sieber, Peter (1994): Sprachfähigkeiten: Einschätzungen an Mittel- und Hochschulen in der Deutschschweiz. Umfrage- Ergebnisse. In: Sieber, Peter & Brütsch, Edgar (Hg.): Sprachfähigkeiten - besser als ihr Ruf und nötiger denn je! Aarau: Sauerländer: 76–110.

Buhlmann, Rosemarie (1985): Merkmale geschriebener und gesprochener Texte im Bereich naturwissenschaftlich- technischer Fachsprache. Fachsprache 1-2: 98–125.

Buhlmann, Rosemarie & Fearns, Anneliese (2000): Handbuch des Fachsprachenunterrichts. Unter besonderer Berücksichtigung naturwissenschaftlich-technischer Fachsprachen. Tübingen: Narr.

Chlosta, Christoph & Schäfer Andrea (2008): Deutsch als Zweitsprache im Fachunterricht. In: Ahrenholz, Bernt & Oomen-Welke, Ingelore (Hg.): Deutsch als Zweitsprache. Baltmannsweiler: Schneider Hohengehren: 280–297.

Cummins, James (1980): The construct of language proficiency in bilingual education. In: Alatis, James (Hg.): Current Issues in Bilingual Education. Washington: Georgetown University Press: 81–103.

Cummins, James (1984): Zweisprachigkeit und Schulerfolg. Zum Zusammenwirken von linguistischen, soziokulturellen und schulischen Faktoren auf das zweisprachige Kind. Die Deutsche Schule 76/84: 187–198.

Dann, Hanns-Dieter (1992): Variation von Lege-Strukturen zur Wissensrepräsentation. In: Scheele, Brigitte (Hg.): Struktur-Lege-Verfahren als Dialog-Konsens-Methodik. Ein Zwischenfazit zur Forschungsentwicklung bei der rekonstruktiven Erhebung subjektiver Theorien. Münster: Aschendorff: 2-41.

Dann, Hanns-Dieter & Barth, Anne-Rose (1995): Die Interview- und Legetechnik zur Rekonstruktion kognitiver Handlungsstrukturen (ILKHA). In: König, Eckard & Zedler, Peter (Hg.): Bilanz qualitativer Forschung. Weinheim: Deutscher Studien Verlag: 31–62.

Deppermann, Arnulf (2013): Interview als Text vs. Interview als Interaktion. Forum: Qualitative Sozialforschung (FQS) 14, 3. urn:nbn:de:0114-fqs1303131 (02.12.2013).

Dittmar, Norbert (2002): Transkription. Ein Leitfaden mit Aufgaben für Studenten, Forscher und Laien. Opladen: Leske & Budrich.

Drach, Erich (1928): Bildungssprache. In: Schwarz, Heinrich (Hg.): Pädagogisches Lexikon. Bielefeld: Velhagen & Klasing: 665–673.

Dresing, Thorsten & Pehl, Thorsten (2013): Praxisbuch Interview, Transkription & Analyse. Anleitungen und Regelsysteme für qualitativ Forschende. 5. Aufl. Marburg. www.audiotranskription.de/praxisbuch (19.02.2014).

Drumm, Sandra (2010): Die Sprachbewusstheit von schulischen Lehrkräften der naturwissenschaftlichen Fächer. Eine empirische Untersuchung der Sprach- und Verantwortungsbewusstheit naturwissenschaftlich ausgebildeter Lehrkräfte in Bezug auf die fachsprachlich bedingten Lernschwierigkeiten von SchülerInnen mit Migrationshintergrund (Masterarbeit). TU Darmstadt, Institut für Sprach- und Literaturwissenschaft, Fachgebiet Mehrsprachigkeitsforschung/DaF/DaZ. Verfügbar unter: urn:nbn:de:tuda-tuprints-30857 (22.02.2014).

Drumm, Sandra (2013): Vorprogrammierte Lernhindernisse? Kohäsion und Kohärenz von Schulbuchtexten im Fach Biologie. Info DaF 4: 388–406.

Drumm, Sandra (2015): Abbildungen, Fotos und Grafiken biologischer Sachtexte als Lerngelegenheit. In: Merkelbach, Chris (Hg.): Mehr Sprache(n) lernen – mehr Sprache(n) lehren. Aachen: Shaker: 37-56.

Eckhardt, Andrea G. (2008): Sprache als Barriere für den schulischen Erfolg. Potentielle Schwierigkeiten beim Erwerb schulbezogener Sprache für Kinder mit Migrationshintergrund. Münster, New York: Waxmann.

Ehlers, Swantje (1998): Lesetheorie und fremdsprachliche Lesepraxis aus der Perspektive des Deutschen als Fremdsprache. Tübingen: Narr.

Ehlers, Swantje (2008): Lesekompetenz in der Zweitsprache. In: Ahrenholz, Bernt & Oomen-Welke, Ingelore (Hg.): Deutsch als Zweitsprache. Baltmannsweiler: Schneider Hohengehren: 215–227.

Ehlich, Konrad (1993): Deutsch als fremde Wissenschaftssprache. Jahrbuch Deutsch als Fremdsprache 19. München: Iudicium: 13-42.

Ehlich, Konrad (1999): Alltägliche Wissenschaftssprache. Info DaF 26: 3–24.

Ehlich, Konrad & Graefen, Gabriele (2001): Sprachliches Handeln als Medium diskursiven Denkens. Überlegungen zur sukkursiven Einübung in die deutsche Wissenschafskommunikation. In: Wierlacher, Alois (Hg.): Jahrbuch Deutsch als Fremdsprache 27. München: Iudicium: 351–378.

Fabricius-Hansen, Catherine (2005): Das Verb. In: Dudenredaktion (Hg.): Duden - Die Grammatik. 7., überarb. Aufl. Mannheim, Leipzig, Wien, Zürich: Dudenverlag: 395–568.

Feilke, Helmut (2012): Bildungssprachliche Kompetenzen - fördern und entwickeln. Praxis Deutsch 233: 4–13.

Fenkart, Gabriele; Lembens, Anja & Erlacher-Zeitlinger, Edith (2010): Sprache, Mathematik und Naturwissenschaften. Innsbruck, Wien, Bozen: Studienverlag.

Flick, Uwe (1987): Methodenangemessene Gütekriterien in der qualitativen- interpretativen Forschung. In: Bergdold, Jarg & Flick, Uwe (Hg.): Ein-Sichten. Zugänge zur Sicht des Subjekts mittels qualitativer Forschung. Tübingen: dgvt: 247–262.
Flick, Uwe (1995): Qualitative Forschung. Theorie, Methoden, Anwendung in Psychologie und Sozialwissenschaften. Reinbek bei Hamburg: Rowohlt.
Flick, Uwe (2006): Qualität der Qualitativen Evaluationsforschung. In: Flick, Uwe (Hg.): Qualitative Evaluationsforschung. Reinbek bei Hamburg: Rowohlt: 424–443.
Flick, Uwe (2011): Qualitative Sozialforschung. Eine Einführung. Reinbek bei Hamburg: Rowohlt.
Florio-Hansen, Inez de (1998): Fremdsprachen Lehren und Lernen (FluL): Themenheft Subjektive Theorien von Fremdsprachenlehrern. Tübingen: Narr.
Fluck, Hans-Rüdiger (1997): Fachdeutsch in Naturwissenschaft und Technik. Einführung in die Fachsprachen und die Didaktik/Methodik des fachorientierten Fremdsprachenunterrichts. Heidelberg: Groos.
Frankhauser Inniger, Regula & Labudde-Dimmler, Peter (2010): Bildrezeption und Bildkompetenz im naturwissenschaftlichen Unterricht. Herausforderungen und Desiderata. Zeitschrift für Pädagogik 56: 849–860.
Froschauer, Ulrike & Lueger, Manfred (2003): Das qualitative Interview. Zur Praxis interpretativer Analyse sozialer Systeme. Wien: UTB.
Gaebert, Désirée-Kathrin & Bannwarth, Horst (2010): Der sprachsensible Fachunterricht am Beispiel des Biologieunterrichts. In: Knapp, Werner & Rösch, Heidi (Hg.): Sprachliche Lernumgebung gestalten. Freiburg: Fillibach: 155–163.
Gantefort, Christoph & Roth, Hans-Joachim (2010): Sprachdiagnostische Grundlagen für die Förderung bildungssprachlicher Fähigkeiten. Zeitschrift für Erziehungswissenschaft 13: 573–591.
Gibbons, Pauline (2002): Scaffolding language, scaffolding learning. Teaching second language learners in the mainstream classroom. Portsmouth: Heinemann.
Gibbons, Pauline (2009): English learners, academic literacy, and thinking. Learning in the challenge zone. Portsmouth: Heinemann.
Gläser, Rosemarie (1990): Fachtextsorten im Englischen. Tübingen: Narr.
Gogolin, Ingrid (1994): Der monolinguale Habitus der multilingualen Schule. Münster, New York,: Waxmann.
Gogolin, Ingrid (2002): Mathematikunterricht ist Deutschunterricht. Über das fachliche Lernen in mehrsprachigen Klassen. In: Barkowski, Hans & Feistauer, Renate (Hg.): … in Sachen Deutsch als Fremdsprache. Baltmannsweiler: Schneider Hohengehren: 51–61.
Gogolin, Ingrid (2004): Zum Problem der Entwicklung von "Literalität" durch die Schule. Zeitschrift für Erziehungswissenschaft: 101–111.
Gogolin, Ingrid (2006a): Chancen und Risiken nach PISA - über die Bildungsnachteile von Migrantenkindern und Reformvorschläge. In: Auernheimer, Georg (Hg.): Schieflagen im Bildungssystem. Wiesbaden: Verlag für Sozialwissenschaften: 33–50.
Gogolin, Ingrid (2006b): Bilingualität und die Bildsprache der Schule. In: Mecheril, Paul & Quehl, Thomas (Hg.): Die Macht der Sprachen. Münster, New York: Waxmann: 79–85.
Gogolin, Ingrid & Lange, Imke (2010): Durchgängige Sprachbildung. Eine Handreichung. FÖRMIG Material, Band 2. Münster, New York: Waxmann.
Gogolin, Ingrid & Lange, Imke (2011): Bildungssprache und durchgängige Sprachbildung. In: Fürstenau, Sarah & Gomolla, Mechthild (Hg.): Migration und schulischer Wandel: Mehrsprachigkeit. Wiesbaden: Verlag für Sozialwissenschaften: 107–128.

Gogolin, Ingrid & Schwarz, Inga (2004): Mathematische Literalität in sprachlich-kulturell heterogenen Schulklassen. Zeitschrift für Pädagogik 6: 835–848.

Göpferich, Susanne (2008): Textverstehen und Textverständlichkeit. In: Janich, Nina (Hg.): Textlinguistik. Tübingen: Narr: 291–312.

Graf, Dittmar (1989): Begriffslernen im Biologieunterricht der Sekundarstufe 1. Empirische Untersuchungen und Häufigkeitsanalysen. Frankfurt am Main: Peter Lang.

Grießhaber, Wilhelm (2010): (Fach-) Sprache im zweitsprachlichen Fachunterricht. In: Ahrenholz, Bernt (Hg.): Fachunterricht und Deutsch als Zweitsprache. Tübingen: Narr: 37–53.

Groeben, Norbert; Wahl, Diethelm & Scheele, Brigitte (1988): Das Forschungsprogramm Subjektive Theorien. Eine Einführung in die Psychologie des reflexiven Subjekts. Tübingen: Francke.

Grotjahn, Rüdiger; Schlak, Torsten & Berndt, Annette (2010): Der Faktor Alter beim Spracherwerb: Einführung in den Themenschwerpunkt. Zeitschrift für Interkulturellen Fremdsprachenunterricht. Didaktik und Methodik im Bereich Deutsch 1: 1–6.

Haag, Ludwig & Mischo, Christoph (2003): Besser unterrichten durch die Auseinandersetzung mit fremden Subjektiven Theorien? Effekte einer Trainingsstudie zum Thema Gruppenunterricht. Zeitschrift für Entwicklungspsychologie und Pädagogische Psychologie 1: 37–48.

Habermas, Jürgen (1977): Umgangssprache, Wissenschaftssprache, Bildungssprache. In: Max-Planck-Gesellschaft zur Förderung der Wissenschaften e.V. (Hg.): Jahrbuch. Göttingen: Vandenhoeck & Ruprecht: 36–51.

Härtig, Henrik (2014): Schulbücher als Verbindung von Sprache und Lernen am Beispiel Physik. Vortrag auf dem Symposium Deutschdidaktik, 7. bis 11. September 2014, Basel.

Halliday, Michael A. K. (1994): An introduction to functional grammar. London: Edward Arnold.

Hanser, Cornelia (1999): Schreiben im naturwissenschaftlichen Unterricht. Eine Untersuchung von Physik- und Biologietexten und deren Entstehungsbedingungen auf der Sekundarstufe II. Bern, Stuttgart, Wien: Haupt.

Harren, Inga (2011): Die verborgene Arbeit der Fachlehrer. sprachliche Anforderungen im Fachunterricht. In: Ossner, Jakob & Bräuer, Gerd (Hg.): Osnabrücker Beiträge zur Sprachtheorie. Duisburg: Universitätsverlag Rhein-Ruhr: 103–123.

Hechler, Karin (2010): Wie wählen wir unsere Schulbücher aus? In: Fuchs, Eckhardt (Hg.): Schulbuch konkret. Bad Heilbrunn: Klinkhardt: 97–101.

Heinemann, Margot & Heinemann, Wolfgang (2002): Grundlagen der Textlinguistik. Interaktion - Text - Diskurs. Tübingen: Niemeyer.

Helfferich, Cornelia (2009): Die Qualität qualitativer Daten. Manual für die Durchführung qualitativer Interviews. Wiesbaden: Verlag für Sozialwissenschaften.

Helmke, Andreas (2012): Unterrichtsqualität und Lehrerprofessionalität – Diagnose, Evaluation Verbesserung des Unterrichts. Seelze-Velber: Klett Kallmeyer.

Hessisches Kultusministerium (HKM) (Hg.) (2010): Lehrplan Biologie, Gymnasialer Bildungsgang. Jahrgangsstufen 5G bis 9G und gymnasiale Oberstufe. Wiesbaden: Hessisches Kultusministerium.

Hoffmann, Lothar (1985): Kommunikationsmittel Fachsprache. Eine Einführung. Berlin: Akademie.

Hoffmann, Ludger (1998): Grammatik der gesprochenen Sprache. Heidelberg: Groos.

Hohla, Michael (2013): Die Gunst der Fuge – JA zu Pflanzen auf Plätzen und Wegen! Öko-L 2: 9–22.

Hopp, Holger; Thoma, Dieter & Tracy, Rosemarie (2010): Sprachförderkompetenz pädagogischer Fachkräfte. Ein sprachwissenschaftliches Model. Zeitschrift für Erziehungswissenschaft 13: 609–629.

Hövelbrinks, Britta (2013): Die Bedeutung der Bildungssprache für Zweitsprachlernende im naturwissenschafltlichen Anfangsunterricht. In: Röhner, Charlotte & Hövelbrinks, Britta (Hg.): Fachbezogene Sprachförderung in Deutsch als Zweitsprache. Weinheim: Juventa: 75–86.

Hurrelmann, Bettina (2007): Modelle und Merkmale der Lesekompetenz. In: Bertschi-Kaufmann, Andrea (Hg.): Lesekompetenz - Leseleistung - Leseförderung. Seelze-Velber: Klett Kallmeyer: 18–27.

Kallenbach, Christiane (1996): Subjektive Theorien. Was Schüler und Schülerinnen über Fremdsprachenlernen denken. Tübingen: Narr.

Klippert, Heinz (2000): Methodentraining. Übungsbausteine für den Unterricht. Weinheim, Basel: Beltz.

Knapp, Werner (2008): Förderunterricht in der Sekundarstufe. Welche Lese- und Schreibkompetenzen sind nötig und wie kann man sie vermitteln. In: Ahrenholz, Bernt & Oomen-Welke, Ingelore (Hg.): Deutsch als Zweitsprache. Baltmannsweiler: Schneider Hohengehren: 247–264.

Kniffka, Gabriele (2010a): Scaffolding: https://www.uni-due.de/imperia/md/content/prodaz/scaffolding.pdf (23.09.2014).

Kniffka, Gabriele (2010b): Im Fach Biologie auch Sprache unterrichten? Anmerkungen zum Kompetenzbereich Kommunikation in den Bildungsstandards. In: Berndt, Annette & Kleppin, Karin (Hg.): Sprachlehrforschung: Theorie und Empirie. Frankfurt am Main: Peter Lang: 73–79.

Kniffka, Gabriele & Siebert-Ott, Gesa (2009): Deutsch als Zweitsprache. Lehren und Lernen. Paderborn: Schöningh.

Koch, Peter & Oesterreicher, Wulf (1985): Sprache der Nähe - Sprache der Distanz. Mündlichkeit und Schriftlichkeit im Spannungsfeld von Sprachtheorie und Sprachgeschichte. Romanistisches Jahrbuch: 15–43.

Koch, Peter & Oesterreicher, Wulf (1994): Schriftlichkeit und Sprache. In: Günther, Hartmut & Ludwig, Otto (Hg.): Schrift und Schriftlichkeit. Berlin: De Gryter: 587–603.

Koch-Priewe, Barbara (1986): Subjektive didaktische Theorien von Lehrern. Tätigkeitstheorie, bildungstheoretische Didaktik und alltägliches Handeln im Unterricht. Frankfurt am Main: Haag & Herchen.

König, Eckard (1995): Qualitative Forschung subjektiver Theorien. In: König, Eckard & Zedler, Peter (Hg.): Bilanz qualitativer Forschung. Weinheim: Deutscher Studien Verlag: 11–29.

Krashen, Stephen (1982): Principles and Practice in Second Language Acquisition. Oxford: Pergamon.

Kuckartz, Udo (2012): Qualitative Inhaltsanalyse. Methoden, Praxis, Computerunterstützung. Weinheim: Juventa.

Kultusministerkonferenz (KMK) (Hg.) (2004): Beschlüsse der Kultusministerkonferenz. Bildungsstandards im Fach Biologie für den Mittleren Schulabschluss (Jahrgangsstufe 10). Beschluss vom 16.12.2004. München: Luchterhand.

Kuplas, Simone (2010): Deutsch als Zweitspracheförderung im Biologieunterricht. In: Ahrenholz, Bernt (Hg.): Fachunterricht und Deutsch als Zweitsprache. Tübingen: Narr: 186–202.

Lamnek, Siegfried (2010): Qualitative Sozialforschung. Lehrbuch. Weinheim, Basel: Beltz.

Legewie, Heiner (1987): Interpretation und Validierung biographischer Interviews. In: Jüttemann, Gerd (Hg.): Biographie und Psychologie. Berlin, Heidelberg: Springer: 138–150.
Leisen, Josef (2003): Methodenhandbuch deutschsprachiger Fachunterricht. Bonn: Varus.
Leisen, Josef (2010): Handbuch Sprachförderung im Fach. Sprachsensibler Fachunterricht in der Praxis. Bonn: Varus.
Leisen, Josef (2011): Praktische Ansätze schulischer Sprachförderung. Der sprachsensible Fachunterricht: www.hss.de/download/111027_RM_Leisen.pdf (17.04.2014).
Lengyel, Drorit (2010): Bildungssprachförderlicher Unterricht in mehrsprachigen Lernkonstellationen. Zeitschrift für Erziehungswissenschaft 13: 593–608.
Linke, Angelika; Nussbaumer, Markus & Portmann, Paul R. (2001): Studienbuch Linguistik. Tübingen: Narr.
Luchtenberg, Sigrid (2002): Mehrsprachigkeit und Deutschunterricht: Widerspruch oder Chance? Zu den Möglichkeiten von Language Awareness in interkultureller Deutschdidaktik. Informationen zur Deutschdidaktik (ide). Zeitschrift für Deutschunterricht in Wissenschaft und Schule 3: 27–46.
Lutjeharms, Madeline (2006): Zum Erwerb fremdsprachiger Lesefertigkeiten. In: Jung, Udo (Hg.): Praktische Handreichung für Fremdsprachenlehrer. Frankfurt am Main, New York, Wien: Lang: 145–153.
Mandl, Heinz & Huber, Günter L. (1983): Subjektive Theorien von Lehrern. Psychologie in Erziehung und Unterricht: 98–112.
Mayer, Richard (1997): Multimedia learning. Are we asking the right question? Educational Psychologist 1: 1–19.
Mayring, Philipp (2002): Einführung in die qualitative Sozialforschung. Eine Anleitung zu qualitativem Denken. Weinheim: Beltz.
Mayring, Philipp (2011): Qualitative Inhaltsanalyse. Grundlagen und Techniken. Weinheim: Beltz.
Mecheril, Paul (2004): Einführung in die Migrationspädagogik. Weinheim: Beltz.
Merkens, Hans (2000): Auswahlverfahren, Sampling, Fallkonstruktionen. In: Flick, Uwe; Kardorff, Ernst von & Steinke, Ines (Hg.): Qualitative Forschung. Reinbek bei Hamburg: Rowohlt: 286–299.
Mocikat, Ralph (2007): Die Rolle der Sprache in den Naturwissenschaften. Jahrbuch Deutsch als Fremdsprache 33. München: Iudicium: 134-140.
Morek, Miriam & Heller, Vivien (2012): Bildungssprache - Kommunikative, epistemische, soziale und interaktive Aspekte ihres Gebrauchs. Zeitschrift für angewandte Linguisitik 57: 67–101.
Neuhaus, Birgit & Vogt, Helmut (2005): Dimensionen zur Beschreibung verschiedener Biologielehrertypen auf Grundlage ihrer Einstellung zum Biologieunterricht. Zeitschrift für Didaktik der Naturwissenschaften: 73–84.
Niederhaus, Constanze (2011): Zur Förderung des Verstehens logischer Bilder in mehrsprachigen Lerngruppen: http://www.uni-due.de/imperia/md/content/prodaz/verstehen_logischer_bilder.pdf (09.07.2013).
Ohm, Udo (2010): Von der Objektsteuerung zur Selbststeuerung. Zweitsprachenförderung als Befähigung zum Handeln. In: Ahrenholz, Bernt (Hg.): Fachunterricht und Deutsch als Zweitsprache. Tübingen: Narr: 87–105.
Ohm, Udo; Kuhn, Christina & Funk, Hermann (2007): Sprachtraining für Fachunterricht und Beruf. Fachtexte knacken - mit Fachsprache arbeiten. Münster, New York: Waxmann.

Oomen-Welke, Ingelore (2003): Entwicklung sprachlichen Wissens und Bewusstseins im mehrsprachigen Kontext. In: Bredel, Ursula; Günther, Hartmut; Klotz, Peter & Siebert-Ott, Gesa (Hg.): Didaktik der deutschen Sprache. Paderborn: Schöningh: 452–463.

Portmann-Tselikas, Paul R. (1998): Sprachförderung im Unterricht. Handbuch für den Sach- und Sprachförderunterricht in mehrsprachigen Klassen. Zürich: Orell Füssli.

Prediger, Susanne (2009): Zur Rolle der Sprache beim Mathematiklernen. Herausforderungen von Mehrsprachigkeit aus Sicht einer Fachdidaktik. In: Baur, Rupprecht & Scholten-Akoun, Dirk (Hg.): Deutsch als Zweitsprache in der Lehrerausbildung. Essen: Mercator Stiftung: 172–181.

Prediger, Susanne & Özdil, Erkan (2011): Mathematiklernen unter Bedingungen der Mehrsprachigkeit. Stand und Perspektiven der Forschung und Entwicklung in Deutschland. Münster, New York: Waxmann.

Preece, Siân (2009): Posh Talk. Language and identity in higher education. Basingstoke: Palgrave Macmillan.

Quehl, Thomas (2009): Sprachbildung im Sachunterricht der Grundschule. In: Lengyel, Drorit (Hg.): Von der Sprachdiagnose zur Sprachförderung. Münster, New York: Waxmann: 193–205.

Rädiker, Stephan (2010): Abschied von der Strichliste. Vorteile der Analyse qualitativer Daten mit QDA-Software: http://www.research-results.de/fachartikel/2010/ausgabe3/abschied-von-der-strichliste.html (02.12.2013).

Redder, Angelika (2012): Rezeptive Sprachfähigkeit und Bildungssprache - Anforderungen in Unterrichtsmaterialien. In: Doll, Jörg (Hg.): Schulbücher im Fokus. Münster, New York: Waxmann: 83–99.

Riebling, Linda (2013): Sprachbildung im naturwissenschaftlichen Unterricht. Eine Studie im Kontext migrationsbedingter sprachlicher Heterogenität. Münster, New York: Waxmann.

Riemer, Claudia & Settinieri, Julia (2010): Empirische Forschungsmethoden in der Zweit- und Fremdsprachenerwerbsforschung. In: Krumm, Hans-Jürgen; Fandrych, Christian; Hufeisen, Britta & Riemer, Claudia (Hg.): Deutsch als Fremd- und Zweitsprache. Berlin: De Gryter: 764–781.

Roelcke, Thorsten (2010): Fachsprachen. 3., neu bearb. Aufl. Berlin: Erich Schmidt.

Rösch, Heidi (2005): Mitsprache: Deutsch als Zweitsprache in der Sekundarstufe I. Grundlagen, Übungsideen, Kopiervorlagen. Braunschweig: Schrödel.

Rösch, Heidi (2011): Deutsch als Zweit- und Fremdsprache. Berlin: Akademie.

Rösch, Heidi (2013): Integrative Sprachbildung im Bereich Deutsch als Zweitsprache (DaZ). In: Röhner, Charlotte & Hövelbrinks, Britta (Hg.): Fachbezogene Sprachförderung in Deutsch als Zweitsprache. Weinheim: Juventa: 18-36.

Rosebrock, Cornelia (2007): Anforderungen an Sach- und Informationstexten. Anforderungen literarischer Texte. In: Bertschi-Kaufmann, Andrea (Hg.): Lesekompetenz - Leseleistung - Leseförderung. Seelze-Velber: Klett Kallmeyer: 50–65.

Rosenthal, Gabriele (2008): Interpretative Sozialforschung. Eine Einführung. 2., korr. Aufl. Weinheim, Basel: Juventa.

Scheele, Brigitte & Groeben, Norbert (1988): Dialog-Konsens-Methoden zur Rekonstruktion Subjektiver Theorien. Tübingen: Francke.

Schlee, Jörg (1988): Menschenbildannahmen: vom Verhalten zum Handeln. In: Groeben, Norbert; Wahl, Diethelm & Scheele, Brigitte (Hg.): Das Forschungsprogramm Subjektive Theorien. Tübingen: Francke: 11–17.

Schlee, Jörg & Wahl, Diethelm (1987): Veränderung subjektiver Theorien von Lehrern. Oldenburg: Universität Oldenburg.
Schleppegrell, Mary (2004): The language of schooling. A functional linguistics perspective. Mahwah: Lawrence Erlbaum.
Schmellentin, Claudia; Schneider, Hansjakob & Hefti, Claudia (2011): Deutsch (als Zweitsprache) im Fachunterricht - am Beispiel lesen. leseforum.ch 3: 1–20.
Schmölzer-Eibinger, Sabine (2008): Lernen in der Zweitsprache. Grundlagen und Verfahren der Förderung von Textkompetenz in mehrsprachigen Klassen. Tübingen: Narr.
Schmölzer-Eibinger, Sabine (2013): Sprache als Medium des Lernens im Fach. In: Becker-Mrotzek, Michael (Hg.): Sprache im Fach. Münster, New York: Waxmann: 25–40.
Schmölzer-Eibinger, Sabine & Langer, Elisabeth (2009): Sprachförderung im naturwissenschaftlichen Unterricht in mehrsprachigen Klassen – ein Modell für das Fach Chemie. In: Ahrenholz, Bernt (Hg.): Fachunterricht und Deutsch als Zweitsprache. Tübingen: Narr: S. 2003-217.
Schnitzer, Katja; Bergdolt, Matthias & Zurell, Marc (2011): Sind Lehramtsstudierende auf ihr mehrsprachiges Tätigkeitsfeld vorbereitet? Schlussfolgerungen aus einer Befragung. Zeitschrift der pädagogischen Hochschule Freiburg: 28–29.
Schnotz, Wolfgang (2001): Wissenserwerb mit Multimedia. Unterrichtswissenschaft 29: 292–318.
Schwarz-Friesel, Monika (2006): Kohärenz versus Textsinn: Didaktische Facetten einer linguistischen Theorie der textuellen Kontinuität. In: Scherner, Maximilian & Ziegler, Arne (Hg.): Angewandte Textlinguistik:. Tübingen: Narr: 63–75.
Searle, John (1984): Sprechakte. Ein sprachphilosophischer Essay. Frankfurt am Main: Suhrkamp.
Seibicke, Wilfried (1976): Zur Lexik der Fachsprachen. In: Rall, Dietrich; Schepping, Heinz & Schleyer, Walter (Hg.): Didaktik der Fachsprache. Bonn- Bad Godesberg: DAAD: 69–75.
Shulman, Lee S. (1986): Those who understand. Knowledge growth in teaching. Educational Researcher, 15: 4-14.
Sieber, Peter & Nussbaumer, Markus (1994): Sprachfähigkeiten -Besser als ihr Ruf und nötiger denn je. Zur Deutung unserer Ergebnisse. In: Sieber, Peter & Brütsch, Edgar (Hg.): Sprachfähigkeiten - besser als ihr Ruf und nötiger denn je! Aarau: Sauerländer: 304–343.
Stadler, Helga (2003): Videos als Mittel zur Qualitätsverbesserung von Unterricht. In: Brunner, Ewald; Noak, Peter & Scholz, Günter (Hg.): Diagnose und Intervention in schulischen Handlungsfeldern. Münster, New York: Waxmann: 175–193.
Steinmüller, Ullrich & Scharnhorst, Ulrich (1985): Fachsprachen als Lehr- und Lernhindernis im Unterricht mit ausländischen Schülern. Info zur pädagogischen Arbeit mit ausländischen Kindern 12: 57–78.
Steinmüller, Ullrich & Scharnhorst, Ulrich (1987): Sprache im Fachunterricht. Ein Beitrag zur Diskussion über Fachsprachen im Unterricht mit ausländischen Schülern. Zielsprache Deutsch 4: 3–12.
Stelzig, Ingmar (2010): Beschreiben und schreiben. In: Spörhase-Eichmann, Ulrike & Ruppert, Wolfgang (Hg.): Biologie-Methodik. Berlin: Cornelsen: 143–144.
Tajmel, Tanja (2010a): DaZ-Förderung im naturwissenschaftlichen Fachunterricht. In: Ahrenholz, Bernt (Hg.): Fachunterricht und Deutsch als Zweitsprache. Tübingen: Narr: 167–184.
Tajmel, Tanja (2010b): Physikunterricht als Lernumgebung für Sprachenlernen. In: Knapp, Werner & Rösch, Heidi (Hg.): Sprachliche Lernumgebung gestalten. Freiburg: Fillibach: 139–154.

Tajmel, Tanja (2013): Möglichkeiten der sprachlichen Sensibilisierung von Lehrkräften naturwissenschaftlicher Fächer. In: Röhner, Charlotte & Hövelbrinks, Britta (Hg.): Fachbezogene Sprachförderung in Deutsch als Zweitsprache. Weinheim: Juventa: 198–211.

Terhart, Ewald (1996): Berufskultur und professionelles Handeln bei Lehrern. In: Combe, Arno & Helsper, Werner (Hg.): Pädagogische Professionalität. Frankfurt am Main: Suhrkamp: 448–471.

Treiber, Bernhard (1980): Erklärung von Förderungseffekten in Schulklassen durch Merkmale subjektiver Unterrichtstheorien ihrer Lehrer. Diskussionspapier Nr. 22: www.psychologie.uni-heidelberg.de/institutsberichte/DP/DP22.pdf (12.03.2013).

Urhahne, Detlef (2006): Ich will Biologielehrer(-in) werden! Berufswahlmotivation von Lehramtsstudierenden der Biologie. Zeitschrift für Didaktik der Naturwissenschaften: 111–125.

Vögeding, Joachim (1995): "Wenn in einen gesättigten Wasser Kochsalz gibt ...". Zur Lernbarkeit naturwissenschaftlicher Fächer in der Fremdsprache Deutsch am Beispiel eines deutschsprachigen Chemieunterrichts in der Türkei (Istanbul Lisesi). Heidelberg: Groos.

Vollmer, Helmut & Thürmann, Eike (2010): Zur Sprachlichkeit des Fachlernens. Modellierung eines Referenzrahmens für Deutsch als Zweitsprache. In: Ahrenholz, Bernt (Hg.): Fachunterricht und Deutsch als Zweitsprache. Tübingen: Narr: 107–132.

Vollmer, Helmut & Thürmann, Eike (2013a): Schulsprache und Sprachsensibler Fachunterricht: Eine Checkliste mit Erläuterungen. In: Röhner, Charlotte & Hövelbrinks, Britta (Hg.): Fachbezogene Sprachförderung in Deutsch als Zweitsprache. Weinheim: Juventa: 212–233.

Vollmer, Helmut & Thürmann, Eike (2013b): Sprachbildung und Bildungssprache als Aufgabe aller Fächer der Regelschule. In: Becker-Mrotzek, Michael (Hg.): Sprache im Fach. Münster, New York: Waxmann: 41–57.

Wagenschein, Martin (1978): Die Sprache im Physikunterricht. In: Bleichroth, Wolfgang (Hg.): Didaktische Probleme der Physik. Darmstadt: Wissenschaftliche Buchgesellschaft: 313–336.

Weidenmann, Bernd (1994): Informierende Bilder. In: Weidenmann, Bernd (Hg.): Wissenserwerb mit Bildern. Bern, Seattle: Huber: 9–58.

Weinert, Franz Emanuel (2000): Lernen des Lernens. In: Forum Bildung (Hg.): Bildungs-und Qualifikationsziele von morgen. Bonn: Forum Bildung: 43–48.

Weinert, Franz Emanuel (2001): Vergleichende Leistungsmessungen in Schulen- eine umstrittene Selbstverständlichkeit. In: Weinert, Franz Emanuel (Hg.): Leistungsmessungen in Schulen. Weinheim, Basel: Beltz: 17–31.

Westhoff, Gerhard (2005): Fertigkeit Lesen. Berlin, Heidelberg: Langenscheidt.

Winkelhage, Jeannette; Winkel, Susanne; Schreier, Margrit; Heil, Simone; Lietz, Petra & Diederich, Adele (2008): Qualitative Inhaltsanalyse. Entwicklung eines Kategoriensystems zur Analyse von Stakeholderinterviews zu Prioritäten in der medizinischen Versorgung. Priorisierung in der Medizin FOR655 15: 1–21.

Winters-Ohle, Elmar; Seipp, Bettina & Ralle, Bernd (2012): Zur Vermittlung sprachlicher Kompetenzen an Schüler mit Migrationsgeschichte. In: Winters-Ohle, Elmar; Seipp, Bettina & Ralle, Bernd (Hg.): Lehrer für Schüler mit Migrationsgeschichte. Münster, New York: Waxmann: 27–30.

Wygotsky, Lew Semjonowitsch (1978): Mind in Society. The Development of Higher Psychological Processes. Cambridge: Harvard University Press.

Index

Abitur 115, 127, 180, 187, 249f., 254
- Abiturient 117
- Abiturprüfung 194
Ableitung 42, 100f., 134, 177
Abstraktion 1, 16, 20, 26, 39, 49, 57f., 149, 155, 242, 271, 277
- Abstraktionsebene 36, 150
- Abstraktionsgrad 11, 17, 19, 37, 277
- Abstraktionsniveau 11, 152, 162
- Abstraktionsstufe 26
academic literacy 9
Allgemeinbildung 2, 194, 203
Allgemeinwissen 177, 190, 193f., 196, 200, 202f.
Alltägliche Wissenschaftssprache 9, 25f.
Alltagserfahrung 11
Arbeiterklasse 21
Attribuierung 44
Attribut 38ff., 42f., 45, 74, 79, 265
- Adjektivattribut 43
- Attributivsatz 74
- Attributkombination 40
- Genitivattribut 43
- Präpositionalattribut 43
Ausbildung 3f., 13, 20, 34, 58, 84f., 90, 98, 235, 273, 278f.
- Ausbildungsmodul 85
- Ausbildungsphase 115, 227
- LehrerInnenausbildung 60, 90f.
Ausdrucksseite 38
Auswertung 104, 148
- Auswertungsinstrument 104
Authentizität 67, 106

Bedrohungsempfinden 113
Befragung 88, 95, 103, 109, 114, 116, 120, 128f., 131, 133, 135f., 138, 145, 172, 278
- Befragungsform 110
- Befragungsgruppe 130
- Befragungsperson 159
- Befragungssituation 129, 133
- Einzelbefragung 130, 132
- Gruppenbefragung 130, 132
- qualitative 97, 103, 131, 133
- quantitative 94
Begriff 1, 5, 9, 36, 38, 40f., 43, 54, 78, 103, 110, 112, 144, 164, 166, 176f., 181f., 192ff., 200, 207f., 210ff., 217, 219, 222, 224f., 261ff., 271, 273, 275ff., 279
- affirmativ 40
- Alltagsbegriff 78
- Begrifflichkeit 173, 183, 212, 219, 221, 224, 268f.
- Begriffsarbeit 262, 269f., 276
- Begriffsbildung 42, 78, 268
- Begriffserklärung 211, 215
- Begriffsform 278
- Begriffsfülle 275
- Begriffsinhalt 244
- Begriffskenntnis 199, 263
- Begriffslastigkeit 209
- Begriffslernen 212
- Begriffsordnung 219
- Begriffssammlung 211
- Begriffsumfang 266f.
- Fachbegriff 12, 16, 40, 42, 71, 90, 176, 178, 181, 189, 192ff., 197, 199ff., 204, 206, 208, 210ff., 216ff., 220, 249, 254, 264, 271, 277ff.
- Fachbegriffsdichte 42, 210
- Fachbegriffserklärung 209
- Fachbegriffslastigkeit 216
- Fachbegriffsunsicherheit 177
- fakultativer 193
- metaphorischer 206, 277
- Oberbegriff 263, 266f.
- optionaler 193
- Unterbegriff 263
Behaviorismus 92
Beobachtung 93, 101, 103, 111, 120ff., 126ff., 138, 145, 189, 225, 236, 238
- Beobachtungsbogen 121
- Beobachtungsdaten 146
- Beobachtungsform 122
- Beobachtungsleitfaden 121
- Beobachtungsnotiz 128
- Beobachtungsperson 123

- Beobachtungsphase 126, 128, 134, 136, 160
- Beobachtungssituation 121
- Beobachtungssitzung 123
- Beobachtungszeit 123
- Beobachtungszeitraum 123
- deskriptive 126
- direkte 122
- Feldbeobachtung 122
- fokussierte 126
- indirekte 122
- Laborbeobachtung 122
- offene 121f.
- qualitative 119f., 125
- selektive 126
- strukturierte 121
- teilnehmende 96, 119f., 126
- unstrukturierte 121
- Unterrichtsbeobachtung 102
- verdeckte 122
- wissenschaftliche 121
Bewertungszuverlässigkeit 104
BICS 27, 30f.
Bild 47, 52f., 67, 79, 192, 226, 228, 234, 270, 278
- Bildbeschreibung 32
- Bildcodierung 67
- Bildmaterial 220
- Bildverstehen 67
- Text-Bild-Angebot 67
- Text-Bild-Beziehung 53
- Text-Bild-Integration 53
Bildung 9, 22, 34, 60, 164
- Bildungsabschluss 35
- Bildungsbeteiligung 5
- Bildungschance 35
- Bildungsdiskussion 31
- Bildungseinrichtung 24
- Bildungserfolg 31, 58
- Bildungsexpansion 18
- Bildungshintergrund 270
- Bildungsideal 22
- Bildungsinstitution 9, 21f., 35
- Bildungsprozess 20, 25
- Bildungssprachlichkeit 74
- Bildungsstandard 58f.
- Bildungsstudie 31

- Bildungssystem 7, 18, 20, 31
- Bildungsungleichheit 21
- Bildungswesen 21
- Bildungsziel 24f.
- Bildungszusammenhang 14
- Grundbildung 2
- Lehrerbildung 85
- LehrerInnenbildung 3
- naturwissenschaftliche 2
- schulische 19, 22, 34
- sprachliche 232, 234
Biologie 1f., 4f., 11, 37ff., 45f., 49f., 52, 54f., 57, 59, 63, 70, 77, 83, 86f., 89f., 97, 102, 110, 115, 117ff., 126, 128, 136ff., 152, 158, 160, 167, 172ff., 176, 178, 182, 188f., 191ff., 199ff., 203, 207ff., 215f., 218f., 221, 225f., 229ff., 235ff., 239, 241, 243f., 246ff., 253, 261f., 264f., 267f., 273, 275ff.
Boyl'sches Gesetz 73f.
Brainstorming 179f., 188

CALP 28ff., 35
Chemie 1, 45, 89, 115, 117, 176, 178, 189, 191, 212, 224f., 246, 277
CLIL 63
Codeswitching 32
Curriculum 21, 34, 37, 208
- Curriculumsanalyse 33

DaF 63
- DaF-Lernende 25
Datenanalyse 108, 140, 278
Datenauswertung 93f., 113, 116, 125, 142, 147, 173, 261
- Datenauswertungsprozess 148
Datenerhebung 91, 94, 96, 107, 113, 116, 128, 140, 142, 147, 158
- Datenerhebungsmethode 119
Datengewinnung 95, 112, 132, 145, 162
Datensammlung 140
Datensatz 116, 119, 152, 171
DaZ 7f., 18, 22, 30, 40, 64, 87, 118, 213, 222
- DaZ-Anteil 3
- DaZ-Hintergrund 214
- DaZ-Lernende 8, 29

Definition 12, 24f., 34, 38, 46, 98, 100f., 191f., 197, 199, 206, 251, 262, 266
- Definitionsliste 201
- lexikalisch-grammatische 164

Deixis 74

Denken 12, 17, 20, 23, 34, 56ff., 71, 98ff., 182, 278
- abstraktes 25, 74
- begriffsbezogenes 39
- fachliches 37, 115
- qualitatives 91
- quantitatives 91

Derivation 42

DESI 31

Deutsch 10, 21, 28, 31, 45, 64, 78, 82, 88, 115, 198, 211, 214f., 227, 233, 237, 248

Diagramm 52, 189, 192, 195, 209, 226, 228

Dialekt 141

Didaktik 59, 103, 119, 221, 252, 254, 262, 265, 274
- bildungstheoretische 99
- Biologiedidaktik 86
- Fachdidaktik 33, 59, 69, 77, 85ff., 90, 113, 119, 248, 259
- naturwissenschaftliche 72
- Sprachdidaktik 83, 87, 89ff., 112, 115, 170, 172, 219, 267f., 278
- Sprachförderdidaktik 73

Diskurs 2, 13, 18, 26, 36f., 56, 64, 82f., 128, 137, 188, 195, 261, 279
- Diskursart 26
- Diskursfähigkeit 29, 59
- Diskursform 76
- Diskursfunktion 24, 60
- Diskursivität 26
- Diskursstruktur 24
- Diskurstyp 85
- Diskurswissen 26
- Fachdiskurs 202
- fachlich 17
- fachlicher 61, 79, 274
- gesellschaftlich 17
- schulischer 27
- Unterrichtsdiskurs 32, 75ff.

Disziplin 91, 98
- Nachbardisziplin 178
- Teildisziplin 266

Dokumentenanalyse 119f., 125, 127

Ebene 5, 11, 30, 37, 40, 113, 117, 181, 223, 239
- abstrakte 108
- bildliche 11
- gegenständliche 11
- kognitive 56
- mathematische 12
- morphologische 275
- sprachliche 11, 35, 69, 220
- syntaktische 275

Einheit 74, 141, 150f., 192, 212, 239f., 265
- Analyseeinheit 151ff.
- Auswahleinheit 151
- Auswertungseinheit 156, 167
- diskursive 25
- Einheitlichkeit 262
- funktionelle 11
- illokutive 25
- kognitive 39
- Kontexteinheit 151
- lexikalische 16
- linguistische 14
- propositionale 25f.
- sprachliche 50

Einstellung 66, 86, 90, 98, 118, 123, 262
- Einstellungsausprägung 86

Eisbergmodell 30

Englisch 88, 119, 239, 250, 252, 254, 260, 262

Erhebung 102ff., 119, 129, 137, 148, 167
- Erhebungsinstrument 31, 95, 97, 104, 134
- Erhebungskontext 107
- Erhebungsmethode 6, 95, 102, 107
- Erhebungssituation 109, 133
- quantitative 90

Erkenntnisgewinnung 2

Erklären 24, 26, 47, 55, 92, 242

Erziehungswissenschaft 91

Experiment 2, 11, 41, 76, 95, 105, 189, 207, 212, 223, 225f., 228, 238
- Experimentaufbau 228

Explikation 104, 108, 110, 164ff.

Fach 3, 5, 12, 33, 36f., 57, 59, 63f., 68, 70, 76ff., 82, 86f., 91, 93, 112, 115, 117, 119f.,

127f., 130, 138, 158, 160, 166, 175ff., 183, 189ff., 194f., 203, 207ff., 213, 221, 225ff., 231f., 236, 239ff., 246ff., 252, 261ff., 265, 267, 269ff., 273ff.
- Fachberatung 211
- Fachinhalt 200, 214, 238, 240
- Fachlehrer 1
- Fachspezifik 198, 268
- Fachzeitschrift 20, 188
- Fremdsprachenfach 255
- Hauptfach 115
- naturwissenschaftliches 2, 4, 12, 16, 36, 42, 47, 65, 82, 113, 115, 186, 195, 224f., 227, 235, 242, 245, 279
- Nebenfach 115, 207
- nichtsprachliches 1, 4, 63
- Sachfach 2, 63, 255
- Schulfach 2, 11, 40, 58, 115, 225, 279
- spracharmes 1
- sprachdidaktisches 172
- Sprachfach 63, 113, 115, 118, 189, 249f., 252, 257, 262
- wissenschaftliches 1
Fachlichkeit 34, 78
Fachwissen 4, 12, 30, 35, 43, 47, 81, 129, 189f.
Fachwissenschaft 59, 265
Fähigkeit 26f., 30, 35, 51f., 56, 58, 93, 99, 102, 143, 207, 216, 242
- diskursive 188
- Kommunikationsfähigkeit 103
- kommunikative 63
- Leistungsfähigkeit 195
- sprachliche 256
Fallstudie 94
Fehler 180, 198, 216, 226, 228f., 237f.
- Fehlerdiagnose 216
- Fehlerdiktat 216
- Fehlerkorrektur 64
- Fehlerquotient 216
- Rechtschreibfehler 229
- Schreibfehler 233
Feldstudie 116
Fertigkeit 3, 10, 24, 27, 80
- bildungssprachliche 80
- Schreibfertigkeit 214
- sprachliche 63, 69

Flexibilität 109, 134
Formel 1, 11, 73, 192
Forschung 82, 84, 86, 91ff., 95f., 101, 103, 109f., 112, 114, 117, 119f., 127, 129, 132f., 139, 141f., 144, 156, 161, 171, 274ff., 278
- empirische 91
- Erstspracherwerbsforschung 75
- erziehungswissenschaftliche 98
- Fachsprachenforschung 36
- Forschungsansatz 96, 112
- Forschungsarbeit 108, 141, 276, 279
- Forschungsergebnis 107
- Forschungsinteresse 114
- Forschungsliteratur 174
- Forschungsmethode 91, 106
- Forschungsobjekt 92
- Forschungsparadigma 90f., 94, 106
- Forschungsphase 148
- Forschungsprogramm 98, 100f., 104
- Forschungsprojekt 87, 91, 121, 156
- Forschungsprozess 92, 97, 101, 105ff., 113, 124f., 143, 148, 171
- Forschungsstruktur 93
- Forschungssubjekt 144, 147
- Forschungszweck 121
- Fremdsprachenforschung 148
- Humanforschung 91
- Mehrsprachigkeitsforschung 87
- naturwissenschaftliche 2
- offene 134
- psychologische 98
- qualitative 90ff., 103ff., 112, 114, 116, 119, 122, 124, 130, 132, 134f., 142, 148, 156, 160, 170f.
- quantitative 90ff., 94ff., 104f., 114, 131, 142, 170
- Sozialforschung 91
- sprachdidaktische 9
- Sprachforschung 127
- Unterrichtsforschung 120
Fremdwort 177, 277
FST 98, 101, 112, 147
Funktion 7, 17ff., 22ff., 34f., 37, 43f., 47f., 50, 52, 56ff., 65f., 68, 78f., 100f., 202, 216, 219, 239f., 265, 268, 275
- diskursive 276
- fachsprachliche 42

- Funktionsweise 267
- Funktionswissen 144
- kommunikative 23, 33, 46f., 58
- pragmatische 45
- selegierende 34
- Sprachfunktion 250
- sprachliche 23
Funktionsverbgefüge 17, 44

Gatekeeper 116ff., 124
Gedächtnisprotokoll 127
GER 33
Gesamtschule 116f., 179, 220
Gesprächsanalyse 142
Glaubwürdigkeit 107
Grafik 11f., 37, 47, 50, 56, 79, 189, 192, 220
Grammatik 33, 63, 88, 164, 224, 264
Grundkurs 178
Grundwissen 208, 211, 215, 221
- sprachliches 264
Grundwortschatz 210, 218
Gruppenarbeit 147, 195f., 200, 203, 231f., 242f.
- Gruppenarbeitsanleitung 102, 128, 145
- Gruppenarbeitsphase 195, 242
Gütekriterium 91, 96, 104ff., 110, 113f., 133, 142, 171
Gymnasium 179

Handeln 4, 20, 23, 46, 83, 92f., 98, 100f.
- intentionales 143
- kommunikatives 14
- soziales 97, 103
- sprachbewusstes 235
- Sprachhandeln 13
- sprachliches 28, 68, 76
- sprachsensibles 90, 261
- unterrichtliches 99, 147
Handlung 26, 29, 33, 45f., 49, 83, 92f., 98f., 101, 103, 108f., 111, 120, 127, 144, 147
- beobachtbare 93
- fachliche 69
- fachsprachliche 68
- Handlungsadäquatheit 147
- Handlungsalternative 79, 84, 93, 262
- Handlungsanforderung 31
- Handlungsanweisung 100

- Handlungsaspekt 26
- Handlungsbezogenheit 14
- Handlungsebene 32, 77
- Handlungsempfehlung 253
- Handlungsfähigkeit 61
- Handlungsmöglichkeit 272
- Handlungsmuster 26, 65, 83, 132
- Handlungsroutine 28
- Handlungsschema 20
- Handlungsschritt 147
- Handlungssequenz 145
- Handlungssituation 109, 145
- Handlungsspielraum 101
- Handlungsstruktur 93, 146
- Handlungssystem 93
- Handlungsträger 46
- Handlungstyp 125
- Handlungsweise 75, 100
- Handlungswissen 26
- Handlungsziel 23, 26
- Handlungszusammenhang 27, 32, 49
- pädagogische 99
- Sprachhandlung 24, 35, 274, 276
- sprachliche 27, 33, 46, 68f., 75, 111, 113, 129, 137
Hören 63, 198, 216
Hörverstehen 74

IGLU 31
Immersion 29f.
Indikation 107
Inhaltsanalyse 150ff., 155, 162, 165f.
- explikative 164ff.
- qualitative 148f.
Inhaltsseite 38
Internet 54
Interview 101, 107, 109f., 118, 126f., 129ff., 134f., 137ff., 147f., 152ff., 162f., 165, 167ff., 172ff., 204, 221, 223f., 235, 237, 253, 267, 278f.
- analytisches 129
- biographisches 129
- diagnostisches 129
- diskursives 129
- ermittelndes 129
- evaluatives 129
- Experteninterview 110, 129

– fokussiertes 109
– informatorisches 129
– Interviewabschnitt 223
– Interviewaussage 110, 119, 139, 147, 169, 173, 261, 279
– Interviewdaten 139, 146, 148, 156, 268
– Interviewereffekt 133
– Interviewform 109, 129, 133, 135
– Interviewintention 130, 132
– Interviewleitfaden 133, 135
– Interviewpassage 235
– Interviewphase 128
– Interviewprozess 131
– Interviewsituation 106, 132ff., 153
– Interviewstelle 223, 225, 254
– Interviewstil 131f.
– Interviewteil 173
– Interviewtyp 131
– Interviewverlauf 131f.
– Interviewvorbereitung 126
– Konstrukt-Interview 109
– Leitfadeninterview 109, 112, 135
– narratives 129
– neutrales 131
– offenes 101
– Pilotierungsinterview 128
– problemzentriertes 110, 129
– qualitatives 129, 131, 174
– Selbst-Konfrontationsinterview 109, 111
– Tiefen-Interview 110
– vermittelndes 129
– weiches 131
Interviewerverhalten 129

Kapital
– kulturelles 7, 20f., 33, 58
Kernkriterium 107f.
Klausur 179f., 182f., 185, 187, 190ff., 198, 200, 202, 205f., 211, 231, 240, 243ff., 252, 255, 257, 263
– Klausurentraining 252
– Klausurfrage 191
– Klausurnote 176
– Klausursituation 245
KMK 2, 58, 208
Kognition 98ff., 103, 145
– Kognitionsstruktur 100

Kohärenz 50, 53, 79, 107
– textgeleitete 50
– wissensgeleitete 50
Kohäsion 55
Kollokation 81, 90
– alltagssprachliche 16
Kommunikation 1, 12ff., 19, 25, 28, 30, 59, 61, 64, 66, 72, 76, 108, 125, 141f., 152, 192, 244, 252
– bildungssprachliche 23, 76
– Face-to-face-Kommunikation 131
– fachbezogene 59
– Fachkommunikation 59
– fachliche 36, 79, 199
– fachliche 275
– fachsprachliche 11, 16, 36
– informelle 14
– Kommunikationsabsicht 24
– Kommunikationsakt 11
– Kommunikationsanforderung 31
– Kommunikationsaspekt 252
– Kommunikationsbedürfnis 8
– Kommunikationsbereich 10f., 23
– Kommunikationsbeziehung 109
– Kommunikationsfähigkeit 135
– Kommunikationsfeld 34
– Kommunikationsform 24, 129
– Kommunikationsfunktion 15, 36, 63
– Kommunikationsmedium 129, 131
– Kommunikationsmittel 28
– Kommunikationsnorm 75
– KommunikationspartnerIn 14, 25
– Kommunikationsprozess 109, 132
– Kommunikationsregel 126
– Kommunikationssituation 13f., 20, 23, 27, 71
– Kommunikationsstil 129, 131
– Kommunikationsverfahren 47
– Kommunikationsverhalten 131
– Kommunikationszusammenhang 68
– mündliche 278
– nicht-strategische 132
– nonverbale 11
– Sachkommunikation 59
– schulische 17, 32, 277
– Unterrichtskommunikation 225, 239
– Wissenschaftskommunikation 25

Kommunikativität 108
Kompetenz 4, 10, 21, 23, 27f., 31ff., 35, 52,
    59, 70, 80, 83, 90, 112, 128, 167, 191,
    196, 246, 248, 254, 263
- Akademische Sprachkompetenz 28
- Alltagssprachkompetenz 28f.
- alltagssprachliche 8, 27
- Bildungssprachkompetenz 33, 58, 60
- bildungssprachliche 22, 27f.
- Diagnosekompetenz 80
- diagnostische 83
- didaktische 83
- fächerübergreifende 226
- Fachkompetenz 83
- fachliche 21, 267
- Grundkompetenz 215, 217, 220f.
- Klassenführungskompetenz 83
- Kommunikationskompetenz 2, 59, 63
- kommunikative 77
- Kompetenzaufbau 218
- Kompetenzbereich 59
- Kompetenzdefinition 69
- Kompetenzentwicklung 63, 80
- Kompetenzerwerb 2, 47
- Kompetenzmangel 211
- Kompetenzorientierung 218, 275
- Kompetenzproblem 22
- Kompetenzziel 226
- Lesekompetenz 31, 59, 67, 217, 277
- Literacykompetenz 31
- literale 128
- mathematische 31
- Mitteilungskompetenz 59
- naturwissenschaftliche 31
- pädagogische 4
- Recherchekompetenz 183
- Sachkompetenz 3
- Schreibkompetenz 231, 269f.
- schriftsprachliche 79
- SchülerInnenkompetenz 6, 84, 158, 173,
    177, 193, 212, 230, 242
- Sozialkompetenz 242
- Sprachbildungskompetenz 64
- Sprachhandlungskompetenz 33, 75
- Sprachkompetenz 3f., 7f., 24f., 29, 32,
    59f., 64, 78, 189, 214, 217, 220, 224

- sprachliche 3, 25, 28, 33, 54, 71, 77, 80,
    213, 225
- sprachstrategische 36
- Textkompetenz 205
- Verbalisierungskompetenz 102, 135
- Zweitsprachenkompetenz 2
Komplexität 41, 46, 54, 57, 76, 133
- sprachliche 78, 279
Komposition 42
Kompositum 16, 40, 42, 78, 194, 197, 219f.,
    275, 277
- fachbegriffliches 263
Kongruenz 53
- Kongruenzregel 16
Konjunktion 16, 32, 40, 55, 76, 159
Konstruktivismus 149
Kontext
- Bildungskontext 9
Kontextanalyse 164ff.
Kontinuum 15, 91f., 119, 121, 125, 131, 157
Konzept 8, 14, 23, 31, 40f., 49ff., 60ff., 65f.,
    70, 73, 75, 92f., 98ff., 106, 110, 128ff.,
    134, 137, 144f., 147ff., 156, 162, 164, 166,
    186, 203, 233, 253, 256, 262, 266ff., 276
- fachliches 41, 59
- fachübergreifendes 60
- Förderkonzept 61, 184
- inhaltliches 145
- Konzeptstruktur 134f., 137
- learning-by-doing-Konzept 262
- Lesekonzept 234
- Sprachbildungskonzept 3, 5
konzeptionelle Mündlichkeit 14ff., 72, 128,
    163
konzeptionelle Schriftlichkeit 9, 14ff., 20, 24,
    27, 32, 58f., 66, 72, 74, 128, 264
Korpusanalyse 17
Kultur
- Fachkultur 126
- Feedbackkultur 235
- fremde 49, 120, 127f.
- Kulturkreis 165

Laut-Denk-Protokoll 109
Legestruktur 162, 167, 169, 174
- Legestrukturphase 194
Lehramt 89, 115

- Lehramtsstudierende 86ff., 277
Lehr-Lernprozess 93, 95, 107
Lehrplan 175, 192
Leistungskurs 115, 178f., 191, 198, 245f., 248, 254, 258
Leitfaden 121, 126, 135ff.
- Leitfadenerstellung 133
- Leitfadengestaltung 135
Leitfrage 128, 151f., 155, 157f., 173, 188
Lernen 3, 24, 31, 38, 58f., 66, 72, 76, 81, 183f., 189f., 192, 201, 205, 212f., 231, 240, 247f., 258, 267
- fachliches 2f., 70
- sprachliches 2
Lernende 1, 3, 5, 7, 10ff., 19, 22, 24, 26, 28, 32f., 35ff., 42, 44, 47ff., 60ff., 73, 75ff., 82, 87f., 90, 117, 120, 127f., 155, 171, 182, 186f., 190, 193,198, 199, 203, 205, 207, 218, 220, 232, 236, 238, 250f., 261ff., 274ff.
- DaF-Lernende 25
- DaZ-Lernende 8, 29
- deutschsprachige 40
- herkunftsdeutsche 7
- leistungsschwache 67
- leseschwache 117
- schreibschwache 117
- schwache 68, 221
- sprachschwache 7f., 21, 27ff., 40ff., 48, 50, 52, 54, 56, 58, 61, 65f., 71, 74, 78f., 83, 85, 188, 256, 277, 279
- Zweitsprachenlernende 27, 30, 255
Lernentwicklung 80
Lernfortschritt 64
Lerngegenstand 2f., 21, 59
Lerngelegenheit 184
Lerngruppe 65, 70, 184
Lernprozess 1ff., 29, 59, 182, 184, 265, 268
Lernschwierigkeit 225
Lernstrategie 66f.
Lerntechnik 63
Lerntext 183
Lernziel 226
Lernzieldefinition 69
Lesearbeit 182
Leseaufgabe 273, 275
Leseauftrag 181

Lesedefizit 2
Leseförderung 17, 47, 217, 273, 275
Leseintensität 228
Lesemethode 247f., 254, 257
- Fünf-Schritt-Lesemethode 248, 254
- Schritt-Lesemethode 275
Lesen 3, 6f., 27f., 31, 48, 52, 63, 67f., 79, 128, 152ff., 168, 180ff., 186, 188, 196f., 199, 205, 211, 213f., 216f., 220, 222f., 227f., 233, 237, 241ff., 247ff., 252f., 255, 259, 262, 269f., 273ff.
Lesephase 179, 181, 188
Leseprozess 47f., 53, 68, 259, 268, 270
Lese-Rechtschreibschwäche 213, 215f.
Lese-Schreibtraining 224
Leseschwierigkeit 258f., 269
Lesesozialisation 22
Lesestrategie 66, 79, 199, 270
Lesetechnik 247f.
Lesetest 2
Lesetraining 217, 274
Leseübung 64, 79, 218, 273
Leseverstehen 30
Lesezirkus 218
Lexik 16, 81
Limitation 107
Linguistik
- systemisch funktionale 27, 29
Literacy 2, 31, 52
- Literacykompetenz 31
- Reading Literacy 31
Literalität 24, 29, 49
Literatur 85, 89, 107, 119, 156f., 183, 194
- Fachliteratur 175, 249
- Forschungsliteratur 174
- Literaturrecherche 125, 153

Mathematik 12, 27, 59, 77, 88, 115, 246
MAXQDA 153
Mehrfachkodierung 155
Mehrsprachigkeit 13, 88
Merkmal 16, 26, 30, 36, 38f., 80, 105, 113f., 170f., 265f.
- Merkmalprofil 129
- sprachliches 12
Merkmale
- außersprachliches 10

- innersprachliches 10
Merksatz 12, 178, 229, 231, 238, 247, 256
Metaebene 134
Migration 118
Migrationshintergrund 7f., 10, 22, 29, 35, 61, 81, 89, 117, 179, 181, 184, 213, 220, 222
Mindmap 128, 247, 256
Mitschrift 54f., 209
Mitteilungsstruktur 1
Mittel 59, 69, 79, 92, 208, 237, 252
- bildungssprachliches 35, 37, 56, 65, 78
- grafisches 56, 262
- Kommunikationsmittel 28
- lexikalisches 44, 65
- morphologisches 44
- produktionsorientiertes 262
- rhetorisches 56
- sprachliches 11f., 14, 20, 26, 33, 35, 52, 56, 58, 61, 63ff., 70f., 74, 76, 79, 250, 264, 269, 275
- syntaktisches 44
- Wortbildungsmittel 44
Mittelschicht 21
Mittelstufe 239f., 242f., 246, 251, 256, 260, 271, 274, 276
- Mittelstufenerfahrung 117
Modalpartikel 44
Modell 14, 31, 33, 36, 51f., 209, 217, 220
- mentales 48, 50f., 53, 67, 69, 79, 134, 137, 268
Modelle
- mentales 72
Morphem 78
- grammatisches 42
- lexikalisches 42
morphosyntaktisch 43
Morphosyntax 54, 81
Motivation 87, 145, 201, 205, 207, 213, 270
- Motivationsspirale 213
Mündlichkeit 74

Nachvollziehbarkeit 6, 150
- intersubjektive 107, 114, 141, 148f., 173
Natürlichkeit 121
Naturwissenschaft 1f., 5, 37, 44, 82, 115, 178, 191, 200, 233, 269
Nominalisierung 43f.

Nominalphrase 23, 43f., 269, 275
Nominalstil 16, 23, 43

Oberstufe 1, 54, 115, 117, 176, 182, 185, 190ff., 194f., 206, 212, 221, 225, 239ff., 246ff., 255ff., 260, 266, 271, 274, 276
- Oberstufenerfahrung 117
Objektivität 104f., 173
Offenheit 107f., 110, 112f., 116, 124, 136f., 171, 239
Ökonomie 40
- sprachliche 43
Orientierungswissen 20, 134
Orthografie 199
- Orthografieförderung 216

Paraphrase 152, 156f., 161ff., 166ff., 170
- explizierende 165
Paraphrasen 166
Paraphrasierung 156, 163, 167, 173
Partizipation 3, 9, 125
Partizipationsgrad 121f.
Passiv 45, 73f., 77, 79, 122
- Passivform 17
- Passivkonstruktion 74
Peergroup 13, 125
Performanz 22, 80
- bildungssprachliche 27
Phänomen 2, 17, 48, 52, 58, 78, 80, 123, 274, 279
- Bildungssprachenphänomen 275
- bildungssprachliches 37, 46f., 66
- biologisches 38
- fachliches 3
- fachsprachliches 36, 274
- grammatisches 48
- lexikalisches 13, 38
- morphologisches 43
- morphosyntaktisches 13
- naturwissenschaftliches 207
- Oberflächenphänomen 264
- schulsprachliches 25
- soziales 29
- sprachliches 3, 10, 14, 23, 25, 27, 35, 43, 65, 68, 78, 238, 259, 274f., 279
- Sprachphänomen 64
- syntaktisches 43

Physik 1, 73, 89, 115, 176, 178, 191f., 225, 277
Pilotierung 139, 157f., 162
PISA-Studie 1, 7, 27, 31, 81, 211f., 220
Politik 115, 198
Pragmatik 25, 33
Präposition 16, 26, 33, 44, 55, 64, 76
Präpositionalgruppe 44
Präsupposition 88
Präzision 19, 54, 57, 61, 74, 88, 174, 177, 186, 189, 191, 201, 241f., 244f., 250, 252f., 259, 263f., 269, 274, 279
– sprachliche 44, 54
Problem 1, 3, 7f., 19f., 22, 27, 32, 34, 40f., 44, 48, 55, 57, 65, 71, 80f., 84, 88, 108, 116, 118, 123f., 127, 130, 166f., 174, 181f., 185ff., 193f., 198f., 205, 207ff., 211f., 214, 218ff., 223, 228ff., 237f., 244, 249, 252, 254, 257, 263f., 266ff., 273f., 277
– familiäres 231
– methodisches 170
– Problembereich 58
– Problemfeld 8, 80, 89
– Problemlösestrategie 4
– Problemlösung 27
– Problemquelle 43
– Problemstellung 5, 71
– Schreibproblem 198, 230, 238
– sprachbezogenes 276
– sprachliches 4, 61, 69, 171, 188
– strategiebezogenes 276
Pro-Form 17, 50, 79
Proposition 28, 45, 150
– explizite 45
Protokoll 65f., 96, 121, 125, 128, 226, 229
– Laut-Denk-Protokoll 101
– Protokollverhalten 126
Prototypentheorie 276
Psychologie 91, 149

QuereinsteigerIn 89

Realitätsbezug 121f., 133
Rechtschreibmangel 88
Rechtschreibung 88, 215, 224, 264
Reflexion 4, 59, 65, 98, 112, 117, 139, 182, 234, 262
– Reflexionsfähigkeit 63

– Reflexionsprozess 99
– Selbstreflexion 126, 232
– subjektiv-theoretische 101
Register 13f., 19f., 22, 24, 34, 58, 65, 72, 76, 205, 225
– bildungssprachliches 9, 22, 28, 30, 225
– Registerkompetenz 24
– Registerphänomen 80
– schulisches 34
– schulsprachliches 22
– sprachliches 18, 22f., 80, 85
Reichweite 95, 110, 116, 133, 170, 174, 220, 262, 266, 275f., 279
– semantische 268
Relation 16, 40, 51, 100, 112, 116, 145, 169
– formale 144
– Relationsbeziehung 40
Relativsatz 43, 46, 269, 275
Relevanz 66, 107, 148, 248, 265
Reliabilität 104ff.
Reproduktion 69, 132, 176, 221, 240, 276
– Reproduktionsteil 176
Risikogruppe 7, 21

Sachtextstruktur 67
Sampling 114
– quantitatives 119
– selektives 170
– theoretisches 119
Scaffolding 5, 60, 75ff.
– Scaffoldingmaßnahme 275
Schlüsselperson 116, 124
Schlüsselqualifikation 3
Schreibaufgabe 68, 71, 180, 215, 228, 244
Schreiben 3, 6f., 28, 31, 54, 63, 65, 68, 79, 128, 152, 154, 158, 168f., 178, 182, 187, 189, 197ff., 202, 204, 211, 213ff., 223, 227ff., 231, 233, 237f., 242, 244, 246f., 251f., 256f., 263, 269, 274f.
– aufgabenbezogenes 198
Schreibförderung 238, 274
Schreibgespräch 249, 259
Schreibhemmung 251
Schreibleistung 214, 216
Schreibphase 180, 215, 251
Schreibprodukt 187, 245, 252
Schreibprozess 251

- Schreibprozessphase 274
Schreibschwierigkeit 168, 198, 229, 269
Schreibstrategie 66, 238
Schreibtechnik 248
Schreibtraining 216
- fachspezifisches 228
Schreibübung 64, 189
Schreibunlust 179
Schreibunterstützung 273
Schreibvorbild 66
Schriftlichkeit 261
Schriftsprachlichkeit 66
SeiteneinsteigerIn 7f., 28, 31
Sekundarstufe 29, 70, 208, 212, 216, 265
Sprachaufmerksamkeit 79
Sprachbad 29f.
Sprachbarriere 18
Sprachbeschreibung 68
Sprachbewusstheit 30, 63, 65f., 89, 278
Sprachbildung 3ff., 7f., 23, 29f., 37, 58, 60, 62ff., 68, 70ff., 76, 78ff., 82, 84ff., 89, 93, 97, 99, 102, 111, 173f., 224, 261, 269, 273, 275
- explizite 60, 65, 67, 79
- implizite 60, 69f.
- Sprachbildungsansatz 8
- Sprachbildungsmaßnahme 37, 60, 188, 255, 260
Sprachbildungskenntnis 85
Sprachdenken 25
Sprachdiagnose 85
Sprachdiagnostik 80
Sprachdidaktik 277
Sprache 1ff., 5, 14, 18, 22, 27, 29f., 32, 34, 37f., 52, 54, 56ff., 63ff., 68, 71f., 74, 76ff., 81f., 84ff., 88f., 93, 97, 99, 102, 108, 112f., 115, 118f., 137, 139, 142, 160, 164, 166, 173, 176, 199f., 210f., 213f., 216, 218f., 221, 224f., 227, 232, 241f., 251f., 261, 264f., 269, 273f., 277ff.
- abstrakte 1
- Allgemeinsprache 9, 78, 252
- Alltagssprache 8, 11f., 17, 25, 32, 34, 37, 41f., 59, 70, 72f., 181, 188, 205f., 263, 276

- Bildungssprache 2, 5, 8ff., 12ff., 17ff., 30, 32ff., 45, 50, 58ff., 64f., 76ff., 80, 82, 85, 89, 234, 255, 263, 274, 279
- Bildungsspracheförderung 89
- dekontextualisierte 32
- der Lernenden 21, 23
- Einzelsprache 10, 28
- Erklärsprache 29
- Erstsprache 28f., 97, 177, 237
- fachbezogene 274
- fachliche 186, 219, 259, 262f., 274
- Fachsprache 1, 9ff., 16f., 19, 23, 25, 35ff., 40f., 43f., 46, 56f., 59, 61, 73, 115, 176, 178, 188, 192f., 204, 206, 221, 233, 275f., 279
- formalisierte 1
- Formelsprache 189
- Fremdsprache 63, 115, 176, 192, 210, 252, 255
- Gemeinsprache 11
- geschriebene 12
- gesprochene 12, 141, 216
- Herkunftssprache 28, 31, 72, 78
- Jugendsprache 13
- komplexe 46
- Mittlersprache 17
- mündliche 128, 206
- Nationalsprache 11
- naturwissenschaftliche 63
- Rechtssprache 174
- schriftliche 206
- Schriftsprache 247
- schulspezifische 21
- Schulsprache 3, 7ff., 13, 23, 27, 35, 58, 220, 236
- Sondersprache 19
- Standardsprache 14
- Umgangssprache 14, 18f., 141, 210
- Umgebungssprache 7
- universitäre 205
- Unterrichtssprache 1, 11f., 205, 210, 231
- Wissenschaftssprache 18f., 26, 45
- Zielsprache 29, 69
- Zweitsprache 29
Spracherwerb 1, 21, 29, 69, 81
- fachbezogener 2, 59
Sprachfähigkeit 66, 82, 87f.

Sprachförderansatz 5, 84, 111
Sprachförderkonzept 128
Sprachfördermaßnahme 60, 174, 264
Sprachfördersituation 80
Sprachförderung 7f., 58, 60ff., 69, 71, 77, 82f., 87, 89f., 112f., 115, 118, 127f., 130, 136, 147, 170, 174, 223, 226, 235
Sprachförderwissen 89
Sprachform 9, 20, 24, 30, 263
Sprachgebrauch 13, 21, 28, 61
– naturwissenschaftlicher 77
Sprachgebrauchsform 10, 13ff., 18f., 22f., 25, 34
Sprachgebrauchsnorm 66
Sprachlernprozess 36
Sprachnorm 35
Sprachproduktion 74f.
Sprachschatz 19, 210ff., 218
Sprachsensibilisierung 63
Sprachsensibilität 234
Sprachsituation 15, 64
Sprachstil 174
– akademischer 28
Sprachstruktur 23, 69
Sprachsystem 10, 272
Sprachverwendung 9, 17, 65, 225
Sprachwissen 66
Sprechen 32, 63, 154, 211, 214, 252, 259
Sprechhandlung 26
Standardisierung 109, 121, 129f.
– Standardisierungsgrad 130
Stichprobe 89, 94, 105, 114, 146, 170f.
– Stichprobenbildung 114
– Stichprobenresultat 108
– Stichprobensampling 114, 116
– Stichprobenziehung 94, 114, 116, 170f.
Stichpunktlösung 243ff., 251, 253
Strukturbild 168f.
Strukturierungsgrad 133
Strukturlegephase 139, 149, 156ff., 161, 167, 194f., 203, 210f., 213, 215, 217f., 226f.
Strukturlegeverfahren 110, 112, 144, 147, 156, 160, 173, 193
Strukturlegung 145, 158
Studium 4, 85, 115, 120, 125, 164, 179, 196, 248, 277
– fachbezogenes 274

– Fachstudium 3
Subjektive Theorie 98ff., 109ff., 119, 134, 139, 142, 144ff., 156, 161, 173f., 236ff., 252f.
Subjektivität 107, 109, 142
Submersion 29f.

Taxonomie 30, 39f., 134
Terminus 1, 18f., 40ff., 59, 166, 176, 188, 200, 210f., 264, 267, 275
– Fachterminus 11, 176, 181, 188, 200f.
Text 13, 46ff., 50, 52ff., 59, 66f., 79, 88, 128, 137, 148f., 154, 162, 169, 175ff., 186ff., 192, 194, 196, 200, 205f., 211, 216f., 220, 222f., 226ff., 232ff., 237f., 241, 243, 246ff., 253, 255, 257ff., 262ff., 269, 273f., 278
– Anleitungstext 226, 228
– -arbeit 186
– bildungssprachlicher 52
– diskontinuierlich 12
– englischsprachiger T. 253
– erzählender 49
– Fachtext 36, 45f., 48, 53, 56, 202, 248, 270
– Fließtext 52, 169, 173, 229
– fremdsprachlicher 255
– Informationstext 183
– instruktiver 49
– Lehrtext 47, 49f., 253, 259
– Lerntext 67, 180, 183f.
– literarischer 48f.
– Lückentext 246, 257
– narrativer 233
– naturwissenschaftlicher 227f., 233, 237
– Paralleltext 184
– Persuasionstext 49
– Sachtext 43, 46ff., 52, 67, 233, 237, 275
– Schulbuchtext 36f., 115, 181, 277
– SchülerInnentext 88, 230, 275
– Textabschnitt 228, 234
– Textarbeit 177, 181f., 186, 227f., 233, 236
– Textaufbau 262
– Textbestandteil 52, 151
– Text-Bild-Angebot 67
– Text-Bild-Beziehung 53
– Text-Bild-Integration 53
– Textentfaltung 18, 88

- Textexpansion 237
- Textform 52, 226
- Textfunktion 49
- Textinhalt 67, 79, 191, 197, 229, 247
- Textkohärenz 15, 23, 32, 46, 68, 88
- Textkompetenz 205
- Textkontext 165
- Textoberfläche 48, 53, 170, 230
- Textökonomie 54
- Textorganisation 49
- Textpassage 155
- Textrezeption 188
- Textschwierigkeit 64, 259, 264
- Textschwierigkeitsanalyse 17
- Textschwierigkeitsstufe 188
- Textsorte 3, 5, 46, 48f., 53f., 82, 85, 111, 181, 226, 229, 248, 252, 258, 276, 278
- Textsorten 67
- Textsortenkenntnis 79
- Textstelle 151, 153ff., 162, 164ff., 259
- Textstruktur 67
- Textteil 151, 156, 197, 263
- Textverarbeitung 149f.
- Textverarbeitungsstrategie 197
- Textverständnis 13, 194, 206, 223
- Textverständnisproblem 197
- Textverstehen 196
Theologie 88
Transkript 141f., 151, 156, 168, 174
- Transkriptpassage 155
Transkription 139ff., 157
- Transkriptionsform 141
- Transkriptionsregel 107
- Transkriptionssystem 142
Transparenz 6, 106ff., 113, 121f.
- textstrukturelle 13
Typus 171
- entlastender sprachorientierter 89, 262
- sprachorientierter 89, 262
- wenig sprachorientierter 89, 263

Unterricht 4, 9, 16, 29, 32f., 36, 40, 47, 58, 62ff., 74, 77ff., 82f., 88f., 98, 111, 115, 119f., 127f., 130, 138, 176f., 179ff., 186, 188ff., 196ff., 201ff., 206ff., 212, 214, 216ff., 221ff., 228, 231f., 234f., 237ff.,

245f., 248ff., 257, 259, 262f., 266ff., 270f., 273, 275
- Biologieunterricht 6, 32, 37f., 48, 54, 57f., 64, 67, 77, 86, 90, 112f., 127, 138, 152f., 175f., 178, 180, 190, 193, 196f., 205, 207, 210, 214ff., 224f., 227f., 232, 239, 241, 244, 247, 254, 263, 271, 277f.
- Deutschunterricht 1, 4, 57, 60, 63, 65, 217, 224, 227, 246, 248, 257
- fächerübergreifender 57
- Fachunterricht 1, 5, 11, 23f., 29, 42, 52ff., 57ff., 62ff., 68ff., 76f., 81ff., 85, 90, 97, 111, 128f., 139, 200, 205, 207, 210ff., 215, 219ff., 224f., 227, 229, 234f., 238, 261f., 265, 269f., 273f.
- Förderunterricht 61
- Fremdsprachenunterricht 42, 212
- Frontalunterricht 196
- naturwissenschaftlicher 2, 49, 66, 73, 90, 113, 227, 250
- Sachfachunterricht 255
- Sachunterricht 76
- sprachförderlicher 214
- sprachsensibler 86
- Unterrichtgeschehen 168
- Unterrichtsbild 128
- Unterrichtsgespräch 12, 181, 188, 278
- Unterrichtshandeln 99, 147
- Unterrichtsverlauf 120, 180, 198
- Unterrichtsziel 65, 69, 226, 230
Unterstufe 117, 239ff., 246, 255f., 260, 267, 271, 274

Validierung 145
- Handlungsvalidierung 106, 144ff.
- kommunikative 106, 110, 112, 119, 143ff., 156f., 160ff., 168f., 171
- Validierungsprozess 110
Validität 104, 106f., 142
- externe 105
- interne 105
Varietät 10, 12ff., 17, 19, 23, 35, 72, 75
Versuchsanleitung 226, 228, 230

Wahrnehmung 4, 48, 67, 123, 242
Weiterbildung 3ff., 84f., 130, 174, 227, 234, 273ff., 278

– sprachbezogene 262
Wissenschaftlichkeit 107, 121
Wortschatz 9, 13, 19, 33, 49, 63, 70, 210, 212, 221, 269

– Fachwortschatz 16

Zeichnung 211, 215, 223f.
Zweitspracherwerb 29

www.ingramcontent.com/pod-product-compliance
Lightning Source LLC
Chambersburg PA
CBHW070607170426
43200CB00012B/2614